일식 복어 조리기능사 필기시험문제

대한민국 국가대표 브랜드
국가자격 시험문제 전문출판
에듀크라운
국가자격시험문제 전문출판
CROWN Publishing.co
최고의 적중률!! 최고의 합격률!!
크라운출판사
국가자격시험문제 전문출판
http://www.crownbook.co.kr

PROFILE

저자 노 수 정

약력

- 세종대학교 대학원(조리학 전공) 박사
- 성균관대학교 대학원(식품영양 위생전공) 석사
- 現) 대경대학교 호텔조리과 교수
- 우송대학교 외식조리학과 초빙교수
- 국가기술자격 조리기능사 실기시험 감독위원
- 국가기술자격 조리산업기사 실기시험 감독위원
- 국가기술자격 조리기능장 실기시험 감독위원
- 국가공인 조리기능장

저서

- NCS 기반 합격조리기능사_크라운출판사
- NCS 기반 최신 조리기능사 총정리문제_크라운출판사
- NCS 기반 한식조리기능사 필기시험문제_크라운출판사
- NCS 기반 양식조리기능사 필기시험문제_크라운출판사
- NCS 기반 중식조리기능사 필기시험문제_크라운출판사
- NCS 기반 일식 · 복어조리기능사 필기시험문제_크라운출판사
- 한식조리사 실기시험문제_크라운출판사
- 양식조리사 실기시험문제_크라운출판사
- 조리기능사 필기 최근 3년간 출제문제_크라운출판사
- 몸을 가볍게 하는 다이어트 샐러드_크라운출판사

우리아이에게 주고 싶은 연령별 건강메뉴 151_식품의약품안전청

(어린이 바른 식습관을 위한) 나트륨을 줄인 건강메뉴 123_식품의약품안전청

내용 문의

- 010-5494-0990
- rsj7@tk.ac.kr

머리말

국가의 경제성장에 의한 국민건강의 중요성에 대한 인식이 소비자의 다양한 욕구로 분출되고 있습니다. 이에 따라 각 분야마다 전문기술인을 필요로 하고 있으며, 이 중에서도 최근 외식산업의 발달과 더불어 조리사는 유망직종으로 손꼽히고 있습니다.

조리업무는 국민건강과도 직결되므로 무엇보다도 조리사의 자질이 매우 중요하며, 이에 따른 훌륭한 조리기능인이 되기 위해서는 과학적·이론적 배경을 기초로 하여 새로운 조리기술 개발이 이루어져야 합니다.

이 교재는 한국산업인력공단의 출제기준에 따라 조리기능사 필기시험을 대비하는 수험생들에게 일식 위생관리, 일식 안전관리, 일식 재료관리, 일식 구매관리, 일식 기초 조리실무, 일식 조리 순으로 내용과 문제를 정리하였고, 최근 시행한 출제문제를 각 문항마다 정확한 해설을 수록하여 수험생 여러분들의 이해를 돕는 데 만전을 기하였습니다.

이 조리기능사 수험서가 수험생 여러분들에게 꼭 합격의 영광이 있기를 기원합니다. 이 교재가 출판되기까지 자료정리에 도움을 주신 전 출제위원, 관계자님들과 크라운출판사 이상원 회장님 편집부 임직원분들의 노고에 깊은 감사의 마음을 전합니다.

이 교재에 대한 내용의 설명이나 문의사항은 전화 010-5494-0990, E-mail(rsj7@tk.ac.kr)로 해주시면 상세하게 답변해 드리겠습니다.

시험안내

개요

일식 조리의 메뉴 계획에 따라 식재료를 선정, 구매, 검수, 보관 및 저장하며 맛과 영양을 고려하여 안전하고 위생적으로 조리 업무를 수행하며 조리기구와 시설을 위생적으로 관리 · 유지하여 음식을 조리 · 제공하는 전문인력을 양성하기 위하여 자격제도 제정

수행직무

일식 메뉴 계획에 따라 식재료를 선정, 구매, 검수, 보관 및 저장하며, 맛과 영양을 고려하여 안전하고 위생적으로 음식을 조리하고 조리기구와 시설관리를 수행하는 직무

진로 및 전망

식품접객업 및 집단급식소 등에서 조리사로 근무하거나 운영이 가능하다. 업체 간 또는 지역 간의 이동이 많은 편이고, 고용과 임금에 있어서 안정적이지는 못한 편이지만 조리에 대한 전문가로 인정받게 되면 높은 수익과 직업적 안정성을 보장받게 된다.

※ 식품위생법상 대통령령이 정하는 식품접객영업자(복어 조리, 판매영업 등)와 집단급식소의 운영자는 조리사 자격을 취득하고, 시장 · 군수 · 구청장의 면허를 받은 조리사를 두어야 한다(관련법 : 식품위생법 제34조, 제36조, 같은법 시행령 제18조, 같은법 시행규칙 제46조).

취득방법

① 시행처 : 한국산업인력공단

② 시험과목

- 필기 : 일식 재료관리, 음식 조리 및 위생관리
- 실기 : 일식 조리 실무

③ 검정방법

- 필기 : 객관식 4지 택일형, 60문항(60분)
- 실기 : 작업형(60분 정도)

④ 합격기준 : 100점 만점에 60점 이상

출제기준

직무분야	음식서비스	중직무분야	조리	자격종목	일식조리기능사	적용기간	2023.1.1~2025.12.31
ㅇ직무내용 : 일식메뉴 계획에 따라 식재료를 선정, 구매, 검수, 보관 및 저장하며 맛과 영양을 고려하여 안전하고 위생적으로 음식을 조리하고 조리기구와 시설관리를 수행하는 직무이다.							
필기검정방법	객관식		문제수	60	시험시간	1시간	

필 기 과목명	출 제 문제수	주요항목	세부항목	세세항목
일식 재료관리, 음식조리 및 위생관리	60	1. 음식 위생관리	1. 개인 위생관리	1. 위생관리기준 2. 식품위생에 관련된 질병
			2. 식품 위생관리	1. 미생물의 종류와 특성 2. 식품과 기생충병 3. 살균 및 소독의 종류와 방법 4. 식품의 위생적 취급기준 5. 식품첨가물과 유해물질
			3. 작업장 위생관리	1. 작업장위생 위해요소 2. 식품안전관리인증기준 (HACCP) 3. 작업장 교차오염발생요소
			4. 식중독 관리	1. 세균성 및 바이러스성 식중독 2. 자연독 식중독 3. 화학적 식중독 4. 곰팡이 독소
			5. 식품위생 관계 법규	1. 식품위생법령 및 관계법규 2.. 농수산물 원산지 표시에 관한 법령 3. 식품 등의 표시 · 광고에 관한 법령
			6. 공중 보건	1. 공중보건의 개념 2. 환경위생 및 환경오염 관리 3. 역학 및 질병 관리 4. 산업보건관리
		2. 음식 안전관리	1. 개인안전 관리	1. 개인 안전사고 예방 및 사후 조치 2. 작업 안전관리
			2. 장비 · 도구 안전작업	1. 조리장비 · 도구 안전관리 지침
			3. 작업환경 안전관리	1. 작업장 환경관리 2. 작업장 안전관리 3. 화재예방 및 조치방법 4. 산업안전보건법 및 관련지침

필 기 과목명	출 제 문제수	주요항목	세부항목	세세항목
		3. 음식 재료관리	1. 식품재료의 성분	1. 수분 2. 탄수화물 3. 지질 4. 단백질 5. 무기질 6. 비타민 7. 식품의 색 8. 식품의 갈변 9. 식품의 맛과 냄새 10. 식품의 물성 11. 식품의 유독성분
			2. 효소	1. 식품과 효소
			3. 식품과 영양	1. 영양소의 기능 및 영양소 섭취기준
		4. 음식 구매관리	1. 시장조사 및 구매관리	1. 시장 조사 2. 식품구매관리 3. 식품재고관리
			2. 검수 관리	1. 식재료의 품질 확인 및 선별 2. 조리기구 및 설비 특성과 품질 확인 3. 검수를 위한 설비 및 장비 활용 방법
			3. 원가	1. 원가의 의의 및 종류 2. 원가분석 및 계산
		5. 일식 기초 조리실무	1. 조리 준비	1. 조리의 정의 및 기본 조리조작 2. 기본조리법 및 대량 조리기술 3. 기본 칼 기술 습득 4. 조리기구의 종류와 용도 5. 식재료 계량방법 6 조리장의 시설 및 설비 관리
			2. 식품의 조리원리	1. 농산물의 조리 및 가공 · 저장 2. 축산물의 조리 및 가공 · 저장 3. 수산물의 조리 및 가공 · 저장 4. 유지 및 유지 가공품 5. 냉동식품의 조리 6. 조미료와 향신료
			3. 식생활 문화	1. 일본 음식의 문화와 배경 2. 일본 음식의 분류 3. 일본 음식의 특징 및 용어
		6. 일식 무침조리	1. 무침조리	1. 무침재료 준비 2. 무침조리 3. 무침담기
		7. 일식 국물조리	1. 국물조리	1. 국물재료 준비 2. 국물우려내기 3. 국물요리 조리

필 기 과목명	출 제 문제수	주요항목	세부항목	세세항목
		8. 일식 조림조리	1. 조림조리	1. 조림재료 준비 2. 조림하기 3. 조림담기
		9. 일식 면류조리	1. 면류조리	1. 면 재료 준비 2. 면 조리 3. 면 담기
		10. 일식 밥류 조리	1. 밥류조리	1. 밥 짓기 2. 녹차 밥 조리 3. 덮밥 류 조리 4. 죽 류 조리
		11. 일식 초회조리	1. 초회조리	1. 초회재료 준비 2. 초회조리 3. 초회담기
		12. 일식 찜조리	1. 찜조리	1. 찜재료 준비 2. 찜조리 3. 찜담기
		13. 일식 롤 초밥조리	1. 롤 초밥조리	1. 롤 초밥재료 준비 2. 롤 양념초 조리 3. 롤 초밥 조리 4. 롤 초밥 담기
		14. 일식 구이조리	1. 구이조리	1. 구이재료 준비 2. 구이조리 3. 구이담기

직무분야	음식서비스	중직무분야	조리	자격종목	복어조리기능사	적용기간	2023.1.1~2025.12.31
ㅇ직무내용 : 복어조리메뉴 계획에 따라 식재료를 선정, 구매, 검수, 보관 및 저장하며 맛과 영양을 고려하여 안전하고 위생적으로 음식을 조리하고 조리기구와 시설관리를 수행하는 직무이다.							
필기검정 방법	객관식			문제수	60	시험시간	1시간

필 기 과목명	출 제 문제수	주요항목	세부항목	세세항목
복어 재료관리, 음식조리 및 위생관리	60	1. 음식 위생관리	1. 개인 위생관리	1. 위생관리기준 2. 식품위생에 관련된 질병
			2. 식품 위생관리	1. 미생물의 종류와 특성 2. 식품과 기생충병 3. 살균 및 소독의 종류와 방법 4. 식품의 위생적 취급기준 5. 식품첨가물과 유해물질
			3. 작업장 위생관리	1. 작업장 위생 위해요소 2. 식품안전관리인증기준 (HACCP) 3. 작업장 교차오염발생요소
			4. 식중독 관리	1. 세균성 및 바이러스성 식중독 2. 자연독 식중독 3. 화학적 식중독 4. 곰팡이 독소
			5. 식품위생 관계 법규	1. 식품위생법령 및 관계법규 2. 농수산물 원산지 표시에 관한 법령 3. 식품 등의 표시 · 광고에 관한 법령
			6. 공중 보건	1. 공중보건의 개념 2. 환경위생 및 환경오염 관리 3. 역학 및 질병 관리 4. 산업보건관리
		2. 음식 안전관리	1. 개인안전 관리	1. 개인 안전사고 예방 및 사후 조치 2. 작업 안전관리
			2. 장비 · 도구 안전작업	1. 조리장비 · 도구 안전관리 지침
			3. 작업환경 안전관리	1. 작업장 환경관리 2. 작업장 안전관리 3. 화재예방 및 조치방법 4. 산업안전보건법 및 관련지침
		3. 음식 재료관리	1. 식품재료의 성분	1. 수분 2. 탄수화물 3. 지질 4. 단백질 5. 무기질 6. 비타민 7. 식품의 색 8. 식품의 갈변 9. 식품의 맛과 냄새 10. 식품의 물성 11. 식품의 유독성분
			2. 효소	1. 식품과 효소
			3. 식품과 영양	1. 영양소의 기능 및 영양소 섭취기준

필 기 과목명	출 제 문제수	주요항목	세부항목	세세항목
		4. 음식 구매관리	1. 시장조사 및 구매관리	1. 시장 조사 2. 식품구매관리 3. 식품재고관리
			2. 검수 관리	1. 식재료의 품질 확인 및 선별 2. 조리기구 및 설비 특성과 품질 확인 3. 검수를 위한 설비 및 장비 활용 방법
			3. 원가	1. 원가의 의의 및 종류 2. 원가분석 및 계산
		5. 복어 기초 조리실무	1. 조리 준비	1. 조리의 정의 및 기본 조리조작 2. 기본조리법 및 대량 조리기술 3. 기본 칼 기술 습득 4. 조리기구의 종류와 용도 5. 식재료 계량방법 6 조리장의 시설 및 설비 관리
			2. 식품의 조리원리	1. 농산물의 조리 및 가공 · 저장 2. 축산물의 조리 및 가공 · 저장 3. 수산물의 조리 및 가공 · 저장 4. 유지 및 유지 가공품 5. 냉동식품의 조리 6. 조미료와 향신료
			3. 식생활 문화	1. 복어 음식의 문화와 배경 2. 복어 음식의 분류 3. 복어 음식의 특징 및 용어
		6. 복어 부재료 손질	1. 복어와 부재료손질	1. 복어 종류와 품질 판정법 2. 채소 손질 3. 복떡 굽기
		7. 복어 양념장 준비	1. 복어 양념장 준비	1. 초간장 만들기 2. 양념 만들기 3. 조리별 양념장 만들기
		8. 복어 껍질초회조리	1. 복어 껍질초회조리	1. 복어껍질 준비 2. 복어초회 양념 만들기 3. 복어껍질 무치기
		9. 복어 죽조리	1. 복어 죽 조리	1. 복어 맛국물 준비 2. 복어 죽재료 준비 3. 복어 죽 끓여서 완성
		10. 복어 튀김조리	1. 복어 튀김조리	1. 복어 튀김재료 준비 2. 복어 튀김옷 준비 3. 복어 튀김조리 완성
		11. 복어 회 국화 모양조리	1. 복어 회 국화모양조리	1. 복어 살 전처리 작업 2. 복어 회뜨기 3. 복어 회 국화모양 접시에 담기
		12. 복어 선별 · 손질관리	1. 복어 선별 · 손질관리	1. 복어 기초 손질하기 2. 복어 식용부위 손질하기 3. 복어 제독 처리하기 4. 복어 껍질 작업하기 5. 복어 독성부위 폐기하기

목차

Part 01 · 음식 위생관리

Part 02 · 음식 안전관리

Part 03 · 음식 재료관리

Part 04 · 음식 구매관리

Part 05 · 일식 · 복어 기초 조리실무

Part 06 · 일식 조리

Part 07 · 복어 조리

Part 08 · 일식 · 복어 모의고사

PART

01

음식 위생관리

| 일식 · 복어조리기능사 필기 |

CHAPTER

01 개인 위생관리

01 위생관리기준

1 위생관리의 의의와 필요성

① 위생관리의 의의 : 위생관리란 식품과 조리 및 식품첨가물과 이에 관련된 기구와 용기 및 포장, 공중위생, 쓰레기와 분뇨, 하수처리와 폐기물 등에 관한 위생관련 업무를 말한다.

② 위생관리의 필요성

㉠ 식중독 위생 사고를 예방

㉡ 식품위생법 및 행정처분강화

㉢ 점포의 이미지 개선(청결한 이미지)

㉣ 상품의 가치를 상승(안전한 먹거리)시킴

㉤ 고객의 만족도가 올라가며, 대외적 브랜드 이미지관리(매출증진)

2 개인 위생관리하기

(1) 개인 위생관리 수칙

① 장신구나 매니큐어, 지나친 화장은 하지 않는다.

② 손톱은 항상 짧고 청결하게 하며, 반지나 시계의 착용을 금한다.

③ 조리 과정 중 신체 부위(머리나 코 등)를 만지지 않으며, 음식물이나 도구를 향해 기침이나 재채기를 하지 않는다.

④ 조리 종사 시 설사 증세가 있으면 조리에 참여하지 않는다.

⑤ 주방 개인용품(조리복, 조리모, 앞치마, 조리안전화)은 청결하게 유지 · 착용한다.

(2) 복장 위생관리

두발 및 용모	• 모발이 위생모 밖으로 나오지 않도록 하여 착용 • 남자의 경우 수염이 보이지 않도록 깨끗이 면도하기 • 위생모는 머리와 머리카락의 분비물로 인한 음식오염방지의 목적
위생복	• 여벌의 조리복을 준비하여 항상 청결한 위생복을 착용하며, 위생마스크를 사용하기 • 앞치마는 색상을 달리하여 구분(조리용, 서빙용, 세척용)하여 사용하기 • 머플러 : 주방에서 발생할 수 있는 상해의 응급조치 등에 사용 가능
액세서리 및 화장	• 주방에서는 장신구(시계, 반지, 목걸이, 귀걸이, 팔찌 등)를 착용하지 않으며, 손톱은 짧고 청결히 유지 • 매니큐어나 광택제를 손톱에 칠하지 말고, 인조손톱을 부착해서는 안 됨 • 화장은 진하게 하지 않고 인조속눈썹을 착용하지 않으며, 강한 향의 향수는 사용을 금하기
위생화(작업화)	조리실(주방) 내에서는 작업화를 신고, 외부 출입 시에는 반드시 소독발판에 작업화를 소독하고 들어오기
장갑(1회용 장갑)	• 위생장갑을 착용해서 음식이나 식재료에 손이 직접 접촉되지 않도록 하기 • 위생장갑을 색상별 구분하여 용도(전처리용, 조리용, 설거지용, 청소용 등)에 맞게 사용하기

(3) 손 위생관리

올바르고 철저한 손 씻기만으로도 질병의 60% 정도를 예방할 수 있으며 , 일반비누로 먼저 씻고 나서 역성비누(양이온의 계면활성제로 살균력은 강하나 세척력이 떨어짐)를 사용해야 살균력이 강하다.

올바른 손 씻기

① 손바닥 : 손바닥과 손바닥을 마주 대고 문질러 씻는다.

② 손등 : 손등과 손바닥을 마주대고 문질러 씻는다.

③ 손가락 사이 : 손바닥을 마주대면서 손깍지를 끼어서 문질러 씻는다.

④ 두 손 모아 : 두 손가락을 마주잡고 문질러 씻는다.

⑤ 엄지손가락 : 엄지손가락을 반대편 손바닥으로 돌려주면서 문질러 씻는다.

⑥ 손톱 밑 : 손가락을 반대편 손바닥에 놓고 문질러 손톱 밑을 씻는다.

식품영업에 종사하지 못하는 질병의 종류(식품위생법 시행규칙 제50조 참고)

① 콜레라, 장티푸스, 파라티푸스, 세균성이질, 장출혈성대장균감염증, A형간염

② 결핵 : 비전염성인 경우는 제외

③ 피부병 및 기타 화농성 질환

④ 후천성면역결핍증(AIDS) : 「감염병의 예방 및 관리에 관한 법률」에 의하여 성병에 관한 건강진단을 받아야 하는 영업에 종사하는 자에 한함

건강진단

① 「식품위생법」 제40조에 따라 식품영업자 및 종업원은 건강진단을 받아야 한다.

② 총리령으로 건강검진 주기는 1년이다.

02 식품 위생에 관련된 질병

식품으로 인한 위해요소 중 사람의 건강을 해할 우려가 있는 인자로, 일반적으로 생성 요소에 따라 내인성, 외인성, 유인성으로 분류한다.

내인성 위해요소	• 식품의 원재료 자체에 유독·유해 독성물질을 가지고 있는 것 • 자연독에 의한 식중독, 알러지성 식중독 등
외인성 위해요소	• 식품의 원재료 자체에는 함유되어 있지 않으나 재배, 생산, 제조 및 유통과정 중에 혼입되거나 오염된 것 • 감염형 식중독, 독소형 식중독, 곰팡이에 의한 식중독, 첨가 혼입독에 의한 식중독 등
유인성 위해요소	• 식품을 조리하고 가공하는 과정에서 생기는 위해물질 • 물리적 생성물, 화학적 생성물, 생물적 생성물 등

CHAPTER

01 모의고사

01 위생관리의 필요성으로 바르지 못한 것은?

① 대외적 브랜드 이미지 관리

② 점포의 이미지 개선(청결한 이미지)

③ 식중독 위생사고 예방

④ 질병의 치료 및 예방

해설 **위생관리의 필요성**

식중독 위생사고 예방, 식품위생법 및 행정처분 강화, 상품의 가치 상승(안전한 먹거리), 점포의 이미지 개선(청결한 이미지), 고객만족(매출증진), 대외적 브랜드이미지 관리

02 식품을 취급하는 종사자의 손 씻기로 바르지 않은 것은?

① 보통비누로 먼저 손을 씻고 난 후 역성비누를 사용한다.

② 살균효과를 높이기 위해 보통비누와 역성비누액을 섞어 사용한다.

③ 팔에서 손으로 씻어 내려온다.

④ 핸드타올이나 자동 손 건조기를 사용하는 것이 바람직하다.

해설 보통비누는 더러운 먼지 등을 제거하는 작용이 있고, 역성비누는 세척력은 약하나 살균력이 강하여 보통비누로 먼저 먼지를 제거한 후 역성비누를 사용하는 것이 바람직하다.

03 개인 위생관리 중 바르지 않은 것은?

① 화장은 진하게 하지 않지만, 향이 강한 향수는 사용하여도 좋다.

② 인조 속눈썹을 착용해서는 안 된다.

③ 손톱에 매니큐어나 광택제를 칠해서는 안 된다.

④ 조리실(주방) 종사자는 장신구를 착용해서는 안 된다.

해설 화장은 진하게 하지 않으며, 향이 강한 향수는 사용하지 않는다.

04 위생복 착용 시 다음의 목적으로 반드시 착용해야 하는 것은?

머리카락과 머리의 분비물들로 인한 음식오염을 방지하고, 위생적인 작업을 진행할 수 있도록 하기 위해 착용한다.

① 머플러

② 위생모

③ 위생화(작업화)

④ 위생복

해설 **위생복의 착용 목적**

- 머플러 : 주방에서 발생할 수 있는 상해의 응급조치 등
- 위생모 : 머리카락과 머리의 분비물로 인한 음식오염 방지
- 위생화 : 미끄러운 주방바닥에서의 미끄러짐 방지 등
- 위생복 : 열, 가스, 전기, 설비 등으로부터 보호 등

정답
01 ④ **02** ② **03** ① **04** ②

05 환경위생을 철저히 함으로써 발생이 감소되는 감염병과 거리가 먼 것은?

① 장티푸스

② 콜레라

③ 세균성이질

④ 홍역

해설 철저한 환경위생으로 발생이 감소되는 감염병은 소화기계 감염병으로 콜레라, 장티푸스, 세균성이질, 장출혈성대장균 감염증, A형간염이 있다. ④의 홍역은 호흡기계감염병이다.

06 식품위생법 제40조에 따라 식품영업자 및 종업원의 건강진단 검진 주기는 얼마인가?

① 2개월

② 6개월

③ 1년

④ 2년

해설 총리령으로 정하는 영업자 및 그 종업원은 건강진단을 받아야 하며, 건강진단 검진 주기는 1년이다.

07 식품위생법상 식품영업에 종사하지 못하는 질병의 종류가 아닌 것은?

① 장티푸스

② 피부병 및 기타 화농성 질환

③ 홍역

④ 결핵(비전염성인 경우는 제외)

해설 **식품영업에 종사하지 못하는 질병의 종류**

- 콜레라, 장티푸스, 파라티푸스, 세균성이질, 장출혈성대장균 감염증, A형간염
- 결핵 : 비전염성인 경우는 제외
- 피부병 및 기타 화농성 질환
- 후천성면역결핍증(AIDS) : 「감염병의 예방 및 관리에 관한 법률」에 의하여 성병에 관한 건강진단을 받아야 하는 영업에 종사하는 자에 한함

08 식품위생에 관련된 질병 중 유형이 다른 것은?

① 감염형 식중독

② 독소형 식중독

③ 자연독에 의한 식중독

④ 곰팡이에 의한 식중독

해설 **식품으로 인한 위해요소**

내인성 위해요소	• 식품의 원재료 자체에 유독·유해 독성물질을 가지고 있는 것 • 자연독에 의한 식중독, 알러지성 식중독 등
외인성 위해요소	• 식품의 원재료 자체에는 함유되어 있지 않으나 재배, 생산, 제조 및 유통과정 중에 혼입되거나 오염된 것 • 감염형 식중독, 독소형 식중독, 곰팡이에 의한 식중독, 첨가 혼입독에 의한 식중독 등
유인성 위해요소	• 식품을 조리하고 가공하는 과정에서 생기는 위해물질 • 물리적 생성물, 화학적 생성물, 생물적 생성물 등

정답 05 ④ 06 ③ 07 ③ 08 ③

CHAPTER

02 식품 위생관리

01 미생물의 종류와 특성

미생물은 사람에게 병을 일으키는 병원성 미생물과 병을 일으키지 않는 비병원성 미생물로 구분하는데, 비병원성 미생물에는 식품의 부패나 변패의 원인이 되는 유해한 것과 발효 · 양조 등 유익하게 이용되는 미생물이 포함된다.

1 미생물의 종류

미생물을 분류하면 진균류(곰팡이, 효모), 세균, 리케차, 바이러스, 스피로헤타, 원충류의 6개 분류로 구분되며, 그 생태는 다음과 같이 분류한다.

종류	특징
곰팡이(몰드, Mold)	진균류 중에서 균사체를 발육기관으로 하는 것을 곰팡이라 한다.
효모(이스트, Yeast)	형태는 구형, 타원형, 달걀형 등이 있으며, 출아법으로 증식한다.
스피로헤타(Spirochaeta)	단세포식물과 다세포식물의 중간 형태이다.
세균(박테리아, Bacteria)	형태는 구균, 간균, 나선균이며, 2분법으로 증식한다.
리케차(Rickettsia)	원형, 타원형 등의 모양을 하며, 2분법으로 증식한다.
바이러스(Virus)	세균여과기를 통과하는 미생물로, 미생물 가운데 크기가 가장 작다.

2 미생물 생육에 필요한 조건

미생물 증식은 5대 조건인 영양소, 수분, 온도, pH, 산소가 있어야 생육할 수 있다. 이 중에서 영양소, 수분, 온도를 미생물 증식의 3대 조건이라 한다.

(1) 영양소

탄소원(당질), 질소원(아미노산, 무기질소), 무기염류, 생육소(발육소) 등의 영양소가 필요하다.

(2) 수분

보통 40% 이상의 수분이 필요하다. 건조식품은 수분 함량이 대략적으로 15% 정도이며, 이 정도의 수분 함량으로는 일반 미생물의 생육과 증식이 불가능하나 곰팡이만 유일하게 건조 식품에서 발육할 수 있다.

생육에 필요한 수분량 순서 : 세균>효모>곰팡이 **곰팡이 생육 억제 수분량 : 13% 이하**

(3) 온도

균의 종류에 따라 각각 일정한 발육가능온도가 있으며, 0℃ 이하와 80℃ 이상에서는 발육하지 못하고 고온에서보다 저온에서 저항력이 크다.

① 저온균 : 증식최적온도 15~20℃(식품에 부패를 일으키는 부패균)

② 중온균 : 증식최적온도 25~37℃(질병을 일으키는 병원균)

③ 고온균 : 증식최적온도 55~60℃(온천물에 서식하는 온천균)

(4) 수소이온농도(pH)

① 곰팡이와 효모 : 최적 pH 4.0~6.0(산성에서 잘 자람)

② 세균 : 최적 pH 6.5~7.5(중성 내지 약알칼리에서 잘 자람)

(5) 산소

미생물은 에너지를 얻기 위해서 산소를 필요로 하는 것도 있고, 전혀 필요하지 않고 산소가 있으면 생육에 저해를 받는 것도 있다.

① 호기성세균 : 산소를 필요로 하는 균

② 혐기성세균 : 산소를 필요로 하지 않는 균

㉠ 통성혐기성세균 : 산소가 있거나 없거나 상관없이 발육하는 균

㉡ 편성혐기성세균 : 산소를 절대적으로 기피하는 균

02 식품과 기생충병

1 기생충 질환의 원인과 종류

기생충 질환은 근래 들어 많은 감소를 보였지만 환경불량, 비과학적 식생활 습관, 분변의 비료화, 비위생적인 일상생활, 비위생적 영농 방법 등이 주원인이 되고 있다. 기생충의 종류는 매우 많으나 우리나라에서 흔히 유행되는 종류는 다음과 같다.

선충류	회충, 편충, 구충, 요충, 동양모양선충, 말레이사상충
흡충류	간흡충, 폐흡충, 요코가와흡충
조충류	무구조충, 유구조충, 광절열두조충, 만소니열두조충
원충류	이질아메바원충, 말라리아원충

2 선충류에 의한 감염과 예방법

종류	특징
회충	• 경구 침입 • 전신증상(권태, 미열, 소화장애, 구토, 복통 등) • 예방법 : 분변의 위생적 처리, 정기적 구충제 복용, 청정채소 섭취, 위생해충의 구제와 환경관리 • 우리나라에서 감염률이 가장 높은 기생충 • 충란은 직사일광 및 열에 약함
구충(십이지장충)	• 경피감염 : 맨발 또는 흙 묻은 손에 의해 피부로 침입 • 경구감염 : 채소에 묻어 있던 감염형 유충의 구강점막 침입 • 침입 부위의 국소증상 : 소양감, 작열감(Ground Itch) • 예방법 : 오염된 환경 내에서 피부의 노출을 금하고, 야채는 깨끗이 씻어 가열 조리하고, 생 분뇨를 비료화하지 않기
요충	• 집단감염 • 항문에 기생하여 항문 주위의 소양증 • 전신증상(경련, 수면장애, 야뇨증, 주의력 산만, 체중 감소) • 손톱을 짧게 깎고, 식전에 손 씻기, 항문 주위의 청결유지
편충	• 경구감염 • 무증상감염을 하는 경우가 많음 • 예방 및 치료법은 회충과 동일
동양모양선충	내염성이 강함(절인 채소에도 부착되어 감염됨)

3 중간 숙주에 의한 기생충의 분류

① 중간숙주가 없는 것 : 회충, 구충, 편충, 요충

② 중간숙주가 한 개인 것

㉠ 무구조충(민촌충) : 소

㉡ 유구조충(갈고리촌충) : 돼지

㉢ 선모충 : 돼지

㉣ 만소니열두조충 : 닭

③ 중간숙주가 두 개인 것

종류	제 1중간숙주	제2중간숙주
간흡충(간디스토마)	왜우렁이	담수어(붕어, 잉어)
폐흡충(폐디스토마)	다슬기	가재, 게
요코가와흡충(횡천흡충)	다슬기	담수어(특히 은어)
광절열두조충(긴촌충)	물벼룩	담수어(연어, 송어)

아니사키스충 : 포유류인 고래, 돌고래에 기생하는 회충의 일종으로, 본충에 감염된 연안어류의 섭취로 감염된다.
간디스토마 : 강 유역 주민들에게 많이 감염되며, 민물고기를 생식하는 사람에게 많이 감염된다.

03 살균 및 소독의 종류와 방법

1 소독, 멸균 및 방부의 정의

소독	병원 미생물을 죽이거나 약화시켜 감염 및 증식력을 없애는 조작
멸균	강한 살균력을 작용시켜 병원균, 비병원균, 아포 등 모든 미생물을 완전 사멸시킴
방부	미생물의 발육을 저지 또는 정지시켜 부패나 발효를 방지하는 방법

2 소독방법

(1) 물리적 방법

① 무가열에 의한 방법

자외선 조사	• 일광 소독(실외소독), 자외선 소독(실내소독) • 자외선의 살균력은 파장범위가 2,500~2,800Å(옴스트롱) 정도일 때 가장 강함
방사선 조사	식품에 방사선을 방출하는 코발트 60(^{60}Co) 등의 물질을 조사시켜 균을 죽이는 방법
(세균)여과법	음료수나 액체식품 등을 세균여과기로 걸러서 균을 제거시키는 방법인데, 바이러스는 너무 작아서 걸러지지 않는 단점이 있음

② 가열에 의한 방법

화염멸균법	알코올램프, 분젠 등의 불꽃 속 금속류, 유리병, 백금, 도자기 등의 소독을 위해 20초 이상 접촉시키는 방법
건열멸균법	유리기구, 주사바늘 등을 건열멸균기(Dry Oven)에 넣고 150~160℃에서 30분 이상 가열하는 방법

유통증기소독법	100℃의 유통하는 증기 중에서 30~60분간 가열하는 방법
(유통증기)간헐멸균법	100℃의 유통증기 중에서 24시간마다 15~20분간씩 3회 계속하는 방법으로, 아포를 형성하는 균(내열성)을 죽일 수 있음
고압증기멸균법	• 고압증기 멸균솥(오토클레이브)을 이용하여 121℃(압력 15파운드)에서 15~20분간 살균하는 방법 • 멸균 효과가 좋아서 미생물뿐 아니라 아포까지도 죽일 수 있으며, 통조림 등의 살균에 이용됨
자비소독(열탕소독)	끓는 물(100℃)에서 30분간 가열을 하는 방법으로, 식기나 행주 등의 소독에 이용된다. 손쉬운 방법이기는 하지만 아포를 죽일 수 없기 때문에 완전멸균을 기대할 수 없음
저온살균법(LTLT법)	우유와 같은 액체식품에 대해 61~65℃에서 30분간 가열하는 방법으로, 영양 손실이 적음
고온 단시간살균법(HTST법)	우유의 경우 70~75℃에서 15~20초간 가열하는 방법
초고온 순간살균법(UHT법)	우유의 경우 130~140℃에서 2초간 살균 처리하는 방법

(2) 화학적 방법

소독약의 구비조건 : 살균력이 강할 것, 저렴하고 사용법이 간단할 것, 금속부식성이 없을 것, 표백성이 없을 것, 용해성이 높을 것, 침투력이 강하며 안정성이 있을 것

종류	용도
염소 · 차아염소산나트륨	채소, 식기, 과일, 음료수 등의 소독에 사용
표백분(클로르칼키 · 클로르석회)	우물 · 수영장 소독 및 야채 · 식기 소독에 사용
역성비누(양성비누)	• 과일, 야채, 식기, 손 소독에 사용 • 사용농도: 원액(10%)을 200~400배 희석하여 0.01~0.1%로 만들어 사용/ 과일, 야채, 식기 소독은 0.01~0.1%/ 손 소독은 10%로 사용 • 보통 비누와 동시에 사용하거나, 유기물이 존재하면 살균효과가 떨어지므로 세제로 씻은 후 사용
석탄산(3%)	• 변소(분뇨) · 하수도 · 진개 등의 오물 소독에 사용하며 온도 상승에 따라 살균력도 비례하여 증가하고 각종 소독약의 소독력을 나타내는 기준이 됨 • 장점: 살균력이 안전하고 유기물 존재 시에도 소독력이 약화되지 않음 • 단점 : 냄새가 독함, 독성이 강함, 피부점막에 강한 자극을 줌, 금속부식성이 있음 • 석탄산계수 = $\frac{\text{(다른)소독약의 희석배수}}{\text{석탄산의 희석배수}}$
크레졸비누액(3%)	• 변소(분뇨) · 하수도 · 진개 등의 오물 소독 · 손 소독에 사용 • 피부자극은 비교적 약하지만 소독력은 석탄산보다 강하며(2배) 냄새도 강함

과산화수소(3%)	자극성이 적어서 피부·상처 소독에 적합하며, 특히 입안의 상처 소독에도 사용할 수 있음
포름알데히드(기체)	포름알데히드(기체) : 병원·도서관·거실 등의 소독에 사용되고 있음
포르말린	• 포름알데히드를 물에 녹여서 35~37.5%의 수용액으로 만듦 • 변소(분뇨)·하수도·진개 등의 오물 소독에 이용
승홍수(0.1%)	• 비금속 기구 소독에 이용 • 온도 상승에 따라 살균력도 비례하여 증가
생석회	하수도·진개 등의 오물 소독에 가장 우선적으로 사용
에틸알코올(70%)	금속기구, 초자기구, 손 소독 등에 사용
에틸렌옥사이드(기체)	식품 및 의약품 소독에 사용

04 식품의 위생적 취급기준

1 식품 조리기구의 관리

식품 조리기구는 재질이 비독성이며 녹슬지 않고, 청소세제와 소독약품에 잘 견뎌야 한다. 조리기구는 사용 후 염소계 소독제 200ppm을 사용하여 살균 후 물기를 제거한다.

[항목별 세척 방법]

항목	내용
남은 야채	야채를 담는 용기는 매일 세척을 하며, 야채는 남기지 않고 매일 폐기한다.
조리대와 작업대 청소	세제를 사용하여 매일 세척하고, 반드시 건조한다.
바닥청소	• 1일 2회 물을 뿌려 청소를 한다. • 기름때가 있을 경우에는 가성소다를 묻혀 1시간 두었다가 청소용 솔로 닦아 물청소를 해주며, 바닥은 건조 상태를 유지한다.
칼	칼은 조리 도중에는 갈지 않고(쇠 냄새가 나기 때문) 조리가 종료된 후 매일 갈고, 클렌저나 전용행주로 물기를 닦아 건조하여 보관한다.
도마	조리 시마다 물로 씻어 사용하며, 조리 종료 후에는 중성세제로 씻고 살균·소독하여 보관하고, 특히 환절기에는 열탕소독도 철저히 하여 지정된 장소에 보관한다.
식기	용기는 중성세제를 사용하여 각진 구석을 주의 깊게 닦아야 하며, 오염을 막기 위해 지정된 장소에 보관한다.
식품	들어온 식품들은 품질과 양, 신선도를 체크하며, 잡균에 오염되지 않도록 바닥에 직접 놓지 않는다.
음식보관	외부 공기가 들어가지 않도록 랩을 씌우거나 뚜껑을 덮어서 유통기한을 적은 스티커를 붙여 냉장 보관한다.

2 식재료 입출고 및 보관관리

① 원부재료와 포장재, 제품 등 물품에 대한 기록이 유지되어야 한다.

② 유통기한이 초과된 제품 또는 원료는 보관하고 있지 말아야 한다.

③ 식품의 적재 시에는 벽과 바닥으로부터 일정한 간격 이상을 두고 적재한다.

④ 원료, 자재, 완제품 및 시험시료는 따로 구분을 하여 관리한다.

3 식재료의 취급

① 재고수량을 파악한 후 적정량을 구입하며, 유통기한을 확인한다.

② 보존 상태가 좋지 못한 것은 가격이 저렴하다고 해도 구입하지 않는다.

③ 냉동식품은 해동흔적, 통조림은 찌그러짐, 냉장식품의 비냉장 상태를 확인한다.

④ 선입선출(FIFO; First In, First Out) 방식으로 사용한다.

⑤ 유효기간이 남아있어도 선도가 떨어진 것은 폐기한다.

⑥ 유효기간이 지난 상품은 반드시 폐기처분한다.

05 식품첨가물과 유해물질

1 식품첨가물

식품첨가물(食品添加物)이란 식품의 제조 · 가공이나 보존을 할 때에 필요에 의해서 식품에 첨가 또는 혼합 · 침윤하거나 그 밖의 방법으로 식품에 사용되는 물질이며, 천연 첨가물과 화학적 합성품으로 크게 나눌 수 있다.

(1) 식품의 기호성을 높이고 관능을 만족시키는 것

종류	특성
착색료	• 식품의 가공공정에서 상실되는 색을 복원하거나 외관을 보기 좋게 하기 위하여 사용 • 동클로로필린 나트륨, 철클로로필린 나트륨, 3·2산화철, β-카로틴 • 타르색소를 사용할 수 없는 식품의 종류 : 면류, 김치류, 다류, 묵류, 젓갈류, 단무지, 천연식품(두부류, 건강보조식품, 특수영양식품, 유산균음료, 토마토케첩 등)
발색제	• 발색제 그 자체에는 색이 없으나 식품 중의 색소와 작용해서 색을 안정시키거나 발색을 촉진시키는 데 사용 • 육류 발색제 : 질산칼륨, 질산나트륨, 아질산나트륨 • 식물성 발색제 : 황산 제1철(결정), 황산 제1철(건조)

표백료	• 유화물질을 화학적 분해에 의하여 탈색시키는 데 사용 • 산화제 : 과산화수소 • 환원제 : 아황산나트륨(결정), 아황산나트륨(무수), 산성 아황산나트륨, 메타중아황산칼륨, 차아황산나트륨
착향료	• 식품의 냄새를 강화 또는 변화시키거나 좋지 않은 냄새를 없애기 위해 사용 • 에스텔류 : 카프론산알릴, 초산벤질, 프로피온산벤질, 초산부틸, 낙산부틸 • 에스텔 이외의 착향료 : 데실알코올, 시트로넬올, 시트로넬라, 계피알코올, 유칼립톨 • 성분 규격이 없는 착향료 : 이소티오시아네이트류, 인돌 및 그 유도체, 에스텔류, 에텔류, 지방족 고급 알코올류, 지방족 고급 알데히드류
감미료	• 당질을 제외한 감미를 가지고 있는 화학적 제품을 총칭하여 합성감미료라고 함 • 사카린나트륨, 글리시리친산 2나트륨, 글리시리친산 3나트륨, d-솔비톨, 스테비오사이드
조미료	• 식품이 본래 가지고 있는 맛보다 좋은 맛을 내거나 개인의 미각에 맞도록 첨가 • 정미료(감칠맛) 글리신, 5-구아닐산나트륨, 구연산나트륨, 1-글루탐산나트륨, d-주석산나트륨 • 산미료 : 구연산, 초산, 빙초산, 후말산, 젖산, d-주석산

(2) 품질 유지 또는 개량에 사용하는 것

종류	특성
소맥분 개량제	• 밀가루는 저장 중에 공기 중의 산소에 의하여 산화되어 서서히 어느 정도 표백과 성숙이 진행되지만, 장기간 저장하여야 하기 때문에 소맥분 개량제를 첨가함 • 과산화벤조일(희석), 과황산암모늄, 브롬산칼륨, 이산화염소
품질개량제(결착제)	• 포유동물의 고기나 어육을 가공, 특히 연제품을 만들 때 팽창성이나 보수성을 높여 고기의 결착성을 좋게 하기 위하여 사용 • 인산염
유화제(계면활성제)	• 서로 혼합이 잘 되지 않는 2종류의 액체 또는 고체를 액체에 분산시키는 기능을 가지고 있는 물질을 유화제 또는 계면활성제라고 함 • 소르비탄지방산에스텔, 글리세린지방산에스텔, 자당지방산에스텔, 프로필렌글리콜지방산에스텔, 대두인지질
증점제(호료)	점성 증가, 한천
피막제	• 생과일 · 야채류의 호흡작용을 제한, 수분증발방지, 외상예방, 부패균의 침입을 어느 정도 방지하여 장기간 보존하기 위하여 표면에 피막을 만듦 • 모르폴린지방산염, 초산비닐수지

(3) 식품의 제조 · 가공 과정에서 사용하는 것

종류	특성
양조용 첨가제	• 청주, 합성 청주, 맥주, 과실주 등의 알코올음료를 만들 때 사용 • 황산마그네슘, 황산암모늄, 제1인산칼륨
소포제	• 식품공업에 있어 농축 또는 발효시킬 때 거품이 생겨 작업상 여러 가지 지장을 가져오는데, 이를 저지하기 위하여 사용 • 규소수지

팽창제	• 빵, 과자, 비스킷 등을 만드는 과정에서 가스를 발생시켜 부풀게 함으로써 연하고 맛이 좋으며, 소화되기 쉬운 것으로 만들기 위하여 사용 • 단미 팽창제 : 탄산수소나트륨, 탄산수소암모늄, 탄산암모늄 • 합성 팽창제 : 암모늄 명반, 명반, 소명반
용제	• 착색료, 착향료, 보존료 등을 식품에 첨가할 경우 잘 녹지 않으므로 용해시켜 식품에 균일하게 흡착시키기 위해 사용 • 프로필렌글리콜, 글리세린, 핵산

(4) 식품의 변질, 변패를 방지하기 위해 사용하는 것

종류	특성
보존료(방부제)	• 미생물의 증식을 억제하고 선도를 보존하기 위한 목적으로 사용 • 종류 – 데히드로초산, 데히드로초산나트륨 : 치즈, 버터, 마가린 0.5g/kg 이하 – 소르빈산, 소르빈산칼륨 : 식육 2kg/kg 이하, 된장 1g/kg 이하 – 안식향산, 안식향산나트륨 : 과실, 채소류, 탄산음료수, 간장 0.6g/kg 이하 – 파라옥시안식향산부틸 : 간장 0.25g/kg 이하, 청량음료 0.1g/kg 이하, 과일주 · 약주 · 탁주 0.05g/kg 이하 – 프로피온산 나트륨, 프로피온산 칼슘 : 빵 및 생과자류
살균제(소독제)	• 식품 내 부패원인균을 단시간에 사멸시키기 위한 목적으로 사용 • 종류 : 표백분, 고도표백분, 차아염소산나트륨, 이소시아뉼산이염화나트륨, 에틸렌옥사이드
산화방지제	• 식품 내의 지방의 산화 방지와 산화 과정을 지연시키기 위해 사용 • 종류 : 부틸히드록시아니졸(BHA), 디부틸히드록시톨루엔(BHT), 몰식자산프로필, 아스코르빈산, 에리소르빈산, 에리소르빈산나트륨, DL-α-토코페롤(비타민 E)
방충제	• 곡류의 저장 중에 생기는 미세곤충의 피해 방지를 위해 사용 • 종류 : 피페로닐부톡사이드

(5) 기타

① 이형제 : 빵을 만들 때 빵 틀로부터 빵의 형태를 손상시키지 않고 분리하거나 비스킷 등의 제조 때 컨베이어에서 쉽게 분리해 내기 위하여 사용한다(유동파라핀).

② 껌 기초제 : 합성수지, 에스텔껌, 초산비닐수지, 폴리부텐, 폴리이소부틸렌

(6) 천연산 식품첨가물

① 산탄껌(Xanthan gum) : 호료 및 안정제로 사용

② 젤라틴(Gelatine) : 호료, 유화제로 사용

③ 효모(Yeast) : 양조용 첨가제, 팽창제로 사용

2 유해물질

(1) 중금속

종류	특성
납(Pb)	• 중독 경로 : 납땜(통조림), 음료수를 통과시키는 수도관, 도료, 유약에 납 성분 함유, 농약, 안료(화장품) • 증상 : 혈색소 파괴, 빈혈, 얼굴이 납색이 되며 연산통(간헐적 복통), 연연(잇몸의 색이 납빛이 되고 줄 생성), 근육통, 심장박동이상, 호흡장애, 구토, 설사 등
카드뮴(Cd)	• 중독 경로 : 식기, 용기, 공장폐수, 광산폐수, 매연, 수질오염, 농작물이 오염된 것을 식품으로 섭취하였을 때 등 • 이타이이타이병 : 광산에서 카드뮴을 폐수로 흘려보내 전신동통 등 보행이 곤란할 정도의 뼈 약화, 골연화증, 골다공증이 나타나고, 또 체내에 흡수되면 신장의 재흡수장애를 일으켜 칼슘 배설을 증가시킴
비소(As)	• 중독 경로 : 농약 • 증상 – 급성중독 : 구토, 구갈, 식도 위축, 설사, 심장마비, 흑피증 – 만성중독 : 혈액이 녹고, 조직에 침착되어 신경계통 마비, 전신경련
아연(Zn)	• 중독 경로 : 합금, 산성식품, 가열에 의한 용출 • 증상 : 오심, 구토, 설사, 경련, 두통, 권태감
주석(Sn)	• 중독 경로 : 통조림(산성식품, 산소와 접촉하여 변하고 황화수소와 결합해 검게 변함) • 증상 : 오심, 구토, 복통, 설사, 권태감 • 예방법 : 통조림을 따서 사용한 후 남은 것은 다른 용기에 담아 보관함
안티몬(Sb)	• 중독 경로 : 염료(법랑, 도자기, 고무관 염료)가 유기산과 결합해 용출이 용이함 • 증상 : 구토, 복통, 구갈, 허탈, 심장마비에 의한 사망
구리(Cu)	• 중독 경로 : 식기에 녹청이 생겨 중독, 구리합금에 의하여 산성에서 쉽게 용출되며 착색제(채소), 농약에 함유되어 있음 • 증상 : 오심, 구토, 타액 다량 분비, 복통, 현기증, 호흡곤란
수은(Hg)	• 중독 경로 : 체온계, 질이 나쁜 화장품 • 미나마타병(만성중독) : 손의 지각이상, 언어장애, 시청각 기능장애, 구내염, 보행곤란, 반사신경 마비 • 급성중독 : 농약, 보존료, 방부제, 오염된 식품 섭취 시에 유발하며 경련, 갈증, 구토, 복통, 설사, 허탈로 사망함

(2) 유해 첨가물

독성이 강하여 사용이 금지된 첨가물은 다음과 같다.

착색제	아우라민, 로다민 등
감미료	에틸렌글리콜, 니트로아닐린, 둘신, 페릴라틴, 사이클라메이트, 파라니트로올소톨루이딘
표백제	롱가릿, 형광표백제 등
보존료	붕산, 포름알데히드, 불소화합물, 승홍 등

CHAPTER

02 모의고사

01 식품을 변질시키는 미생물의 생육이 가능한 최저수분활성도(Aw)의 순서로 옳은 것은?

① 박테리아>효모>곰팡이

② 효모>곰팡이>박테리아

③ 박테리아>곰팡이>효모

④ 효모>박테리아>곰팡이

해설 **미생물 생육에 필요한 수분량 순서**
세균(박테리아)>효모>곰팡이

02 수분 함량이 많고, pH가 중성 정도인 단백질 식품을 주로 부패시키는 미생물은?

① 세균

② 효모

③ 곰팡이

④ 바이러스

해설 곰팡이와 효모는 발육최적 pH가 4.0~6.0으로 산성에서 쉽게 발육하고, 세균은 pH 6.5~7.5의 중성에서 발육할 수 있으며, 생육에 필요한 수분량이 많다.

03 다음 중 병원성 미생물에 포함되지 않는 것은?

① 장염 비브리오균

② 살모넬라균

③ 대장균

④ 맥주효모

해설 맥주효모는 인체에 무해한 균으로, 보리에서 발효를 일으켜 유기산과 알코올을 생성하는 균이다.

04 미생물의 발육조건과 거리가 먼 것은?

① 식품의 온도

② 식품의 수분

③ 식품의 영양소

④ 식품의 빛깔

해설 미생물은 적당한 영양소, 수분, 온도, 수소이온농도(pH), 산소가 있어야 잘 자란다. 식품의 빛깔은 식품의 변질, 미생물 발육과는 무관하다.

05 다음 중 세균의 번식이 잘되는 제품으로 맞지 않는 것은?

① 식염의 양이 많은 식품

② 영양분이 많은 식품

③ 습기가 많은 식품

④ 온도가 적당한 식품

해설 미생물의 생육에 필요한 환경요인은 영양분, 온도, 수분, pH, 산소 등으로, 식염이나 설탕은 미생물의 생육을 억제한다.

06 식품의 부패란 주로 무엇이 변질된 것인가?

① 무기질

② 포도당

③ 단백질

④ 비타민

해설 부패란 단백질 식품에 미생물이 작용하여 변질된 것이다.

정답
01 ① 02 ① 03 ④ 04 ④ 05 ① 06 ③

07 부패의 물리 · 화학적 판정에 이용되기 어려운 것은?

① 점도(粘度) ② 탄성(彈性)

③ pH ④ 결정 크기

해설 식품이 부패하면 점도가 높아지고 탄력성은 떨어지며, 휘발성 염기 질소량이 증가하고 pH(수소이온농도)도 변화한다.

08 병원 미생물을 큰 것부터 나열한 순서가 옳은 것은?

① 세균 – 바이러스 – 스피로헤타 – 리케차

② 바이러스 – 리케차 – 세균 – 스피로헤타

③ 리케차 – 스피로헤타 – 바이러스 – 세균

④ 스피로헤타 – 세균 – 리케차 – 바이러스

해설 **균의 크기**

진균류(곰팡이) – 스피로헤타 – 세균 – 리케차 – 바이러스

09 중온균(Mesophiles)의 생육 최적온도는?

① 10~20℃

② 25~37℃

③ 55~60℃

④ 40~75℃

해설 **미생물의 생육에 필요한 최적온도**

저온균 10~20℃, 중온균 25~37℃, 고온균 55~60℃

10 다음 중 건조식품, 곡류 등에 가장 잘 번식하는 미생물은?

① 효모(Yeast)

② 세균(Bacteria)

③ 곰팡이(Mold)

④ 바이러스(Virus)

해설 곰팡이는 건조식품이나 주로 곡물에 잘 증식한다.

11 크기가 가장 작고 세균여과기를 통과하며, 생체 내에서만 증식이 가능한 미생물은?

① 곰팡이

② 효모

③ 원충류

④ 바이러스

해설 **바이러스(Virus)**

형태와 크기가 일정하지 않고 순수배양이 불가능하며, 살아있는 세포에만 증식한다. 미생물 중에서 가장 작은 것으로 세균여과기를 통과하며, 경구감염병의 원인이 되기도 한다.

12 식품에 오염되어 발암성 물질을 생성하는 대표적인 미생물은?

① 곰팡이

② 세균

③ 리케차

④ 효모

해설 곰팡이류가 생산하는 독소는 발암물질로 널리 알려져 있다.

13 식품의 변질 중 부패 과정에서 생성되지 않는 물질은?

① 암모니아 ② 포르말린

③ 황화수소 ④ 인돌

해설 **부패**

단백질 식품이 혐기성 세균에 의해서 분해(암모니아, 아민, 트릴메탈아민, 인돌 등)되어 악취가 나고, 인체에 유해한 물질이 생성되는 현상

14 미생물이 없어도 일어나는 변질현상은?

① 부패 ② 산패

③ 변패 ④ 발효

해설 **산패**

유지식품이 공기 중의 산소, 일광, 금속, 열에 의해 산화되는 현상

정답 07 ④ 08 ④ 09 ② 10 ③ 11 ④ 12 ① 13 ② 14 ②

15 다음 중 세균의 번식을 방지하기 위한 수분량으로 맞는 것은?

① 25% 이하

② 20% 이하

③ 15% 이하

④ 10% 이하

해설 세균은 수분량 15% 이하에서는 잘 자랄 수 없다.

16 어떤 식품에 미생물이 많이 증식되어 있다는 것은 무엇을 의미하는가?

① 감염병을 일으킨다.

② 신선하지 않다.

③ 기생충 알이 많다.

④ 유독 물질이 많다.

해설 식품 중에 균수가 많아졌다는 것은 식품의 신선도가 저하되었다는 것을 의미한다.

17 미생물의 그람(Gram)염색과 가장 관계 깊은 것은?

① 점막 ② 세포막

③ 핵막 ④ 원형질막

해설 미생물의 그람(Gram)염색은 미생물의 세포막을 염색하는 것이다.

18 미생물학적으로 식품의 초기부패를 판정할 때 식품 중 생균수가 몇 개 이상일 때를 기준으로 하는가?

① 10^2 ② 10^5

③ 10^8 ④ 10^{10}

해설 **식품의 신선도 판정**
생균수 검사로 확인(식품 1g당 생균수가 10^7~10^8마리일 때 초기부패로 판정)한다.

19 회충, 편충과 같은 기생충 예방을 위해 가장 우선적으로 해야 할 일은?

① 청정채소를 재배해야 한다.

② 음식물은 반드시 끓여 먹는다.

③ 채소는 흐르는 깨끗한 물에서 5회 이상 씻은 후 식용한다.

④ 구충제는 연 2회 복용한다.

해설 분변을 비료로 사용하지 않고, 화학비료로 채소를 재배하는 청정재배는 충란이 식품에 오염될 우려가 없으므로, 충란으로 감염되는 회충이나 편충과 같은 기생충을 예방할 수 있다.

20 다음 기생충 중 주로 야채를 통해 감염되는 것은?

① 회충, 민촌충

② 회충, 십이지장충(구충)

③ 촌충, 광절열두조충

④ 십이지장충, 간디스토마

해설 **야채류를 매개로 감염되는 기생충**
회충, 요충, 구충, 동양모양 선충, 편충 등

21 회충에 관한 설명으로 틀린 것은?

① 장관 내에 군거생활을 한다.

② 회충란은 일광 하에서도 사멸하지 않는다.

③ 유충은 심장과 폐를 가진다.

④ 충란은 여름철에 자연조건에서 2주일 정도 후면 인체에 감염력이 있다.

해설 회충은 우리나라에서 가장 높은 감염률을 나타내는 기생충으로, 직사광선과 열에 약하다.

정답 15 ③ 16 ② 17 ② 18 ③ 19 ① 20 ② 21 ②

22 바다에서 잡히는 어류를 먹고 기생충증에 걸렸다면 다음 중 가장 관계가 깊은 것은?

① 선모충
② 동양모양선충
③ 아니사키스충
④ 유구조충

해설 아니사키스충은 고래, 돌고래에 기생하는 기생충으로, 본충에 감염된 연안어류를 섭취할 때 감염된다.

23 간흡충(간디스토마)의 제2중간숙주는?

① 다슬기 ② 가재
③ 고등어 ④ 붕어

해설
- 간흡충의 숙주 : 제1중간숙주(왜우렁이), 제2중간숙주(붕어, 잉어)
- 폐흡충의 숙주 : 제1중간숙주(다슬기), 제2중간숙주(가재, 게)
- 횡천흡충의 숙주 : 제1중간숙주(다슬기), 제2중간숙주(은어, 잉어)
- 광절열두조충 : 제1중간숙주(물벼룩), 제2중간숙주(연어, 송어)

24 민물고기를 생식한 일이 없는데도 간디스토마에 감염될 수 있는 경우는?

① 민물고기를 요리한 도마를 통해서
② 오염된 야채를 생식했을 때
③ 가재, 게의 생식을 통해서
④ 해삼, 멍게를 생식했을 때

해설 민물고기를 조리한 조리기구를 위생적으로 취급하지 않았을 때 2차 오염에 의해 감염된다.

25 다음 기생충 중 가재가 중간숙주인 것은?

① 회충 ② 편충
③ 폐디스토마 ④ 민촌충

해설 **폐흡충(폐디스토마)의 숙수**
제1중간숙주(다슬기), 제2중간숙주(가재, 게)

26 광절열두조충의 중간숙주와 감염 부위는?

① 다슬기 - 은어 - 소장
② 왜우렁이 - 붕어 - 간
③ 물벼룩 - 연어 - 소장
④ 다슬기 - 가재 - 폐

해설 **광절열두조충(긴촌충)**
- 제1중간숙주 : 물벼룩
- 제2중간숙주 : 송어, 연어
- 감염부위 : 소장

27 기생충란을 제거하기 위하여 야채를 세척하는 방법은?

① 흐르는 수돗물에 5회 이상 씻는다.
② 물을 그릇에 받아 2회 세척한다.
③ 수돗물에 씻으면 된다.
④ 소금물에 1회 씻는다.

해설 기생충란을 제거하기 위해 고여 있는 물이 아닌 흐르는 물에 5회 이상 씻어준다.

28 집단감염이 잘 되며, 항문 부위의 소양증이 있는 기생충은?

① 간디스토마 ② 구충
③ 요충 ④ 회충

해설 요충은 맹장 부위에서 성충이 될 때까지 발육하여 항문 주위에 나와 산란한다. 증상은 항문 주위의 소양증과 세균의 2차 감염에 의한 염증을 일으킨다.

29 다음 기생충의 중간숙주와 연결이 틀린 것은?

① 말라리아 - 모기
② 긴촌충 - 담수어
③ 민촌충 - 소
④ 갈고리촌충 - 돼지

해설 말라리아는 사람이 중간숙주의 구실을 한다.

정답
22 ③ 23 ④ 24 ① 25 ③ 26 ③ 27 ① 28 ③ 29 ①

30 다음 기생충 중 경피감염 되는 것은?

① 편충 ② 요충
③ 십이지장충 ④ 긴촌충

해설 십이지장충(구충)의 감염은 피낭유충으로 오염된 식품 및 물을 섭취하거나 피낭유충이 피부를 뚫고 들어감으로써 경피감염 된다.

31 다음 식품과 기생충의 연결이 관계없는 것은?

① 바다생선 – 아니사키스충
② 돈육 – 유구조충
③ 민물고기 – 간흡충
④ 가재, 게 – 긴촌충

해설 • 광절열두조충(긴촌충) : 제1중간숙주(물벼룩) – 제2중간숙주(연어, 송어) – 종숙주(인간)
• 폐흡충(폐디스토마) : 제1중간숙주(다슬기) – 제2중간숙주(가재, 게), 종숙주(인간의 폐)

32 식염수 중에서 저항력이 강하여 절임채소에도 부착되어 감염을 일으키는 기생충은?

① 유구조충의 낭충
② 구충의 자충
③ 선모충의 유충
④ 동양모양선충의 자충

해설 동양모양선충은 내염성이 강하다(절임채소에도 부착되어 감염됨).

33 우리나라 낙동강, 영산강, 금강, 한강 등의 강 유역 주민들에게 많이 감염되고 있으며, 민물고기를 생식할 경우에 발생할 우려가 있는 질병은?

① 간디스토마
② 아나사키스충증
③ 폐디스토마
④ 광절열두조충증

해설 간디스토마는 감염경로가 제1중간숙주(다슬기, 왜우렁이) – 제2중간숙주(민물고기인 붕어와 잉어)로 강 유역에 사는 주민에게 많이 감염되며, 민물고기를 생식하는 생활습관을 가지고 있는 지역주민에게 특히 많이 감염된다.

34 돼지고기를 가열하지 않고 섭취하면 감염될 수 있는 기생충은?

① 간흡충 ② 유구조충
③ 무구조충 ④ 광절열두조충

해설 • 유구조충(갈고리촌충) : 돼지고기
• 무구조충(민촌충) : 쇠고기

35 채소를 통해서는 감염될 수 없는 기생충은?

① 동양모양선충 ② 요충
③ 회충 ④ 무구조충증

해설 무구조충증(민촌충)의 중간숙주는 소로, 소고기의 생식을 금해야 예방할 수 있다.

36 중간숙주와 관계없이 감염이 가능한 기생충은?

① 아니사키스충 ② 회충
③ 폐흡충 ④ 간흡충

해설 중간숙주가 없는 것 : 회충, 구충, 편충, 요충

37 다음은 미생물에 작용하는 강도의 순으로 나열한 것이다. 옳은 것은?

① 멸균>소독>방부
② 소독>방부>멸균
③ 방부>멸균>소독
④ 소독>멸균>방부

해설 • 멸균 : 병원균을 포함한 모든 균을 사멸
• 소독 : 병원균을 죽임
• 방부 : 균의 성장억제
• 멸균>소독>방부

정답
30 ③ 31 ④ 32 ④ 33 ① 34 ② 35 ④ 36 ② 37 ①

38 물리적 소독법 중 1일 100℃, 30분씩 연 3일간 계속하는 멸균법은 다음 중 어느 것인가?

① 화염멸균법

② 유통증기소독법

③ 고압증기멸균법

④ 간헐멸균법

해설 **간헐멸균법(유통증기)**

100℃의 유통증기 중에서 24시간마다 30분간씩 3회 계속하는 방법으로, 아포를 형성하는 균을 죽일 수 있다.

39 다음 설명 중 부적당한 것은?

① 소독 - 병원세균을 죽이거나 감염력을 없애는 것

② 살균 - 모든 세균을 죽이는 것

③ 방부 - 병원세균을 완전히 죽여 부패를 막는 것

④ 자외선 - 투과율에 의해 살균효과에 관계하며, 실내공기의 살균에 유효하게 사용

해설 **방부**

병원세균을 완전히 죽이는 것이 아니라 미생물의 성장을 억제하여 식품의 부패와 발효를 억제하는 것이다.

40 식품 위생에서 소독을 가장 잘 설명한 것은?

① 오염된 물질을 없애는 것

② 물리 또는 화학적 방법으로 병원미생물을 사멸 또는 병원력을 약화시키는 것

③ 모든 미생물을 사멸 또는 발육을 저지시키는 것

④ 모든 미생물을 전부 사멸시키는 것

해설 **소독**

병원미생물의 생활을 물리 또는 화학적 방법으로 사멸시켜 병원균의 감염력과 증식력을 억제하는 것이다.

41 다음 소독제 중 소독의 지표가 되는 것은?

① 석탄산 ② 크레졸

③ 과산화수소 ④ 포르말린

해설 석탄산은 각종 소독약의 소독력을 나타내는 기준이 된다.

42 통조림을 오토클레이브에 넣어 120℃에서 15파운드의 압력으로 15~20분간 처리하는 멸균법은?

① 고압증기멸균법

② 건열멸균법

③ 초고온순간살균법

④ 유통증기간헐멸균법

해설 **고압증기멸균법**

고압증기멸균솥(오토클레이브)을 이용하여 121℃(압력 15파운드)에서 15~20분간 살균하는 방법으로, 통조림 등의 살균에 이용되며 아포를 포함한 모든 균을 사멸시킨다.

43 자외선 살균의 특징과 거리가 먼 것은?

① 피조사물에 조사하고 있는 동안만 살균효과가 있다.

② 비열살균이다.

③ 단백질이 공존하는 경우에도 살균효과에는 차이가 없다.

④ 가장 유효한 살균 대상은 물과 공기이다.

해설 자외선 살균 시 단백질을 많이 함유하고 있는 식품은 살균효과가 떨어진다.

44 우유에 쓰이는 소독 방법이 아닌 것은?

① 고온단시간살균법

② 저온살균법

③ 고온장시간살균법

④ 초고온순간살균법

정답 **38** ④ **39** ③ **40** ② **41** ① **42** ① **43** ③ **44** ③

해설 • 저온살균법 : 우유와 같은 액체식품에 대해 61~65℃에서 30분간 가열하는 방법으로, 영양 손실이 적다.

- 고온단시간살균법 : 우유의 경우 70~75℃에서 15~20초간 가열하는 방법이다.
- 초고온순간살균법 : 우유의 경우 130~140℃에서 2초간 살균 처리하는 방법이며, 요즘 많이 사용된다.
- 고온장시간살균법 : 95~120℃에서 30~60분간 가열하는 방법으로, 통조림 살균에 쓰인다.

45 조리 관계자의 손을 소독하는 데 가장 적합한 소독제는?

① 역성비누

② 크레졸비누

③ 승홍수

④ 경성세제

해설 **역성비누**

원액(10%)을 200~400배 희석하여 0.01~0.1%로 만들어 사용하며, 식품 및 식기, 조리사의 손 소독에 이용된다.

46 소독약의 구비조건이 아닌 것은?

① 표백성이 있을 것

② 침투력이 강할 것

③ 금속부식성이 없을 것

④ 살균력이 강할 것

해설 **소독약의 구비조건**

- 살균력이 강할 것
- 사용이 간편하고 가격이 저렴할 것
- 금속부식성과 표백성이 없을 것
- 용해성이 높으며 안전성이 있을 것
- 침투력이 강할 것
- 인축에 대한 독성이 적을 것

47 조리장 소독 시 가장 우선적으로 유의해야 할 사항은?

① 소독약품의 경제성을 고려해야 한다.

② 소독약품이 사용하기에 간편해야 한다.

③ 모든 식품 및 식품용기의 뚜껑을 꼭꼭 닫는다.

④ 소독력이 커야 한다.

해설 조리장 소독 시 가장 우선적으로 고려해야 할 사항은 모든 식품 및 식품용기의 뚜껑을 꼭 닫아 소독약품이 들어가지 않게 하는 것이다.

48 식기 소독에 가장 적당한 것은?

① 비눗물

② 하이타이

③ 염소용액

④ 알코올

해설 염소 : 상수도, 수영장, 식기소독에 사용

49 화학적인 소독법끼리만 짝지어진 것은?

① 가열 소독, 자외선 소독

② 염소 소독, 자외선 소독

③ 가열 소독, 석탄산 소독

④ 염소 소독, 석탄산 소독

해설 **소독**

- 화학적 방법 : 표백분, 염소, 석탄산, 크레졸 등
- 물리적 방법 : 열처리법(건열멸균법, 습열멸균법), 무가열멸균법(자외선, 세균여과법, 방사선살균법, 초음파멸균법)

50 석탄산의 90배 희석액과 어느 소독약의 180배 희석액이 동일 조건에서 같은 소독 효과가 있었다면, 이 소독약의 석탄산 계수는 얼마인가?

① 5.0　　② 2.0

③ 0.5　　④ 0.2

해설 **석탄산 계수**

$$\frac{\text{다른 소독약의 희석배수}}{\text{석탄산의 희석배수}} = \frac{180\text{배}}{90\text{배}} = 2\text{배}$$

정답

45 ①　46 ①　47 ③　48 ③　49 ④　50 ②

51 음료수의 염소 소독 때 파괴되지 않는 것은?

① 유행성간염 바이러스

② 콜레라균

③ 파라티푸스균

④ 장티푸스균

해설 콜레라균, 파라티푸스균, 장티푸스균은 염소 소독으로 파괴가 되지만, 유행성간염 바이러스는 파괴되지 않는다.

52 다음 중 역성비누에 대한 설명으로 틀린 것은?

① 단백질이 있으면 효력이 저하되기 때문에 세제로 씻고 사용한다.

② 보통비누에 비하여 세척력은 약하나 살균력이 강하다.

③ 보통비누와 함께 사용하면 효력이 상승한다.

④ 냄새가 없고 부식성이 없으므로 손 · 식기 · 도마에 사용한다.

해설 역성비누는 보통비누와 함께 사용하며, 유기물이 존재하면 살균효과가 떨어지므로 세제로 씻은 후 사용하는 것이 좋다.

53 다음 중 과일이나 야채의 소독에 사용할 수 있는 약제는?

① 클로르칼키 ② 석탄산

③ 크레졸비누 ④ 포르말린

해설 클로르칼키 : 야채, 과일, 식기 소독에 이용

54 승홍수를 사용할 때 적당치 않은 용기는?

① 사기 ② 나무

③ 금속 ④ 유리

해설 승홍은 소독력이 강하고 금속부식성이 있으므로, 금속제품의 소독에는 부적당하다.

55 음료수의 소독에 사용되지 않는 방법은?

① 염소 소독

② 오존 소독

③ 역성비누 소독

④ 자외선 소독

해설 역성비누는 식품 및 식기, 조리사의 손 소독에 사용되며, 음료수 소독에는 염소, 표백분, 차아염소산나트륨, 자외선 소독, 자비 소독이 쓰인다.

56 화장실과 쓰레기통, 하수구를 소독할 때 가장 효과적인 방법은?

① 산과 알칼리 포르말린으로 소독한다.

② 승홍수, 알코올로 소독한다.

③ 생석회, 석탄산수, 크레졸로 소독한다.

④ 과산화수소, 역성비누로 소독한다.

해설 화장실과 쓰레기통, 하수구는 석탄산, 크레졸, 생석회로 소독한다.

57 손의 소독에 가장 적합한 것은?

① 1~2% 크레졸수용액

② 70% 에틸알코올

③ 0.1% 승홍수용액

④ 3~5% 석탄산수용액

해설 70% 에틸알코올 : 손, 피부, 기구 소독에 사용

58 음료수나 채소 · 과일 등의 소독에 이용되는 소독제는?

① 석탄산, 크레졸

② 역성비누, 포르말린

③ 과산화수소, 알코올

④ 표백분, 차아염소산나트륨

정답

51 ① 52 ③ 53 ① 54 ③ 55 ③ 56 ③ 57 ② 58 ④

해설 • 채소 및 과일 소독 : 역성비누, 차아염소산나트륨, 표백분
• 음료수 소독 : 표백분, 염소, 차아염소산나트륨
• 조리기구 소독 : 역성비누, 차아염소산나트륨
• 식기 소독 : 역성비누, 염소
• 화장실 및 하수구 소독 : 석탄산, 크레졸, 생석회

59 다음 중 수건이나 식기를 소독할 때 사용하는 방법이 아닌 것은?

① 일광 소독

② 포르말린 소독

③ 자비 소독

④ 염소 소독

해설 포르말린은 실내 소독에 사용하며, 수건이나 식기 소독 시에는 역성비누, 염소, 자비 소독, 증기 소독, 일광 소독을 쓴다.

60 식품위생법상 식품을 제조, 가공 또는 보존 시 식품에 첨가, 혼합, 침윤의 방법으로 사용되는 물질이라 함은 무엇의 정의인가?

① 기구 ② 식품첨가물

③ 화학적 합성품 ④ 가공식품

해설 **식품첨가물**

식품을 제조, 가공 또는 보존 시 식품에 첨가, 혼합, 침윤의 방법으로 사용되는 물질을 말한다.

61 식품첨가물을 사용하는 목적으로 적당하지 않은 것은?

① 가격을 높이기 위하여

② 보존성, 기호성 향상

③ 식품의 품질 개량

④ 품질적 가치 증진

해설 식품첨가물로서의 품질 개량제나 소맥분 개량제 등은 식품의 품질을 향상시키고, 보존료나 산화방지제는 보존성을, 조미료나 착향료는 기호성을 향상시킨다. 따라서 대부분의 식품첨가물은 식품의 품질가치를 증진시킨다.

62 다음 중 보존제를 가장 잘 설명한 것은?

① 식품에 발생하는 해충을 사멸시키는 약제

② 식품의 변질 및 부패를 방지하고, 영양가와 신선도를 보존하는 약제

③ 식품 중의 부패세균이나 감염병의 원인균을 사멸시키는 약제

④ 곰팡이의 발육을 억제시키는 약제

해설 **보존제**

미생물의 증식을 억제하여 변질 및 부패를 방지하고, 영양가와 신선도를 보존하는 식품첨가물이다.

63 식품위생법에서 다루고 있지 않는 내용은?

① 식품첨가물을 넣은 용기

② 식품저장 중 식품에 직접 접촉되는 기계

③ 농업에서 식품의 채취에 사용되는 기구

④ 화학적 수단에 의하여 분해반응 이외의 화학반응을 일으켜 얻어진 식품첨가물

해설 농업 및 수산업에 있어서 식품의 채취에 사용되는 기계 · 기구 기타의 물건은 식품위생법에서 말하는 "기구"에서 제외한다.

64 식품위생법상 화학적 합성품의 정의는?

① 모든 화학반응을 일으켜 얻은 물질을 말한다.

② 모든 분해반응을 일으켜 얻은 물질을 말한다.

③ 화학적 수단에 의하여 원소 또는 화합물에 분해반응 외의 화학반응을 일으켜 얻은 물질을 말한다.

④ 원소 또는 화합물에 화학반응을 일으켜 얻은 물질을 말한다.

해설 식품위생법 용어의 정의상 "화학적 합성품"이라 함은 화학적 수단에 의하여 원소 또는 화합물에 분해반응 외의 화학반응을 일으켜 얻은 물질을 말한다.

정답
59 ② 60 ② 61 ① 62 ② 63 ③ 64 ③

65 다음 첨가물 중 그 사용 목적이 다른 것으로 짝지어진 것은?

① 안식향산, 소르빈산

② BHA, BHT

③ 초산, 구연산

④ 과황산암모늄, 규소수지

해설 ① 안식향산, 소르빈산 : 보존료
② BHA, BHT : 산화방지제
③ 초산, 구연산 : 산미료
④ 과황산암모늄 : 소맥분 개량제, 규소수지 : 소포제

66 식품에 보존료(방부제)를 사용할 때 가장 적당한 말은?

① 제품검사에 합격한 것을 사용기준에 맞게 사용한다.

② 제품검사에 합격한 것은 어느 식품이나 적당량을 사용한다.

③ 허용된 것이 아니더라도 인체에 해가 없으면 사용한다.

④ 모든 식품에 방부제를 써야 한다.

해설 보존료(방부제)는 제품검사의 대상물질로, 반드시 제품검사에 합격한 것을 사용기준에 맞게 사용해야 한다.

67 안식향산의 사용 목적은?

① 식품의 부패를 방지하기 위하여

② 유지의 산화를 방지하기 위하여

③ 영양 강화를 위하여

④ 식품에 산미를 내기 위하여

해설 **안식향산, 소르빈산, 데히드로초산**
- 미생물의 발육을 억제하는 작용을 한다.
- 간장, 청량음료수
- 소르빈산 : 식육제품
- 데히드로초산 : 버터, 마가린

68 식품첨가물 중 식용색소의 이상적인 조건이 아닌 것은?

① 식품첨가물 공전에 수록된 것

② 독성이 없을 것

③ 극미량으로 착색효과가 클 것

④ 물리, 화학적 변화에 색소가 분해될 것

해설 **식용색소의 이상적 조건**
- 인체에 독성이 없을 것
- 물리, 화학적 변화에 안정할 것
- 체내에 축적되지 않을 것
- 값이 싸고 사용하기에 간편할 것
- 미량으로 효과가 있을 것

69 살인당 또는 원폭당이라는 별명이 있는 유해 감미료는?

① 아우라민

② 포름알데히드

③ 파라니트로아닐린

④ 파라니트로올소톨루이딘

해설 유해감미료 중 파라니트로올소톨루이딘은 설탕보다 단맛이 200배나 강하고, 살인당이나 원폭당이라고 하며, 간장독을 일으키는 독성이 강하여 사용이 금지된 첨가물이다.

70 다음 중 치즈, 버터, 마가린 등 유지 식품에 사용이 허가된 보존료는?

① 안식향산

② 소르빈산

③ 프로피온산칼슘

④ 데히드로초산

해설 **보존료**
- 데히드로초산 : 치즈, 버터, 마가린
- 소르빈산 : 육제품, 된장
- 안식향산 : 청량음료수, 간장
- 프로피온산나트륨, 프로피온산칼슘 : 빵 및 케이크류

정답
65 ④ 66 ① 67 ① 68 ④ 69 ④ 70 ④

71 소시지 등 육제품의 색을 아름답게 하기 위해 사용하는 것은?

① 영양 강화제

② 효모

③ 발색제

④ 착색제

해설

- 발색제는 무색이어서 스스로 색을 나타내지 못하지만, 식품 중의 색소 성분과 반응하여 그 색을 고정시키거나 발색케 하는 첨가물이다.
- 육류 발색제 : (아)질산염, (아)질산칼륨

72 다음 중 조미료를 가장 잘 설명한 것은?

① 음식의 변질 및 부패를 방지하고 영양가와 신선도를 유지한다.

② 음식의 맛, 향, 색을 좋게 하여 식욕을 일으키고 소화를 돕는다.

③ 식품 중의 유지를 변질, 변색시키는 것을 방지하는 물질이다.

④ 식품 중의 부패 세균이나 감염병의 원인균을 사멸한다.

해설 조미료는 식품의 가공 및 조리 시에 식품 본래의 맛을 한층 돋우거나 기호에 맞게 조절하여 맛과 풍미를 좋게 하는 첨가물이다.

73 착색료가 아닌 것은?

① 타르색소

② 캐러멜

③ 안식향산

④ 베타카로틴

해설 **착색료의 종류**

- 타르색소(인공색소), 캐러멜색소, 베타카로틴(마가린의 색소)
- 안식향산 : 보존료(방부제)

74 다음 식품첨가물과 식품과의 연결 중 잘못된 것은?

① 안식향산 – 된장

② 소르빈산 – 어육연제품

③ 과산화벤조일 – 밀가루

④ 아질산나트륨 – 식육제품

해설 안식향산은 청량음료 및 간장에 허용되어 있는 방부제이며, 된장에 사용할 수 있는 방부제는 소르빈산이다.

75 빵을 구울 때 기계에 달라붙지 않고 분할이 쉽도록 하기 위하여 사용하는 첨가물은?

① 조미료

② 유화제

③ 피막

④ 이형제

해설 **이형제**

빵을 만들 때 빵 틀로부터 빵의 형태를 손상시키지 않고 분리하거나 비스킷 등의 제조 때 컨베이어에서 쉽게 분리해내기 위하여 사용되는 첨가물이다.

76 물과 기름을 서로 혼합시키거나 각종 고체 용액을 다른 액체에 분산하는 기능을 가진 것을 무엇이라고 하는가?

① 유화제

② 표백제

③ 호료

④ 팽창제

해설 **유화제**

- 서로 혼합되지 않는 2종류의 액체를 유화시키기 위하여 사용하는 첨가물이다.
- 종류 : 대두인지질, 지방산에스테르의 4종

정답

71 ③ 72 ② 73 ③ 74 ① 75 ④ 76 ①

77 유해성 식품보존료가 아닌 것은?

① 포름알데히드

② 플로오르화합물

③ 데히드로초산

④ 붕산

해설 데히드로초산은 치즈, 버터, 마가린 등에 사용 가능한 보존료이다.

78 다음 중 식품제조 과정 중에 필요한 식품첨가물은?

① 이형제 ② 감미료

③ 소포제 ④ 살균제

해설 **식품첨가물의 사용목적별 분류**

- 관능을 만족시키는 첨가물 : 조미료, 감미료, 착색료, 착향료, 발색제
- 식품의 변질, 변패를 방지하는 첨가물 : 보존료, 살균제, 산화방지제
- 식품제조에 필요한 첨가물 : 소포제

79 조리 시 다량의 거품이 발생할 때 이를 제거하기 위하여 사용하는 식품첨가물은?

① 피막제 ② 용제

③ 추출제 ④ 소포제

해설 **소포제**

- 식품을 제조, 가공하는 과정 중 거품이 많이 발생하여 제조에 지장을 주는 경우 거품을 제거하기 위하여 사용하는 첨가물이다.
- 종류 : 규소수지

80 식용유 제조 시 사용되는 식품첨가물 중 n-hexane(핵산)의 용도는?

① 추출제 ② 유화제

③ 향신료 ④ 보존료

해설 **추출제**

천연물 중의 특정 성분을 용해 · 추출하거나 식용유지 제조 시 유지추출을 용이하게 하기 위한 목적으로 사용되는 것을 말하는데, 현재 허용된 추출제란 n-핵산뿐이며, 완성된 최종제품 중에서는 제거하도록 사용기준이 정해져 있다.

81 커피에 들어 있는 발암물질은?

① 벤즈알파피렌(benz-d-pyrene)

② 1,2-벤조피렌(1,2-benxopyrene)

③ 3,4-벤조피렌(3,4-benzopyrene)

④ 피시비(PCB)

해설 3,4-benzopyrene은 암을 일으키는 물질로, 불에 구운 고기나 훈제품, 커피 등에서 발견된다.

정답 77 ③ 78 ③ 79 ④ 80 ① 81 ③

CHAPTER

03 주방 위생관리

01 주방위생 위해요소

주방위생 위해요소로는 식품위생(저장과 조리, 보관, 해충구제, 화학적, 유독성 물질 등)과 시설위생(청소와 쓰레기 및 배수처리, 주방설비 및 기구 등), 개인위생(조리습관, 조리복 등) 등으로 분류할 수 있다.

1 방충, 방서 및 소독

매장 내 해충(파리, 모기, 하루살이, 바퀴벌레 등)은 고객에게 혐오감과 불쾌감을 주어 매장의 매출하락에 영향을 줄 수 있으므로 외부로부터의 유입을 사전에 차단하고 해충의 발생을 막아야 한다.

물리적 방역	시설개선과 환경을 개선하여 해충이 발생하지 못하도록 서식지를 제거하여 물리적으로 환경을 조성
화학적 방역	해충을 구제하기 위해서 약제를 살포하는 방법으로, 짧은 시간에 경제적이고 효과적인 반면에 독성이 강하기 때문에 관리 시 주의
생물학적 방역	천적생물을 이용하는 방법으로 해충의 서식지를 제거

2 주방시설, 도구 위생관리

기계 및 설비	• 본체와 부품을 분해하여 본체는 물로 1차 세척하고, 세제를 묻혀서 스펀지로 더러움을 제거하고 흐르는 물에 씻기 • 부품은 200ppm의 차아염소산나트륨 용액 또는 뜨거운 물에 5분간 담갔다가 세척하고, 완전히 건조시켜서 재조립 • 분해가 힘든 설비는 지저분한 곳을 제거하고, 물기를 제거한 후 소독용 알코올을 분무
도마, 식칼	뜨거운 물로 씻은 후에 세제를 묻혀 표면을 닦고, 흐르는 물로 세제를 씻어낸 후 80℃의 뜨거운 물에 5분간 담가 두었다가 세척하거나 200ppm의 차아염소산나트륨 용액에 5분간 담근 후에 세척
행주	뜨거운 물에 담가서 1차로 세척한 후 식품용 세제로 씻어 물에 헹구고, 100℃에서 5분 이상 끓여서 자비소독(형광염료가 포함되어 있는 의류용 세제는 식품에 사용금지)
주방시설 방역을 위한 약품	약품은 세계보건기구(WHO)가 공인한 약품만을 사용하며, 내성을 고려하여 분기별로 약품을 교체

02 식품 안전관리 인증기준(HACCP)

1 HACCP(식품안전관리인증기준)

(1) HACCP의 정의와 의의

HACCP는 일명 "해썹"또는 "해십"이라 부르며, HA와 CCP의 결합어로 Hazard Analysis(위해요소분석)과 Critical Control Point(중요관리점)의 합성어이다. 식품의 원료, 제조, 가공 및 유통의 전 과정에서 유해물질이 해당식품에 혼입되거나 오염되는 것을 사전에 방지하기 위해 각 과정을 중점적으로 관리하는 기준을 말한다. 준비단계 5절차와 본 단계인 수행의 7원칙을 포함한 총 12단계의 절차로 구성된다.

(2) HACCP 관리의 준비단계 5절차

① HACCP팀 구성

② 제품설명서 작성

③ 사용목적의 확인

④ 공정흐름도 작성

⑤ 공정흐름도의 현장 확인

(3) HACCP 수행의 7원칙

HACCP 관리의 기본단계인 7개의 원칙에 따라 관리체계를 구축한다.

① 원칙 1 : 위해요소분석(Hazard Analysis)

② 원칙 2 : 중요관리점(Critical Control Point, CCP) 결정

③ 원칙 3 : 중요관리점에 대한 한계기준(Critical Limits, CL) 설정

④ 원칙 4 : 중요관리점에 대한 감시(Monitoring)절차 확립

⑤ 원칙 5 : 한계기준 이탈 시 개선조치(Corrective Action)절차 확립

⑥ 원칙 6 : HACCP 시스템의 검증(Verification)절차 확립

⑦ 원칙 7 : HACCP 체계를 문서화하는 기록(Record)유지방법 설정

(4) HACCP 대상 식품

① 수산가공 식품류의 어육가공품류 중 어묵 · 어육소시지

② 기타 수산물 가공품 중 냉동어류 · 연체류, 조미가공품

③ 냉동식품 중 피자류, 만두류, 면류

④ 과자류, 빵류 또는 떡류 중 과자 · 캔디류 · 빵류 · 떡류

⑤ 빙과류 중 빙과

⑥ 음료류(다류 및 커피류 제외)

⑦ 레토르트식품

⑧ 절임류 또는 조림류의 김치류 중 김치

⑨ 특수용도식품

⑩ 코코아가공품 또는 초콜릿류 중 초콜릿

⑪ 유탕면 또는 곡분, 전분, 전분질 원료 등을 주원료로 반죽하여 손이나 기계 따위로 면을 뽑아내거나 자른 국수로 생면, 숙면, 건면

⑫ 즉석섭취 · 편의식품류 중 즉석섭취식품

⑬ 즉석섭취 · 편의 식품류의 즉석조리식품 중 순대

⑭ 식품제조 · 가공업의 영업소 중 전년도 총 매출이 100억 원 이상인 영업에서 제조 · 가공하는 식품

03 작업장 교차오염 발생요소

1 주방 내 교차오염의 원인요소

주방 내의 교차오염이 주로 일어나는 곳은 나무재질의 도마와 주방바닥, 트렌치, 생선과 채소, 과일 취급코너로, 교차오염의 방지를 위해서 집중적인 위생관리가 필요하다.

2 시설물의 용도에 따른 위생관리

냉장 · 냉동시설	• 음식물과 식재료의 사용이 많은 공간으로, 교차오염과 세균침투가 일어날 수 있으므로 최대한 자주 세척과 살균하기 • 식자재와 음식물이 직접 닿는 랙(Rack, 선반)과 내부표면, 용기는 매일 세척과 살균하기
상온창고	적재용 깔판이나 선반, 환풍기, 창문 방충망 등을 수시로 관리하고, 진공청소기를 이용하여 바닥의 먼지를 제거하고 대걸레로 바닥을 청소한 후에는 자연 건조하여 항상 건조 상태를 유지하기
기물	주방설비의 각각의 기물마다 작동 매뉴얼과 세척하는 설명서를 확보하여 항상 청결한 상태를 유지하도록 정기적인 세척이 필요함

청소도구	청소도구(빗자루, 걸레 등)는 사용 후 세척하고 건조하여 지정된 장소에 안 보이도록 보관하기
배수로	주기적으로 청소하지 않으면 악취와 해충이 발생하므로 하부에 부착된 찌꺼기까지 청소를 철저하게 하기
배기후드	청소 시 밑으로 이물질들이 떨어지므로 비닐로 하부 조리 장비를 덮어두고 청소를 시작하고, 배기후드 내의 거름망을 분리한 후 불려서 세척, 배기후드의 내부와 외부는 부드러운 수세미를 이용하여 닦고 마른 수건으로 건조시키기
조리도구 및 작업구역	교차오염 예방을 위해 일반구역(검수구역, 전처리구역, 식재료저장구역, 세척구역)과 청결구역(조리구역, 배선구역, 식기보관구역)을 설정하여 전처리 과정과 조리 과정, 기구세척 등을 정해진 구역에서 실시하고, 세척·소독 과정을 거치고 조리용 고무장갑도 세척·소독하여 사용하기

3 위생문제 발생 시 조치방법

식중독 발생 시 상급자에게 즉각 보고하고 식품의약품안전청 식품안전국 식중독예방관리팀에 신속히 보고한다. 매장을 이용한 고객의 수와 증상, 경과시간을 파악하고 원인식품을 추정하여 육하원칙에 따라서 조리방법과 관리 상태를 철저하게 파악한다. 또한 3일 전까지의 식자재 및 섭취음식을 파악하고 종업원들의 질병유무를 확인하고 전체 검변을 실시하도록 한다.

CHAPTER

03 모의고사

01 도마와 식칼에 대한 위생관리로 잘못된 것은?

① 뜨거운 물로 씻고 세제를 묻힌 스펀지로 더러움을 제거한다.

② 흐르는 물로 세제를 씻는다.

③ 80℃의 뜨거운 물에 5분간 담근 후 세척하거나 차아염소산나트륨 용액에 담갔다가 세척한다.

④ 세척, 소독 후에는 건조할 필요 없다.

해설 도마와 식칼은 세척 과정을 끝내면 완전히 건조시킨 후 사용한다.

02 조리장의 위생관리로 틀린 것은?

① 주방시설 및 도구의 위생관리를 철저히 한다.

② 주방의 출입구에 신발을 소독할 수 있는 시설을 갖추도록 한다.

③ 조리장의 위생해충은 약제 사용 1회만으로 완벽히 박멸된다.

④ 주방시설 방역을 위한 약품은 내성을 고려해서 반기별로 교체한다.

해설 조리장의 위생해충은 방충, 방서, 살충제 등을 사용하여 1회만이 아니라 계속적으로 관리해야 한다.

03 식품안전관리인증기준(HACCP)에 대한 설명으로 틀린 것은?

① 식품의 원료, 관리, 제조, 조리, 유통의 모든 과정을 포함한다.

② 위해한 물질이 식품에 섞이거나 식품이 오염되는 것을 방지하기 위하여 실시한다.

③ HACCP 수행의 7원칙 중 원칙1은 중요관리점에 대한 감시절차 확립이다.

④ 각 과정을 중점적으로 관리하는 기준이다.

해설 HACCP 수행의 7원칙 중 원칙 1은 위해요소를 분석하는 것이다.

※ HACCP 수행의 7원칙

① 원칙 1 : 위해요소분석(Hazard Analysis)
② 원칙 2 : 중요관리점(Critical Control Point, CCP) 결정
③ 원칙 3 : 중요관리점에 대한 한계기준(Critical Limits, CL) 설정
④ 원칙 4 : 중요관리점에 대한 감시(Monitoring)절차 확립
⑤ 원칙 5 : 한계기준 이탈 시 개선조치(Corrective Action)절차 확립
⑥ 원칙 6 : HACCP 시스템의 검증(Verification)절차 확립
⑦ 원칙 7 : HACCP 체계를 문서화하는 기록(Record)유지방법 설정

04 HACCP의 의무적용 대상 식품에 해당하지 않는 것은?

① 어묵, 어육소시지 ② 레토르트 식품

③ 특수용도 식품 ④ 껌류

해설 껌류는 HACCP의 의무적용 대상 식품에 해당되지 않는다.

정답 01 ④ 02 ③ 03 ③ 04 ④

05 식품안전관리인증기준(HACCP) 7원칙 중 원칙 5에 해당하는 것은?

① 위해요소분석
② 감시절차 확립
③ 개선조치절차 확립
④ 기록유지방법 설정

해설 HACCP 7원칙 중 원칙 5는 한계기준 이탈 시 개선조치(Corrective Action)절차 확립이다.

06 HACCP에 대한 설명으로 틀린 것은?

① HACCP 12절차의 첫 번째 단계는 위해요소분석이다.
② 미국, 일본, 유럽연합, 국제기구 등에서 모든 식품에 HACCP을 적용할 것을 권장하고 있다.
③ 가능성 있는 모든 위해요소를 예측하고 대응할 수 있다.
④ 위해방지를 위한 사전예방적인 식품안전관리체계를 말한다.

해설 HACCP는 관리의 준비 단계 5단계와 본 단계인 7원칙을 포함한 총 12단계의 절차로 구성된다. 첫 번째 단계는 HACCP 팀 구성이며, 위해요소분석은 HACCP 수행의 7원칙의 첫 번째 단계이다.

※ HACCP 12절차

(1) 준비단계 5절차
① HACCP팀 구성
② 제품설명서 작성
③ 사용목적의 확인
④ 공정흐름도 작성
⑤ 공정흐름도의 현장 확인

(2) HACCP 수행의 7원칙
① 위해요소분석
② 중요관리점결정
③ 중요관리점에 대한 한계기준 설정
④ 중요관리점에 대한 감시절차 확립
⑤ 한계기준 이탈 시 개선조치절차 확립
⑥ HACCP 시스템의 검증절차 확립
⑦ HACCP 체계를 문서화하는 기록(Record)유지방법 설정

07 교차오염을 예방하는 방법으로 바르지 못한 것은?

① 도마와 칼은 용도별로 색을 구분하여 사용한다.
② 날 음식과 익은 음식은 함께 보관하여도 무방하다.
③ 식품을 조리하다가 식품에 기침을 하지 않는다.
④ 육류 해동은 냉장고의 아래 칸에서 한다.

해설 교차오염을 막기 위해 용도별 도마와 칼을 사용하고, 날 음식과 익은 음식은 분리하여 보관하며, 육류는 해동 시 핏물이 떨어질 수 있기 때문에 냉장고 하단에 보관한다.

08 주방 내 교차오염의 원인파악으로 적당하지 않은 것은?

① 배식코너
② 많은 양의 식품을 원재료 상태로 들여와 준비하는 과정
③ 행주, 바닥, 생선 취급코너
④ 나무재질의 도마, 주방바닥, 트렌치, 생선과 채소, 과일 준비코너

해설 주방 내 교차오염의 원인파악 시 집중적인 위생관리가 요구되는 것은 나무재질의 도마, 주방바닥, 트렌치, 생선과 채소, 과일 준비코너, 행주, 생선 취급코너이다.

09 교차오염 예방을 위한 주방의 작업구역 중 청결작업구역이 아닌 것은?

① 세정구역 ② 조리구역
③ 배선구역 ④ 식기보관구역

해설 교차오염 예방을 위해 주방의 작업구역을 일반작업구역(검수구역, 전처리구역, 식재료저장구역, 세정구역)과 청결작업구역(조리구역, 배선구역, 식기보관구역)으로 설정하여 전처리와 조리, 기구세척 등을 나누어 이행한다.

정답 05 ③ 06 ① 07 ② 08 ① 09 ①

CHAPTER

04 식중독 관리

식중독이란 일반적으로 음식물을 통하여 체내에 들어간 병원미생물, 유독, 유해물질에 의해 일어나는 것으로 급성위장염 증상을 주로 보이는 건강장애이다. 식중독은 해마다 3~4월에 걸쳐 완만한 증가를 보이다가 5월을 기점으로 9월까지 급격한 증가를 보여 90% 이상이 6~9월 사이에 발생한다.

01 세균성 식중독

세균성 식중독은 식품에 오염된 원인균 또는 균이 생성한 독소에 의해 발생되는데, 대부분 급성위장증상을 나타낸다. 우리나라에서는 발생률이 화학적 식중독보다 높고 여름철에 가장 많이 발생한다. 이는 기온과 습도가 높아 세균증식이 용이한 계절이기 때문이다.

1 감염성 식중독

식품 내에 병원체가 증식하여 인체 내에 식품과 함께 들어와 생리적 이상을 일으키는 식중독이다.

특징 종류	감염원	원인식품	원인균	잠복기	증상	예방법
살모넬라 식중독	• 쥐 • 파리 • 바퀴벌레 • 닭 등	육류, 조육, 난류, 어패류 및 가공품, 우유 및 유제품, 채소샐러드 등	살모넬라균	12~24시간 (평균 18시간)	• 위장 증상 • 급격한 발열	• 쥐, 곤충, 조류에 의한 오염을 막기 • 60℃에서 30분 이면 사멸되므로 가열 섭취
장염 비브리오 식중독	어패류	어패류, 해조류 및 그 가공품	비브리오균	10~18시간 (평균 12시간)	급성 위장염	• 여름철 어패류의 생식을 금하기 • 가열섭취
병원성 대장균 식중독	• 환자나 보균자의 분변 • 흙이나 물에 존재	• 우유가 주원인 • 햄, 치즈, 소시지, 가정에서 만든 마요네즈	병원성 대장균	평균 13시간	급성 대장염	분변 오염이 되지 않도록 주의
웰치균 식중독	• 식품의 오염증식 • 사람과 동물의 분변	육류, 어패류 및 가공품	웰치균 (원인균은 A형)	8~22시간 (평균 12시간)	• 복통 • 심한 설사	• 분변의 오염을 막기 • 식품의 저온·냉동 보관

2 독소형 식중독

식품 내에 병원체가 증식하여 생성한 독소에 의해 생기는 식중독이다.

종류 \ 특징	원인식품	원인독소	잠복기	증상	예방법
포도상구균 식중독	• 유가공품(우유, 크림, 버터, 치즈) • 조리식품(떡, 콩가루, 김밥, 도시락)	• 엔테로톡신(Enterotoxin, 장독소) • 끓여도 파괴되지 않음	식후 3시간(잠복기가 가장 짧음)	• 구토 • 복통 • 설사	손이나 몸에 화농이 있는 사람은 식품 취급을 금함
클로스트리디움 보툴리늄 식중독	• 통조림 가공품(밀봉식품) • 햄, 소시지	• 뉴로톡신(Neurotoxin ; 신경독소) • 열에 의해 파괴됨	식후 12~26시간(잠복기가 가장 길음)	• 신경마비증상 • 세균성 식중독 중 치명률이 가장 높음(40%)	• 음식물의 가열 섭취 • 통조림 및 소시지 등의 위생적 보관과 가공을 철저히

세균성 식중독과 소화기계 감염병(경구감염병)의 차이

세균성 식중독	소화기계 감염병(경구감염병)
• 식중독균에 오염된 식품을 섭취하여 발생한다. • 다량의 균 또는 독소에 의해 발병한다. • 살모넬라 외에는 2차감염이 없다. • 잠복기는 비교적 짧다. • 면역이 되지 않는다.	• 감염병균에 오염된 식품과 물의 섭취로 경구감염을 일으킨다. • 소량의 균으로도 발병한다. • 2차감염이 된다. • 잠복기가 비교적 길다. • 면역이 된다.

식중독의 조사보고

식중독환자나 식중독이 의심되는 자를 진단하였거나 그 사체를 검안한 의사 또는 한의사는 대통령령으로 정하는 바에 따라 식중독환자나 식중독이 의심되는 자의 혈액 또는 배설물을 보관하는 데에 필요한 조치를 하여야 한다.

식중독 발생 시 보고순서

(한)의사 → 관할시청, 군수, 구청장 → 식품의약품안전처장 및 시・도지사

02 자연독 식중독

식품의 원재료 자체에 유독 · 유해 독성물질을 가지고 있는 것으로, 동물성 자연독과 식물성 자연독 등이 있다.

동물성 자연독	복어 중독	• 원인독소 : 테트로도톡신(Tetrodotoxin) • 독성이 있는 부위 : 복어의 난소에 가장 많고, 간·내장·피부 등의 순, 끓여도 파괴되지 않음 • 치사량 : 2mg • 중독증상 : 지각마비, 구토, 감각둔화, 보행곤란, 호흡곤란, 의식불명이 되어 사망에 이름 • 예방책 : 전문 조리사만이 요리한다.
	섭조개(홍합), 대합	원인독소 : 삭시톡신(Saxitoxin)
	모시조개, 굴, 바지락, 고동	원인독소 : 베네루핀(Venerupin)
	관절 매물고동, 조각 매물고동	원인독소 : 테트라민(Tetramine)
식물성 자연독	독버섯 식중독	원인독소 : 무스카린(Muscarine), 뉴린(Neurine), 콜린(Choline), 무스카리딘(Muscaridine) 등
	감자 중독	원인독소 : 발아한 부분 또는 녹색부분 – 솔라닌(Solanine), 부패한 감자 – 셉신(Sepsine)
	독미나리	원인독소 : 시큐톡신(Cicutoxin)
	청매, 살구씨, 복숭아씨	원인독소 : 아미그달린(Amygdalin)
	피마자	원인독소 : 리신(Ricin)
	목화씨	원인독소 : 고시풀(Gossypol)
	독보리(독맥)	원인독소 : 테물린(Temuline)
	미치광이풀	원인독소 : 아트로핀(Atropine)

알레르기성 식중독

꽁치나 고등어와 같은 붉은살어류의 가공품을 섭취했을 때 약 1시간 뒤에 몸에 두드러기가 나고 열이 나는 증상이 나타나는데, 이와 같은 식중독을 알레르기성 식중독이라 한다.

- 원인물질 : 히스타민
- 원인균 : 프로테우스 모르가니(Proteus Morganii)
- 항히스타민제를 투여하면 빨리 낫는다.
- 예방법 : 알레르기성 식중독은 부패가 되지 않은 식품의 섭취 때에도 일어나므로 각자가 조심해야 한다.

청매(미숙한 매실), 살구씨, 복숭아씨, 은행의 종자, 오색두(미얀마콩) 등에는 아미그달린(Amygdalin)이라는 시안(Cyan) 배당체가 함유되어 있어 인체 장내에서 청산을 생성하는데, 청산은 치명률이 높은 중독의 원인이 된다.

03 화학적 식중독

유독한 화학물질에 오염된 식품을 사람이 섭취함으로써 중독증상을 일으키는 것을 화학적 식중독이라 한다.

1 농약에 의한 식중독

유기인제	• 파라티온, 말라티온, 다이아지논 등의 농약 • 신경독을 일으키며 신경증상, 혈압상승, 근력감퇴 등 • 예방 : 농약살포 시 흡입주의, 과채류의 산성액 세척, 수확 전 15일 이내 농약살포 금지
유기염소제	• DDT, BHC 등의 농약 • 신경독을 일으키며 복통, 설사, 구토, 두통, 시력감퇴, 전신권태 등 • 예방은 유기인제와 같음
비소화합물	• 비산칼슘 등의 농약 • 중독증상은 목구멍과 식도의 수축, 구토, 설사, 소변량 감소 등 • 예방은 유기인제와 같음

메틸알코올(메탄올)

과실주나 정제가 불충분한 에탄올이나 증류수에 미량 함유되어 두통 · 현기증 · 구토가 생기고, 심할 경우 시신경에 염증을 일으켜 실명하거나 사망에 이르게 된다.

04 곰팡이 독소

세균을 제외한 미생물 가운데, 특히 곰팡이 중에는 유독물질을 생성하는 경우도 있다.

황변미 중독	• 페니실리움(Penicillum)속 푸른곰팡이가 저장 중인 쌀에 번식하여 누렇게 변질시킴 • 시트리닌, 시크리오비리딘, 아이슬랜디톡신 등의 독소를 생성하여 인체에 신장독, 신경독, 간장독을 일으킴 • 원인곰팡이 : 페니실리움(푸른곰팡이)
맥각 중독	• 보리, 호밀 등에 맥각균이 번식하여 에르고톡신, 에르고타민 등의 독소를 생성하여 인체에 간장독을 일으킴 • 원인독소 : 에르고톡신(Ergotoxin)
아플라톡신 중독(Aflatoxin)	• 아스퍼질러스 플라버스(Aspergilus Flavus) 곰팡이가 쌀 · 보리 등의 탄수화물이 풍부한 곡류와 땅콩 등의 콩류에 침입하여 아플라톡신 독소를 생성함 • 인체에 간장독을 일으킴

CHAPTER

04 모의고사

01 경구감염병과 세균성 식중독의 주요 차이점에 대한 설명으로 옳은 것은?

① 경구감염병은 다량의 균으로, 세균성 식중독은 소량의 균으로 발병한다.

② 세균성 식중독은 2차감염이 많고, 경구감염병은 거의 없다.

③ 경구감염병은 면역성이 없고, 세균성 식중독은 없는 경우가 많다.

④ 세균성 식중독은 잠복기가 짧고, 경구감염병은 일반적으로 길다.

해설 세균성 식중독과 소화기계감염병(경구감염병)의 차이

세균성 식중독	소화기계 감염병(경구감염병)
• 식중독균에 오염된 식품을 섭취하여 발생한다. • 다량의 균 또는 독소에 의해 발병된다. • 살모넬라 외에는 2차감염이 없다. • 잠복기는 비교적 짧다. • 면역이 되지 않는다.	• 감염병균에 오염된 식품과 물의 섭취로 경구감염을 일으킨다. • 소량의 균으로도 발병한다. • 2차감염이 된다. • 잠복기가 비교적 길다. • 면역이 된다.

02 다음 중 세균성 식중독이 발생할 수 있는 경우가 아닌 것은?

① 감염병균에 오염된 식품

② 부패세균에 오염된 식품

③ 살모넬라균에 오염된 식품

④ 식품에 세균 또는 독소가 있는 경우

해설 감염병균에 오염된 식품을 섭취했을 경우 감염병에 걸리게 된다.

03 식중독 중 가장 많이 발생하는 것은?

① 화학성 식중독

② 세균성 식중독

③ 자연독 식중독

④ 알레르기성 식중독

해설 식중독 발생의 역학적 특성

• 세균성 식중독의 발생빈도가 높음
• 급격히 집단적으로 발생
• 여름철에 가장 많이 발생

04 다음 중 집단 식중독이 발생하였을 때의 처치사항과 관계없는 것은?

① 보건소나 시, 읍, 면에 즉시 신고한다.

② 즉시 항생물질을 복용시킨다.

③ 환자의 가검물을 원인조사 시까지 보관한다.

④ 원인식을 조사한다.

해설 집단 식중독 발생 시 해당기관에 즉시 신고한 후 원인식을 찾아내어 올바른 처치법을 실행하는 것이 바람직한 방법이다.

05 끓이면 파괴되는 독소는?

① 테트로도톡신 ② 솔라닌

③ 엔테로톡신 ④ 뉴로톡신

해설 ① 테트로도톡신 : 복어독소(파괴되지 않음)
② 솔라닌 : 감자독소(파괴되지 않음)
③ 엔테로톡신 : 포도상구균독소(파괴되지 않음)
④ 뉴로톡신 : 클로스트리디움 보툴리늄 독소(80℃에서 30분이면 파괴)

정답
01 ④ 02 ① 03 ② 04 ② 05 ④

06 병원성 대장균 식중독의 주증상은?

① 신경독 ② 신경마비
③ 간장염 ④ 급성장염

해설 병원성 대장균 식중독
- 증상 : 급성장염
- 원인식품 : 우유 및 달걀
- 어린이에게 가장 많이 발생한다.

07 섭취된 미생물의 체내 증식과 식품 내에 증식한 소량의 미생물이 장관 점막에 작용해서 발생되는 식중독과 거리가 먼 것은?

① 살모넬라 식중독
② 병원성 대장균 식중독
③ 장염비브리오 식중독
④ 포도상구균 식중독

해설 식중독의 분류(세균성 식중독)
- 감염형 : 식품과 함께 섭취된 미생물이 인체 내에서 증식하여 생리이상을 일으키는 형태(살모넬라 식중독, 장염비브리오 식중독, 대장균 식중독)
- 독소형 : 식품 내에서 병원체가 증식하여 생성한 독소를 섭취하여 나타나는 식중독(포도상구균 식중독, 클로스트리디움 보툴리늄 식중독)

08 클로스트리디움 보툴리늄균이 생산하는 독소와 관계있는 것은?

① 엔테로톡신(Enterotoxin)
② 뉴로톡신(Neurotoxin)
③ 삭시톡신(Saxitoxin)
④ 에르고톡신(Ergotoxin)

해설 ① 독소형 식중독의 독소
- 포도상구균 식중독 : 엔테로톡신
- 클로스트리디움 보툴리늄 식중독 : 뉴로톡신

② 자연독 식중독의 독소
- 복어 : 테트로도톡신
- 섭조개 : 삭시톡신
- 바지락 : 베네루핀
- 곰팡이 : 에르고톡신

09 엔테로톡신이 원인이 되는 식중독은?

① 살모넬라 식중독
② 장염비브리오 식중독
③ 병원성 대장균 식중독
④ 포도상구균 식중독

10 다음 중 감염형 세균성 식중독에 대한 설명이 잘못된 것은?

① 균이 오염되어 있어도 일정량 이상 되어야 발생한다.
② 균이 생성하는 독소에 의해 발생한다.
③ 식품의 위생적 관리로 예방할 수 있다.
④ 살모넬라균, 장염비브리오 식중독 등이 이에 속한다.

해설 감염형 식중독
- 식품과 함께 섭취된 병원체가 체내에서 증식되어 일정량 이상 도달하면 증상이 나타나는 식중독이다.
- 종류 : 살모넬라 식중독, 비브리오 식중독, 대장균 식중독
- 독소형 식중독 : 식품 내에 병원체가 증식하여 생성한 독소에 의해 생기는 식중독이다.

11 식중독에 관한 다음 사항 중 틀린 것은?

① 세균성 식중독에는 감염형과 독소형이 있다.
② 자연독에 의한 식중독에는 동물성과 식물성이 있다.
③ 부패 중독이라 함은 세균성 식중독을 말한다.
④ 화학물질에 의한 식중독은 식품첨가물이나 농약 등에 의한 식중독을 말한다.

해설 부패 중독은 비병원성 세균인 프로테우스모르가니균이 생성하는 히스타민이라는 물질이 원인이다.

정답 06 ④ 07 ④ 08 ② 09 ④ 10 ② 11 ③

12 다음 중 감염형 식중독에 속하지 않는 것은?

① 살모넬라 식중독

② 병원성 호염균 식중독

③ 병원성 대장균 식중독

④ 클로스트리디움 보툴리늄균 식중독

해설 세균성 식중독의 분류
- 감염형 식중독 : 미생물 자체가 식중독의 원인(살모넬라 식중독, 장염비브리오 식중독, 대장균 식중독, 웰치균 식중독)
- 독소형 식중독 : 미생물이 생성하는 독소가 식중독의 원인(포도상구균 식중독, 클로스트리디움 보툴리늄 식중독)

13 세균성 식중독 중 마비성 증상(신경 증상)을 나타내는 것은?

① 황색포도상구균 식중독

② 클로스트리디움 보툴리늄 식중독

③ 장염비브리오 식중독

④ 웰치균 식중독

해설 클로스트리디움 보툴리늄 식중독
- 증상 : 신경마비 증상
- 원인식품 : 통조림가공품
- 원인독소 : 뉴로톡신
- 잠복기 : 12~36시간(가장 길다)

14 장염비브리오 식중독균의 성상으로 틀린 것은?

① 그람음성간균이다.

② 3~4% 소금농도에서 잘 발육한다.

③ 특정 조건에서 사람의 혈구를 용혈시킨다.

④ 아포와 협막이 없고, 호기성균이다.

해설 장염비브리오 식중독
- 원인균 : 비브리오균(3~4%의 식염농도에서 잘 자라는 호염성 세균, 그람음성간균, 통성혐기성균)
- 원인식 : 어패류
- 증상 : 복통, 설사

15 다음 미생물 중 알레르기성 식중독의 원인이 되는 히스타민과 관계가 깊은 것은?

① 포도상구균

② 바실러스균

③ 클로스트리디움 보툴리늄균

④ 모르가니균

해설 알레르기성 식중독
- 원인식품 : 꽁치나 고등어(등푸른생선)
- 증상 : 두드러기, 발열
- 원인 : 프로테우스 모르가니균이 생성하는 히스타민이라는 물질

16 클로스트리디움 보툴리늄균이 검출될 가능성이 큰 식품은?

① 식빵

② 생선

③ 통조림

④ 채소류

해설 식중독의 원인식품
- 살모넬라 : 식육 및 육류가공품
- 비브리오 : 어패류
- 포도상구균 : 곡류(떡, 빵, 도시락)
- 클로스트리디움 보툴리늄균 : 통조림 가공품, 햄, 소시지

17 다음 중 일반 독소가 식품 중에 생성되면 섭취 전 재가열하여도 예방이 어려운 식중독은?

① 살모넬라 식중독

② 클로스트리디움 보툴리늄 식중독

③ 포도상구균 식중독

④ 웰치균 식중독

해설
- 포도상구균이 형성하는 엔테로톡신은 일반 조리법으로 예방할 수 없다.
- 엔테로톡신은 내열성이 강해 120℃에서 30분간 처리해도 파괴되지 않는다.

정답
12 ④ 13 ② 14 ④ 15 ④ 16 ③ 17 ③

18 살모넬라 식중독은 어디에 속하는가?

① 감염형 식중독

② 독소형 식중독

③ 자연독 식중독

④ 화학성 식중독

해설 살모넬라 식중독은 세균성 식중독 중 감염형 식중독에 속한다.

19 가장 심한 발열을 일으키는 식중독은?

① 포도상구균 식중독

② 살모넬라 식중독

③ 클로스트리디움 보툴리늄 식중독

④ 복어 식중독

해설 **살모넬라 식중독**

- 원인균 : 살모넬라균
- 증상 : 급성위염, 급격한 발열
- 원인식품 : 식품가공품

20 60℃에서 30분이면 사멸되고, 소나 돼지는 물론 달걀 등의 동물성 식품으로 인한 감염원으로 식중독을 일으키는 것은?

① 살모넬라균

② 장염비브리오균

③ 웰치균

④ 세리우스균

해설 살모넬라균은 60℃에서 30분이면 사멸되며, 원인식은 육류 및 가공품, 어패류 및 가공품, 우유, 알 등이다.

21 살모넬라 식중독의 발병은?

① 인체에서만 발병한다.

② 동물에만 발병한다.

③ 인축 모두에게 발병한다.

④ 어린이에게만 발병한다.

해설 **살모넬라 식중독의 특성**

- 증상 : 급격한 발열
- 인축 모두 발병하는 감염성이 있는 식중독이다.

22 화농성 질환을 가진 조리사가 식품취급 시 발생되기 쉬운 식중독은?

① 포도상구균 식중독

② 살모넬라 식중독

③ 웰치균 식중독

④ 클로스트리디움 보툴리늄 식중독

해설 화농성 질환을 가진 사람이 조리를 했을 때 음식물을 통해 포도상구균 식중독이 발생된다.

23 대장균에 대하여 바르게 설명한 것은?

① 분변세균의 오염지표가 된다.

② 감염병을 일으킨다.

③ 독소형 식중독을 일으킨다.

④ 발효식품 제조에 유용한 세균이다.

해설 대장균은 동물의 장관 내에서 서식하는 균으로 식품의 분변오염지표로 이용된다.

24 다음 중 세균성 식중독에 대한 특성을 설명한 것으로 틀린 것은?

① 미량의 균과 독소로는 발병되지 않는다.

② 원인식품의 섭취로 인한다.

③ 경구감염병보다 잠복기가 길다.

④ 면역성이 없다.

해설 **세균성 식중독**

- 식중독균에 오염된 식품의 섭취로 발병한다.
- 식품 중에 많은 양의 균과 독소가 있다.
- 살모넬라 외에는 2차 감염이 없다.
- 잠복기는 짧다.
- 면역성이 없다.

정답 18 ① 19 ② 20 ① 21 ③ 22 ① 23 ① 24 ③

25 다음 중 산소가 없어야 잘 자라는 균은?

① 대장균
② 살모넬라균
③ 포도상구균
④ 클로스트리디움 보툴리눔균

해설 밀봉처리한 통조림 가공품이 원인식품으로 작용하는 클로스트리디움 보툴리눔균은 공기가 없는 통조림 내부에서 번식이 가능한 혐기성 균이다.

26 사망률이 가장 높은 식중독은?

① 살모넬라 식중독
② 장염비브리오 식중독
③ 클로스트리디움 보툴리늄 식중독
④ 포도상구균 식중독

해설 식중독의 사망률
① 살모넬라 식중독 : 0.3~1%
② 장염비브리오 식중독 : 20%
③ 클로스트리디움 보툴리늄 식중독 : 40%
④ 포도상구균 식중독 : 경증에 가까워 1~3일 후 회복가능

27 원인식품이 크림빵, 도시락이며 주로 소풍철인 봄, 가을에 많이 발생하는 식중독은?

① 장염비브리오 식중독
② 클로스트리디움 보툴리늄 식중독
③ 포도상구균 식중독
④ 살모넬라 식중독

해설 식중독의 원인식품
① 장염비브리오 식중독 : 어패류
② 클로스트리디움 보툴리늄 식중독 : 통조림 가공품
③ 포도상구균 식중독 : 곡류(빵, 도시락, 떡)
④ 살모넬라 식중독 : 식육 및 육가공품

28 조개류나 야채의 소금절임이 원인식품인 식중독은?

① 살모넬라 식중독
② 장염비브리오 식중독
③ 병원성 대장균 식중독
④ 포도상구균 식중독

해설 염분이 있는 곳에서도 번식이 가능한 병원성 미생물은 장염비브리오균이다.

29 병원성 대장균 식중독 현상의 원인식품은?

① 어패류
② 육류 및 가공품
③ 우유 및 달걀
④ 통조림

해설 식중독의 원인식품
① 어패류 : 장염비브리오 식중독
② 육류가공품 : 살모넬라 식중독
③ 우유 및 달걀 : 대장균 식중독
④ 통조림 : 클로스트리디움 보툴리늄 식중독

30 우리나라에서 가장 많이 발생하는 식중독은?

① 포도상구균 식중독
② 클로스트리디움 보툴리늄 식중독
③ 버섯 중독
④ 맥각 중독

해설 우리나라에서 가장 많이 발생하는 세균성 식중독은 포도상구균 식중독, 살모넬라 식중독, 장염비브리오 식중독 등이다.

정답
25 ④ **26** ③ **27** ③ **28** ② **29** ③ **30** ①

31 다음 미생물 중 알레르기성 식중독의 원인이 되는 히스타민과 관계 깊은 것은?

① 포도상구균

② 바실러스균

③ 클로스트리디움 보툴리늄균

④ 프로테우스 모르가니균

해설 **알레르기성 식중독**
- 원인식품 : 꽁치나 고등어와 같은 등푸른생선
- 증상 : 두드러기와 발열
- 원인물질 : 프로테우스 모르가니균이 형성한 히스타민
- 항히스타민제를 투여하면 빠르게 회복됨

32 알레르기성 식중독이 일어나는 식품은?

① 꽁치

② 닭고기

③ 쇠고기

④ 돼지고기

해설 알레르기성 식중독의 원인식품은 꽁치, 고등어와 같은 등푸른생선이다.

33 복어 중독의 치료 및 예방법으로 옳지 않은 것은?

① 내장이 부착되어 있는 것은 식용을 하지 않는다.

② 위생적으로 저온에 저장된 것을 사용한다.

③ 자격이 있는 전문조리사가 조리한 것을 먹도록 한다.

④ 치료는 먼저 구토 · 위세척 등으로 체내의 독소를 제거한다.

해설 **복어 독소에 의한 식중독 예방법**
전문조리사만이 요리를 하도록 하며, 내장 · 난소 · 간 부위 등을 먹지 않도록 유독 부위 폐기처리를 철저히 한다.

34 버섯의 중독 증상 중 콜레라형 증상을 일으키는 버섯류는?

① 화경버섯, 외대버섯

② 알광대버섯, 독우산버섯

③ 광대버섯, 파리버섯

④ 마귀곰보버섯, 미치광이버섯

해설
- 위장형 중독 : 무당버섯, 화경버섯
- 콜레라형 중독 : 알광대버섯, 독우산버섯, 마귀곰보버섯
- 신경계장애형 중독 : 파리버섯, 광대버섯, 미치광이버섯

35 다음 중 섭조개, 대합의 독성분은?

① 무스카린 ② 삭시톡신

③ 솔라닌 ④ 베네루핀

해설 **조개류 중독**
- 섭조개, 대합 등은 삭시톡신이 원인물질이며, 이는 유독플랑크톤을 섭취한 조개류에서 검출된다. 식후 30분~3시간에 발병하며 신체마비를 일으킨다.
- 모시조개, 바지락 등의 베네루핀에 의한 중독은 구토, 복통을 일으킨다.

36 조개류 속에 들어 있으며, 마비를 일으키는 독성분은?

① 엔테로톡신 ② 베네루핀

③ 무스카린 ④ 콜린

해설
- 엔테로톡신 : 포도상구균 식중독
- 무스카린, 콜린 : 독버섯

37 감자는 싹이 트는 눈 주변이나 녹색으로 변한 부위에 독성분이 증가하여 식중독을 일으키는데, 이 성분은 무엇인가?

① 솔라닌(Solanine)

② 아미그달린(Amygdaline)

③ 뉴린(Neurine)

④ 아코니틴(Aconitine)

정답
31 ④ 32 ① 33 ② 34 ② 35 ② 36 ② 37 ①

해설 • 솔라닌은 감자의 유독 성분으로 싹이 트는 부분과 녹색 부분에 많이 들어 있다.
• 아미그달린은 청매, 뉴린은 독버섯, 아코니틴은 오디의 유독 성분이다.

38 주로 부패한 감자에 생성되어 중독을 일으키는 물질은?

① 셉신(Sepsin)

② 아미그달린(Amygdaline)

③ 시큐톡신(Cicutoxin)

④ 마이코톡신(Mycotoxin)

해설 ① 썩은 감자에는 셉신(Sepsin)이 생성되어 중독을 일으키므로 주의해야 하고, 감자의 발아 부위와 녹색 부위의 자연독 물질은 솔라닌(Solanine)을 들 수 있다.
② 아미그달린 : 청매
③ 시큐톡신 : 독미나리
④ 마이코톡신 : 곰팡이독

39 목화씨로 조제한 면실유를 식용한 후 식중독이 발생했다. 원인물질은?

① 솔라닌(Solanine)

② 리신(Ricin)

③ 아미그달린(Amygdaline)

④ 고시폴(Gossypol)

해설 각 식품의 독소
감자 : 솔라닌, 대두 : 사포닌, 목화씨(면실유) : 고시폴, 독보리 : 테물린, 청매 · 살구씨 : 아미그달린, 피마자 : 리신, 독미나리 : 시큐톡신

40 다음은 식품과 독성분과의 관계를 나타낸 것이다. 이 중에서 관계가 옳지 않은 것은?

① 복어 – 테트로도톡신(Tetrodotoxin)

② 섭조개 – 시큐톡신(Cicutoxin)

③ 모시조개 – 베네루핀(Venerupin)

④ 말고둥 – 스루가톡신(Surugatoxin)

해설 각 식품의 독소
복어 : 테트로도톡신, 독보리 : 테물린, 모시조개 : 베네루핀, 피마자 : 리신, 섭조개 : 삭시톡신, 면실유 : 고시풀, 감자 : 솔라닌, 청매 : 아미그달린, 독미나리 : 시큐톡신

41 식품에서 자연적으로 발생하는 유독물질을 통해 식중독을 일으킬 수 있는 식품과 거리가 먼 것은?

① 표고버섯

② 어린 매실

③ 피마자

④ 모시조개

해설 어린 매실은 아미그달린, 피마자는 리신, 모시조개는 베네루핀이라는 유독물질이 존재하며, 표고버섯은 식용버섯이다.

42 버섯 식용 후 식중독이 발생했을 때 관련 없는 물질은?

① 무스카린(Muscarine)

② 뉴린(Neurine)

③ 콜린(Choline)

④ 테물린(Temuline)

해설 • 버섯의 독소 : 무스카린, 무스카리딘, 팔린, 아마니타톡신, 콜린, 뉴린 등
• 독보리의 독소 : 테물린

43 통조림식품의 통조림관에서 유래될 수 있는 식중독의 원인물질은?

① 카드뮴　② 주석

③ 페놀　④ 수은

해설 통조림의 주원료인 주석은 금속을 보호하기 위한 코팅에 사용되는데, 철판에 주석 코팅을 너무 얇게 하거나 본질적으로 통조림 내용물이 부식을 잘 일으키는 경우에는 통조림 캔으로부터 주석이 용출될 수 있다.

정답
38 ① 39 ④ 40 ② 41 ① 42 ④ 43 ②

44 다음 중 화학성 식중독의 가장 현저한 증상으로 틀린 것은?

① 복통　　② 설사

③ 구토　　④ 고열

해설 화학성 식중독의 일반적인 증상은 복통, 설사, 구토, 두통 등이다. 고열은 살모넬라 식중독의 대표적 증상이다.

45 토양 잔류성이 가장 큰 농약으로, 체내 지방층에 가장 오래 잔류하는 것은?

① 비에이치시(BHC)

② 파라치온(Parathion)

③ 디디티(DDT)

④ 알드린(Adrin)

해설
- 농약 성분 중에는 유기인제, 유기염소제, 비소화합물 등이 있는데, 이 중 체내 지방에 오래 잔류하는 농약은 유기염소제이다.
- 유기염소제 : BHC, DDT 등 → DDT(디디티)는 농약 중 잔류성이 가장 큰 농약이다.

46 다음 중 체내 축적으로 위험성이 큰 농약은?

① 유기인제　　② 비소제

③ 구리　　④ 유기염소제

해설 유기염소제 농약은 자연계에서 쉽게 분해되지 않으므로 사용 시 주의해야 한다.

47 비소화합물에 의한 식중독 유발사건과 관계가 먼 것은?

① 비소화합물이 밀가루 등으로 오인되어서

② 아미노산 간장에 비소화합물이 함유되어서

③ 비소계 살충제의 농작물 잔류에 의해서

④ 주스 통조림관의 녹이 주스에 이행되어서

해설 통조림식품의 유해성 금속물질은 납과 주석으로, 주스 통조림관의 녹이 주스에 이행되면 납 중독이나 주석 중독에 걸리기 쉬우며 메스꺼움, 구토, 설사, 복통을 유발한다.

48 다음 중 포름알데히드가 용출될 염려가 있는 수지는?

① 폴리에틸렌

② PVC

③ 요소수지

④ 폴리프로필렌

해설 **불량 용기에서 용출되는 유해물질**
- 불량 플라스틱용기(요소수지) : 포름알데히드
- 캔(깡통) : 주석, 납
- 옹기류, 도자기류 : 카드뮴, 납

49 다음 중 화학성 식중독과 관계가 깊은 것은?

① 솔라닌　　② 무스카린

③ 테트로도톡신　　④ 메탄올

해설 **메탄올**
- 주류의 메탄올 함유 허용량은 0.5mg/ml 이하이며, 중독량은 5~10ml이다.
- 증상은 구토, 두통, 실명이 나타나고, 심하면 호흡곤란도 일으킨다.

50 화학물질에 의한 식중독으로 일반 중독증상과 시신경의 염증으로 실명의 원인이 되는 물질은?

① 납　　② 주석

③ 메탄올　　④ 칼슘

해설 **메탄올**
- 경증 : 두통, 현기증, 구토, 실명
- 중증 : 정신이상 혹은 사망

51 합성 플라스틱 용기에서 검출되는 유해물질은?

① 포르말린　　② 수은

③ 메탄올　　④ 카드뮴

해설 ① 포르말린 : 합성 플라스틱
② 주석 : 캔
③ 메탄올 : 과실주 및 정제가 불충분한 증류주
④ 카드뮴 : 이타이이타이병의 원인 물질

정답
44 ④　45 ③　46 ④　47 ④　48 ③　49 ④　50 ③　51 ①

52 맥각 중독을 일으키는 원인물질은?

① 루브라톡신

② 오크라톡신

③ 에르고톡신

④ 파툴린

해설 맥각 중독

밀, 보리, 호밀 등에 맥각균이 기생하여 구토, 설사, 복통, 경련 등을 일으키는 식중독으로, 그 원인은 에르고톡신이다.

53 다음 중 마이코톡신(Mycotoxin)의 특징과 거리가 먼 것은?

① 사람과 동물에 질병이나 생리 작용의 이상을 유발한다.

② 탄수화물이 풍부한 농산물에서 발생한다.

③ 독소형이 아니고 감염형이다.

④ 원인식에서 곰팡이가 분리되는 경우가 많다.

해설 마이코톡신(곰팡이 중독)의 특징

- 곡류, 목조 등 탄수화물이 많은 경우 잘 발생한다.
- 원인 식품이나 사료에서 곰팡이가 발견된다.
- 사람과 동물에 이상을 일으킨다.
- 마이코톡신은 곰팡이 독의 총칭으로 독소형이다.

54 황변미 중독이란 쌀에 무엇이 기생하여 문제를 일으키는가?

① 세균 ② 곰팡이

③ 리케차 ④ 바이러스

해설 황변미 중독

쌀에 푸른곰팡이(페니실리움)가 번식하여 시트리닌, 시크리오비리딘과 같은 독소를 생성한다.

55 곰팡이의 대사산물에 의해 사람이나 동물에 질병이나 이상 생리작용을 유발하는 물질군과 관련이 있는 것은?

① 고시폴

② 아플라톡신

③ 종자살균제

④ 무스카린

해설 아플라톡신

된장, 간장, 고추장 등에 아스퍼질러스플라버스가 번식하여 아플라톡신의 독소를 생성하여 신체에 이상을 일으킨다.

56 다음 중 곰팡이의 대사산물에 의해 질병이나 생리작용에 이상을 일으킬 수 있는 것과 거리가 먼 것은?

① 청매 중독

② 아플라톡신

③ 황변미독

④ 식중독성 무백혈구증

해설 청매 중독은 아미그달린이라는 자연독 배당체에 의해 발생하며, 아플라톡신은 아스퍼질러스속의 곰팡이에 의해 발생하는 간장독을 일으킨다. 황변미독은 페니실리움속 곰팡이에 의해 발생하고, 식중독성 무백혈구증은 기온이 낮고 강설량이 많은 추운 지방에서 잘 번식하는 곰팡이에 의해 발생한다.

정답 52 ③ 53 ③ 54 ② 55 ② 56 ①

CHAPTER

05 식품위생 관계법규

01 식품위생법 및 관계법규

1 총칙

(1) 식품위생법의 목적

식품으로 인하여 생기는 위생상의 위해를 방지하고 식품영양의 질적 향상을 도모하며, 식품에 관한 올바른 정보를 제공하여 국민보건의 증진에 이바지함을 목적으로 한다.

(2) 식품위생 관련 용어의 정의

용어	정의
식품위생	식품, 식품첨가물, 기구 또는 용기·포장을 대상으로 하는 음식에 관한 위생을 말한다.
식품	모든 음식물을 말한다. 단, 의약으로 취급하는 것은 제외한다.
식품첨가물	식품을 제조·가공·조리 또는 보존하는 과정에서 감미, 착색, 표백 또는 산화방지 등을 목적으로 식품에 사용되는 물질, 이 경우 기구·용기·포장을 살균·소독하는 데에 사용되어 간접적으로 식품에 옮아갈 수 있는 물질을 포함한다.
화학적 합성품	화학적 수단으로 원소 또는 화합물에 분해 반응 외의 화학반응을 일으켜서 얻은 물질을 말한다.
기구	다음 어느 하나에 해당하는 것으로, 식품 또는 식품첨가물에 직접 닿는 기계·기구나 그 밖의 물건(농업과 수산물에서 식품을 채취하는 데에 쓰는 기계·기구나 그 밖의 물건은 제외)을 말한다. • 음식을 먹을 때 사용하거나 담는 것 • 식품 또는 식품첨가물을 채취·제조·가공·조리·저장·소분·운반·진열할 때 사용하는 것
용기·포장	식품 또는 식품첨가물을 넣거나 싸는 것으로, 식품 또는 식품첨가물을 주고받을 때 함께 건네는 물품을 말한다.
위해	식품, 식품첨가물, 기구 또는 용기·포장에 존재하는 위험요소로, 인체의 건강을 해치거나 해칠 우려가 있는 것을 말한다.
영업	식품 또는 식품첨가물을 채취·제조·가공·조리·저장·소분·운반 또는 판매하거나 기구 또는 용기·포장을 제조·운반·판매하는 업(농업과 수산업에 속하는 식품 채취업은 제외)을 말한다.
영업자	영업허가를 받거나 영업신고를 한 자 또는 영업등록을 한 자를 말한다.

집단급식소	• 영리를 목적으로 하지 아니하면서 특정 다수인에게 계속하여 음식물을 공급하는 다음 어느 하나에 해당하는 곳의 급식시설로서 대통령령으로 정하는 시설을 말하며, 집단급식소의 범위는 1회 50명 이상에게 식사를 제공하는 급식소를 말한다. • 기숙사, 학교, 병원, 사회복지시설, 산업체, 국가 · 지방자치단체 및 공공기관, 그 밖의 후생기관 등
집단급식소에서의 식단	급식대상 집단의 영양섭취기준에 따라 음식명, 식재료, 영양성분, 조리방법, 조리인력 등을 고려하여 작성한 급식계획서를 말한다.
식품이력추적관리	식품을 제조 · 가공단계부터 판매단계까지 각 단계별로 정보를 기록 · 관리하여 그 식품의 안전성 등에 문제가 발생할 경우 그 식품을 추적하여 원인을 규명하고 필요한 조치를 할 수 있도록 관리하는 것을 말한다.
식중독	식품 섭취로 인하여 인체에 유해한 미생물 또는 유독물질에 의해 발생하였거나 발생한 것으로 판단되는 감염성 질환 또는 독소형 질환을 말한다.

2 식품 및 식품첨가물

(1) 위해식품의 판매 등 금지

다음에 해당하는 식품을 판매하거나 판매할 목적으로 채취 · 제조 · 수입 · 가공 · 사용 · 또는 진열해서는 안 된다.

① 썩거나 상하거나 설익어서 인체의 건강을 해칠 우려가 있는 것

② 유독 · 유해물질이 들어 있거나 묻어 있는 것 또는 그러할 염려가 있는 것. 다만, 식품의약품 안전처장이 인체의 건강을 해칠 우려가 없다고 인정하는 것은 제외한다.

③ 병을 일으키는 미생물에 오염되었거나 그러할 염려가 있어 인체의 건강을 해칠 우려가 있는 것

④ 불결하거나 다른 물질이 섞이거나 첨가된 것 또는 그 밖의 사유로 인체의 건강을 해칠 우려가 있는 것

⑤ 안전성 평가 대상인 농 · 축 · 수산물 등 가운데 안전성 평가를 받지 않았거나 안전성 평가에서 식용으로 부적합하다고 인정된 것

⑥ 수입이 금지된 것 또는 수입신고를 하여야 하는 경우에 신고하지 않고 수입한 것

⑦ 영업자가 아닌 자가 제조 · 가공 · 소분한 것

(2) 병든 동물 고기 등의 판매 등 금지

누구든지 총리령으로 정하는 다음의 질병에 걸렸거나 걸렸을 염려가 있는 동물이나 그 질병에 걸려 죽은 동물의 고기 · 뼈 · 젖 · 장기 또는 혈액을 식품으로 판매하거나 판매할 목적으로 채취 · 수입 · 가공 · 사용 · 조리 · 저장 · 소분 또는 운반하거나 진열하여서는 안 된다.

※ 「축산물가공처리법」 규정에 의해 도축이 금지되는 가축감염병 : 리스테리아병 · 살모넬라병 · 파스튜렐라병 · 선모충증

3 기구와 용기 · 포장

(1) 유독기구 등의 판매 · 사용 금지

다음의 유독기구 등은 판매하거나 판매할 목적으로 제조 · 수입 · 저장 · 운반 · 진열하거나 영업에 사용할 수 없다.

① 유독 · 유해물질이 들어 있거나 묻어 있어 인체의 건강을 해칠 우려가 있는 기구 및 용기 · 포장

② 식품 또는 식품첨가물에 직접 닿으면 해로운 영향을 끼쳐 인체의 건강을 해칠 우려가 있는 기구 및 용기 · 포장

(2) 기구 및 용기 · 포장에 관한 기준 및 규격

국민보건을 위하여 필요한 경우에는 판매하거나 영업에 사용하는 기구 및 용기 · 포장에 관하여 제조 방법에 관한 기준, 기구 및 용기 · 포장과 그 원재료에 관한 규격을 정하여 고시한다(식품의약품안전처장).

4 표시

(1) 표시기준

국민보건을 위하여 표시에 관한 기준을 정하여 고시할 수 있다(식품의약품안전처장).

(2) 식품의 영양표시 등

총리령으로 정하는 식품의 영양표시에 관하여 필요한 기준을 정하여 고시할 수 있다(식품의약품안전처장).

(3) 유전자변형식품 등의 표시

① 생물공학 기술을 활용하여 재배 · 육성된 농산물 · 축산물 · 수산물 등을 원재료로 하여 제조 · 가공한 식품 또는 식품첨가물(유전자변형식품 등)은 유전자변형식품임을 표시하여야 한다. 다만, 제조 · 가공 후에 유전자변형 디엔에이(DNA) 또는 유전자변형 단백질이 남아 있는 유전자변형 식품 등에 한정한다.

5 식품 등의 공전(公典)

식품의약품안전처장은 다음의 기준 등을 실은 식품의 공전을 작성 · 보급하여야 한다.

㉠ 식품 또는 식품첨가물의 기준과 규격

㉡ 기구 및 용기 · 포장의 기준과 규격

식품공전상 온도
표준온도 : 20℃, 상온 : 15~25℃, 실온 : 1~35℃, 미온 : 30~40℃

6 검사 등

(1) 출입 · 검사 · 수거 등

① 식품의약품안전처장, 시 · 도지사 또는 시장 · 군수 · 구청장 : 식품 등의 관리와 영업질서 유지를 위해 다음의 출입 · 검사 · 수거 등의 조치를 취할 수 있다.

㉠ 영업자나 그 밖의 관계인에게 필요한 서류나 그 밖의 자료의 제출 요구

㉡ 관계 공무원으로 하여금 영업소 등에 출입하여 판매를 목적으로 하거나 영업에 사용하는 식품 등 또는 영업시설 등의 검사 또는 검사를 위한 식품 등의 무상 수거, 영업에 관계되는 장부 또는 서류의 열람

② 식품의약품안전처장은 시 · 도지사 또는 시장 · 군수 · 구청장이 출입 · 검사 · 수거 등의 업무를 수행하면서 식품 등으로 인하여 발생하는 위생 관련 위해방지업무를 효율적으로 하기 위하여 필요한 경우에는 관계 행정기관의 장, 다른 시 · 도지사 또는 시장 · 군수 · 구청장에게 행정응원을 하도록 요청할 수 있다. 이 경우 행정응원을 요청받은 관계 행정기관의 장, 시 · 도지사 또는 시장 · 군수 · 구청장은 특별한 사유가 없으면 이에 따라야 한다.

(2) 식품위생감시원

① 관계 공무원의 직무와 기타 식품위생에 관한 지도 등을 하기 위하여 식품의약품안전처, 특별시 · 광역시 · 도 · 특별자치도 또는 시 · 군 · 구에 식품위생감시원을 둔다.

② 식품위생감시원의 직무

㉠ 식품 등의 위생적 취급기준의 이행지도

㉡ 수입 · 판매 또는 사용 등이 금지된 식품 등의 취급 여부에 관한 단속

㉢ 표시기준 또는 과대광고 금지의 위반여부에 관한 단속

㉣ 출입 · 검사 및 검사에 필요한 식품 등의 수거

㉤ 시설기준의 적합여부의 확인 · 검사

㉥ 영업자 및 종업원의 건강진단 및 위생교육의 이행 여부의 확인 · 지도

㉦ 조리사 · 영양사의 법령준수사항 이행 여부의 확인 · 지도

㉧ 행정처분의 이행 여부 확인

㉧ 식품 등의 압류 · 폐기 등

㉨ 영업소의 폐쇄를 위한 간판제거 등의 조치

㉩ 그 밖에 영업자의 법령이행여부에 관한 확인 · 지도

(3) 소비자식품위생감시원

① 식품의약품안전처장, 시 · 도지사 또는 시장 · 군수 · 구청장은 식품위생관리를 위하여 소비자단체의 임직원 중 해당 단체의 장이 추천한 자나 식품위생에 관한 지식이 있는 자를 소비자식품위생감시원으로 위촉할 수 있다.

② 소비자식품위생감시원의 직무

㉠ 식품접객영업자에 대한 위생관리 상태 점검

㉡ 유통 중인 식품 등이 표시기준에 맞지 아니하거나 허위표시 또는 과대광고 금지 규정을 위반한 경우 관할 행정관청에 신고하거나 그에 관한 자료 제공

㉢ 식품위생감시원이 하는 식품 등에 대한 수거 및 검사 지원

㉣ 그 밖에 식품위생에 관한 사항으로서 대통령령으로 정하는 사항

③ 소비자식품위생감시원이 위 직무를 수행하기 위하여 식품접객영업자의 영업소에 단독으로 출입하려면 미리 식품의약품안전처장, 시 · 도지사 또는 시장 · 군수 · 구청장의 승인을 받아야 하고, 승인서와 신분을 표시하는 증표를 지니고 이를 관계인에게 내보여야 한다.

④ 소비자식품위생감시원의 자격, 직무 범위 및 교육, 그밖에 필요한 사항은 대통령령으로 정한다.

7 영업

(1) 시설기준

다음의 영업을 하려는 자는 보건복지부령으로 정하는 시설기준에 맞는 시설을 갖추어야 한다.

① 식품 또는 식품첨가물의 제조업, 가공업, 운반업, 판매업 및 보존업

② 기구 또는 용기 · 포장의 제조업

③ 식품접객업

휴게음식점영업	주로 다류(茶類), 아이스크림류 등을 조리·판매하거나 패스트푸드점, 분식점 형태의 영업 등 음식류를 조리·판매하는 영업으로서 음주행위가 허용되지 아니하는 영업. 다만, 편의점·슈퍼마켓·휴게소 그 밖에 음식류를 판매하는 장소에서 컵라면, 1회용 다류, 그 밖에 음식류에 뜨거운 물을 부어주는 경우를 제외
일반음식점영업	음식류를 조리·판매하는 영업으로, 식사와 함께 부수적으로 음주행위가 허용되는 영업

단란주점영업	주로 주류를 조리 · 판매하는 영업으로, 손님이 노래를 부르는 행위가 허용되는 영업
유흥주점영업	주로 주류를 조리 · 판매하는 영업으로, 유흥종사자를 두거나 유흥시설을 설치할 수 있고 손님이 노래를 부르거나 춤을 추는 행위가 허용되는 영업
위탁급식영업	집단급식소를 설치 · 운영하는 자와의 계약에 따라 그 집단급식소 내에서 음식류를 조리하여 제공하는 영업
제과점영업	주로 빵, 떡, 과자 등을 제조 · 판매하는 영업으로, 음주행위가 허용되지 아니하는 영업

(2) 영업의 허가 등

① 영업의 허가

대통령령으로 정하는 영업을 하려는 자는 대통령령으로 정하는 바에 따라 영업 종류별 또는 영업소별로 식품의약품안전처장 또는 특별자치시장 · 특별자치도지사 · 시장 · 군수 · 구청장의 허가를 받아야 한다. 또한 허가받은 사항 중 대통령령으로 정하는 중요한 사항을 변경할 때에도 같다.

② 영업의 신고

㉠ 특별자치시장 · 특별자치도지사 또는 시장 · 군수 · 구청장에게 신고를 하여야 하는 영업(즉석판매제조 · 가공업, 식품운반업, 식품소분 · 판매업, 식품냉동 · 냉장업, 용기 · 포장류 제조업, 휴게음식점 영업, 일반음식점 영업 , 위탁급식 영업, 제과점 영업)

㉡ 특별자치도지사 또는 시장 · 군수 · 구청장에게 등록을 하여야 하는 영업(식품제조 · 가공업, 식품첨가물 제조업)

> 영업에 종사하지 못하는 질병의 종류
> - 콜레라, 장티푸스, 파라티푸스, 세균성이질, 장출혈성대장균감염증, A형간염
> - 결핵(비감염성인 경우 제외)
> - 피부병, 그 밖의 화농성(化膿性) 질환
> - 후천성면역결핍증(성병에 관한 건강진단을 받아야 하는 영업에 종사하는 자에 한함)

(4) 위생등급

식품의약품안전처장 또는 특별자치시장 · 특별자치도지사 · 시장 · 군수 · 구청장은 총리령으로 정하는 위생등급기준에 따라 위생관리 상태 등이 우수한 식품 등의 제조 · 가공업소, 식품접객업소 또는 집단급식소를 우수업소 또는 모범업소로 지정할 수 있다.

> 우수업소의 지정 : 식품의약품안전처장 또는 특별자치시장 · 특별자치도지사 · 시장 · 군수 · 구청장
> 모범업소의 지정 : 특별자치시장 · 특별자치도지사 · 시장 · 군수 · 구청장

8 조리사 및 영양사

(1) 조리사

① 집단급식소 운영자와 대통령령으로 정하는 식품접객업자는 조리사를 두어야 한다. 다만, 다음의 어느 하나에 해당하는 경우에는 조리사를 두지 아니하여도 된다.

㉠ 집단급식소 운영자 또는 식품접객영업자 자신이 조리사로서 직접 음식물을 조리하는 경우

㉡ 1회 급식인원 100명 미만의 산업체인 경우

㉢ 영양사가 조리사의 면허를 받은 경우

② 집단급식소에 근무하는 조리사가 수행하는 직무

㉠ 집단급식소에서의 식단에 따른 조리업무(식재료의 전처리에서부터 조리, 배식 등의 전 과정을 말함)

㉡ 구매 식품의 검수 지원

㉢ 급식설비 및 기구의 위생 · 안전실무

㉣ 그 밖의 조리 실무에 관한 사항

> **조리사를 두어야 할 식품접객업자**
> 복어 독 제거가 필요한 복어를 조리 · 판매하는 영업을 하는 자는 복어 조리자격을 취득한 조리사를 두어야 한다.

③ 조리사의 면허

㉠ 조리사가 되려는 자는 해당 기능 분야의 자격을 얻은 후 특별자치시장 · 특별자치도지사 · 시장 · 군수 · 구청장의 면허를 받아야 한다.

㉡ 조리사의 면허 등에 관하여 필요한 사항은 총리령으로 정한다.

(2) 영양사

① 집단급식소 운영자는 영양사를 두어야 한다. 다만, 어느 하나에 해당하는 경우에는 영양사를 두지 아니하여도 된다.

㉠ 집단급식소 운영자 자신이 영양사로서 직접 영양 지도를 하는 경우

㉡ 1회 급식인원 100명 미만의 산업체인 경우

㉢ 조리사가 영양사의 면허를 받은 경우

② 집단급식소에 근무하는 영양사가 수행하는 직무

㉠ 집단급식소에서의 식단 작성, 검식 및 배식관리

㉡ 구매 식품의 검수 및 관리

㉢ 급식시설의 위생적 관리

㉣ 집단급식소의 운영일지 작성

㉤ 종업원에 대한 영양 지도 및 식품위생교육

(3) 결격사유

다음의 어느 하나에 해당하는 자는 조리사 면허를 받을 수 없다.

① 정신건강증진 및 정신질환자 복지서비스 지원에 관한 법률 : 정신질환자, 다만, 전문의가 조리사로서 적합하다고 인정하는 자는 제외

② 감염병 예방 및 관리에 관한 법률에 따른 감염병 환자. 다만, B형간염 환자는 제외

③ 마약류관리에 관한 법률에 따른 마약이나 그 밖의 약물중독자

④ 조리사 면허의 취소처분을 받고 그 취소된 날부터 1년이 지나지 아니한 자

(4) 명칭 사용 금지

조리사 또는 영양사가 아니면 조리사 또는 영양사라는 명칭을 사용하지 못한다.

(5) 교육

① 식품의약품안전처장은 식품위생 수준 및 자질의 향상을 위하여 필요한 경우 조리사와 영양사에게 교육을 받을 것을 명할 수 있다. 다만, 집단급식소에 종사하는 조리사와 영양사는 2년마다 교육을 받아야 한다.

9 식품위생심의위원회

(1) 식품위생심의위원회의 설치 등

식품의약품안전처장의 자문에 응하여 다음의 사항을 조사 · 심의하기 위하여 식품의약품안전처에 식품위생심의위원회를 둔다.

① 식중독 방지에 관한 사항

② 농약 · 중금속 등 유독 · 유해물질 잔류허용기준에 관한 사항

③ 식품 등의 기준과 규격에 관한 사항

④ 그 밖에 식품위생에 관한 중요사항

10 시정명령 · 허가취소 등 행정제재

(1) 시정명령

식품의약품안전처장, 시 · 도지사 또는 시장 · 군수 · 구청장은 식품 등의 위생적 취급에 관한 기준에 맞지 아니하게 영업하는 자와 이 법을 지키지 아니하는 자에게는 필요한 시정을 명하여야 한다.

(2) 위해식품 등의 공표

식품의약품안전처장, 시 · 도지사 또는 시장 · 군수 · 구청장은 다음의 어느 하나에 해당되는 경우에는 해당 영업자에 대하여 그 사실의 공표를 명할 수 있다. 다만, 식품위생에 관한 위해가 발생한 경우에는 반드시 공표를 해야 한다.

① 식품 등의 판매 등 금지, 기준 및 규격에 관한 규정 등을 위반하여 식품위생에 관한 위해가 발생하였다고 인정되는 때

② 위해식품의 회수계획을 보고받은 때

(3) 허가취소 등

식품의약품안전처장 또는 특별자치시장 · 특별자치도지사 · 시장 · 군수 · 구청장은 영업자가 영업의 허가취소 사유에 해당하는 경우에는 대통령령으로 정하는 바에 따라 영업허가 또는 등록을 취소하거나 6개월 이내의 기간을 정하여 그 영업의 전부 또는 일부를 정지하거나 영업소 폐쇄(신고한 영업만 해당)를 명할 수 있다.

(4) 면허취소 등

식품의약품안전처장 또는 특별자치시장 · 특별자치도지사 · 시장 · 군수 · 구청장은 조리사가 다음의 어느 하나에 해당하면 그 면허를 취소하거나 6개월 이내의 기간을 정하여 업무정지를 명할 수 있다. 다만, 조리사가 ㉠ 또는 ㉤에 해당할 경우에는 면허를 취소하여야 한다.

㉠ 결격사유 중 어느 하나에 해당하게 된 경우

㉡ 식품위생 수준 및 자질의 향상을 위한 교육 규정에 따른 교육을 받지 아니한 경우

㉢ 식중독이나 그밖에 위생과 관련한 중대한 사고 발생에 직무상의 책임이 있는 경우

㉣ 면허를 타인에게 대여하여 사용하게 한 경우

㉤ 업무정지 기간 중에 조리사 또는 영양사의 업무를 한 경우

11 보칙

(1) 식중독에 관한 조사 보고

① 다음의 어느 하나에 해당하는 자는 지체 없이 관할 시장(「제주특별자치도 설치 및 국제자유도시 조성을 위한 특별법」에 따른 행정시장을 포함) · 군수 · 구청장에게 보고하여야 한다. 이 경우 의사 또는 한의사는 대통령령이 정하는 바에 따라 식중독 환자나 식중독이 의심되는 자의 혈액 또는 배설물을 보관하는 데에 필요한 조치를 하여야 한다.

㉠ 식중독 환자나 식중독이 의심되는 자를 진단하였거나 그 사체를 검안(檢案)한 의사 또는 한의사

㉡ 집단급식소에서 제공한 식품 등으로 인하여 식중독 환자나 식중독으로 의심되는 증세를 보이는 자를 발견한 집단급식소의 설치 · 운영자

② 특별자치시장 · 시장 · 군수 · 구청장은 보고를 받은 때에는 지체 없이 그 사실을 식품의약품안전처장 및 시 · 도지사(특별자치시장은 제외)에게 보고하고, 대통령령으로 정하는 바에 따라 원인을 조사하여 그 결과를 보고하여야 한다.

③ 식품의약품안전처장은 식중독 발생의 원인을 규명하기 위하여 식중독 의심환자가 발생한 원인시설 등에 대한 조사절차와 시험 · 검사 등에 필요한 사항을 정할 수 있다.

(2) 집단급식소

① 집단급식소를 설치 · 운영하고자 하는 자는 총리령이 정하는 바에 따라 특별자치시장 · 특별자치도지사 · 시장 · 군수 · 구청장에게 신고하여야 한다. 신고한 사항 중 총리령으로 정하는 사항을 변경하려는 경우에도 또한 같다.

② 집단급식소를 설치 · 운영하는 자는 집단급식소 시설의 유지 · 관리 등 급식의 위생적 관리를 위하여 다음의 사항을 준수하여야 한다.

㉠ 식중독환자가 발생하지 아니하도록 위생관리를 철저히 할 것

㉡ 조리 · 제공한 식품의 매회 1인분 분량을 총리령으로 정하는 바에 따라 144시간 이상 보관할 것

㉢ 영양사를 두고 있는 경우에는 그 영양사의 업무를 방해하지 아니할 것

㉣ 영양사를 두고 있는 경우 영양사가 집단급식소의 위생관리를 위하여 요청하는 사항에 대하여 정당한 사유가 없으면 따를 것

㉤ 그 밖에 식품 등의 위생적 관리를 위하여 필요하다고 총리령이 정하는 사항을 지킬 것

③ 집단급식소의 시설기준 그 밖의 운영에 관한 사항은 총리령으로 정한다.

12 벌칙

(1) 3년 이상의 징역

소해면상뇌증(광우병), 탄저병, 가금 인플루엔자 중 어느 하나에 해당하는 질병에 걸린 동물을 사용하여 판매할 목적으로 식품 또는 식품첨가물을 제조 · 가공 · 수입 또는 조리한 자

(2) 1년 이상의 징역

마황, 부자, 천오, 초오, 백부자, 섬수, 백선피, 사리풀 중 어느 하나에 해당하는 원료 또는 성분 등을 사용하여 판매할 목적으로 식품 또는 식품첨가물을 제조 · 가공 · 수입 또는 조리한 자

(3) 위 (1) 및 (2)의 경우 제조 · 가공 · 수입 · 조리한 식품 또는 식품첨가물을 판매하였을 때에는 그 소매가격의 2배 이상 5배 이하에 해당하는 벌금을 병과한다.

(4) 10년 이하의 징역 또는 1억 원 이하의 벌금(병과)을 받게 되는 경우

다음 각 호에 해당하는 식품 등을 판매하거나 판매할 목적으로 채취 · 제조 · 수입 · 가공 · 사용 · 조리 · 저장 · 소분 · 운반 또는 진열하였을 때

① 썩었거나 상하였거나 설익은 것

② 유독 · 유해물질이 들어 있거나 묻어 있는 것

③ 병을 일으키는 미생물에 오염되어 있는 것

④ 불결하거나 다른 물질이 섞이거나 첨가된 것

⑤ 안전성 평가 대상인 농 · 축 · 수산물을 안전성 심사를 받지 아니하였거나 안전성 심사에서 식용으로 부적합하다고 인정된 것

⑥ 수입이 금지된 것 또는 수입신고 없이 수입한 것

⑦ 영업자가 아닌 자가 제조 · 가공 · 소분한 것

⑧ 판매가 금지된 동물의 고기 · 뼈 · 젖 · 장기 및 혈액의 판매 · 수입 · 가공 · 저장 등의 행위

⑨ 기준 · 규격이 고시되지 아니한 화학적 합성품 및 이를 함유한 식품의 판매 · 수입 · 가공 · 저장 등의 행위

⑩ 유독 · 유해물질이 함유된 기구 · 용기 · 포장의 판매 · 제조 · 수입 · 사용 등

⑪ 영업의 허가를 받지 않은 영업을 했을 때

⑫ 광우병, 탄저병, 가금인플루엔자의 질병의 동물을 제조 · 가공 · 조리한자

⑬ 광우병, 탄저병, 가금 인플루엔자의 질병의 동물을 제조 · 가공 · 조리한 자와 마황, 천오, 초오, 백부자, 섬수, 백선피, 사리풀이 함유된 것을 판매한 자

(5) 5년 이하의 징역 또는 5천만 원 이하의 벌금(병과)에 해당하는 경우

① 기준과 규격에 맞지 않는 식품 또는 식품첨가물의 판매 · 제조 · 사용 · 조리 · 저장 등의 행위

② 기준 · 규격이 맞지 않는 기구 · 용기 판매 등의 행위

③ 허위표시 등의 금지

④ 영업의 허가 시 영업종류별 또는 영업소별로 식품의약품안전처장 또는 특별자치시장 · 특별자치도지사 · 시장 · 군수 · 구청장에게 등록

⑤ 시 · 도지사가 정하는 영업시간 및 영업행위의 제한규정을 지키지 않은 식품접객영업자

⑥ 제45조 제1항 전단(위해식품 등의 회수조치)을 위반한자

⑦ 식품 등을 압류 또는 폐기 조치토록 한 명령에 위반했을 때

⑧ 식품 등의 원료 · 제조방법 · 성분 또는 배합 비율을 변경토록 한 명령에 위반했을 때

⑨ 식품위생상의 위해가 발생하여 영업자에게 공표토록 한 명령에 위반 했을 때

⑩ 수입신고를 하지 않고 식품, 식품첨가물 · 기구 · 용기 · 포장을 수입했을 때

⑪ 허가대상영업으로서 영업허가취소, 영업정지의 명령에 위반하여 영업을 계속한 자(집단급식소의 경우에도 위 ①~③, ⑥의 내용이 적용됨)

⑫ 영업의 허가를 받지 않고 영업행위 및 대통령령이 정한 중요한 사항 변경신고 위반

(6) 3년 이하의 징역 또는 3천만 원 이하의 벌금(병과)에 해당되는 경우

① 조리사를 두지 않은 식품접객영업자와 집단급식소 운영자

② 영양사를 두지 않은 집단급식소 운영자

(7) 3년 이하의 징역 또는 3천만 원 이하의 벌금에 해당되는 경우

① 표시 기준에 맞지 않은 식품 · 식품첨가물 · 기구 및 용기 · 포장을 판매 · 진열 · 운반 또는 영업상 사용했을 때

② 유전자변형식품 등의 표시위반

③ 위해 예상식품의 판매 등 금지를 위반했을 때

④ 자가 품질검사의 의무를 이행하지 않았을 때

⑤ 폐업 또는 경미한 사항 변경시의 신고의무 불이행

⑥ 신고대상 영업을 신고 없이 영업을 했을 때

⑦ 영업자의 지위를 승계한 자가 기간 내에 신고를 하지 않았을 때

⑧ 식품의약품안전처장이 식품별로 고시한 식품안전관리인증기준을 지키지 않았을 때

⑨ 식품안전관리인증기준 적용업소가 식품을 다른 업소에 위탁하여 제조 · 가공하였을 때

⑩ 영유아식 제조 · 수입 · 가공업자, 일정 매출액 · 매장면적 이상의 식품판매업자 등 총리령으로 정하는 자는 등록기준을 갖춰 식품의약품안전처장에게 등록

⑪ 조리사 또는 영양사의 명칭을 허위로 사용했을 때

⑫ 검사 · 출입 · 수거 · 압류 · 폐기를 거부 · 방해 또는 기피한 자

⑬ 시설기준을 갖추지 못한 영업자

⑭ 조건을 갖추지 못한 영업자

⑮ 영업자가 지켜야 할 사항을 지키지 아니한 경우

⑯ 영업정지 명령을 위반하여 계속 영업한자

⑰ 영업소 폐쇄명령을 위반하여 영업을 계속한 자

⑱ 제조정지 명령을 위반한 자

⑲ 관계 공무원이 부착한 봉인, 게시문 등을 함부로 제거한 자

⑳ 집단급식소의 경우에도 준용

(8) 1년 이하의 징역 또는 1천만 원 이하의 벌금에 해당하는 경우

① 식품접객업 중 유흥종사자를 둘 수 없는 경우 유흥종사자를 두거나 알선하는 경우

② 소비자로부터 이물 발견의 신고를 접수하고 거짓으로 보고한 자

③ 이물의 발견을 거짓으로 신고한 자

④ 위해식품 등의 회수

(9) 양벌규정

법인의 대표자나 법인 또는 개인의 대리인 · 사용인 기타의 종업원이 그 법인 또는 개인의 업무에 관하여 위반행위를 한 때에는 그 행위자를 벌하는 외에 그 법인이나 개인에 대하여도 해당 각 조의 벌금형을 과한다.

(10) 과태료

① 500만 원 이하의 과태료에 처하게 되는 경우

㉠ 식품 등을 위생적으로 취급하지 않을 때

㉡ 건강진단을 받아야 하는 영업에 종사하는 자가 건강진단을 받지 않았을 때

㉢ 건강진단 결과 타인에게 위해를 끼칠 자를 영업에 종사케 한 영업자

㉣ 위생에 관한 교육을 받아야 하는 자가 교육을 받지 않았을 때

㉤ 위생에 관한 교육을 받지 않은 자를 영업에 종사하게 한 영업자

㉥ 검사명령을 위반한 자

㉦ 식품 또는 식품첨가물의 제조업 · 가공업자의 보고의무 위반

㉧ 식품 또는 식품첨가물의 제조 · 가공하는 영업자 생산실적 보고의무 위반

㉨ 식품안전관리인증기준 적용업소의 명칭을 허위로 사용한 자

㉩ 식품의약품안전처장이 명한 교육을 받지 않은 조리사 와 영양사

㉪ 시설 개수명령을 위반한 자

㉫ 집단급식소 설치 · 운영의 신고의무를 위반한 자

㉬ 집단급식소 설치 · 운영자가 다음 각 호의 사항을 지키지 않았을 때

- 식중독 환자가 발생하지 아니하도록 위생관리를 철저히 할 것
- 조리 · 제공한 식품의 매회 1인분 분량을 총리령으로 정하는 바에 따라 144시간 이상 보관할 것
- 영양사를 두고 있는 경우 그 업무를 방해하지 아니할 것
- 영양사를 두고 있는 경우 영양사가 집단급식소의 위생관리를 위하여 요청하는 사항에 대하여 정당한 사유가 없으면 따를 것
- 그 밖의 식품 등의 위생적 관리를 위하여 필요하다고 총리령으로 정하는 사항을 지킬 것

② 300만 원 이하의 과태료에 처하게 되는 경우

㉠ 영업자가 지켜야 할 사항 중 총리령으로 정하는 경미한 사항을 지키지 아니한 자

㉡ 소비자로부터 이물 발견신고를 받고 보고하지 아니한 자

㉢ 식품이력추적관리 등록사항이 변경된 경우 1개월 이내에 신고하지 아니한 자

㉣ 연계된 정보를 식품이력추적관리 목적 외에 사용하여서는 아니 된다.

조리사에 대한 행정처분기준

위반사항	행정처분		
	1차 위반	2차 위반	3차 위반
조리사의 결격사유 중 하나에 해당하게 된 경우	면허취소	–	–
교육을 받지 아니한 경우	시정명령	업무정지 15일	업무정지 1개월
식중독이나 그밖에 위생과 관련한 중대한 사고발생에 직무상 책임이 있는 경우	업무정지 1개월	업무정지 2개월	면허취소
면허를 타인에게 대여하여 사용하게 한 경우	업무정지 2개월	업무정지 3개월	면허취소
업무정지시간 중에 조리사의 업무를 한 경우	면허취소	–	–

02 농수산물 원산지 표시에 관한 법규

1 총칙

(1) 목적

농산물 · 수산물이나 그 가공품 등에 대하여 적정하고 합리적인 원산지 표시를 하도록 하여 소비자의 알권리를 보장하고, 공정한 거래를 유도함으로써 생산자와 소비자를 보호하는 것을 목적으로 한다.

(2) 용어의 정의

① 농산물 : 「농업 · 농촌 및 식품산업 기본법」에 따른 농산물을 말한다.

② 수산물 : 「수산업 · 어촌 발전 기본법」에 따른 어업활동으로부터 생산되는 산물을 말한다.

③ 농수산물 : 농산물과 수산물을 말한다.

④ 원산지 : 농산물이나 수산물이 생산, 채취, 포획된 국가, 지역이나 해역을 말한다.

⑤ 통신판매 : 「전자상거래 등에서의 소비자보호에 관한 법률」에 따른 통신판매(전자상거래로 판매되는 경우를 포함) 중 대통령령으로 정하는 판매를 말한다.

(3) 농수산물의 원산지 표시의 심의

농산물, 수산물 및 그 가공품 또는 조리하여 판매하는 쌀, 김치류, 축산물 및 수산물 등의 원산지 표시 등에 관한 사항은 농수산물품질관리심의회에서 심의한다.

2 원산지 표시 등

(1) 원산지 표시

① 대통령령으로 정하는 농수산물 또는 그 가공품을 수입하는 자, 생산 · 가공하여 출하하거나 판매(통신판매를 포함)하는 자 또는 판매할 목적으로 보관 · 진열하는 자는 농수산물, 농수산물 가공품(국내에서 가공한 가공품은 제외), 농수산물 가공품(국내에서 가공한 가공품에 한정)의 원료에 대하여 원산지를 표시하여야 한다.

(2) 원산지 표시 대상

① 소고기 ② 돼지고기 ③ 닭고기

④ 오리고기 ⑤ 양고기 ⑥ 염소고기

⑦ 밥, 죽, 누룽지에 사용하는 쌀(쌀 가공품을 포함하며, 쌀에는 찹쌀, 현미 및 찐쌀을 포함)

⑧ 배추김치(배추김치 가공품을 포함)의 원료인 배추(얼갈이배추와 봄동 배추를 포함)

⑨ 두부류(가공두부, 유바는 제외), 콩비지, 콩국수에 사용하는 콩(콩 가공품을 포함)

⑩ 넙치, 조피볼락, 참돔, 미꾸라지, 뱀장어, 낙지, 명태(황태, 북어 등 건조한 것은 제외), 고등어, 갈치, 오징어, 꽃게 및 참조기(해당 수산물가공품을 포함)

⑪ 조리하여 판매 · 제공하기 위하여 수족관 등에 보관 · 진열하는 살아있는 수산물

03 제조물 책임법(Product Liability)

1 목적

제조물의 결함으로 발생한 손해에 대한 제조업자 등의 손해배상책임을 규정함으로써 피해자 보호를 도모하고 국민생활의 안전 향상과 국민경제의 건전한 발전에 이바지함을 목적으로 한다.

2 용어의 정의

용어	정의	
제조물	제조되거나 가공된 동산(다른 동산이나 부동산의 일부를 구성하는 경우를 포함)을 말한다.	
결함	제조상의 결함	제조업자가 제조물에 대하여 제조상 · 가공상의 주의의무를 이행하였는지 관계없이 제조물이 원래 의도한 설계와 다르게 제조 · 가공됨으로써 안전하지 못하게 된 경우
	설계상의 결함	제조업자가 합리적인 대체설계를 채용하였더라면 피해나 위험을 줄이거나 피할 수 있었음에도 대체 설계를 채용하지 아니하여 해당 제조물이 안전하지 못하게 된 경우
	표시상의 결함	제조업자가 합리적인 설명 · 지시 · 경고 또는 그 밖의 표시를 하였더라면 해당 제조물에 의하여 발생할 수 있는 피해나 위험을 줄이거나 피할 수 있었음에도 이를 하지 아니한 경우
제조업자	• 제조물의 제조, 가공 또는 수입을 업으로 하는 자, 제조물에 성명, 상호, 상표 또는 그 밖에 식별 가능한 기호 등을 사용하여 자신을 제조, 가공, 수입한 자와 자신을 제조업자로 표시하거나 제작업자로 오인시킬 표시를 한 자이다. • 제조업자를 알 수 없는 경우에는 공급업자도 손해배상책임을 진다.	

3 책임

제조업자는 제조물의 결함으로 생명, 신체 또는 재산에 손해를 입는 자에게 그 손해를 배상하여야 한다. 제조업자가 제조물의 결과를 알면서도 그 결함에 대하여 필요한 조치를 취하지 아니한 결과로 생명 또는 신체에 중대한 손해를 입은 자가 있는 경우에는 그 자에게 발생한 손해의 3배를 넘지 아니하는 범위에서 배상책임을 진다.

4 주요 내용(면책사유, 연대책임, 소멸시효)

① 제조업자가 그 제조물을 공급하지 아니하였거나 그 제조물을 공급한 때의 과학기술 수준으로는 결함의 존재를 알 수 없었던 경우, 제조물의 결함이 제조업자가 당해 제조물을 공급할 당시 법령이 정하는 기준을 준수함으로써 발생한 경우 등에 그 사실을 입증한 때에는 손해배상 책임을 면할 수 있다.

② 동일한 손해에 대하여 배상할 책임이 있는 자가 2인 이상인 경우에는 연대하여 그 손해를 배상할 책임이 있다.

③ 제조물 책임법에 의한 제조업자의 배상책임을 배제하거나 제한하는 특약은 무효하며, 손해배상청구권의 소멸시효는 손해 및 제조업자를 안 때로부터 3년으로 한다.

CHAPTER

05 모의고사

01 식품 수거 때 공무원이 할 수 있는 권한은?

① 검사상 필요시 무상 수거

② 수거 종업원의 연행

③ 장부나 서류 압류

④ 영업정지 명령

해설 검사에 필요한 최소량의 식품 등을 무상으로 수거하게 할 수 있으며, 필요에 따라 영업 관계의 장부나 서류를 열람하게 할 수 있다.

02 다음 중 식품위생감시원의 직무와 거리가 먼 것은?

① 과대광고의 위반여부에 관한 사항의 단속

② 검사에 필요한 식품 등의 수거

③ 식품 등의 위생적 취급기준의 이행지도

④ 조리사의 건강진단 및 위생교육실시

해설 **식품위생감시원의 직무**

- 식품 등의 위생적 취급기준의 이행지도
- 수입 · 판매 또는 사용 등이 금지된 식품 등의 취급여부에 관한 단속
- 표시기준 또는 과대광고 금지의 위반 여부에 관한 단속
- 출입 · 검사에 필요한 식품 등의 수거
- 시설기준의 적합여부 확인
- 영업자 및 종업원의 건강진단 및 위생교육의 이행여부 확인 · 지도
- 조리사 · 영양사의 법령준수 사항 이행 여부의 확인 지도
- 행정처분의 이행여부 확인
- 식품 등의 압류 · 폐기 등
- 영업소의 폐쇄를 위한 간판 제거 등의 조치, 기타 영업자의 법령 이행여부에 관한 확인 · 지도

03 다음과 같은 직무를 수행하는 사람은?

- 시설기준의 실행여부의 확인
- 영업자의 위생교육 및 건강진단의 이행여부 확인
- 행정처분의 이행여부 확인
- 식품 등의 위생적 취급기준의 이행지도

① 식품위생관리인

② 영양사

③ 조리사

④ 식품위생감시원

04 식품위생법의 목적과 거리가 먼 것은?

① 식품으로 인한 위생상의 위해방지

② 식품의 유통과 판매량의 향상

③ 국민보건의 향상과 증진에 기여

④ 식품영양의 질적 향상 도모

해설 **식품위생법의 목적(법 제1조)**

- 식품으로 인한 위생상의 위해방지
- 식품영양의 질적 향상 도모
- 국민보건 증진에 이바지

정답 01 ① 02 ④ 03 ④ 04 ②

05 다음은 식품위생감시원이 무상으로 식품을 수거할 수 있는 경우이다. 이와 거리가 먼 것은?

① 수입식품을 검사할 목적으로 수거할 때

② 기준 제정 등에 참고용으로 수거할 때

③ 임검 시 식품 등을 수거할 때

④ 부정불량식품을 수거할 때

해설 ① **무상수거대상**
- 임검 시 식품 등을 수거할 때
- 유통 중인 부정 · 불량식품 등을 수거할 때
- 부정 · 불량식품 등을 압류 또는 수거 · 폐기하여야 할 때
- 수입식품 등을 검사할 목적으로 수거할 때

② **유상수거대상**
- 소매업소에서 판매하는 식품 등을 시험 · 검사용으로 수거할 때
- 식품 등의 규격 및 기준제정 등에 참고용으로 수거할 때
- 기타 무상수거대상이 아닌 경우

06 식품공전에 규정되어 있는 표준온도는?

① 10℃ ② 15℃

③ 20℃ ④ 25℃

해설 식품공전 규정 표준온도는 20℃, 상온은 15~25℃, 실온은 1~35℃, 미온은 30~40℃이다.

07 집단급식소의 정의가 아닌 것은?

① 1일 1회에 50명 이상에게 음식을 제공한다.

② 영리를 목적으로 하지 아니하는 기숙사, 학교, 기타 후생기관 등의 급식시설을 말한다.

③ 집단급식소에는 조리사, 영양사를 두어야 한다.

④ 영리를 목적으로 하는 학교 구내식당 또는 대중음식점을 말한다.

해설 **집단급식소의 정의**

영리를 목적으로 하지 아니하고 계속적으로 특정 다수인에게 음식물을 제공하는 기숙사, 학교, 병원, 기타 후생기관 등의 급식시설로 상시 50인 이상에게 식사를 제공하는 급식소를 말한다.

08 식품위생심의위원회의 심의사항과 거리가 먼 것은?

① 식품 및 식품첨가물의 공전 작성에 관한 사항

② 식품 및 식품첨가물 등의 생산에 관한 사항

③ 국민영양조사에 관한 사항

④ 식중독 방지에 관한 사항

해설 **식품위생심의위원회의 심의 내용**
- 식중독 방지에 관한 사항
- 농약 · 중금속 등 유독 · 유해물질의 잔류허용기준에 관한 사항
- 식품 등의 기준과 규격에 관한 사항의 자문
- 국민 영양의 조사 · 지도 및 교육에 관한 사항의 자문
- 기타 식품위생에 관한 중요사항(식품 및 식품첨가물 등의 생산에 관한 사항은 없음)

09 식품위생법의 정의상 화학적 수단에 의하여 원소 또는 화합물에 분해반응 외의 화학반응을 일으켜 얻는 물질이라 함은?

① 표시

② 기구

③ 화학적 합성품

④ 첨가물

해설 **화학적 합성품**

화학적 수단에 의하여 원소 또는 화합물에 분해반응 외의 화학반응을 일으켜 얻은 물질을 말한다.

10 조리사를 두지 않아도 되는 경우는?

① 식품접객업 중 복어를 조리 · 판매하는 영업

② 국가 · 지방자치단체가 설립 · 운영하는 집단급식소

③ 학교, 병원, 사회복지시설에서 설립 · 운영하는 집단급식소

④ 중소기업자가 설립 · 운영하는 집단급식소

정답 05 ② 06 ③ 07 ④ 08 ② 09 ③ 10 ④

해설 조리사를 두어야 할 영업

식품접객업 중 복어를 조리 · 판매하는 영업과 다음 각 호의 자가 설립 · 운영하는 집단급식소의 경우 조리사를 두어야 한다.

- 국가 · 지방자치단체
- 학교 · 병원 · 사회복지시설
- 「공공기관의 운영에 관한 법률」 규정에 따른 공기업 중 식품의약품안전처장이 지정 · 고시하는 기관
- 지방공기업법에 의한 지방공사 및 지방공단
- 특별법에 의하여 설립된 법인

11 판매가 금지되는 동물의 질병을 결정하는 기관은?

① 보건소

② 관할시청

③ 식품의약품안전처

④ 관할 경찰서

해설 식품의약품안전처는 식품위생법규상 "판매 등이 금지되는 병육"의 질병을 결정한다.

12 식품위생법상에서 식품위생이라 함은 무엇을 말하는가?

① 식품, 식품첨가물, 기구 또는 용기, 포장을 대상으로 하는 음식에 관한 위생을 말한다.

② 기구 또는 용기, 포장의 위생을 말한다.

③ 음식에 관한 위생을 말한다.

④ 식품 및 식품첨가물을 대상으로 하는 위생을 말한다.

해설 식품위생

식품, 식품첨가물, 기구 또는 용기 · 포장을 대상으로 하는 음식에 관한 위생을 말한다.

13 기구와 용기 · 포장에 대하여 가장 바르게 설명한 것은?

① 용기 · 포장지 제조업은 식품위생법상 허가나 신고대상이 아니다.

② 유독 · 유해물질이 들어 있어도 상관없다.

③ 판매를 목적으로 하더라도 식품위생법상 규제사항이 아니다.

④ 수출만을 하고자 할 때에는 수입자가 요구하는 기준 · 규격에 의할 수 있다.

해설
- 용기 · 포장지 제조업은 식품위생법상 신고대상이다.
- 유독 · 유해물질이 들어 있는 기구 · 용기 · 포장은 판매금지 대상이다.
- 판매를 목적으로 한 식품은 식품위생법에 의해 규제를 받는다.
- 수출을 하고자 할 때는 수입자가 요구하는 기준과 규격에 의해야 한다.

14 식품위생법상 집단급식소에 대한 설명이 가장 바르게 된 것은?

① 갈비구이 전문점

② 불특정 다수인에게 음식물을 공급하는 영리 급식시설

③ 계속적으로 특정 다수인에게 음식물을 공급하는 비영리 급식시설

④ 동네의 작은 분식점

해설 집단급식소

영리를 목적으로 하지 아니하고 계속적으로 특정 다수인에게 음식물을 공급하는 기숙사, 학교, 병원, 기타 후생기관 등의 급식시설로서 상시 1회 50인 이상에게 식사를 제공하는 급식소를 말한다.

15 위생관리 상태 등이 우수한 식품접객업소를 선정하여 모범업소로 지정할 수 있는 자는?

① 보건복지부장관

② 식품의약품안전처장

③ 시 · 도지사

④ 시장 · 군수 · 구청장

해설 우수업소 · 모범업소의 지정

- 우수업소의 지정 : 식품의약품안전처장 · 특별자치도지사 · 시장 · 군수 · 구청장
- 모범업소의 지정 : 특별자치도지사 · 시장 · 군수 · 구청장

정답 11 ③ 12 ① 13 ④ 14 ③ 15 ④

16 다음 중 표시기준에 관한 설명으로 틀린 것은?

① 표시사항을 소비자가 알아볼 수 있게 일정 장소에 일괄표시를 한다.

② 표시는 한글로 해야 한다.

③ 용기나 포장은 다른 제조업소의 표시가 있는 것을 사용해도 된다.

④ 운반용 위생 상자를 사용하여 판매하는 경우에는 그 운반용 위생 상자에 업소명 및 소재지만을 표시할 수 있다.

해설 용기나 포장은 다른 제조업소의 표시가 있는 것을 사용해서는 안 된다. 다만, 식품에 유해한 영향을 미치지 아니하는 용기로서 일반 시중에 유통 판매할 목적이 아닌 다른 회사의 제품원료로 제공할 목적으로 사용하는 경우에는 그러하지 아니할 수 있다.

17 화학적 합성품의 심사에서 가장 중점을 두는 사항은?

① 효력

② 영양가

③ 함량

④ 안전성

해설 화학적 합성품은 인체에 대한 안전성이 가장 중요하다. 인체의 건강을 해할 우려가 없다고 인정하는 것 외에 기준, 규격이 고시되지 않은 화학적 합성품은 판매나 판매의 목적으로 제조, 수입, 가공, 조리, 저장 또는 운반하거나 진열하지 못한다.

18 식품의 원료관리, 제조, 가공 및 유통의 전 과정에서 유해한 물질이 해당 식품에 혼입 또는 오염되는 것을 방지하기 위하여 각 과정을 중점 관리하는 기준을 정한 것은?

① 위생등급제도

② 식품안전관리인증기준(HACCP)

③ 영업시설기준

④ 식품기준 및 규격

해설 식품안전관리인증기준(HACCP)

식품의 원료관리, 제조, 가공 및 유통의 전 과정에서 위해물질이 해당 식품에 혼입되거나 오염되는 것을 사전에 방지하기 위하여 각 과정을 중점적으로 관리하는 기준

19 HACCP인증 집단급식업소(집단급식소, 식품접객업소, 도시락류 포함)에서 조리한 식품은 소독된 보존식 전용용기 또는 멸균 비닐봉지에 매회 1인분 분량을 담아 몇 ℃ 이하에서 얼마 이상의 시간 동안 보관하여야 하는가?

① 4℃ 이하, 48시간 이상

② 0℃ 이하, 100시간 이상

③ −10℃ 이하, 200시간 이상

④ −18℃ 이하, 144시간 이상

해설 매회 1인분 분량을 섭씨 영하 18℃ 이하로, 144시간 이상 보관하여야 한다.

20 식품위생법의 영업 부분에서 다루는 내용과 거리가 먼 것은?

① 동업자 조항에 관한 사항

② 건강진단에 관한 사항

③ 시설기준에 관한 사항

④ 위생교육에 관한 사항

해설 동업자 조항에 관한 사항은 식품위생 단체에서 다루는 내용이다.

21 다음 중 모든 식품에 꼭 표시해야 할 내용과 거리가 먼 것은?

① 제조업소명

② 제품명

③ 실중량

④ 영양 성분

해설 영양 성분은 건강보조식품, 특수영양식품에만 반드시 표시해야 한다.

정답

16 ③ 17 ④ 18 ② 19 ④ 20 ① 21 ④

22 식품접객업에 해당되지 않는 영업은?

① 일반음식점

② 제과점 영업

③ 즉석, 판매제조가공업

④ 휴게음식점

해설 식품접객업에 해당되는 영업은 휴게음식점 영업, 일반음식점 영업, 단란주점 영업, 유흥주점 영업, 위탁급식 영업, 제과점 영업이 있다.

23 건강보조식품의 표시내용에 들어갈 수 없는 것은?

① 질병의 치료표시

② 건강유지

③ 체질개선

④ 건강증진

해설 건강보조식품 표시의 유용성은 건강유지, 건강증진, 체질개선, 식이요법, 영양보급의 표현은 가능하다. 하지만, 질병의 예방과 치료라는 표현은 할 수 없다.

24 다음 영업 중 제조월과 일시를 표시하여야 하는 영업은?

① 청량음료제조업

② 도시락제조업

③ 인스턴트식품제조업

④ 식품첨가물제조업

해설 도시락제조업에서는 연월일시까지 표시하여야 한다.

25 식품위생법 중 식품 또는 첨가물의 기준과 규격에 명시된 것과 관계없는 것은?

① 식품가공 시설의 기준에 관한 사항

② 식품과 첨가물의 성분 규격에 관한 사항

③ 식품의 보존방법에 관한 사항

④ 식품의 제조방법에 관한 사항

해설 식품가공 시설의 기준에 관한 사항은 식품 또는 첨가물의 기준과 규격에 명시되어 있지 않다.

26 식품접객 영업자의 준수사항과 가장 거리가 먼 것은?

① 가두호객 행위를 하지 않는다.

② 허가받은 영업 외의 다른 영업시설을 설치하지 않는다.

③ 영업허가증은 손님이 보기 쉬운 곳에 게시한다.

④ 수돗물 이외의 것도 음료수로 사용할 수 있다.

해설 수돗물 이외의 것은 음료수로 사용할 수 없다.

27 식품위생법상 출입, 검사, 수거에 관한 업무사항 중 옳지 않은 것은?

① 영업자 또는 관계인에 대하여 필요한 보고를 할 수 있다.

② 관계 공무원으로 하여금 영업장소에 출입하여 영업상 사용하는 식품 등을 검사하게 할 수 있다.

③ 검사에 필요한 최소량의 식품 등을 무상으로 수거할 수 있다.

④ 필요에 따라 영업 관계의 장부나 서류를 열람하게 할 수 없다.

해설 관계 공무원으로 하여금 영업장소에 출입하여 필요에 따라 영업 관계의 장부나 서류를 열람하게 할 수 있다. 출입, 검사, 수거, 또는 열람을 하고자 하는 공무원은 그 권한을 표시하는 증표를 지녀야 하며, 관계인에게 이를 보여야 한다.

정답

22 ③ 23 ① 24 ② 25 ① 26 ④ 27 ④

28 식품위생법상의 식품이 아닌 것은?

① 유산균음료 ② 채종유

③ 비타민 C의 약제 ④ 식용얼음

해설 식품이라 함은 모든 음식물을 말한다. 다만, 의약품으로 사용되는 것은 제외한다.

29 다음 중 식품위생법에서 다루고 있는 내용과 거리가 먼 것은?

① 식품용기 및 포장의 기준과 규격

② 먹는 샘물의 기준과 규격

③ 식품제조기구의 기준과 규격

④ 식품의 기준과 규격

해설 먹는 샘물의 관리기준은 식품위생법에서 다루는 사항이 아니다.

30 다음은 판매가 금지되는 식품을 설명한 것이다. 가장 거리가 먼 것은?

① 기준, 규격이 고시된 화학적 합성품을 함유한 식품

② 수입이 금지된 식품

③ 설익은 것으로 건강에 유해한 것

④ 감염병 질병으로 죽은 것

해설 기준이나 규격이 고시되지 아니한 화학적 합성품의 판매는 금지하고 있으나 식품의약품안전처장이 인정한 것은 그러하지 아니하다.

31 식품위생법상 판매금지 대상과 그 내용이 잘못 짝지어진 것은?

① 기구 : 식품에 접촉됨으로써 인체에 해를 주는 것

② 식품 : 설익어 인체의 건강을 해할 우려가 있는 것

③ 화학적 합성품 : 보건복지부장관이 정한 것

④ 식품첨가물 : 의약품과 혼동할 우려가 있는 표시

해설 기준과 규격이 고시되지 아니한 화학적 합성품의 판매는 금지하고 있으나 식품의약품안전처장이 인정한 것은 그러하지 아니하다.

32 고운 색깔을 가진 과자를 만들기 위해 착색료를 사용하려고 한다. 다음 중 구체적인 사용기준을 알려면 참고해야 할 것은?

① 외국 잡지

② 식품과학 용어집

③ 식품첨가물 공전

④ 식품성분표

해설 **식품첨가물 공전**

식품위생심의위원회의 심의를 거쳐 식품의약품안전처장이 확정 고시한 식품첨가물의 기준과 규격을 수록한 것이다. 총 368개의 화학적 합성품을 수록하고 있다.

33 식품접객업 중 음식류를 조리 · 판매하는 영업으로서 식사와 함께 부수적으로 음주행위가 허용되는 영업은?

① 단란주점 영업

② 유흥주점 영업

③ 휴게음식점 영업

④ 일반음식점 영업

해설 **식품접객업의 범위**

① 단란주점 영업 : 주로 주류를 조리 · 판매하는 영업으로서 손님이 노래를 부르는 행위가 허용되는 영업
② 유흥주점 영업 : 주로 주류를 조리 · 판매하는 영업으로서 유흥종사자를 두거나 유흥시설을 설치할 수 있고 손님이 노래를 부르거나 춤을 추는 행위가 허용되는 영업
③ 휴게음식점 영업 : 음식물을 조리 · 판매하는 영업으로서 음주행위가 허용되지 아니하는 영업
④ 일반음식점 영업 : 음식류를 조리 · 판매하는 영업으로서 식사와 함께 부수적으로 음주행위가 허용되는 영업

정답 **28 ③ 29 ② 30 ① 31 ③ 32 ③ 33 ④**

34 다음 중 벌칙이 가장 무거운 것은?

① 기준 · 규격이 맞지 않는 기구 · 용기 판매
② 식품 등을 압류 또는 폐기 조치하도록 한 명령에 위반했을 때
③ 허가대상영업으로서 영업허가 취소, 영업정지의 명령에 위반했을 때
④ 광우병, 탄저병, 가금류 인플루엔자의 질병의 동물을 제조 · 가공 · 조리한자

해설 • ①, ②, ③은 5년 이하의 징역 또는 5천만 원 이하의 벌금이나 병과
• ④는 10년 이하의 징역 또는 1억 원 이하의 벌금이나 병과

35 식품위생법령상 영업신고 대상 업종이 아닌 것은?

① 위탁급식영업
② 식품냉동 · 냉장업
③ 즉석판매제조 · 가공업
④ 양곡가공업 중 도정업

해설 **식품위생법령상 영업신고 대상**
• 식품제조 · 가공업
• 즉석판매제조 · 가공업
• 식품운반업
• 식품소분 · 판매업
• 식품냉동 · 냉장업
• 용기 · 포장류제조업
• 일반음식점 영업, 휴게음식점 영업, 위탁급식 영업 및 제과점 영업

36 영업소에서 조리에 종사하는 자가 정기건강진단을 받아야 하는 법정기간은?

① 3개월마다
② 6개월마다
③ 매년 1회
④ 2년에 1회

해설 **건강진단**
• 정기건강진단 : 매년 1회(간염은 5년마다 1회) 실시
• 수시건강진단 : 감염병이 발생하였거나 발생할 우려가 있을 때

37 영업의 종류와 그 허가관청의 연결로 잘못된 것은?

① 단란주점영업 – 시장 · 군수 또는 구청장
② 식품첨가물제조업 – 식품의약품안전처
③ 식품조사처리업 – 시 · 도시자
④ 유흥주점영업 – 시장 · 군수 또는 구청장

해설 **식품조사처리업**
방사선을 쬐어 식품의 보존성을 물리적으로 높이는 것을 업으로 하는 영업으로, 영업허가는 식품의약품안전처장이 행한다.

38 건강진단을 받지 않아도 되는 사람은?

① 식품 및 식품첨가물의 채취자
② 식품첨가물의 제조자
③ 식품을 가공하는 자
④ 완전포장식품의 판매자

해설 **건강진단 대상자**
식품 또는 식품첨가물을 채취, 제조, 가공, 조리, 저장, 운반 또는 판매하는 데 직접 종사하는 자. 단, 완전 포장된 식품 또는 식품첨가물을 운반, 판매하는 데 종사하는 자는 제외한다.

39 식품위생법에서 그 자격이 규정되어 있지 않은 것은?

① 조리사
② 영양사
③ 식품위생감시원
④ 제빵기능사

해설 식품위생법에는 조리사 및 영양사, 식품위생감시원의 자격에 관한 규정이 있으며, 제빵기능사에 관한 사항은 없다.

정답
34 ④ 35 ④ 36 ③ 37 ③ 38 ④ 39 ④

40 판매를 목적으로 하는 식품에 사용하는 기구, 용기 · 포장의 기준과 규격을 정하는 기관은?

① 농림축산식품부

② 산업통상자원부

③ 보건부

④ 식품의약품안전처

해설 식품의약품안전처장은 국민보건상 필요하다고 인정하는 때에는 판매를 목적으로 하거나 영업상 사용하는 기구 및 용기 · 포장의 제조방법에 관한 기준과 기구 · 용기 · 포장 및 그 원재료에 관한 규격을 정하여 이를 고시한다.

41 조리사가 타인에게 면허를 대여하여 사용하게 한 때 1차 위반 시 행정처분기준은?

① 업무정지 1개월

② 업무정지 2개월

③ 업무정지 3월

④ 면허취소

해설 조리사 또는 영양사가 타인에게 면허를 대여하여 이를 사용하게 한 때 행정처분기준은 1차 위반 시 업무정지 2개월, 2차 위반 시 업무정지 3개월, 3차 위반 시 면허취소에 해당한다.

42 조리사의 결격사유에 해당하지 않는 것은?

① 약물 중독자

② 심신 질환자

③ 위산과다 환자

④ 감염병 환자

해설 **조리사의 결격사유**

- 정신질환자 또는 정신지체자
- 감염병 환자
- 마약 기타 약물 중독자
- 조리사 면허 취소처분을 받고 그 취소된 날로부터 1년이 지나지 아니한 자

43 식품위생법령상 조리사를 두어야 할 업종은?

① 자동차 이동음식점

② 학교에서 운영하는 집단급식소

③ 인삼찻집

④ 분식 판매점

해설 **조리사를 두어야 할 업종**

- 집단급식소
- 식품접객업 중 복어를 조리, 판매하는 영업

44 식품위생법상 조리사에 대한 설명 중 잘못된 것은?

① 해당 기술 분야의 자격을 얻은 후 면허를 받아야 한다.

② 조리사의 자질 향상을 위하여 필요한 경우 보수교육을 받아야 한다.

③ 조리업무상 식중독 사고가 발생하였을 경우 면허가 취소되지 않는다.

④ 정신질환자는 면허를 받을 수 없다.

해설 조리 업무상 식중독 사고가 발생하였을 경우 면허가 취소된다.

45 식품이나 용기 또는 포장을 수입하려면 누구에게 신고하여야 하는가?

① 식품의약품안전처장

② 서울특별시장

③ 재정경제원장관

④ 농림축산식품부장관

해설 식품이나 용기, 포장을 수입하려면 식품의약품안전처장에게 신고하여야 한다.

정답 **40** ④ **41** ② **42** ③ **43** ② **44** ③ **45** ①

46 식품위생검사기관이 될 수 없는 곳은?

① 지방식품의약품안전청

② 시 · 도보건환경연구원

③ 국립검역소

④ 서울시 종합기술시험연구소

해설 식품위생검사기관은 식품의약품안전처, 지방 식품의약품안전청, 시 · 도 보건환경연구원, 국립검역소, 국립수산물검사소 등이 있다.

47 식품첨가물 공전은 누가 작성하는가?

① 서울특별시장

② 국무총리

③ 도지사

④ 식품의약품안전처장

해설 식품의약품안전처장은 식품, 식품첨가물, 기구, 용기, 포장의 표시기준을 수록한 식품 등의 공전을 작성, 보급하여야 한다.

48 수출을 목적으로 하는 식품 또는 식품첨가물의 기준과 규격은?

① 산업통상자원부장관의 별도 허가를 획득한 기준과 규격

② F.D.A.의 기준과 규격

③ 국립검역소장이 정하여 고시한 기준과 규격

④ 수입자가 요구하는 기준과 규격

해설 수출을 목적으로 하는 식품 또는 식품첨가물의 기준과 규격을 수입자가 요구하는 기준과 규격에 맞춘다.

49 식품위생법상 과대광고에 해당되지 않는 것은?

① 주문쇄도, 단체추천 또는 이와 유사한 표현의 광고

② 식품학, 영양학 등의 분야에서 공인된 사항에 대한 광고

③ 미풍양속을 해체거나 해칠 우려의 광고

④ 외래어 사용으로 외제품과 혼동할 우려의 광고

해설 제조방법에 관하여 연구 또는 발견한 사실로서 식품학, 영양학 등의 분야에서 공인된 사항 외의 표시, 광고는 허위광고, 과대광고이다. 다만, 제조 방법에 관하여 연구 또는 발견한 사실에 대한 식품학, 영양학 등의 문헌을 이용하여 문헌의 내용을 정확히 표시하고, 연구자의 서명, 문헌명, 발표연월일을 명시하는 표시, 광고는 그러하지 아니하다.

50 식품공전에 따른 우유의 세균 수에 관한 규격은?

① 1ml당 10,000 이하여야 한다.

② 1ml당 20,000 이하여야 한다.

③ 1ml당 100,000 이하이어야 한다.

④ 1ml당 1,000 이하이어야 한다.

해설 • 식품공전에 따른 우유의 세균 수 : 1ml당 20,000 이하
• 대장균군 : 1ml당 2 이하

51 식품을 구입하였는데 포장에 다음과 같은 표시가 있었다. 어떤 종류의 식품 표시인가?

① 방사선조사식품

② 녹색신고식품

③ 자진회수식품

④ 유기농업제조식품

해설
- 식품위생법상 식품의 방사선 조사기준 : 사용방사선의 선원 중 선종의 Co-60의 감마선으로 한다.
- 조사도안 : 조사처리 된 식품에는 도안을 제품포장 또는 용기에 지름 5cm 이상의 크기로 표시하여야 한다.

정답
46 ④ 47 ④ 48 ④ 49 ② 50 ② 51 ①

52 식품위생법상 과대광고의 범위에 해당하지 않는 것은?

① 단체주문 내용 광고

② 문헌명시 내용 광고

③ 질병 치료 및 효능 표시 광고

④ 경품판매 내용 광고

해설 식품학, 영양학 등의 분야에서 공인된 사항에 대한 문헌을 이용하여 정확히 표시하는 경우에는 과대광고에 해당하지 않는다.

53 질병에 걸린 경우 동물의 몸 전부를 사용하지 못하는 질병은?

① 리스테리아병

② 염증

③ 종양

④ 기생충증

해설 **식품위생법규상 "판매 등이 금지되는 병육"**
선모충증, 리스테리아병, 살모넬라병, 파스튜렐라병

54 식품위생법상 수입식품 검사 결과 부적합한 식품 등에 대하여 취하여지는 조치가 아닌 것은?

① 수출국으로의 반송

② 식용 외의 다른 용도로의 전환

③ 관할 보건소에서 재검사 실시

④ 다른 나라로의 반출

해설 수입식품 검사 결과 부적합한 식품 등에 대하여 ①, ②, ④의 조치를 취하며, 재검사 실시는 식품의약품안전처장, 시·도지사, 시장·군수 또는 구청장은 당해 식품 등에 대하여 재검사하기로 결정한 경우에는 지체 없이 재검사를 실시한 후 그 결과를 당해 영업자에게 통보하여야 한다.

55 식품위생법의 규정상 판매가 가능한 식품은?

① 무허가 제조식품

② 수입이 금지된 식품

③ 썩었거나 상한 식품

④ 영양분이 없는 식품

해설 영양분이 없는 식품은 식품위생법의 규정상 판매가 금지되는 것은 아니다.

56 제조물 책임법에 대한 설명으로 옳은 것은?

① 제조업자를 알 수 없는 경우에는 공급업자는 손해배상 책임을 지지 않는다.

② 손해배상청구권의 소멸 시효는 손해 및 제조업자를 안 때로부터 5년으로 한다.

③ 제조물의 결함으로 발생한 손해에 대한 피해자 보호를 위해서이다.

④ 동일한 손해에 대하여 배상할 책임이 있는 자가 2인 이상인 경우는 연대하여 그 손해를 배상할 책임이 없다.

해설 제조업자를 알 수 없는 경우에는 공급업자도 손해배상책임을 져야하며 손해배상청구권의 소멸 시효는 손해 및 제조업자를 안 때로부터 3년으로 한다. 동일한 손해에 대하여 배상할 책임이 있는 자가 2인 이상인 경우는 연대하여 그 손해를 배상할 책임이 있다.

57 제조물 책임법상 제조물의 결함의 종류에 들지 않는 것은?

① 판매상의 결함

② 설계상의 결함

③ 제조상의 결함

④ 표시상의 결함

해설 제조물 책임법상 결함의 종류: 제조상의 결함, 설계상의 결함, 표시상의 결함

정답
52 ② **53** ① **54** ③ **55** ④ **56** ③ **57** ①

CHAPTER

06 공중보건

01 공중보건의 개념

1 공중보건의 일반적 정의

(1) 공중보건의 정의

① 세계보건기구 WHO(World Health Organization)의 정의 : 공중보건이란, 질병을 예방하고 건강을 유지 · 증진시킴으로써 육체, 정신적인 능력을 발휘할 수 있게 하기 위한 과학적 지식을 사회의 조직적 노력으로 사람들에게 적용하는 기술이다.

② 공중보건에 대한 윈슬로(C.E.A Wmslow)의 정의 : "공중보건이란 조직적인 지역사회의 공동 노력을 통하여 질병을 예방하고 생명을 연장시키며 신체적 · 정신적 효율을 증진시키는 기술이요 과학이다."

(2) 건강(Health)의 정의

WHO는 건강에 관하여 "단순한 질병이나 허약의 부재상태만이 아니라, 육체적 · 정신적 · 사회적 안녕의 완전한 상태"라고 정의하고 있다.

세계보건기구(WHO)

- 창설 : 유엔의 경제사회 산하 보건전문 기관으로 1948년 4월 7일 창설
- 본부 : 스위스 제네바
- 우리나라 가입 : 1949년 6월(65번째 회원국으로 가입)
- 주요기능
  - 국제적인 보건사업의 지휘 및 조정
  - 회원국에 대한 기술지원 및 자료 공급
  - 전문가 파견에 의한 기술 자문 활동

2 공중보건의 범위와 보건수준의 평가지표

(1) 공중보건의 대상 및 범위

① 대상은 개인이 아닌 지역사회의 인간집단이며, 최소단위는 지역사회이다.

② 범위 : 감염병예방학, 환경위생학, 식품위생학, 산업보건학, 모자보건학, 정신보건학, 학교보건학, 보건통계학 등을 다루는 사회의학이라 할 수 있다.

(2) 보건수준의 평가지표

① 한 지역이나 국가의 보건수준을 나타내는 지표로, 그 국가의 영아사망률, 보통(조)사망률, 비례사망지수 등을 이용하여 알 수 있다.

② WHO에서는 대표적으로 영아사망률로, 그 국가의 공중보건 향상과 발달을 가늠한다.

③ 영아는 환경악화나 비위생적인 환경에 가장 예민한 시기이므로 국가의 보건수준을 나타내는 지표로서 큰 의미를 지니고 있다.

㉠ 영아사망의 원인

- 폐렴 및 기관지염
- 장염, 설사
- 신생아 고유질환 및 사고
- 영아의 정의 : 생후 12개월 미만의 아기
- 신생아의 정의 : 생후 28일 미만의 아기

㉡ 영아사망률 $= \frac{\text{연간 영아사망 수}}{\text{연간 출생아 수}} \times 1,000$

02 환경위생 및 환경오염 관리

1 환경보건의 목표

(1) 목표

환경보건의 목표는 인간을 둘러싸고 있는 환경을 조정, 개선하여 쾌적하고 건강한 생활을 영위할 수 있게 하는데 있다.

(2) 생활환경

① 자연환경 : 기후(기온 · 기습 · 기류 · 일광 · 기압), 공기, 물 등

② 인위적 환경 : 채광, 조명, 환기, 냉방, 상하수도, 오물처리, 곤충의 구제, 공해 등

③ 사회적 환경 : 교통, 인구, 종교 등

2 환경보건의 내용

(1) 자연환경

① 일광

㉠ 자외선

- 일광의 3분류 중 파장이 가장 짧다.
- 2,500~2,800Å(옴스트롱) 범위의 것이 살균력이 가장 강하다.
- 비타민 D를 형성하여 구루병을 예방, 피부결핵 및 관절염 치료에 효과가 있다.
- 살균작용이 있으나 피부색소 침착 등을 일으키며, 심하면 피부암을 유발시킨다.
- 적혈구 생성을 촉진시키며 혈압을 강하시킨다.

㉡ 가시광선 : 인간에게 색채와 명암(明暗)을 부여한다.

㉢ 적외선

- 적외선은 파장이 가장 길며 지상에 열을 주어 기온을 좌우한다.
- 적외선을 과도하게 받게 되면, 일사병(日射病)과 백내장(白內障)에 걸리기 쉽다.

※ 파장의 단파순 : 자외선 → 가시광선 → 적외선

② 기온 · 기습 · 기류

기온(온도)	지상 1.5m에서의 건구온도를 말하며, 쾌감온도는 18±2℃이다.
기습(습도)	일정 온도의 공기 중에 포함되어 있는 수분량을 말하며, 쾌적한 습도는 40~70%이다
기류(공기의 흐름)	1초당 1m 이동할 때가 건강에 좋다.

㉠ 감각온도의 3요소 : 기온, 기습, 기류

㉡ 온열조건(인자) : 기온, 기습, 기류, 복사열

㉢ 기온역전현상 : 대기층의 온도는 100m 상승할 때마다 1℃ 정도 낮아지므로 상부기온이 하부기온보다 낮다. 그러나 기온역전현상이라 함은 상부기온이 하부기온보다 높을 때를 말한다.

㉣ 불감기류 : 공기의 흐름이 0.2~0.5m/sec로 약하게 움직여 사람들이 바람이 부는 것을 감지하지 못하는 것을 의미한다.

ⓜ 실외의 기온 측정 : 지상 1.5m에서의 건구온도를 측정

- 최고온도 : 오후 2시
- 최저온도 : 일출 전

ⓑ 불쾌지수(Discomfort Index)

- DI가 70이면 10%
- DI가 75이면 50%
- DI가 80이면 거의 사람들이 불쾌감을 느낀다.

ⓢ 카타온도계 : 기류측정의 미풍계로 사용한다.

③ 공기

㉠ 공기조성

- 0℃, 1기압 하에서 공기는 다음과 같은 조성을 가지고 있다.
- 질소(N_2) 78%, 산소(O_2) 21%, 아르곤(Ar) 0.9%, 이산화탄소(CO_2) 0.03% 등

㉡ 공기 오염도에 따른 변화

- 산소(O_2) : 산소의 양이 약 21%이며, 산소의 양이 10% 이하가 되면 호흡곤란, 7% 이하가 되면 질식사한다.
- 이산화탄소(CO_2) : 실내공기오염의 지표로 이용되며, 위생학적 허용한계는 0.1%(=1,000ppm)이다.

> **ppm(part per million)**
> - ppm은 1/1,000,000을 나타내는 약호이다(100만분의 1을 나타낸다).
> - 1ppm=0.0001%, 1%=10,000ppm

- 일산화탄소(CO)
  - 물체의 불완전연소 시에 발생하는 무색, 무취, 무미, 무자극성 기체
  - 혈액 속의 헤모글로빈(Hb)과의 친화력이 산소보다 250~300배나 강하여 조직 내 산소 결핍증을 초래한다.
  - 위생학적 허용한계 : 8시간 기준 0.01%(=100ppm), 4시간 기준 0.04%(=400ppm)
- 아황산가스(SO_2) : 중유의 연소 과정에서 다량 발생하는 자극성 가스로 도시 공해의 주범이며(자동차 배기가스), 실외 공기오염(대기오염)의 지표이다.

> **군집독**
> 다수인이 밀집한 곳의 실내공기는 화학적 조성이나 물리적 조성의 변화로 인하여 불쾌감, 두통, 권태, 현기증, 구토 등의 생리적 이상을 일으키는데, 이러한 현상을 군집독이라 한다. 그 원인으로는 산소부족, 이산화탄소 증가, 고온, 고습기류 상태에서 유해가스 및 취기 등에 의해 복합적으로 발생한다.

㉢ 공기의 자정작용 : 공기의 조성은 여러 가지 환경요인에 의하여 변화되나 공기 자체의 정화 작용이 끊임없이 계속되어 화학적 조성에 큰 변화를 초래하지 않으며, 그 인자로는 다음과 같은 것을 들 수 있다.

- 공기 자체의 희석작용
- 강우, 강설 등에 의한 세정작용
- 산소, 오존(O_3), 과산화수소(H_2O_2) 등에 의한 산화작용
- 일광(자외선)에 의한 살균작용
- 식물에 의한 탄소동화작용(O_2와 CO_2의 교환작용)

㉣ 기온의 역전 : 대류권에서는 고도가 상승함에 따라 기온이 하강하지만, 어떤 경우에는 고도가 상승함에 따라 기온도 상승하여 상부의 기온이 하부기온보다 높게 되어 대기가 안정화되고 공기의 수직확산이 일어나지 않게 된다. 이를 기온역전이라고 하며, 이때 대기오염물질이 수직확산 되지 못하여 대기오염이 심화된다.

④ 물 : 물은 인체에 주요 구성 성분으로서 체중의 약 2/3(체중의 60~70%)를 차지하고 있다. 성인 하루 필요량은 2.0~2.5ℓ이며, 인체 내 물의 10%를 상실하면 신체기능에 이상이 오고, 20%를 상실하면 생명이 위험하다.

㉠ 물과 질병

- 수인성 감염병은 물을 통해서 전염되는 질병을 말하며, 장티푸스 · 파라티푸스 · 세균성이질 · 콜레라 · 아메바성이질 등으로 일반적으로 음료수 사용 지역과 일치한다.
- 수인성 감염병의 특징
  - 환자 발생이 폭발적이다.
  - 음료수 사용 지역과 유행 지역이 일치한다.
  - 치명률이 낮고, 2차 감염환자의 발생이 거의 없다.
  - 계절에 관계없이 발생한다.
  - 성, 연령, 직업, 생활수준에 따른 발생 빈도에 차이가 없는 것 등이다.

ⓛ 물과 기타 질병

- 우치 : 불소가 없거나 적게 함유된 물을 장기 음용 시
- 반상치 : 불소가 과다하게 함유된 물을 장기 음용 시
- 청색아(Blue Baby) : 질산염이 다량 함유된 물의 장기 음용 시 소아가 청색증에 걸려 사망하는 수가 있다.

ⓒ 음용수의 수질 기준

- 일반 세균은 1ml 중 100을 넘지 아니할 것
- 물의 소독법
  - 물리적 소독 : 자비(열탕), 오존(O_3), 자외선
  - 화학적 소독 : 염소, 표백분
- 대장균군은 50ml에서 검출되지 아니할 것

ⓔ 물의 소독 : 100℃에서 끓이거나 염소소독(수도) 또는 표백분 소독(우물)을 한다. 우물은 화장실보다 최저 20m 이상 하수관이나 배수로 등으로 부터 3m 이상 떨어져 있어야 하며, 화장실 오물이나 하수의 침입이 불가능한 구조로 되어 있어야 한다.

ⓜ 물의 자정작용 : 지표수는 시간이 경과되면서 자연적으로 정화되어 가는데, 이와 같은 현상을 물의 자정작용이라 한다.

- 희석작용
- 침전작용
- 자외선(일광)에 의한 살균작용
- 산화작용
- 수중생물에 의한 식균작용

ⓑ 음료의 판정기준

- 무색투명하고 색도 5도, 탁도 2도 이하일 것
- 소독으로 인한 맛, 냄새 이외의 냄새와 맛이 없을 것
- 수소이온농도(pH)는 5.5~8.5이어야 할 것
- 대장균은 50ml 중에서 검출되지 아니할 것
- 일반세균 수는 1cc 중 100을 넘지 아니할 것

(2) 인위적 환경

① 채광 · 조명 : 채광이란 자연조명을 뜻하며 태양광선을 이용하는 것이고, 조명이란 인공광을 이용하는 것으로서 인공조명이라고도 한다.

㉠ 채광 : 태양광선을 이용하는 것으로, 충분한 채광의 효과를 얻으려면 다음과 같이 하는 것이 좋다.

- 창의 방향은 남향으로 하는 것이 좋다.
- 창의 면적은 벽 면적의 70% 이상, 바닥 면적의 1/5~1/7 이상이 적당하다.
- 실내 각점의 개각은 4~5°가 좋고 개각이 클수록 실내는 밝다.
- 입사각은 보통 28° 이상이 좋고, 입사각이 클수록 실내는 밝다.
- 창의 높이는 높을수록 밝으며, 천장인 경우에는 보통 창의 3배나 밝은 효과를 낸다.

㉡ 조명 : 인공광을 이용한 것으로, 인공조명이라 한다. 설치 방법에 따라 간접조명, 반간접조명, 직접조명으로 구분된다.

㉢ 부적당한 조명에 의한 피해

- 가성근시 : 조도가 낮을 때
- 안정피로 : 조도 부족이나 눈부심이 심할 때
- 안구진탕증 : 부적당한 조명에서 안구가 좌, 우, 상, 하로 흔들리는 현상(탄광부)
- 전광성 안염 · 백내장 : 순간적으로 과도한 조명(용접 · 고열작업자)
- 이 밖에 작업능률 저하 및 재해 발생

② 환기

㉠ 자연환기 : 특별한 장치 없이 출입문, 창, 벽, 천장 등의 틈으로 이루어지며, 실내 · 외의 온도차가 5℃ 이상일 때 환기도 잘 된다. 실내 · 외의 온도차 · 풍력 · 기체의 확산에 의하여 이루어진다. 실내가 실외보다 온도가 높으면 아래쪽에서 바깥 공기가 들어오고 위쪽으로 공기가 나간다. 이 중간을 중성대라 하며, 중성대가 높은 위치에 형성될수록 환기량이 크다. 중성대는 방의 천장 가까이에 있는 것이 좋다.

㉡ 인공환기 : 기계력(환풍기 · 후드장치 등)을 이용한 환기로, 실내의 오염공기를 실외로 내보내는 흡인법과 실내로 불어넣는 송인법이 있다. 특히 조리장은 가열조작과 수증기 때문에 고온다습하므로 1시간에 2~3회 정도의 환기가 필요하다. 환기창은 5% 이상으로 내야 한다.

③ 냉 · 난방 : 실내온도 18±2℃(16~20℃), 습도 40~70% 정도를 유지할 수 있도록 냉 · 난방한다.

④ 상 · 하수도

㉠ 상수도의 정수 : 취수 → 침전 → 여과 → 소독 → 급수

일반적으로 염소소독을 사용하며, 이때 잔류 염소량은 0.2ppm을 유지해야 한다(단, 수영장, 제빙용수, 감염병 발생 시는 0.4ppm 유지).

㉡ 하수도 : 하수도는 합류식, 분류식 및 혼합식 등의 종류가 있다.

합류식	인간용수(가정하수, 공장폐수)와 천수(눈, 비)를 모두 함께 처리하는 방법을 말하며, 하수관이 자연 청소되고 수리가 편하며, 시설비가 싸게 드는 장점이 있다.
분류식	천수를 별도로 운반하는 구조이다.
혼합식	천수와 사용수의 일부를 함께 운반하는 구조이다.

하수 처리 과정

① 예비처리 : 하수 유입구에 제진망을 설치하여 부유물과 고형물을 제거하고 토사 등을 침전시키며, 보통 침전 또는 약품 침전을 이용한다.

② 본처리
- 호기성 처리
  - 활성오니법(활성슬러지법) : 가장 진보적임
  - 살수여과법
  - 산화지법
  - 회전원판법
- 혐기성 처리
  - 부패조처리법
  - 임호프탱크법
  - 혐기성소화(메타발효법)

③ 오니처리 : 사상건조법, 소화법, 소각법, 퇴비법 등

㉢ 하수의 위생검사

- 생물화학적 산소요구량(BOD)의 측정 : BOD 수치가 높다는 것은 하수오염도가 높다는 말로, 20ppm 이하이어야 한다.
- 용존산소량(DO)의 측정 : 용존산소량의 부족은 오염도가 높은 것을 의미하는 것으로, 4~5ppm 이상이어야 한다.

⑤ 진개(쓰레기) 처리 : 진개는 가정에서 나오는 주개(부엌에서 나오는 진개) 및 잡개와 공장 및 공공건물의 진개 등이 있다. 가정의 진개는 주개와 잡개를 분리 · 처리하는 2분법 처리가 좋으며, 매립법 · 비료화법 · 소각법 등이 있다.

㉠ 매립법 : 도시에서 많이 사용하는 방법이다. 쓰레기를 땅속에 묻고 흙으로 덮는 방법으로 진개의 두께는 2m을 초과하지 말아야 하며, 복토의 두께는 60cm~1m 정도가 적당하다.

㉡ 소각법 : 가장 위생적인 방법이지만, 대기오염 발생의 원인이 될 우려가 있다.

㉢ 비료화법(퇴비화법) : 유기물이 많은 쓰레기를 발효시켜 비료로 이용한다.

⑥ 위생곤충 및 쥐의 구제(구충 · 구서)

㉠ 구충 · 구서의 일반적인 원칙

- 발생 원인 및 서식처를 제거한다(가장 근본적인 대책).
- 구충 · 구서는 발생 초기에 실시한다.
- 구제 대상동물의 생태, 습성에 맞추어 실시한다.
- 광범위하게 동시에 실시한다.

㉡ 위생해충의 종류와 구제방법

- 파리 : 발생 방지를 위하여 진개 및 오물의 완전 처리 및 소독과 변소 개량이 필요하며, 화학적 구제법으로 각종 살충제의 분무법이 있다.
- 모기 : 말라리아(학질모기), 일본뇌염(작은빨간모기), 사상충증(토고숲모기), 황열 등을 유발시킬 수 있으며, 발생지 제거와 하수도, 고인물 등이 장시간 정체하지 않도록 해야 한다.
- 이 및 벼룩 : 페스트, 발진티푸스 등을 유발할 수 있으며, 의복 · 침실 및 신체의 청결과 침구류 일광소독, 쥐의 구제 등이 필요하다. 살충제나 훈증소독법도 좋다.
- 바퀴 : 소화기계 질병인 이질, 콜레라, 장티푸스, 살모넬라 및 소아마비 등의 질병을 유발할 수 있다. 바퀴는 온도 · 습도 · 먹을 것(잡식성)이 있는 장소면 어디나 서식하지만, 특히 1년 내내 온도가 잘 유지되는 건물이면 더욱 잘 번식한다. 그러므로 늘 청결해야 하며, 각종 살충제 및 붕산에 의한 독이법의 구제가 이용된다.
  - 바퀴의 종류 : 독일바퀴(우리나라에 가장 많이 서식), 일본바퀴(집바퀴), 미국바퀴(이질바퀴), 검정바퀴(먹바퀴)
  - 바퀴의 습성 : 잡식성, 야간활동성, 군서성(집단서식)
- 진드기 : 양충병 등의 원인이 되며, 흔한 것은 긴털가루 진드기로 곡물, 곡분, 분유, 건어물, 고춧가루, 치즈 등에 발생한다. 진드기는 밀봉포장, 열처리 (70℃ 이상), 냉장(0℃ 전후 또는 냉동), 방습(수분 함량 10% 이하, 곡물 저장 시는 습도를 60% 이하로 함), 살충 등으로 구제한다.

㉢ 쥐 : 세균성질병(페스트, 와일씨병, 서교증, 살모넬라 등), 리케차성질병(발진열), 바이러스질병(유행성출혈열) 등을 유발할 수 있다.

- 쥐는 집쥐 · 시궁쥐 · 천장쥐 · 들쥐 등 여러 종류가 있으나 서식처를 주지 않도록 하고, 조리장에는 반드시 방충과 함께 방서할 수 있는 조치가 필요하다.
- 창문 · 하수구 등에 방서망을 하고 쥐가 숨을 수 있는 장소를 두지 말아야 한다.
- 조리장 내에는 쥐가 먹을 수 있는 음식물이나 찌꺼기를 방치하지 말아야 한다.
- 쥐의 구제는 살서제, 포서기, 훈증법 및 고양이를 기를 수 있으나 조리장 내에 고양이를 기르는 것은 안 된다.

⑦ 공해 : 공해란 특정 또는 비 특정 다수의 원인에 의하여 일반 공중 또는 다수의 인간에게 건강 · 생명 · 안전 · 재산 등에 위해를 끼치거나, 공중이 가지는 공동의 권리를 방해하는 현상을 말한다.

㉠ 대기오염

- 대기오염원 : 공장의 매연, 자동차의 배기가스, 연기, 먼지 등
- 대기오염물질 : 아황산가스(공장 매연에 의한 것이 가장 많음), 일산화탄소(자동차의 배기가스), 질소산화물, 옥시탄트(광화학스모그현상), 분진 · 자동차 배기가스와 각종 입자상 · 가스상 물질이 있다.
- 대기 오염 대책
  - 공장측 : 입지대책 · 연료배출대책
  - 공공기관측 : 도시계획의 합리화, 대기오염 실태 파악과 방지 계몽, 지도, 법적 규제와 방지, 기술의 개발

㉡ 수질오염

- 수질오염원 : 농업, 공업, 광업, 도시하수 등이 오염원이 된다.
- 수질오염물질 : 카드뮴 · 유기수은 · 시안 · 농약 · PCB(폴리염화비닐) 등이 있다. → PCB 중독(쌀겨유 중독) : 식욕부진, 구토, 체중감소
- 수질오염에 의한 피해 : 이타이이타이병(카드뮴), 미나마타병(유기수은), 미강유증(PCB) 등과 같이 인체에 피해를 입히고, 농작물의 고사, 어류의 사멸, 상수원의 오염, 악취로 인한 불쾌감 등의 영향을 미친다.

수질 오염에 의한 공해 질병

- 수은 중독증 : 미나마타병(지각이상, 언어장애를 유발)
- 카드뮴 중독증 : 이타이이타이병(골연화증 유발)

㉢ 소음 : 소음이란 불필요한 듣기 싫은 음을 말하며 공장, 건설장, 교통기관, 상가의 각종 소음이 있다. 데시벨(dB; decible)은 사람이 들을 수 있는 음압의 범위와 음(소리)의 강도 범위를 상용대수를 사용하여 만든 음의 강도의 단위이다.

- 소음에 의한 장애 : 수면방해, 불안증, 두통, 작업방해, 식욕감퇴, 정신적 불안정, 불쾌감, 불필요한 긴장 등을 일으킨다.
- 소음의 허용기준 : 1일 8시간 기준 90dB(A)을 넘어서는 안 된다.
- 방지대책 : 소음원의 규제, 소음확산방지, 도시계획의 합리화, 소음방지의 지도계몽, 법적 규제 등이 필요하다.

03 역학 및 감염병 관리

1 감염병 발생의 3대 요소

(1) 감염원(병원체, 병원소)

① 종국적인 감염원으로 병원체가 생활 · 증식하면서 다른 숙주에 전파될 수 있는 상태로 저장되는 장소이며, 질병을 일으키는 원인이다.

② 환자, 보균자, 환자와 접촉한 자, 매개동물이나 곤충, 오염토양, 오염식품, 오염식기구, 생활용구 등

(2) 감염경로(환경)

① 감염원으로부터 병원체가 전파되는 과정으로 직접적으로 영향을 미치는 경우보다는 간접적으로 영향을 미치는 경우가 많다.

② 직 · 간접감염, 공기감염, 절지동물감염 등

(3) 숙주의 감수성

① 숙주란 한 생물체가 다른 생물체의 침범을 받아 영양물질의 탈취 및 조직 손상 등을 당하는 생물체를 말한다.

② 감수성이 높으면 면역성이 낮으므로 질병이 발병되기 쉽다.

③ 감염병이 전파되어 있어도 병원체에 대한 저항력이나 면역성이 있으므로 개개인의 감염에는 차이가 있다.

※ 감수성 : 숙주에 침입한 병원체에 대항하여 감염이나 발병을 저지할 수 없는 상태

2 감염병의 분류

(1) 병원체에 따른 감염병의 분류

① 바이러스(Virus)성 감염병

㉠ 호흡기 계통 : 인플루엔자, 홍역, 유행성 이하선염, 두창 등

㉡ 소화기 계통 : 소아마비(폴리오), 유행성 간염 등

> **바이러스**
> 세균보다 작아서 세균여과기로도 분리할 수 없고, 전자 현미경을 사용하지 않으면 볼 수 없는 가장 크기가 작은 미생물이다.

② 세균(Bacteria)성 감염병

㉠ 호흡기 계통 : 나병, 결핵, 디프테리아, 백일해, 폐렴, 성홍열 등

㉡ 소화기 계통 : 장티푸스, 콜레라, 세균성이질, 파라티푸스 등

③ 리케차(Rickettsia)성 감염병 : 발진티푸스, 발진열, 양충병

④ 스피로헤타성 감염병 : 매독, 서교증, 와일씨병 등

⑤ 원충성감염병 : 아메바성이질, 말라리아 등

(2) 인체 침입구에 따른 감염병의 분류

① 호흡기계 침입 : 디프테리아, 백일해, 결핵, 폐렴, 인플루엔자, 두창, 홍역, 풍진, 성홍열 등

② 소화기계 침입 : 장티푸스, 파라티푸스, 세균성이질, 콜레라, 아메바성이질, 소아마비, 유행성간염 등

③ 경피 침입 : 일본뇌염, 페스트, 발진티푸스, 매독, 나병 등

(3) 위생 해충에 의한 감염

① 모기 : 말라리아, 일본뇌염, 황열, 뎅기열 등

② 이 : 발진티푸스, 재귀열 등

③ 벼룩 : 페스트, 발진열, 재귀열 등

④ 빈대 : 재귀열 등

⑤ 바퀴 : 이질, 콜레라, 장티푸스, 소아마비 등

⑥ 파리 : 장티푸스, 파라티푸스, 이질, 콜레라, 양충병 등

⑦ 진드기 : 쯔쯔가무시병, 재귀열, 유행성출혈열, 양충병 등

> **쥐가 매개하는 감염병**
> 페스트, 서교증, 재귀열, 발진열, 유행성 출혈열, 쯔쯔가무시병, 와일씨병(랩토스피라증)

(4) 잠복기가 있는 감염병

① 잠복기가 1주일 이내 : 콜레라(잠복기가 가장 짧음), 이질, 성홍열, 파라티푸스, 디프테리아, 뇌염, 황열, 인플루엔자 등

② 잠복기가 1~2주일 : 발진티푸스, 두창, 홍역, 백일해, 급성회백수염, 장티푸스, 수두, 유행성이하선염, 풍진

③ 잠복기가 특히 긴 것 : 나병(한센병), 결핵(잠복기가 가장 길며, 일정하지 않음)

(5) 우리나라 법정 감염병의 종류

① 제1급감염병

㉠ 생물테러 감염병 또는 치명률이 높거나 집단발생 우려가 커서 발생 또는 유행 즉시 신고하고 음압격리가 필요한 감염병

㉡ 에볼라바이러스병, 마버그열, 라싸열, 크리미안콩고출혈열, 남아메리카출혈열, 리프트밸리열, 두창, 페스트, 탄저, 보툴리늄 독소증, 야토병, 신종감염병증후군, 중증급성호흡기증후군(SARS), 중동호흡기증후군, 동물인플루엔자 인체감염증, 신종인플루엔자, 디프테리아

② 제2급감염병

㉠ 전파 가능성을 고려하여 발생 또는 유행 시 24시간 이내에 신고하고 격리가 필요한 감염병

㉡ 결핵, 수두, 홍역, 콜레라, 장티푸스, 파라티푸스, 세균성이질, 장출혈성대장균감염증, A형간염, 백일해, 유행성이하선염, 풍진, 폴리오, 수막구균 감염증, b형헤모필루스 인플루엔자, 폐렴구균 감염증, 한센병, 성홍열, 반코마이신내성황색 포도알균(VRSA) 감염증, 카바페넴내성장내세균 속균종(CRE) 감염증

③ 제3급감염병

㉠ 발생 또는 유행 시 24시간 이내에 신고하고 발생을 계속 감시할 필요가 있는 감염병

㉡ 파상풍, B형간염, 일본뇌염, C형간염, 말라리아, 레지오넬라증, 비브리오패혈증, 발진티푸스, 발진열, 쯔쯔가무시증, 렙토스피라증, 브루셀라증, 공수병, 신증후군출혈

열, 후천성면역결핍증(AIDS), 크로이츠펠트-야콥병(CJD) 및 변종크로이츠펠트-야콥병(vCJD), 황열, 뎅기열, 큐열, 웨스트나일열, 라임병, 진드기매개뇌염, 유비저, 치쿤구니야열, 중증열성혈소판감소증후군(SFTS), 지카바이러스 감염증

④ 제4급감염병

㉠ 제1급~제3급 감염병 외에 유행 여부를 조사하기 위해 표본감시 활동이 필요한 감염병

㉡ 인플루엔자, 매독, 회충증, 편충증, 요충증, 간흡충증, 폐흡충증, 장흡충증, 수족구병, 임질, 클라미디아감염증, 연성하감, 성기단순포진, 첨규콘딜롬, 반코마이신내성장알균(VRE) 감염증, 메티실린내성황색포도알균(MRSA) 감염증, 다제내성녹농균(MRPA) 감염증, 다제내성아시네토박터바우마니균(MRAB) 감염증, 장관감염증, 급성호흡기감염증, 해외유입기생충감염증, 엔테로바이러스감염증, 사람유두종바이러스감염증

(6) 우리나라 검역 감염병의 종류 및 감시 또는 격리기간

콜레라 5일, 페스트 6일, 황열 6일, 중증급성호흡기증후군(SAR) 10일, 조류인플루엔자(AI) 인체감염증 10일, 신종인플루엔자감염증 최대 잠복기, 중동호흡기증후군(MERS) 최대 잠복기

(7) 인수공통 감염병

① 동물과 사람 간에 서로 전파되는 병원체에 의하여 발생되는 감염병 중 보건복지부장관이 고시하는 감염병을 말한다.

② 장출혈성대장균감염증, 일본뇌염, 브루셀라증, 탄저, 공수병, AI 인체감염증, SARS, vCJD, 큐열, 결핵

3 감염병의 예방 대책

(1) 감염원 대책

① 환자에 대한 대책 : 환자의 조기 발견, 격리 및 감시와 치료를 실시하며, 법정감염병 등의 환자 신고를 잘한다.

② 보균자에 대한 대책 : 보균자의 조기 발견으로 감염병의 전파를 막는다. 특히 식품을 다루는 업무에 종사하는 사람에 대한 검색을 중점적으로 실시한다.

③ 외래 감염병에 대한 대책 : 병에 걸린 동물을 신속히 없앤다.

④ 역학조사 : 검병 호구조사, 집단 검진 등 각종 자료에서 감염원을 조사 추구하여 대책을 세운다.

⑤ 보균자의 종류 : 병의 증상은 나타나지 않지만 몸 안에 병원균을 가지고 있어 평상시에 혹은 때때로 병원체를 배출하고 있는 자로 그 종류는 다음과 같다.

㉠ 회복기보균자(병후보균자) : 질병의 임상증상이 회복되는 시기에도 여전히 병원체를 지닌 사람

㉡ 잠복기보균자(발병 전 보균자) : 잠복기간 중에 병원체를 배출하여 전염성을 가지고 있는 사람

㉢ 건강보균자 : 감염에 의한 임상증상이 전혀 없고 건강한 사람과 다름이 없지만 몸 안에 병원균을 가지고 있는 감염자로서, 감염병을 관리하는 데 가장 어려운 사람

(2) 감수성 대책

① 저항력의 증진 : 평소에 영양부족 · 수면부족 · 피로 등에 의한 체력저하를 방지하고 체력을 증진시켜 저항의 유지와 증진에 노력한다.

② 예방접종(인공면역)

구분	연령	예방 접종의 종류
기본접종	4주 이내	BCG(결핵 예방 접종)
	2개월	경구용 소아마비, DPT
	4개월	경구용 소아마비, DPT
	6개월	경구용 소아마비, DPT
	15개월	홍역, 볼거리, 풍진
	3~15세	일본 뇌염
추가접종	18개월	경구용 소아마비, DPT
	4~6세	경구용 소아마비, DPT
	11~13세	경구용 소아마비, DPT
	매년	일본뇌염(유행 전 접종)

※ BCG결핵 : 아기가 태어나서 제일 처음 받는 예방접종

※ 디.피.티(DPT) : 디프테리아(Diphtheria), 백일해(Pertussis), 파상풍(Tetani)

③ 면역

- 면역
  - 선천 면역 – 종속 면역, 인종 면역, 개개인의 특이성
  - 후천 면역
    - 능동 면역
      - 자연 능동 면역 : 질병 감염 후 획득한 면역
      - 인공 능동 면역 : 예방접종으로 획득한 면역
    - 수동 면역
      - 자연 수동 면역 : 모체로부터 얻은 면역
      - 인공 수동 면역 : 혈청제재의 접종으로 획득하는 면역

• 영구 면역이 잘되는 질병 : 홍역, 수두, 풍진, 백일해, 폴리오, 황열, 천연두 등

• 면역이 형성되지 않는 질병 : 이질, 매독, 말라리아 등

4 주요한 감염병의 지식과 예방

(1) 소화기계 감염병

소화기계 감염병의 병원체는 환자, 보균자의 분변으로 배설되어 음식물이나 식수에 오염되어 경구 침입함으로써 감염병이 성립되는 경우가 많다. 그 종류는 장티푸스, 파라티푸스, 콜레라, 이질, 폴리오, 유행성간염, 기생충병 등이 있다.

장티푸스 (Txphoid fever)	• 특징 : 우리나라에서 제일 많이 발생되는 감염병으로 연중 내내 발생하며, 발열과 복부통이 주증상 • 잠복기 : 1~3주 • 예방 : 환자 및 보균자 색출, 환자 관리, 분뇨, 물, 음식물, 파리 구제 등 환경위생의 관리, 예방 접종
파라티푸스	• 특징 : 장티푸스와 증세가 비슷하지만 경과기간이 짧음 • 잠복기 : 3~6일 • 예방 : 장티푸스와 동일
콜레라(Cholera)	• 특징 : 위장장애와 전신증상으로서 구토, 설사, 탈수, 허탈 등 • 잠복기 : 12~48시간 • 예방 : 장티푸스와 동일
세균성이질	• 특징 : 대장 점막에 궤양성 병변을 일으켜서 발열, 점액성 혈변 • 잠복기 : 2~7일 • 예방 : 장티푸스와 동일하나 예방 접종이 없음
아메바성이질	• 특징 : 세균성이질과 동일 • 예방 : 전파관리가 중요하며, 면역 방법은 없음
소아마비 (급성회백수염, 폴리오)	• 특징 : 중추신경계의 손상을 일으킴 • 예방 : 환경위생의 철저, 예방접종이 가장 좋은 방법

(2) 호흡기계 감염병

환자 및 보균자의 객담, 재채기, 콧물 등으로 병원체가 감염되는 비말감염과 먼지 등에 의한 진애감염 등이 이루어지며, 호흡기계 감염병의 종류에는 디프테리아, 백일해, 인플루엔자, 홍역, 천연두, 결핵 등이 있다.

디프테리아	• 특징 : 발열, 인후, 코 등의 국소적 염증, 호흡곤란의 증세, 체외독소를 분비 • 잠복기 : 2~5일 • 예방 : 환자의 격리 및 소독이 필요하며, 예방접종으로 DPT를 이용

백일해	• 특징 : 9세 이하에 많이 발생하며, 경련성 해수를 일으킴 • 잠복기 : 7~10일 • 예방 : 예방접종(DPT 예방접종) 철저히 하기
홍역	• 특징 : 2~3년을 간격으로 다발유행(순환변화)함. 1~2세의 소아에게 많이 감염되며, 열과 발진이 생김 • 잠복기 : 8~20일(보통 10일) • 예방 : 디프테리아와 동일, 예방접종 철저히 하기
천연두	• 특징 : 주로 겨울에 유행하며, 발열 · 전신발진 · 두통 • 예방 : 해 · 공항 검역과 예방접종 철저히 하기
유행성이하선염	• 특징 : 이하선이나 고환 등에 염증을 일으킴 • 예방 : 예방접종은 없으며, 환자의 격리가 중요함
풍진	• 특징 : 유행성이하선염과 비슷하며, 특히 임신 초기에 이환되면 기형아를 낳게 될 가능성이 있는 질병 • 예방 : 유행성이하선염과 동일

(3) 절족동물 등 매개 감염병

인간에게 질병을 전파하는 곤충과 질병은 다음과 같다.

페스트	• 쥐벼룩에 의해 쥐에서 쥐로 전파되며, 폐렴이 특징 • 예방은 환자 및 보균자의 색출, 쥐와 벼룩의 구제, 사균백신으로 접종
발진티푸스	이의 흡혈에 의해 감염되며, 발진이 특징
말라리아	• 전 세계적으로 사망률이 가장 높은 질병으로, 모기의 흡혈에 의해 주기적 고열, 오한 증세를 나타냄 • 모기의 구제 및 예방접종
일본뇌염	• 모기에 의해 급격한 발열과 두통을 수반하여 뇌의 염증을 일으킴 • 예방으로는 모기(작은빨간집모기)의 구제 및 예방접종

(4) 만성 감염병

결핵	• 특징 : 특히 폐에 많이 감염되며, 증상으로는 피로, 식욕감소, 체중감소, 마른기침으로 진행되며 점액성 혈담 • 예방 : 환자의 발견, 격리 및 치료, 예방접종(BCG), 결핵관리의 제도적 확립이 필요
나병(한센씨병)	• 피부 말초신경의 손상을 일으키며, 잠복기가 긴 만성 감염병 • 예방 : 환자의 발견, 격리치료, 소독의 실시 등 예방접종을 시킴
매독(성병)	매독, 임질, 트라코마 등이 있으며, 면역성이 없음

04 산업보건관리

1 산업보건의 개념

(1) 산업보건의 정의(국제노동기구와 세계보건기구 공동위원회)

① 모든 직업에 일하는 근로자들의 육체적, 정신적 그리고 사회적 건강을 고도로 유지 증진하며, ② 작업조건으로 인한 질병을 예방하고, ③ 건강에 유해한 취업을 방지하며, ④ 근로자를 생리적으로나 심리적으로 적합한 작업환경에 배치하여 일하도록 하는 것이다— 라고 정의하였다.

(2) 산업보건사업의 3가지 권장목표(국제노동기구)

① 노동과 노동조건으로 일어날 수 있는 건강장해로부터의 근로자 보호

② 작업에 있어서 근로자들의 정신적, 육체적 적응 (특히 채용 시 적성배치에 기여)

③ 근로자의 정신적, 육체적 안녕의 상태를 최대한으로 유지 · 증진하는 데 기여

2 산업재해

근로자가 산업현장에서 돌발적인 안전사고로 인하여 갑자기 사망 또는 부상하거나 질병에 이환되는 것을 말한다.

(1) 산업재해의 원인

① 직접원인은 재해를 일으키는 물체 또는 행위 그 자체를 말한다.

② 간접원인(2차적 원인)

㉠ 물적원인 : 불안전한 시설물, 부적절한 공구, 불량한 작업환경 등

㉡ 인적원인 : 체력이나 정신상의 결함, 심신의 요인 등

(2) 직업병

직업이 가지고 있는 특정한 요인에 의해서 그 직업에 종사하는 사람에게 발생하는 특정 질환을 말한다.

(3) 직업병의 원인별 질병

<table>
<tr><th colspan="2">원인별</th><th>질병</th></tr>
<tr><td colspan="2">고열환경(이상고온)</td><td>열중증(열경련, 열허탈증, 열사병, 열쇠약증)</td></tr>
<tr><td colspan="2">저온환경(이상저온)</td><td>참호족염, 동상, 동창</td></tr>
<tr><td colspan="2">고압환경(이상고기압)</td><td>잠함병</td></tr>
<tr><td colspan="2">저압환경(이상저기압)</td><td>고산병</td></tr>
<tr><td colspan="2">조명불량</td><td>안정피로, 근시, 안구 진탕증</td></tr>
<tr><td colspan="2">소음</td><td>직업성 난청(방지 : 귀마개 사용, 방음벽설치, 작업방법개선)</td></tr>
<tr><td colspan="2">분진</td><td>진폐증 : 규폐증(유리규산), 석면폐증(석면), 활석폐증(활석)</td></tr>
<tr><td colspan="2">방사선</td><td>조혈기능장애, 피부 점막의 궤양과 암 형성, 생식기장애, 백내장</td></tr>
<tr><td colspan="2">자외선 및 적외선</td><td>피부 및 눈의 장애</td></tr>
<tr><td rowspan="4">공업 중독</td><td>납(Pb)중독</td><td>연연(鉛緣), 뇨 중에 코프로포피린 검출, 권태, 체중감소, 염기성과립 적혈구 수의 증가, 요독증 등의 증세</td></tr>
<tr><td>수은(Hg)중독</td><td>미나마타병의 원인물질로 언어장애, 지각이상, 보행곤란의 증세</td></tr>
<tr><td>크롬(Cr)중독</td><td>비염, 인두염, 기관지염</td></tr>
<tr><td>카드뮴(Cd)중독</td><td>이타이이타이병 원인물질로 폐기종, 신장애, 골연화, 단백뇨의 증세</td></tr>
</table>

CHAPTER

06 모의고사

01 건강의 정의를 가장 적절하게 표현한 것은?

① 질병이 없고 육체적으로 완전한 상태

② 육체적 · 정신적으로 완전한 상태

③ 육체적 완전과 사회적 안녕이 유지되는 상태

④ 육체적 · 정신적 · 사회적 안녕의 완전한 상태

해설 **건강에 대한 세계보건기구의 정의**
건강이란 단순한 질병이나 허약의 부재상태만을 의미하는 것이 아니라 육체적 · 정신적 · 사회적 안녕의 완전한 상태를 말한다.

02 다음 중 공중보건의 목적은?

① 질병예방, 생명연장, 건강증진

② 조기치료, 조기발견, 격리치료

③ 생명연장, 건강증진, 조기발견

④ 건강증진, 생명연장, 질병치료

해설 공중보건의 목적은 질병 예방, 수명 연장, 신체적 · 정신적 효율의 증진에 있고, 이것을 달성하기 위한 수단은 지역사회의 노력을 통해 이루어진다.

03 공중보건의 주요 대상이 되는 것은?

① 특정단체

② 지역사회 전체주민

③ 개인

④ 환자

해설 공중보건의 대상은 개인이 아닌 인간집단이며, 지역사회나 한 국가의 국민이 하나의 단위가 된다.

04 국가의 공중보건수준을 나타내는 가장 대표적인 지표는?

① 인구증가율

② 보통사망률

③ 영아사망률

④ 감염병 발생률

해설 한 지역이나 국가의 보건 수준은 그 지역이나 국가의 영아사망률 또는 일반사망률 및 비례사망지수를 통해서 알 수 있다.

05 디.피.티(DPT)와 관계없는 질병은?

① 파상풍 ② 디프테리아

③ 페스트 ④ 백일해

해설 **디.피.티(DPT)**
디프테리아(Diphtheria), 백일해(Pertussis), 파상풍(Tetani)

06 세계보건기구(WHO)에서 한 나라의 보건수준을 표시하여 다른 나라와 비교할 수 있도록 사용되는 건강지표와 가장 거리가 먼 것은?

① 평균수명

② 비례사망지수

③ 질병이환율

④ 보통사망률

해설 세계보건기구는 한 나라의 보건수준을 표시하여 다른 나라와 비교할 수 있도록 하는 건강지표로 평균수명, 비례사망지수, 보통사망률(조사망률이라고도 함)의 3가지를 들고 있다.

정답
01 ④ **02** ① **03** ② **04** ③ **05** ③ **06** ③

07 세계보건기구(WHO)의 주요 기능이 아닌 것은?

① 국제적인 보건사업의 지휘 및 조정

② 회원국에 대한 기술지원 및 자료공급

③ 개인의 정신보건 향상

④ 전문가 파견에 의한 기술자문 활동

08 다음 중 공중보건사업의 성격과 거리가 먼 것은?

① 환자치료사업

② 방역사업

③ 검역사업

④ 환경위생사업

해설 공중보건은 치료의 목적이 아니라 예방의학의 성격을 가지고 있다.

09 자외선이 인체에 끼치는 작용이 아닌 것은?

① 살균작용

② 일사병 예방

③ 구루병 예방

④ 피부색소 침착

해설 자외선은 살균작용, 비타민 D를 형성하여 구루병의 예방, 신진대사 촉진, 적혈구 생성 촉진, 혈압강하 작용 등이 있다.

10 살균력이 강한 자외선의 파장은?

① 2,000~2,400Å

② 2,400~2,800Å

③ 2,800~3,200Å

④ 3,200~2,600Å

해설 자외선은 파장의 범위가 2,500~2,800Å(옴스트롱)일 때 살균력이 가장 강하다.

11 다음 중 자외선을 사용한 살균 시 가장 유효한 파장은?

① 250~260nm

② 350~360nm

③ 450~460nm

④ 550~560nm

12 감각온도의 3요소에 속하지 않는 것은?

① 기압 ② 기온

③ 기습 ④ 기류

해설 감각온도의 3요소는 기온(온도), 기습(습도), 기류(공기의 흐름)이다.

13 기온역전현상은 언제 발생하는가?

① 상부기온과 하부기온이 같을 때

② 상부기온이 하부기온보다 높을 때

③ 안개와 매연이 심할 때

④ 상부기온이 하부기온보다 낮을 때

해설 기온역전현상

대기층의 온도는 100m 상승 시마다 1℃ 정도 낮아져서 상부기온이 하부기온보다 낮지만, 기온역전현상이라 함은 상부기온이 하부기온보다 높은 때를 말한다.

14 실내의 가장 적절한 온도와 습도는?

① 16±2℃, 70~80%

② 18±2℃, 40~70%

③ 20±2℃, 20~40%

④ 22±2℃, 50~60%

해설
- 쾌감온도 : 18±2℃
- 쾌적한 습도 : 40~70%
- 공기의 흐름(기류) : 일반적으로 1m/sec 전후의 기류

정답
07 ③ 08 ① 09 ② 10 ② 11 ① 12 ① 13 ② 14 ②

15 일반적으로 냉방 시 가장 적당한 실내 · 외의 온도차는?

① 5~7℃ 내외

② 9~11℃ 내외

③ 13~15℃ 내외

④ 17~19℃ 내외

해설 보통 실내 · 외의 온도차는 5~7℃ 정도로 유지하는 것이 좋고, 10℃ 이상의 온도차는 건강상 해롭다.

16 공기 중의 산소의 비율은?(단, 체적 백분율임)

① 0.01% ② 1%

③ 10% ④ 21%

해설 **0℃ 1기압 하의 정상공기의 화학적 조성비**

질소(N_2) 78%, 산소(O_2) 21%, 아르곤(Ar) 0.93%, 이산화탄소(CO_2) 0.03%, 기타

17 실내에서 일산화탄소의 8시간 기준의 서한도는?

① 0.1%

② 0.001%

③ 1,000ppm

④ 100ppm

해설 일산화탄소(CO)의 서한도는 0.01%(100ppm), 이산화탄소(CO_2)의 서한도는 0.1%(1,000ppm)이다.

18 다음 공기의 조성원소 중에 가장 많은 것은?

① 산소

② 질소

③ 이산화탄소

④ 아르곤

해설 대기 중의 공기 조성은 질소가 78%로 가장 많이 함유되어 있다.

19 대기오염에 의한 건강장애와 가장 거리가 먼 것은?

① 불쾌감

② 후두암

③ 폐기종

④ 천식성 기관지염

해설 대기오염에 의한 건강장애로는 주로 만성 기관지염, 기관지 천식, 폐기종, 인후두염 등 호흡기계 질환과 시야장애, 불쾌감, 악취, 심리적 영향 등이 있을 수 있다.

20 다수인이 밀집한 실내의 공기가 물리 · 화학적 조성의 변화로 불쾌감, 두통, 권태, 현기증 등을 일으키는 것은?

① 군집독

② 진균독

③ 산소중독

④ 자연독

해설 다수인이 밀집해 있는 곳의 실내공기는 물리적, 화학적 조성의 변화로 불쾌감, 두통, 식욕 저하, 현기증, 권태, 구역질 등의 이상현상이 발생하는데, 이를 군집독이라 한다. 고온, 다습, CO_2나 유해가스 등이 혼합되어 발생한다.

21 무색, 무취, 무자극성 기체로 불완전연소 시 잘 발생하며, 연탄가스 중독의 원인물질인 것은?

① CO

② CO_2

③ SO

④ NO

해설 **일산화탄소(CO)**

물체의 불완전연소 시에 발생하는 무색, 무취, 무자극성 기체로 연탄가스 중독의 원인물질이다.

정답

15 ① **16** ④ **17** ④ **18** ② **19** ② **20** ① **21** ①

22 공기 중 일산화탄소가 많으면 중독이 되는 주된 이유는?

① 간세포의 섬유화

② 혈압의 상승

③ 근육의 경직

④ 조직세포의 산소 부족

해설 일산화탄소는 혈액 속의 헤모글로빈과의 친화력이 산소보다 250~300배 강하여, 혈중산소농도를 저하시킴으로써 결과적으로 조직세포에 공급할 산소의 부족을 초래하게 되어 무산소증을 일으킨다.

23 일산화탄소(CO)에 대한 설명으로 틀린 것은?

① 헤모글로빈과의 친화성이 매우 강하다.

② 일반 공기 중 0.1% 정도 함유되어 있다.

③ 탄소를 함유한 유기물이 불완전 연소할 때 발생한다.

④ 제철, 도시가스 제조 과정에서 발생한다.

24 실내공기 오탁을 나타내는 대표적인 지표로 삼는 기체는?

① N_2 ② CO_2

③ O_2 ④ CO

해설 이산화탄소(CO_2)는 실내공기 오탁의 지표로 쓰이고, 대기공기의 오탁을 나타내는 대표적인 지표로 삼는 기체는 아황산가스(SO_2)이다.

25 이산화탄소(CO_2)를 실내공기의 오탁 지표로 사용하는 가장 주된 이유는?

① 유독성이 강하므로

② 실내공기 조성의 전반적인 상태를 알 수 있으므로

③ 일산화탄소로 변화되므로

④ 항상 산소량과 반비례하므로

해설 이산화탄소는 실내공기 조성의 전반적인 상태를 알 수 있으므로 실내공기 오염의 지표로 이용되며, 위생학적 허용한계는 0.1%(=1,000ppm)이다.

26 다음 중 물의 자정작용과 거리가 먼 것은?

① 침전작용

② 폭기에 의한 가스교환과정

③ 미생물의 유기물질분해

④ 활성오니법

해설 활성오니법은 유기물을 분해시키는 시설로 하수 처리 방법에 속한다.

27 다음 중 창문의 자연채광과 환기를 위해 가장 우선적으로 고려해야 할 사항은?

① 창문의 재질

② 창의 모양

③ 창의 면적

④ 창의 색

해설 채광과 환기의 효과를 충분히 얻기 위해 창의 면적이 가장 중요하며, 창의 면적은 바닥 면적의 1/5~1/7 또는 벽 면적의 70%, 거실 면적의 1/10 이상이 적당하다.

28 다음 중 일반적으로 자연환기를 가장 여러 번 실시해야 하는 곳은?

① 거실

② 욕실

③ 화장실

④ 대중음식점 조리실

해설 대중음식점 조리실은 음식 냄새와 습기가 많이 차므로 수시로 환기시켜준다.

정답 22 ④ 23 ② 24 ② 25 ② 26 ④ 27 ③ 28 ④

29 실내의 자연환기 작용과 거리가 먼 것은?

① 기체의 확산력

② 실내와 실외의 온도차

③ 실내와 실외의 습도차

④ 실외의 풍속

해설 자연환기가 이루어지는 원인
- 실내 · 외의 온도차
- 기체의 확산
- 외기의 풍력

30 실내의 자연채광을 위한 조건이 아닌 것은?

① 창의 개각은 6~8°

② 창 면적은 방바닥 면적의 1/5~1/7 정도일 것

③ 창문의 입사각은 28° 이상

④ 거실의 안쪽 길이는 창틀 윗부분까지 높이의 1.5배 이하일 것

해설 실내의 자연채광을 위한 창의 개각은 4~5° 이상, 입사각은 28° 이상이 좋다.

31 실내의 자연환기가 가장 잘 일어나려면 중성대는 어느 곳에 위치하는 것이 좋은가?

① 방 바닥과 천장의 중간 사이

② 천장 가까이

③ 방 바닥 가까이

④ 벽면 양쪽에

해설 중성대
실내에서 자연환기가 이루어질 때 들어오는 공기는 하부로 나가는 공기는 상부로 유출되는 공간에 형성되는 압력이 0인 지대를 말하며, 중성대가 천장 가까이 형성되면 환기량이 크고 낮게 형성되면 환기량이 작다.

32 물의 자정작용에 해당되지 않는 것은?

① 희석작용　　② 침전작용

③ 소독작용　　④ 산화작용

해설 지표수는 시간이 경과되면 자연적으로 정화되어 가는데, 이런 현상을 물의 자정작용이라 하며 그 내용은 다음과 같다.
- 희석작용
- 침전작용
- 자외선에 의한 살균작용
- 산화작용
- 수중생물에 의한 식균작용

33 실외공기 오염의 대표적인 지표로 삼는 기체는?

① CO　　② SO_2

③ CO_2　　④ O_2

해설 아황산가스(SO_2)는 대기오염, 실외공기 오염도를 추측할 수 있다.

34 상수도 기준에서 조금만 검출되어도 안 되는 것은?

① 염소이온

② 일반세균

③ 질산성 질소

④ 대장균

해설 음료수의 판정기준
- 염소이온은 150ppm을 넘지 아니할 것
- 일반세균 수는 1cc 중 100을 넘지 아니할 것
- 질산성 질소는 10ppm을 넘지 아니할 것
- 대장균군은 50cc 중에서 검출되지 아니할 것

35 음료수 오염의 지표가 되는 것은?

① 증발 잔류량

② 탁도

③ 대장균수

④ 경도

해설 음료수에서 오염지표가 되는 것은 대장균수이며, 50cc 중에서 검출되지 말아야 한다.

정답
29 ③　30 ①　31 ②　32 ③　33 ②　34 ④　35 ③

36 수질검사에서 대장균을 검사하는 의의를 설명한 것으로 옳은 것은?

① 부패의 원인균이기 때문에

② 다른 병원성 세균의 존재를 추정할 수 있기 때문에

③ 증식 속도가 세균 중에서 가장 빠르기 때문에

④ 병원균이기 때문에

해설 대장균이 존재하는 것은 대장균과 같이 배출된 분뇨에 소화기계 감염병균이 존재할 수 있다는 뜻에서 수질 오염의 지표로 사용한다.

37 염소소독의 장점을 설명한 것이다. 틀린 것은?

① 독성이 없다.

② 소독력이 강하다.

③ 조작이 간편하다.

④ 가격이 싸다.

해설 염소소독은 소독력이 강하고 잔류효과가 크며, 조작이 간편하고 가격이 저렴한 장점이 있는 반면, 냄새가 나고 독성이 있다.

43 음료수 소독 시 잔류염소량은?

① 0.2ppm ② 0.3ppm

③ 0.4ppm ④ 0.8ppm

해설 음료수 소독 시 잔류염소량은 0.2ppm이며, 식용얼음이나 수영장의 잔류염소량은 0.4ppm이다.

39 상수 처리법의 순서는?

① 염소소독 – 침전 – 여과 – 침사 – 급수

② 침전 – 침사 – 여과 – 염소소독 – 급수

③ 침사 – 침전 – 여과 – 염소소독 – 급수

④ 침사 – 여과 – 침전 – 염소소독 – 급수

해설 **상수도 정수법**
침사 → 침전 → 여과 → 소독의 순서로 실시하고, 소독 시 물에 공기 공급을 해주는 폭기(Airation) 작업을 겸해서 실시한다.

40 음료수 중에 불소가 많이 함유되면?

① 충치 예방에 효과가 있다.

② 갑상선종 예방에 좋다.

③ 음료수 소독이 된다.

④ 반상치에 걸린다.

해설 음료수 중에 불소가 많이 함유되어 있을 경우 반상치, 적게 함유되어 있을 경우에는 우치(충치)에 걸리기 쉽다.

41 충치 또는 우치를 예방할 수 있는 물속의 불소량은?

① 2ppm 이상

② 1.5~2ppm

③ 0.8~1ppm

④ 0.5ppm

해설 불소(F)는 물에 0.8~1ppm 있는 것이 좋다.

42 공기 중 산소가 몇 % 이하가 되면 호흡이 곤란해지는가?

① 10% ② 15%

③ 17% ④ 19%

해설 공기 중 산소가 10% 이하이면 호흡곤란이 오고, 7% 이하이면 질식사한다.

43 모든 사람에게 불쾌감을 느끼게 하는 불쾌지수는?

① DI가 65

② DI가 70

③ DI가 75

④ DI가 80

해설 **불쾌지수(Discomfort Index)**
DI가 70이면 10%, DI가 75이면 50%, DI가 80이면 거의 모든 사람이 불쾌감을 느낀다.

정답 36 ② 37 ① 38 ① 39 ③ 40 ④ 41 ③ 42 ① 43 ④

44 질산염이 많이 함유된 물의 장기 음용과 관계 있는 질병은?

① 반상치　　② 수도열
③ 청색아　　④ 우치(충치)

해설 청색아는 질산염이 다량 함유된 물을 장기음용 시 생길 수 있다.

45 조리장의 인공조명에서 고려되어야 할 점으로 틀린 것은?

① 빛의 밝기는 작업에 충분할 것
② 유해가스를 발생하지 않을 것
③ 빛의 색은 취향에 맞을 것
④ 취급이 간편하고 염가일 것

해설 빛의 색은 취향에 맞는 것이 아닌 작업에 알맞은 것을 선택해야 한다. 부적당한 인공조명은 근시, 안구진탕증, 작업능률 저하를 가져온다.

46 눈을 보호하기 위한 가장 좋은 조명은?

① 직접조명
② 반간접조명
③ 간접조명
④ 반직접조명

해설 간접조명은 빛이 온화하여 눈을 보호할 수 있는 장점이 있으나 조도가 낮다.

47 식품공업 폐수의 오염지표와 관련이 없는 것은?

① 용존산소(DO)
② 생물화학적 산소요구량(BOD)
③ 화학적 산소요구량(COD)
④ 대장균

48 우리나라에서 일반적으로 많이 쓰이는 하수도 구조는?

① 합류식　　② 침전식
③ 혼합식　　④ 분류식

해설 **합류식**
가정하수, 자연수, 천수 등을 한꺼번에 운반하는 것으로, 우리나라에서 일반적으로 많이 쓰는 방법이다.

49 하수처리의 본처리 과정 중 가장 진보적이며, 많이 쓰이는 방법은?

① 살수여과법　　② 활성오니법
③ 부패조처리법　　④ 임호프탱크법

해설 활성오니 처리법은 도시하수의 처리에 주로 이용되며, 가장 진보적이다.

50 하천수의 용존산소량(DO)이 적은 것과 가장 관계 깊은 것은?

① 하천수의 온도가 하강하였다.
② 중금속의 오염이 심하다.
③ 비가 내린지 얼마 안 되었다.
④ 가정하수, 공장폐수 등에 의해 많이 오염되었다.

해설 용존산소량(DO)이 적다는 것은 가정하수나 공장폐수 등에 의해 많이 오염되었다는 것이다.

51 하천수에 용존산소가 적다는 것은 무엇을 의미하는가?

① 유기물 등이 잔류하여 오염도가 높다.
② 물이 비교적 깨끗하다.
③ 오염과 무관하다.
④ 호기성 미생물과 어패류의 생존에 좋은 환경이다.

정답
44 ③　45 ③　46 ③　47 ④　48 ①　49 ②　50 ④　51 ①

해설 하수의 위생검사
- 생화학적 산소요구량(BOD)의 측정 : BOD가 높다는 것은 하수오염도가 높다는 말이다.
- 용존산소량(DO)의 측정 : 용존산소량의 부족은 오염도가 높다는 것을 말한다.

52 BOD(생물화학적 산소요구량) 측정 시 온도와 측정기간은?

① 10℃에서 7일간
② 20℃에서 7일간
③ 10℃에서 5일간
④ 20℃에서 5일간

해설 BOD(생화학적 산소요구량)의 측정
하수 중의 유기물이 미생물에 의해 분해되는 데 필요한 용존산소의 소비량을 측정하여 하수의 오염도를 아는 방법으로 20℃에서 5일간 측정한다.

53 다음 중 하수의 위생검사 방법과 관련이 없는 것은?

① BOD의 측정 ② COD의 측정
③ DO의 측정 ④ MPN의 측정

해설
- 하수의 오염도를 측정하는 데는 BOD(생물화학적 산소요구량), COD(화학적 산소요구량), DO(용존산소량)가 있다.
- MPN은 음용수 수질검사 중 대장균수에 관한 검사이다.

54 분뇨의 위생적 처리로서 질병 발생을 가장 많이 감소시킬 수 있는 것은?

① 발진열 ② 장티푸스
③ 두창 ④ 발진티푸스

해설
- 수인성 경구 감염병은 분뇨의 위생적 처리로 질병 발생을 감소시킬 수 있다.
- 발진열은 벼룩, 발진티푸스는 이가 감염시키는 감염병이며, 두창은 호흡기계 감염병이다.

55 냉 · 난방에 대한 다음 설명 중 틀린 것은?

① 10℃ 이하에서는 난방을 하는 것이 좋다.
② 머리와 발의 온도차는 2~3℃ 이내가 좋다.
③ 26℃ 이상에서는 냉방을 하는 것이 좋다.
④ 실내와 실외의 온도차는 10~15℃ 이내가 되도록 한다.

해설 실내 · 외의 온도차는 5~8℃ 이내가 좋다. 10℃ 이상의 온도차는 냉방병의 원인이 된다.

56 하수 처리 과정을 순서대로 옳게 나열한 것은?

① 본처리 – 예비처리 – 오니처리
② 예비처리 – 본처리 – 오니처리
③ 예비처리 – 오니처리 – 본처리
④ 오니처리 – 예비처리 – 본처리

해설 하수 처리 과정
- 예비처리 : 하수 중의 부유물과 고형물을 제거하는 처리 과정
- 본처리 : 호기성 처리 및 혐기성 처리인 미생물 이용에 의한 생물학적 처리 과정
- 오니처리 : 하수처리 과정 중 최종 단계의 처리

57 임호프조(Imhoff Tank)와 관련이 있는 것은?

① 상수소독 ② 소음방지
③ 하수처리 ④ 공기정화

해설 임호프조는 하수 처리 과정 중 혐기성 처리인 미생물을 이용한 생물학적 처리 과정이다.

58 다음 중 진개의 처리 방법이 아닌 것은?

① 소각법 ② 위생매립법
③ 고속퇴비화 ④ 활성오니법

해설 진개 처리 방법
소각법, 해양투기법, 비료화법, 매립법 등
※ ④의 활성오니법은 하수의 호기성 분해 처리법이다.

정답
52 ④ 53 ④ 54 ② 55 ④ 56 ② 57 ③ 58 ④

59 **진개 처리 방법 중 가장 위생적이지만 대기오탁의 원인이 되는 것은?**

① 매립법　② 소각법
③ 투기법　④ 비료화법

해설 진개 처리 방법 중 소각법은 세균을 사멸시킬 수 있는 가장 위생적인 방법이나 매연으로 인한 대기오염이라는 단점이 있다.

60 **주방폐기물을 매립할 때 가장 많이 발생하는 가스는?**

① 이산화탄소
② 질소가스
③ 암모니아가스
④ 수소가스

해설 주방쓰레기에서는 암모니아가스가 많이 발생한다.

61 **대기오염방지를 위한 조치와 거리가 먼 것은?**

① 도시계획과 녹지대 조성
② 석유계 연료의 탈황장치
③ 대기오염방지를 위한 법적 규제 및 계몽
④ 진개의 소각처리

해설 진개를 소각처리하면 위생적이나 소각 시 나오는 연기 때문에 대기를 오염시키는 단점이 있다.

62 **대기의 오존층을 파괴하는 원인물질로 냉장고 및 에어컨 등의 냉매로 사용되는 대기오염 물질은?**

① 질소가스　② 프레온가스
③ 일산화탄소　④ 이산화탄소

해설 냉장고 및 에어컨의 냉매제로 쓰이는 프레온가스는 대기의 오존층을 파괴하는 주범이다.

63 **파리구제의 가장 효과적인 방법은?**

① 환경 개선으로 발생원을 제거한다.
② 파리의 먹이를 없앤다.
③ 방충망을 설치한다.
④ 성충을 구제하기 위하여 살충제를 분무한다.

해설 구충, 구서의 구제를 위한 가장 근본적인 방법은 발생원(서식처)을 제거하는 것이다.

64 **석유를 사용할 경우 특히 많이 생기는 대기오염물은?**

① 질소산화물　② 황산화물
③ 분진　④ 매연

해설 석유 사용 시 많이 발생되는 대기오염물은 황산화물이다.

65 **서울과 같은 대도시의 대기오염 방지대책으로 옳지 않은 것은?**

① 녹지대를 조성한다.
② 인구를 분산시킨다.
③ 공장을 이전시킨다.
④ 연소 시 산소 공급을 제한한다.

해설 연소 시 산소 공급을 충분히 하여야 열효율이 높고 완전연소가 된다.

66 **많은 사람이 모인 실내에 있으면 두통이 발생하는 가장 중요한 원인은?**

① 실내공기의 이화학적 조성의 변화
② 실내기온의 증가
③ 실내공기의 화학적 변화
④ 공기성분 중 산소의 부족 현상 초래

해설 다수인이 밀집한 곳의 실내공기는 화학적 조성이나 물리적 조성의 변화로 인하여 불쾌감, 두통, 권태, 현기증, 구토 등의 생리적 이상을 일으키는데, 이러한 현상을 군집독이라 한다.

정답
59 ② **60** ③ **61** ④ **62** ② **63** ① **64** ② **65** ④ **66** ①

67 기온역전현상은 다음 중 어느 경우를 말하는가?

① 상부기온이 하부기온보다 높을 때

② 상부기온이 하부기온보다 낮을 때

③ 상부기온과 하부기온이 같을 때

④ 안개와 매연이 심할 때

해설 기온은 지상 100m 상승 시마다 1℃ 정도 낮아지는데, 기온역전이란 이와 다르게 상부기온이 하부기온보다 높을 때를 말한다.

68 소음의 영향으로 옳은 것은?

① 수면유도

② 시력감퇴

③ 작업능률저하

④ 피부질환

해설 소음으로 인한 직업병으로 직업성 난청을 들 수 있으며, 소음으로 인하여 작업능률이 저하되므로 방지책으로 귀마개 사용, 방음벽 설치, 작업방법 개선 등이 있다.

69 오존층 파괴로 인하여 생길 수 있는 가장 심각한 질병은?

① 위장염 ② 관절염

③ 피부암 ④ 폐렴

70 1일 8시간 기준 소음허용기준은 얼마 이하인가?

① 80dB

② 90dB

③ 100dB

④ 110dB

해설 소음은 장애물이 없는 지점에서 위 1.2~1.5m 높이에서 실시하며, 1일 8시간 기준으로 90dB(A)을 넘어서는 안 된다.

71 다음 감염병을 일으키는 병원체 중 크기가 가장 작고 세균여과기를 통과하며, 생체 내에서만 증식하는 것은?

① 원충류

② 세균

③ 바이러스

④ 리케차

해설 바이러스는 병원체 중 크기가 가장 작고 세균여과기로도 분리할 수 없으며, 전자현미경을 사용해야만 볼 수 있다.

72 다음 중 접촉감염지수가 가장 높은 질병은?

① 백일해

② 디프테리아

③ 성홍열

④ 홍역

해설
- 감염지수란 감수성이 있는 사람이 환자와 접촉했을 때 감염되는 확률을 말한다.
- 감염지수 : 홍역, 천연두 95%

73 출생 후 기본 예방접종을 가장 먼저 실시하는 감염병은?

① 디프테리아

② 홍역

③ 파상풍

④ 결핵

해설 출생 후 4주 이내 결핵예방을 위해 BCG를 예방접종한다.

74 잠복기가 일정하지 않은 감염병은?

① 장티푸스 ② 이질

③ 결핵 ④ 콜레라

해설 결핵은 폐에 많이 감염되어 피로와 체중감소 등을 보이며, 환자의 격리와 예방접종(BCG)이 필요하다. 또한 잠복기가 일정하지 않아 정기적인 검진이 필요하다.

정답

67 ① **68** ③ **69** ③ **70** ② **71** ③ **72** ④ **73** ④ **74** ③

75 모기가 옮기지 않는 질병은?

① 사상충증

② 폴리오

③ 말라리아

④ 일본뇌염

해설 폴리오는 바퀴벌레가 옮기는 질병이다.

※ 모기가 매개하는 질병 : 말라리아, 일본뇌염, 사상충증, 황열, 뎅기열 등

76 자연수동면역이란?

① 예방접종 후 형성되는 면역

② 모체로부터 아이가 받은 면역

③ 병을 앓고 난 후의 혈청을 다른 사람에게 주었을 때 받는 면역

④ 질병감염 후 형성되는 면역

해설 **자연수동면역**

태아가 모체로부터 태반을 통해서 항체를 받거나 생후에 모유를 통해서 항체를 받는 방법을 말한다.

① 인공능동면역, ③ 인공수동면역, ④ 자연능동면역

77 감염병 환자에게 회복 후에 형성되는 면역은?

① 자연능동면역

② 선천면역

③ 자연수동면역

④ 인공능동면역

해설 **① 자연면역**

- 자연능동면역 : 질병감염 후에 형성되는 면역
- 자연수동면역 : 모체로부터 획득되는 면역

② 인공면역

- 인공능동면역 : 예방접종 후에 형성되는 면역
- 인공수동면역 : 동물의 면역혈청, 회복기 환자의 면역혈청 등 인공제재를 접종하여 획득한 면역

78 이가 옮기는 감염병은?

① 발진티푸스

② 장티푸스

③ 콜레라

④ 발진열

해설 이가 매개하는 질병 : 발진티푸스, 재귀열 등

79 다음과 같은 특징을 가지는 위생해충은?

- 식품과 함께 체내에 섭취되면 기생 부위에 따라 설사, 복통, 급성기관지 천식 등의 여러 가지 증상을 보인다.
- 온도 20℃ 이상, 습도 75% 이상, 수분 13% 이상일 때 잘 증식한다.
- 50~60℃에서 5~7분간 가열하면 사멸된다.
- 마디발 생물로 식품 중에 볼 수 있는 것만도 100여 종에 달한다.

① 벼룩 ② 파리

③ 모기 ④ 진드기

해설 이와 같은 특징을 가진 위생 해충은 진드기로, 식품 중에서 발견되는 종류만 해도 100종이 넘는다. 진드기의 발생을 방지하려면 환경을 깨끗이 해야 한다.

80 다음 중 소화기계 감염병에 속하지 않는 것은?

① 장티푸스

② 발진티푸스

③ 세균성이질

④ 결핵

해설
- 소화기계 감염병 : 장티푸스, 파라티푸스, 세균성이질, 콜레라, 소아마비, 유행성간염 등
- 호흡기계 감염병 : 디프테리아, 백일해, 결핵, 인플루엔자, 홍역, 천연두 등

정답
75 ② 76 ② 77 ① 78 ① 79 ④ 80 ④

81 다음 중 동물과 감염병이 상호 관계없는 것끼리 연결된 것은?

① 소 : 결핵
② 돼지 : 발진티푸스
③ 개 : 광견병
④ 쥐 : 페스트

해설 • 돼지 : 살모넬라증, 돈단독, 선모충, Q열
• 발진티푸스 : 이 및 벼룩

82 이질을 앓은 후 얻는 면역은?

① 면역성이 없음
② 영구면역
③ 수동면역
④ 능동면역

해설 이질은 면역성이 없다.

83 정기예방접종을 받아야 하는 질병은?

① 말라리아
② 파라티푸스
③ 백일해
④ 세균성이질

해설 정기예방접종을 받아야 하는 질병 : 백일해, 결핵, 파상풍, 디프테리아, 홍역, 소아마비 등

84 잠복기가 가장 짧은 것과 긴 것의 짝이 잘 지어진 것은?

① 발진티푸스, 두창
② 나병, 결핵
③ 콜레라, 결핵
④ 폴리오, 디프테리아

해설 콜레라는 잠복기가 12~48시간으로 짧고, 결핵은 잠복기가 길며 일정하지 않다.

85 질병의 감염경로로 틀린 것은?

① 아메바성이질 : 환자, 보균자의 분변 → 음식물
② 유행성간염 A형 : 환자, 보균자의 분변 → 음식물
③ 폴리오 : 환자, 보균자의 콧물과 분변 → 음식물
④ 세균성이질 : 환자, 보균자의 콧물, 재채기 등의 분비물 → 음식물

해설 세균성이질은 소화기계 감염병으로 병원체는 환자, 보균자의 분변으로 배설되어 음식물이나 식수에 오염되어 경구에 침입함으로써 감염병이 감염된다.

86 다음 중 질병을 전파하는 곤충과 질병의 연결이 잘못된 것은?

① 진드기 – 유행성출혈열
② 이 – 장티푸스
③ 모기 – 말라리아
④ 벼룩 – 페스트

해설 이 – 발진티푸스, 재귀열

87 병원체가 리케차인 것은?

① 장티푸스
② 결핵
③ 백일해
④ 발진티푸스

해설 리케차(Rickettsia)성 감염병에는 발진티푸스, 발진열, 양충병이 있다. 장티푸스, 백일해, 결핵 모두는 세균(Bacteria)성 감염병이다.

정답
81 ② 82 ① 83 ③ 84 ③ 85 ④ 86 ② 87 ④

88 다음 감염병 중 감염경로가 토양인 것은?

① 파상풍 ② 콜레라
③ 천연두 ④ 디프테리아

해설 파상풍
경피감염(토양에 존재하던 파상풍균이 피부상처를 통해 감염됨)

89 사람과 동물이 같은 병원체에 의하여 발생하는 질병을 무엇이라 하는가?

① 인축공동감염병
② 법정감염병
③ 세균성 식중독
④ 기생충성 질병

해설 인축공동감염병이란 사람과 동물이 같은 병원체에 의해 감염되는 감염병을 말한다.

90 다음 중 예방접종이 불가능한 질병은?

① 백일해 ② 결핵
③ 콜레라 ④ 세균성이질

해설 세균성이질은 예방접종에 의한 면역이 형성되지 않는다.
※ 정기적 예방접종을 하는 감염병 : 콜레라, 인플루엔자, 뇌염, 디프테리아, 파상풍, 결핵, 소아마비, 홍역, 천연두, 백일해 등

91 중요 감염병을 관리 대상으로 정하여 국가가 그 감염병으로부터 국민들을 보호할 목적으로 만든 것은?

① 수인성감염병
② 만성감염병
③ 습성감염병
④ 법정감염병

해설 우리나라의 법정감염병은 제1급에서 제4급까지 법적으로 규정하여 국민보건향상에 노력하고 있다.

92 다음 중 미나마타병의 원인이 된 금속은?

① 비소 ② 카드뮴
③ 수은 ④ 구리

해설 농약 등 유해물질의 장애
- 미나마타병 : 원인물질 : 수은(Hg), 증상 : 지각마비
- 이타이이타이병 : 원인물질 : 카드뮴(Cd), 증상 : 골연화증

93 이타이이타이병의 유해물질은?

① 수은 ② 납
③ 칼슘 ④ 카드뮴

해설 이타이이타이병
- 카드뮴에 오염된 물질을 섭취함으로써 발생
- 증상 : 보행곤란, 골연화증

94 다음 중 직업병의 연결이 옳지 않은 것은?

① 조명불량 – 안정피로, 안구진탕증
② 수은중독 – 미나마타병
③ 고압환경 – 고산병
④ 고열환경 – 열경련, 열사병

해설 고압환경 – 잠함병, 저압환경 – 고산병

정답
88 ① 89 ① 90 ④ 91 ④ 92 ③ 93 ④ 94 ③

PART

02

일식·복어 안전관리

| 일식 · 복어조리기능사 필기 |

CHAPTER

01 개인 안전관리

01 개인 안전사고 예방 및 사후조치

1 개인 재해발생의 원인 분석

(1) 사고의 원인이 되는 물리적 결함 상태를 조사

개인의 매장 안에서의 안전사고는 불안전한 상태 및 행동에 의해서 발생이 되는데, 사고의 원인이 되는 물리적 결함 상태인 기계설비, 시설 및 환경의 불안전한 상태를 조사한다.

(2) 개인의 불안전한 행동을 조사

개인의 불안전한 행동은 사고의 직접원인이 될 수 있으므로 근로자의 불안전한 행동을 조사한다. 불안전한 행동으로는 기계기구 잘못 사용, 운전 중인 기계장치 손실, 불안전한 속도조작, 유해 · 위험물 취급 부주의, 불안전한 상태 방치, 불안전한 자세 동작, 감독 및 연락 불충분 등이 있다.

(3) 개인 안전사고 예방을 위한 안전관리 대책

관리책임자는 안전대책을 검토해야 하는데, 각각의 안전대책이 위험도 경감에 합리적이고 효과적인지를 고려하고 자신의 책임 범위 안에서 위험도를 제어할 수 있는 방법을 조사한다.

① 위험도 경감의 원칙

㉠ 사고발생 예방과 피해심각도의 억제

㉡ 위험도 경감 전략의 핵심적인 요소 : 위험요인제거, 위험발생경감, 사고피해경감

㉢ 위험도 경감 접근법 : 사람, 절차, 장비의 3가지 시스템 구성요소를 고려하여 검토

② 안전사고 예방 과정

㉠ 위험요인 제거 : 위험요인의 근원을 제거

㉡ 위험요인 차단 : 안전방벽을 설치하여 위험요인을 차단

㉢ 예방(오류) : 위험사건을 초래할 수 있는 인적, 기술적, 조직적 오류를 예방

㉣ 교정(오류) : 위험사건을 초래할 수 있는 인적, 기술적, 조직적 오류를 교정

㉤ 제한(심각도) : 위험사건 발생 이후 재발방지를 위하여 대응 및 개선조치

(4) 재해

재해는 근로 환경에서의 갖가지 물체나 작업 조건 등으로 근로자가 본인 혹은 타인에게 상해를 입히는 것으로, 이러한 재해사고는 시간적 경로상에서 나타나게 되는 것이기 때문에 시간적인 과정에서 본다면 구성요소의 연쇄반응 현상이라고 볼 수 있다.

① 구성요소의 연쇄반응

㉠ 사회적 환경과 유전적 요소

㉡ 개인적인 성격의 결함

㉢ 불안전한 행위와 불안전한 환경 및 조건

㉣ 산업재해의 발생

2 개인 안전사고 예방을 위한 안전교육의 목적

① 상해, 사망 또는 재산피해를 불러일으킬 수 있는 사고예방

② 개인 및 집단의 안전에 필요한 지식이나 기능, 태도 등을 지속적으로 교육

③ 교육을 통하여 안전한 생활을 영위할 수 있는 습관을 형성

④ 개인과 집단의 안전성을 최고로 발달시킴

⑤ 인간 생명의 존엄성을 인식시킴

3 개인 안전사고 발생 시 사후조치

(1) 개인 안전사고 발생 시 신속, 정확한 응급조치를 할 수 있도록 교육한다.

응급조치는 사고현장에서 발생한 급성 질환자나 사고를 당한 사람을 즉시 조치하고 119에 신고부터 병원치료를 받을 때까지 일시적으로 도와주는 것이며, 또한 응급조치를 통한 회복상태에 이르도록 하는 것을 포함한다. 응급조치교육을 통해 사고현장에서 응급상황에 대처함으로써 환자의 사망률을 현저하게 감소시킬 수 있다.

(2) 응급상황 시의 조치와 현장대처법

현장의 상황을 파악하고 자신의 안전을 확인한 다음 내가 할 수 있는 것과 그렇지 않은 것을 인지하여 도울 수 있는 행동계획을 세운다. 전문의료기관(119)에 전화로 응급상황을 알리고 신고 후 전문의료원이 도착할 때까지 환자에게 필요한 응급조치를 시행하고 환자를 지속적으로 돌본다. 이때 원칙적으로 의약품을 사용하지 않으며, 응급환자에 대한 처치는 응급처치로 그치고 전문의료원의 처치에 맡기도록 한다.

02 작업 안전관리

1 주방 내 안전사고 유형

주방 내의 안전사고 발생은 3가지 유형으로 나눌 수 있다. 인적 요인, 물적 요인, 환경적 요인이다.

① 인적 요인

㉠ 개인의 정서적 요인 : 과격한 기질, 시력이나 청력의 문제, 지식이나 기능의 부족, 각종 질환 등의 선천적 또는 후천적인 요인 등

㉡ 개인의 행동적 요인 : 독단적인 행동, 미숙한 작업방법, 책임자의 지시에 대한 무시한 독단적인 행동 등

② 물적인 요인에 의한 안전사고 유형으로는 기계나 기구, 시설물 등 장비와 시설물에서 오는 오인 요인을 말한다.

③ 환경적 요인에 의한 안전사고유형은 주방의 경우는 고온다습한 환경으로 인해 피부질환(피부염, 땀띠, 알레르기성 접촉성 피부염 등)과 장화 착용으로 인한 무좀이나 아킬레스 건염 등

2 작업장 사고발생 시 대처요령

작업장 내 사고가 발생했을 경우에는 작업을 중단하고 즉시 관리자에게 보고한 후 환자가 움직일 수 있는 상황이면 조리 장소에서 격리시켜 경미한 상처는 소독액으로 소독한 후 용액이나 항생제를 함유한 연고 등으로 조치하고, 출혈이 있는 경우는 지혈시키고 출혈이 계속되면 출혈부위를 심장보다 높게 하여서 병원으로 이송한다.

3 조리 작업 시의 사용, 이동, 보관의 안전수칙 및 유해 · 위험요인

칼에 대한 사용, 이동, 보관안전 수칙	• 작업 시에는 집중하여 작업에 임함 • 칼로 캔을 따거나 하는 등의 행동을 하지 않기 • 칼을 사용하다가 떨어뜨렸을 때는 칼을 잡으려고 하면 안 되고, 한걸음 물러서서 피하도록 하기 • 칼을 들고 다른 장소로 옮길 때는 칼끝을 바닥을 향하게 하고, 칼날은 뒤쪽을 보게 하여 이동하기 • 칼 보관 시 싱크대에 담아 두지 않고 사용이 끝나면 안전함에 넣어 보관하기
낙상사고	안전화를 꼭 신도록 하며, 바닥에 기름류나 핏물 등의 이물질이 묻어 있을 경우 바로 세척하여 안전사고 예방하기
기기사고(베임, 절단)	주방에서 사용하는 모든 장비의 사용법과 분해 방법, 세척법 등을 수시로 교육하며, 장비를 점검하기
화상사고	• 주방에서 뜨거운 음식과 기물을 옮길 경우 앞치마나 행주를 사용하지 말고, 꼭 마른행주나 헝겊 장갑을 이용하도록 함 • 오븐에서 조리한 팬 등은 안전장구를 착용한 뒤 사용하기 • 열과 스팀이 발생하는 기계나 도구를 열 때는 수증기에 의한 화상을 입지 않도록 주의하기 • 뜨거운 용기를 이동할 경우 주변 사람에게 이동 중임을 알려 충돌을 방지하기
전기감전, 누전사고	• 조리실 전자제품의 사용이나 청소, 정비 시 적합한 접지 및 누전차단기 사용 • 절연 상태의 수시점검 등으로 감전사고를 예방하고 안전한 전기기계 · 기구의 사용이 필요함
화재발생 위험	화기 주변에는 지정된 장소에 소화기가 있는지 확인하고, 소화기의 정기적인 점검
근골격계 질환(목, 어깨, 허리, 손목 등)	• 부적절한 자세는 중립자세를 유지하고 정적인 동작을 없애며, 반복적인 작업을 줄이고 무리한 힘을 가하지 않기 • 전동기구 사용 시에는 진동 강도가 낮은 것을 사용하고, 근골격계 부담을 줄이기 위해 작업 전과 후에 스트레칭을 적절하게 해주기

CHAPTER

01 모의고사

01 재해에 대한 설명으로 틀린 것은?

① 부적합한 지식이나 불안전한 행동으로 발생할 수 있다.

② 구성요소의 연쇄반응으로 일어날 수 있다.

③ 작업환경이나 작업조건으로 인해 타인에게만 상처를 입혔을 때를 재해라고 한다.

④ 재해발생의 원인으로 부적절한 태도의 습관이 포함된다.

해설 **재해**
작업환경이나 조건으로 인해서 자신이나 타인에게 상해를 입히는 것을 말하며, 재해 발생의 원인은 부적합한 지식, 부적절한 태도의 습관, 불안전한 행동, 불충분한 기술, 위험한 환경이 있다.

02 재해 발생의 원인에 해당하지 않는 것은?

① 충분한 기술

② 위험한 환경

③ 부적합한 지식

④ 불안전한 행동

해설 재해 발생은 불충분한 기술로 인해 발생할 수 있다.

03 위험도 경감의 원칙에 해당하지 않는 것은?

① 사고발생 예방과 피해 심각도의 억제에 있다.

② 위험도 경감전략의 핵심요소로는 위험요인 제거, 위험발생경감, 사고피해경감을 염두에 두고 있다.

③ 위험도 경감은 사람, 절차, 장비의 3가지 시스템 구성요소를 고려하여 검토한다.

④ 사고피해 치료를 염두에 두고 있다.

해설 **위험도 경감의 원칙**
사고피해 치료가 아닌 사람, 절차, 장비의 3가지 시스템 구성요소를 고려하여 위험요인제거, 위험발생경감, 사고피해경감을 염두에 두고 있다.

04 위험도 경감을 위한 3가지 시스템 구성요소가 아닌 것은?

① 사람 ② 조직

③ 절차 ④ 장비

해설 위험도 경감의 원칙에서는 사람, 절차, 장비의 3가지 시스템 구성요소를 고려하여 다양한 위험도 경감 접근법을 검토한다.

05 안전사고 예방 과정으로 옳지 않은 것은?

① 재발방지를 위한 대응은 필요하나 개선조치는 하지 않아도 된다.

② 위험요인을 제거한다.

③ 인적, 기술적, 조직적 오류를 교정한다.

④ 위험요인을 차단한다.

해설 **안전사고 예방 과정**
- 위험요인제거 : 위험요인의 근원을 제거
- 위험요인차단 : 안전방벽을 설치하여 위험요인을 차단
- 예방(오류) : 위험사건을 초래할 수 있는 인적, 기술적, 조직적 오류를 예방
- 교정(오류) : 위험사건을 초래할 수 있는 인적, 기술적, 조직적 오류를 교정
- 제한(심각도) : 위험사건 발생 이후 재발방지를 위하여 대응 및 개선조치

정답
01 ③ **02** ① **03** ④ **04** ② **05** ①

06 개인 안전사고 예방을 위한 안전교육의 목적으로 바르지 않은 것은?

① 안전한 생활을 할 수 있는 습관을 형성시킨다.

② 인간생명의 존엄성을 인식시킨다.

③ 개인과 집단의 안정성을 최고로 발달시킨다.

④ 불의의 사고를 완전히 제거할 수 있다.

해설 안전교육은 불의의 사고로 인한 상해, 사망 등으로부터 재해를 사전에 예방하기 위한 방법이다.

07 응급처치의 목적으로 바르지 못한 것은?

① 119 신고부터 치료를 받을 때까지 일시적으로 도와주는 것

② 급성 질환이나 사고를 당한 사람을 즉시 조치하는 것

③ 피해의 심각도를 억제하고 사고발생을 예방하는 것

④ 생명을 유지하고 상태악화를 방지하는 것

해설 **응급처치의 목적**
사고현장에서 발생한 급성 질환자나 사고를 당한 사람을 즉시 조치하는 것으로 119에 신고부터 부상이나 질병을 의학적 처치 없이 회복할 수 있도록 도와주는 것을 포함하며, 생명을 유지하고 더 이상의 상태악화를 방지 또는 지연시키는 데 목적이 있다.

08 작업장 안전사고 발생 시 가장 먼저 해야 할 것은 무엇인가?

① 119에 신고를 한다.

② 역학조사

③ 관리자에게 보고한다.

④ 작업장의 자리에서 환자이송

해설 작업장 내 안전사고가 발생하면 작업을 중단하고 즉시 관리자에게 보고한 후 가능한 조치를 취한다.

09 작업 시 근골격계 질환을 예방하기 위한 방법으로 맞는 것은?

① 안전장갑을 착용한다.

② 안전화를 신는다.

③ 조리기구의 올바른 사용방법을 숙지한다.

④ 작업 전과 후에 간단한 스트레칭을 적절히 실시한다.

해설 **근골격계 질환(목, 어깨, 허리, 손목 등) 예방**
부적절한 자세는 중립자세를 유지하고 정적인 동작을 없애며, 반복적인 작업을 줄이고 무리한 힘을 가하지 않는다. 전동기구 사용 시에는 진동강도가 낮은 것을 사용하고, 근골격계 부담을 줄이기 위해 작업 전과 후에 스트레칭을 적절하게 해준다.

10 조리 작업 시 유해 · 위험요인과 원인의 연결로 바르지 않은 것은?

① 화상, 데임 – 뜨거운 기름이나 스팀, 오븐 등의 기구와 접촉 시

② 근골격계 질환 – 장시간 한자리에서 작업 시

③ 미끄러짐, 넘어짐 – 정리정돈 미흡과 부적절한 조명 사용 시

④ 전기감전과 누전 – 연결코드 제거 후 전자제품 청소 시

해설 조리실은 물을 많이 사용하는 장소로 감전의 위험이 높으므로, 전기제품 청소 시에는 전원연결코드를 빼고 청소를 하도록 한다.

11 조리 작업 시 무리한 힘을 가하거나 반복적인 작업을 할 때 올 수 있는 유해 · 위험요인은?

① 베임, 절단

② 근골격계 질환

③ 미끄러짐이나 넘어짐

④ 화상, 데임

정답
06 ④ **07** ③ **08** ③ **09** ④ **10** ④ **11** ②

해설 조리 작업 시 유해 · 위험요인

- 베임, 절단 : 칼, 절단기, 슬라이서, 자르는 기계 및 분쇄기의 사용 시
- 근골격계 질환 : 무리한 힘을 가하거나 반복적인 작업을 할 때
- 미끄러짐이나 넘어짐 : 부적절한 조명과 정리정돈 미흡 시
- 화상, 데임 : 뜨거운 물에 데치기와 끓이기, 소독 등의 작업 시

12 조리 작업장 내 사고 발생 시 대처요령으로 맞지 않는 것은?

① 화상을 당한 부위에 된장, 간장 등을 응급으로 바른다.

② 작업을 중단하고 즉시 관리자에게 보고한다.

③ 출혈이 있는 경우 상처 부위를 눌러 지혈시킨다.

④ 눈 화상의 경우 각막이 손상되므로 눈을 문지르지 않는다.

해설 화상 부위에 된장이나 간장 등의 응급조치 시 상처 표면을 불결하게 하여 세균감염을 일으킬 수 있으므로 절대로 하지 않는다.

13 주방 내 작업 안전관리에 대한 설명으로 바르지 않은 것은?

① 주방의 소음기준은 90dB 이하이다.

② 주방의 온도는 겨울에는 18~21℃, 여름철에는 20~23℃를 유지한다.

③ 환기가 원활하게 이루어질 수 있도록 충분한 환기시설을 설치한다.

④ 전처리구역과 조리실은 220Lux 이상으로 관리하는 것이 좋다.

해설 주방의 소음기준은 50dB 이하이다.

14 작업장 바닥 및 통로에 대한 유의사항으로 바르지 않은 것은?

① 기름기, 물기 등은 바쁜 시간을 피해서 제거한다.

② 물이 고이지 않도록 바닥에 경사를 준다.

③ 청소 후에는 반드시 배수로 덮개(트랜치판)를 덮는다.

④ 바닥은 미끄러지지 않는 재질로 설치한다.

해설 기름기와 물기 등은 안전을 위해 즉시 제거한다.

정답 12 ① 13 ① 14 ①

CHAPTER

02 장비 · 도구 안전작업

조리장에서 조리 장비와 도구를 사용함에 있어 재해방지와 일의 능률을 올리고, 더불어 생산성을 높이기 위해 사용방법을 숙지하고 장비와 도구의 안전성을 확인한다.

1 조리 장비 · 도구의 관리원칙

주방의 조리 장비와 도구의 용도에 따른 적절한 관리로 장비의 수명을 연장하고, 고장을 미연에 방지하여 수리로 인한 비용발생을 방지하고 사용하는 과정 중에 일어나는 사고를 방지할 수 있다.

① 사용 방법과 기능을 충분히 숙지하고, 전문가의 지시에 따라 정확히 사용한다.

② 장비의 사용용도 이외의 사용을 금한다.

③ 장비나 도구에 무리가 가지 않도록 유의한다.

④ 장비나 도구에 이상이 있을 경우에는 즉시 사용을 중지하고 적절한 조치를 취한다.

⑤ 전기를 사용하는 장비나 도구는 전기사용량과 사용법을 확인 한 후 사용한다.

2 안전 장비류의 취급관리

일상점검	현장조사로 장비와 도구의 손상의 종류, 정도 등에 대해 보수가 필요한 부분을 판단하여 조사평가서를 작성한다.	
정기점검	점검과 진단계획서를 바탕으로 정기점검을 준비하며, 자체 및 외부의 기관을 통하여 현장조사와 외관조사를 실시하고 점검결과를 보고서로 작성한다. 담당자는 문서로 또는 시스템에 입력을 하여 자료를 보관하도록 한다.	
긴급점검	손상점검	재해나 사고에 의해 비롯된 구조적 손상 등에 대한 긴급 시행하는 점검
	특별점검	결함이 의심되는 경우나 사용제한 중인 시설물의 사용 여부 등을 판단하기 위해 실시하는 점검

3 조리장비의 이상 유무 점검방법

① 음식절단 : 전원을 차단하고 분해하여서 중성세제와 미온수로 세척하였는지와 건조시킨 후 원상태로 조립하고 안전장치 작동에서 이상이 없는지 확인

② 튀김기 : 기름은 식혀서 다른 용기에 받아두고 오븐 크리너로 세척하고 물기를 제거하였는지 확인

③ 육절기 : 사용 후 전원을 끄고 칼날과 회전봉을 분해하여 중성세제와 미온수로 세척하고 물기를 제거한 후 원상태로 조립하였는지 확인

④ 제빙기 : 전원을 끈 후에 칼날과 회전봉을 분해하여 중성세제와 미온수로 세척하였는지 확인 후 조립

⑤ 식기세척기 : 세척기 탱크의 물을 빼고 브러시를 이용하여 세척제를 넣고 세척하고, 내부 표면, 배수로, 여과기, 필터를 주기적으로 세척하고 있는지 확인

⑥ 그리들 : 상판의 온도가 80℃가 되었을 때 오븐크리너를 분사하고 밤솔브러시로 닦고, 뜨거운 물로 오븐크리너를 완전히 씻어내고 다시 한 번 비눗물을 사용해서 세척한 후 뜨거운 물로 깨끗이 헹궈낸 다음 면 철판 위에 기름칠을 하였는지 확인

4 조리 장비 · 도구 위험요소 및 예방

구분	위험요소	예방
조리용 칼	• 용도에 맞지 않는 칼을 사용 • 주의력 결핍 • 숙련도 미숙 • 동일한 자세로 오랜 시간 칼을 사용	• 작업의 용도에 맞는 칼을 사용 • 칼 운반 시에는 칼집이나 칼꽂이에 넣어서 운반 • 칼의 방향은 몸 반대쪽으로 함 • 작업 전 충분한 스트레칭을 하기
가스레인지	• 가스레인지의 노후화 • 중간밸브의 손상 • 가스관의 부적합 설치 • 가스밸브를 개방 상태로 장시간 방치	• 가스관의 정기적인 점검 • 가스관을 작업에 지장을 주지 않는 위치에 설치 • 가스레인지 주변의 작업 공간을 충분히 확보 • 사용 후 밸브 잠그기
채소절단기	• 불안정한 설치 • 청결관리의 불량 • 칼날의 체결상태 불량 • 사용방법 미숙지	• 안정되게 설치 • 칼날의 체결상태를 점검 • 재료투입 시 안전하게 누름봉을 사용 • 청소 시 전원을 차단 • 사용방법을 숙지
튀김기	• 용기에 비해 기름을 과도하게 많이 사용 • 고온에서 장시간 사용 • 후드의 청결관리 미숙 • 기름에 물이 들어갔을 경우	• 적정의 기름을 사용 • 물이 튀지 않도록 물기접촉 방지막을 부착 • 기름교체 시 기름온도 체크 • 튀김기 세척 시 물기를 완전히 제거 • 적절한 튀김온도 유지 • 정기적인 후드 청소
육류절단기	• 사용방법 미 숙지와 사용자 부주의 • 칼날의 불량 • 청소 시 절연파괴 등으로 인한 누전 발생 • 점검 시 전원 비차단으로 인한 감전사고	• 날 접촉 예방장치 부착 • 누름봉을 이용한 안전한 사용 • 작업 전에 칼날의 고정 상태를 확인 • 이물질 및 청소 시에는 반드시 전원 차단

CHAPTER

02 모의고사

01 주방에서 조리 장비를 취급할 때의 점검방법으로 재해나 사고에 의해 비롯된 구조적 손상 등에 대하여 긴급히 시행하는 점검은?

① 일상점검 ② 정기점검
③ 손상점검 ④ 특별점검

해설 조리시설과 장비의 안전한 관리를 위해서는 일상점검과 정기점검, 긴급점검(손상점검, 특별점검)이 이루어져야 한다.

- 일상점검 : 매일
- 정기점검 : 매년 1회 이상 정기적으로 점검
- 긴급점검
  - 손상점검 : 재해나 사고에 의해 비롯된 구조적 손상 등에 대하여 긴급히 시행하는 점검
  - 특별점검 : 결함이 의심되는 경우나 사용제한 중인 시설물의 사용 여부 등을 판단하기 위해 실시하는 점검

02 안전 장비류의 취급관리 중 설비기능 이상 여부와 보호구 성능유지 등에 대한 정기점검은 매년 몇 회 이상 실시하는가?

① 1회 ② 2회
③ 3회 ④ 4회

해설 조리작업에 사용되는 기계 · 기구 · 전기 · 가스 등의 설비기능 이상 여부와 보호구의 성능유지 여부 등에 대하여 매년 1회 이상 정기적으로 점검을 실시하고 그 결과를 기록 · 유지한다.

03 조리 장비 · 도구의 관리 원칙으로 바르지 않은 것은?

① 장비나 도구에 무리가 가지 않도록 유의한다.
② 장비의 사용용도 이외의 사용을 금지한다.
③ 전기를 사용하는 장비나 도구는 전기의 사용량과 사용법을 확인한다.
④ 사용 도중 모터에 물이나 이물질 등이 들어가도 무방하다.

해설 조리실 등에서 전기기계 · 기구의 사용 시 모터에 물이나 이물질 등이 들어가면 감전사고가 일어날 수 있는데, 예방을 위해 안전한 전기기계 · 기구의 사용이 필요하다.

04 다음 중 조리 장비와 도구의 위험요소로부터의 예방법으로 바르지 않은 것은?

① 야채절단기는 재료투입 시 손으로 재료를 눌러 이용한다.
② 조리용 칼의 방향은 몸 반대쪽으로 한다.
③ 가스레인지는 사용 후 즉시 밸브를 잠근다.
④ 튀김기 세척 시 물기를 완전히 제거한다.

해설 야채절단기의 재료 투입 시 누름봉을 이용하여 안전하게 사용한다.

05 조리용 칼 사용 시 위험요소로부터 예방하는 방법으로 바르지 않은 것은?

① 용도에 맞는 칼을 사용한다.
② 작업 전 충분한 스트레칭을 한다.
③ 칼의 방향은 몸 안쪽으로 사용한다.
④ 조리용 칼 운반 시 칼집이나 칼꽂이에 넣어 운반한다.

해설 칼 사용 시 방향은 몸의 반대쪽으로 놓고 사용해야 안전하다.

정답
01 ③ 02 ① 03 ④ 04 ① 05 ③

CHAPTER

03 작업환경 안전관리

01 작업장 환경관리

1 조리작업장 환경요소

주방에 종사하는 조리사의 피로와 스트레스를 줄여서 작업능률을 올리기 위해서는 조리작업장의 환경요소인 온도와 습도의 조절과 조명시설, 주방의 소음과 환기시설 등 조리환경이 중요하다.

2 작업장(주방) 환경관리

① 작업환경 안전관리 시 작업장의 온도 · 습도의 관리 : 주방의 온도는 겨울엔 18.3~21.1℃ 사이, 여름엔 20.6~22.8℃ 사이를 유지한다. 적정한 상대습도는 40~60% 정도가 매우 적당한데, 높은 습도는 정신이상을 일으키고 낮은 습도는 피부와 코의 건조를 일으킨다.

② 작업장 내 적정한 수준의 조명 : 작업장은 백열등이나 색깔이 향상된 형광등을 사용하며, 전처리 구역과 조리실은 220Lux 이상으로 관리하는 것이 좋다.

③ 환기 : 주방의 수증기 열과 음식 냄새로부터 작업자의 건강과 안전을 지키고, 벽이나 천장 등에 결로현상 및 곰팡이가 발생되지 않도록 적절한 환기시스템 구축이 필요하다. 배기후드는 주방이나 밀폐된 공간의 열기나 냄새를 제거하는 환기장치로, 환기팬의 기름때는 주기적으로 제거하고 정기적으로 점검하여 청결을 유지한다.

④ 시설물 : 시설물의 유지보수(파손된 벽, 바닥, 천장, 깨진 창문 등)는 신속하게 실시하며, 시설이 파손되면 오물이 끼고 유해미생물이 번식하기 쉽다.

⑤ 방충 · 방서 : 해충(파리, 나방, 개미, 바퀴벌레 등)과 설치류(쥐)는 음식물을 통해 사람에게 직접 또는 간접으로 병원균이나 기생충을 전파하는 매개체로, 해충과 설치류의 침입여부를 정기적으로 확인하고, 해충이나 쥐 등이 들어오지 못하도록 천장, 벽, 바닥 , 출입문, 창문 등에 틈새를 없앤다. 개방형 주방의 경우는 고객의 출입문을 통해서 해충의 침입가능성이 크므로 고객용 출입문의 관리가 필요하다.

3 주방의 청소관리

구역	청소횟수와 관리방법
작업대	• 사용 시마다 • 스펀지를 이용해서 세척제로 세척한 후 흐르는 물로 닦아내고 소독수를 분무
싱크대	• 사용 시마다 • 거름망의 찌꺼기를 제거하고 세척한 후 세척제로 내부와 외부를 닦고 흐르는 물에 헹군 후 소독
냉장 · 냉동고	• 1회/일 • 전원을 차단한 후 식재료를 제거하고 선반을 분리하여 세척제로 세척 후 헹구고, 성에는 제거하고 스펀지에 세척제를 묻혀 냉장고 내벽과 문을 닦고 젖은 행주로 세제를 닦아낸 다음 마른 행주로 닦아서 건조시키기
가스기기류	• 1회/일 • 가스밸브를 잠그고 상판과 외장은 사용할 때마다 세척하고 버너 밑의 물 받침대 등 분리가 가능한 것은 분리하여 세척하고, 가스호스 · 콕 · 가스개폐 손잡이 등에는 세척제를 분무하여 불린 다음에 세척 후 건조
바닥	• 1회/일 • 빗자루로 쓰레기를 제거하고, 세척제를 뿌린 뒤 대걸레나 솔로 문지르고 대걸레로 세척액을 제거. 기구 등의 살균소독제로 소독하고 자연 건조
배수구	• 1회/일 • 배수로의 덮개를 걷어내고 세척한 후 씻어내고 기구 등의 살균소독제로 소독. 호스의 분사력을 이용하여 배수로 내 찌꺼기를 제거하고 솔을 이용하여 닦고 물로 씻어냄. 배수구의 뚜껑을 열어 거름망을 꺼내어 이물질을 제거하고 거름망과 뚜껑 내부를 세척제로 세척하여 물로 헹구고 소독 후 배수로 덮개를 덮음
쓰레기통	• 1회/일 • 쓰레기를 모두 비우고 몸통과 뚜껑을 세척제로 세척하고, 흐르는 물로 헹군 후 뒤집어서 건조
내벽	• 1회/주 • 면 걸레에 세제를 묻혀 이물질을 제거하고, 젖은 면 걸레로 세제를 닦아낸 후 소독된 걸레로 살균 · 소독
천장	• 1회/주 • 조리도구 및 전기 차단함을 비닐로 덮고 솔 등을 사용하여 먼지와 이물질을 제거하고, 청소용 수건을 세척하고 깨끗한 물에 적셔 닦은 후 자연 건조
배기후드	• 1회/주 • 청소 전에 후드 아래의 조리기구는 비닐로 덮고, 후드 내 거름망을 떼어 세척제에 불린 후 세척하고 헹구며, 스펀지에 세척제를 묻혀 후드의 내부와 외부를 닦음
유리창 틀	• 1회/월 • 세제에 적신 스펀지로 유리창 및 창틀을 닦고 청소용 수건을 깨끗한 물로 적셔 닦은 후 자연 건조시키며, 여분의 물기나 얼룩은 청소용 마른수건을 이용하기

4 폐기물 처리

쓰레기통은 음식물쓰레기통, 재활용쓰레기통, 일반쓰레기통으로 분리하여 사용하며, 뚜껑은 발로 눌러서 개폐 가능한 구조를 사용하고 용량의 2/3 이상 채워지지 않도록 수시로 비우는 등 관리를 철저히 하여 파리나 해충, 악취나 오물이 작업장과 홀로 오염되지 않도록 한다.

02 작업장(주방) 내 안전관리

작업장의 안전관리는 매장의 브랜드 이미지와 매출로 이어지기 때문에 한번으로 끝나는 것이 아니라 지속적으로 유지되어야 한다.

1 작업장(주방) 내 안전사고 발생의 원인

주방 안전사고의 원인은 고온, 다습한 환경조건과 주방시설의 노후화와 관리미흡, 주방바닥의 미끄럼방지 설비 미흡, 주방 종사원들의 재해방지 교육 부재로 인한 안전지식 결여와 주방시설과 기물의 올바르지 못한 사용, 가스 및 전기의 부주의한 사용, 종사원들의 육체적, 정신적 피로 등이 원인이 되고 있다.

2 안전수칙

(1) 조리작업자의 안전수칙

① 주방에서는 뛰거나 서두르지 않고 안정된 자세로 조리에 임하여야 한다.

② 작업을 하기에 편안한 조리복과 조리모, 안전화 등을 착용한다.

③ 뜨거운 용기 등을 이동할 때는 젖은 행주나 앞치마를 사용하지 말고, 마른 행주나 장갑을 사용한다.

④ 무거운 기물이나 통 등을 들 때 허리를 구부리는 것보다 쪼그리고 앉아서 들고 일어 나도록한다.

⑤ 짐을 들고 옮길 때 이동 중임을 알려 충돌을 방지한다.

(2) 주방장비 및 기물의 안전수칙

① 각종 기기나 장비의 작동방법과 안전숙지교육을 철저히 한다.

② 가스나 전기오븐의 사용 시 온도를 확인하고 가스밸브는 사용 전 · 후 꼭 확인한다.

③ 전기기기나 장비의 작동 시에 바닥에 물이 고여 있지 않고 조리작업자의 손에 물기가 없어야 하며, 세척 시에는 전원을 끄고 전기코드를 빼고 작업한다.

④ 냉장 · 냉동고에서 장시간 작업 시에는 방한복과 방한장갑, 방한모를 착용하고 출입문은 내부에서 문이 열리는 구조로 설치한다.

03 화재 예방 및 조치방법

1 화재의 원인

① 전기제품사용 시 누전으로 인한 전기화재

② 가스연료의 부적절한 사용

③ 식용유 등의 인화성 물질에 의한 화재

2 올바른 소화기 구별법

일반화재 (A급 화재)	나무나 종이, 솜, 스펀지 등의 섬유류를 포함한 화재에 사용 (적용소화기는 백색바탕에 "A" 표시)
유류 및 가스화재 (B급 화재)	기름과 같은 가연성 액체의 화재에 사용(적용소화기는 백색바탕에 "B" 표시)
전기화재(C급 화재)	누전으로 인한 화재에 사용(적용소화기는 백색바탕에 "C" 표시)

3 화재예방

① 화기 주변에는 지정된 장소에 소화기를 비치하고 정기적으로 점검한다.

② 조리실 내에 상자나 판자와 같은 가연성물질의 적재를 금지한다.

③ 뜨거운 오일과 유지를 화염 원 근처에 방치하지 않는다.

④ 이상이 있는 전기기구와 코드는 사용하지 않는다.

4 화재 시 대처요령

① 화재 발생 시 경보를 울리거나 큰소리로 주위에 먼저 알린다.

② 소화기나 소화전을 사용해서 불을 끈다.

③ 몸에 불이 붙었을 경우는 제자리에서 바닥에 구른다.

5 소화기와 소화전

① 소화기의 설치 및 관리요령

㉠ 직사광선과 높은 온도와 습기를 피해 보관한다.

㉡ 눈에 잘 띄는 곳에 놓는다.

㉢ 소화약제가 굳거나 가라앉지 않도록 한 달에 한번 정도 위아래로 흔들어 준다.

㉣ 최초 생산일로부터 5년 경과되면 약제를 교환한다.

② 소화기 사용법 : 안전핀을 뽑고 화염을 향하여 손잡이를 강하게 움켜쥐고 비를 쓸 듯이 소화한다.

③ 소화전 사용법 : 소화전 문을 열고 결합된 호스와 관창을 화재지점 가까이 끌고 가서 늘어뜨리고 소화전함에 설치 된 밸브를 시계 반대방향으로 틀면 물이 나온다[단, 기동스위치로 작동하는 경우에는 ON(적색) 스위치를 누른 후 밸브를 연다].

04 산업안전보건법 및 관련지침

산업안전보건법 및 관련 지침

정의	산업안전 · 보건에 관한 기준의 확립과 그 유지 · 증진을 도모하기 위하여 제정한 법률이다
목적	산업안전 · 보건에 관한 기준을 확립하고 그 책임의 소재를 명확하게 하여 산업재해를 예방하고 쾌적한 작업환경을 조성함으로써 근로자의 안전과 보건을 유지 · 증진함을 목적으로 한다.
주요 내용	– 정부는 산업안전 · 보건에 관한 제반 사항을 성실히 이행할 책무를 진다. – 사업주는 산업재해의 예방을 위한 기준을 준수하며, 사업장의 안전 · 보건에 관한 정보를 근로자에게 제공하고 적절한 작업환경을 조성함으로써 근로자의 생명보전과 안전 및 보건을 유지 · 증진하도록 하고, 국가의 산업재해 예방시책에 따라야 한다. – 근로자는 산업재해 예방을 위한 기준을 준수하며, 국가와 사업주의 산업재해 방지에 관한 조치에 따라야 한다. – 노동부에 산업안전보건정책심의위원회를 둔다. – 고용 노동부장관은 산업재해 예방에 관한 중 · 장기기본계획을 수립하여야 한다. – 사업주는 사업장의 유해 또는 위험한 시설 및 장소에 안전 · 보건표지를 설치 · 부착하여야 한다. – 사업주는 안전보건관리책임자와 산업보건의를 두고, 근로자 · 사용자 동수로 구성되는 산업안전보건위원회를 설치 · 운영하여야 한다. – 사업주는 단체협약 및 취업규칙에 맞도록 안전보건관리규정을 작성하고 근로자에게 알려야 한다. – 고용 노동부장관은 안전 · 보건조치에 관한 지침 또는 표준을 정하여 지도 · 권고할 수 있다. – 고용 노동부장관은 유해 또는 위험한 기계 · 기구 및 설비의 안전기준을 정할 수 있다. – 근로자의 보건상 특히 유해한 물질은 제조 · 사용 등이 제한되며, 적절한 취급을 하여야 한다. – 사업주는 정기적으로 근로자에 대한 건강진단을 실시하여야 한다. – 유해 또는 위험한 작업에 종사하는 근로자에 대하여는 연장근로가 제한된다.

주요 내용	– 고용 노동부장관은 감독을 위하여 필요한 조치를 할 수 있다. – 근로자는 사업장에서의 법령위반 사실을 고용노동부장관 또는 근로감독관에게 신고할 수 있다. – 산업안전지도사와 산업위생지도사가 직무를 개시하고자 할 때는 노동부에 등록하여야 한다. – 등록한 지도사는 법인을 설립할 수 있다. – 고용 노동부장관은 산업재해 예방시설을 설치 · 운영하거나, 명예산업안전감독관을 위촉할 수 있다. – 종전에는 관련법을 위반할 경우 1회에 한해 시정기회를 줬으나 2011년 4월 시행령이 개정되며 관련법을 위반할 경우 시정기회 없이 즉시 과태료를 부과하게 되었다.
참고	■ 안전보건 관리담당자의 업무 ① 안전보건교육 실시에 관한 보좌 및 지도 · 조언 ② 위험성 평가에 관한 보좌 및 지도 · 조언 ③ 작업환경측정 및 개선에 관한 보좌 및 지도 · 조언 ④ 각종 건강진단에 관한 보좌 및 지도 · 조언 ⑤ 산업재해 발생의 원인조사, 산업재해 통계의 기록 및 유지를 위한 보좌 및 지도 · 조언 ⑥ 산업안전, 보건과 관련된 안전장치 및 보호구 구입 시 적격품 선정에 관한 보좌 및 지도 · 조언 ■ 산업보건의의 직무 ① 건강진단 결과의 검토 및 그 결과에 따른 작업배치, 작업전환 또는 근로시간의 단축 등 근로자의 건강보호 조치 ② 근로자의 건강장해 원인조사와 재발 방지를 위한 의학적 조치 ③ 근로자의 건강유지 및 증진을 위하여 필요한 의학적 조치에 관하여 고용노동부 장관이 정하는 사항

CHAPTER

03 모의고사

01 조리작업장의 환경요소에 대한 설명으로 맞지 않는 것은?

① 주방의 온도와 습도조절은 조리환경에 중요하다.

② 주방의 조명시설은 권장 조도를 지킨다.

③ 주방 내부의 색깔은 대부분 하얀색을 선호한다.

④ 주방 소음은 조리작업장 환경요소에 포함되지 않는다.

해설 조리 작업 환경요소로는 온도와 습도의 조절, 조명시설, 주방 내부의 색깔, 주방의 소음, 환기(통풍장치) 등이 있다.

02 주방의 적정한 온도와 습도로 옳은 것은?

① 온도 : 겨울 22~25℃, 여름 20~22℃/습도 : 40~60%

② 온도 : 겨울 18~21℃, 여름 16~18℃/습도 : 50~80%

③ 온도 : 겨울 18~21℃, 여름 20~22℃/습도 : 40~60%

④ 온도 : 겨울 22~25℃, 여름 20~22℃/습도 : 50~80%

해설 **주방의 적정온도**
겨울 18.3~21.1℃, 여름 20.6~22.8℃/습도 : 40~60%

03 주방의 청소관리로 맞지 않는 것은?

① 작업대는 사용 시마다 스펀지에 세척제를 묻혀 세척하고 흐르는 물에 헹군다.

② 바닥은 주 1회 세척제를 사용하여 청소하고 자연 건조한다.

③ 쓰레기통은 1일 1회 쓰레기를 비우고 세척제로 세척하고 헹군 후 뒤집어서 건조한다.

④ 싱크대는 사용 시마다 거름망 쓰레기 제거 후 세척하고 내부도 세척제로 세척하고 헹군다.

해설 바닥은 1일 1회 빗자루로 쓰레기를 제거하고, 세척제를 뿌려 대걸레나 솔로 구석구석 문지른 후 대걸레로 세척액을 제거하여 기구 등의 살균제로 소독하고 자연 건조한다.

04 주방의 방충 · 방서로 옳지 않은 것은?

① 정기적인 해충과 설치류의 침입 여부를 확인한다.

② 식재료의 검수 시 갉아 먹거나 벌레의 흔적 여부를 철저히 확인한다.

③ 벽, 천장, 창문 등에 틈새가 없도록 한다.

④ 개방형 주방의 경우 고객용 출입문의 관리는 필요 없다.

해설 개방형 주방의 경우 고객 출입문을 통해 해충의 침입 가능성이 있으므로, 고객용 출입문의 관리가 필요하다.

정답

05 배수구의 청소로 옳지 않은 것은?

① 배수구에 거름망 이물질을 제거 후 세척할 필요는 없다.
② 배수로 덮개를 걷어내서 세척하고 물로 씻은 후 살균소독제로 소독한다.
③ 청소주기는 1일 1회이다.
④ 배수로 내부는 솔을 이용하여 닦은 후 물로 씻는다.

해설 배수로 거름망은 꺼내어 이물질을 제거하고 세척제로 세척 후 물로 헹구고 소독하여 준다.

06 주방의 폐기물처리에 대한 설명으로 틀린 것은?

① 뚜껑은 손으로 열 수 있는 것을 사용한다.
② 음식물쓰레기통, 재활용쓰레기통, 일반쓰레기통으로 분리 사용한다.
③ 용량이 2/3 이상 채워지지 않도록 수시로 비운다.
④ 관리가 적절히 이루어지지 않으면 파리, 해충 등을 유인하게 된다.

해설 뚜껑은 발로 개폐 가능한 구조의 것을 사용한다.

07 주방 내 안전사고 발생 원인으로 바르지 않은 것은?

① 주방시설의 현대화
② 주방바닥의 미끄럼방지 설비 미흡
③ 주방기물의 올바르지 못한 사용
④ 주방종사원들의 재해방지 교육 부재

해설 주방 내 안전사고 발생의 원인은 고온다습한 환경조건 하에서 조리, 주방시설의 노후화, 주방시설의 관리미흡, 주방바닥의 미끄럼방지 미흡, 주방 종사원들의 재해방지 교육 부재, 주방시설과 기물의 올바르지 못한 사용 등이 있다.

08 주방 내 미끄럼 사고의 원인이 아닌 것은?

① 노출된 전선
② 매트가 주름진 경우
③ 바닥에 기름이 있는 경우
④ 적당한 조도보다 높을 경우

해설 조리실의 조도는 220Lux 이상으로 관리가 되어야 하며, 낮은 조도로 인해 어두운 경우에는 미끄럼사고의 원인이 될 수 있다.

09 주방 장비 및 기물의 안전수칙으로 바르지 않은 것은?

① 냉장 · 냉동의 잠금장치의 상태는 확인하지 않아도 된다.
② 가스밸브는 사용 전과 후 확인한다.
③ 각종 기기나 장비의 작동 방법과 안전숙지 교육을 철저하게 받는다.
④ 가스나 전기오븐의 온도를 확인한다.

해설 냉장과 냉동의 잠금장치 상태는 확인하고, 출입문은 내부에서 문이 열리는 구조로 설치한다.

10 조리 작업자의 안전수칙으로 바른 것은?

① 조리작업에 편안한 조리복만 입고 작업한다.
② 뜨거운 용기를 이용할 때에는 젖은 행주나 장갑을 이용한다.
③ 무거운 통이나 짐을 들 때 허리를 구부려 들고 일어난다.
④ 안전한 자세로 조리에 임한다.

해설 **조리작업 시의 안전수칙**
- 주방에서는 뛰거나 서두르지 않고 안정된 자세로 조리에 임하여야 한다.
- 작업을 하기에 편안한 조리복과 조리모, 안전화 등을 착용한다.
- 뜨거운 용기 등을 이동할 때는 젖은 행주나 앞치마를 사용하지 말고, 마른 행주나 장갑을 사용한다.

정답
05 ① 06 ① 07 ① 08 ④ 09 ① 10 ④

• 무거운 기물이나 통 등을 들 때 허리를 구부리는 것보다 쪼그리고 앉아서 들고 일어나도록 한다.
• 짐을 들고 옮길 때 이동 중임을 알려 충돌을 방지한다.

11 다음 중 전기안전에 대한 내용으로 틀린 것은?

① 덮개가 없는 전기 콘센트는 그대로 사용한다.

② 코드를 당기지 말고 플러그를 잡고 뽑는다.

③ 문어발식 연결을 하지 않는다.

④ 열, 물, 기름으로부터 전기코드를 멀리한다.

해설 덮개가 없는 전기콘센트는 플라스틱 안전플러그로 덮어서 사용해야 물을 많이 사용하는 조리실에서 감전사고를 예방할 수 있다.

12 주방에서 전기기계를 이용한 채소류 가공작업 전 설명으로 틀린 것은?

① 작업하기 용이한 장소에 설치한다.

② 절연피복이 손상되었어도 작업에는 문제가 없다.

③ 비상정지스위치가 작동하는지 확인한다.

④ 칼날에 마모나 균열 등의 이상이 없는지 확인한다.

해설 절연피복이 손상되면 감전위험이 있을 수 있으므로 절연을 보강한다.

13 주방에서 전기기계를 이용한 채소류 가공작업 중 설명으로 틀린 것은?

① 재료 투입 시 손으로 투입한다.

② 이물질을 제거 시에는 반드시 동력을 정지시킨 후 제거한다.

③ 응급상황 발생 시 비상정지 스위치를 눌러 정지 시킨다.

④ 젖은 손으로 스위치 조작을 하지 않는다.

해설 재료 투입 시 손이 아닌 누름봉 등 기구를 활용한다.

14 화재 시 대처 요령으로 바르지 않은 것은?

① 경보를 울리거나 큰소리로 주위에 먼저 알린다.

② 가스 누출 시 신속히 밸브를 잠근다.

③ 소화기를 사용하여 불을 끈다.

④ 몸에 불이 붙었을 경우는 움직이지 않고 조치를 기다린다.

해설 몸에 불이 붙었을 경우 제자리에서 바닥에 구른다.

15 화재예방 방법으로 바르지 않은 것은?

① 화재예방에 대한 교육을 정기적으로 실시한다.

② 전기의 사용구역에서는 물의 접촉을 금지한다.

③ 화재발생 위험요소가 있는 기계 옆에는 가지 않는다.

④ 뜨거운 오일과 유지를 화염원 근처에 방치하지 않는다.

해설 화재발생 위험요소가 있는 기계나 기구는 수리 및 점검을 정기적으로 한다.

16 화재발생과 관련된 설명으로 바르지 않은 것은?

① 목재, 종이, 섬유 등의 일반가열물에 의한 화재는 A급화재(일반화재)이다.

② 환기구 후드에 있는 기름찌꺼기로 화재가 발생할 수 있다.

③ 화재가 발생하면 경보를 울리거나 큰소리로 주위에 먼저 알린다.

④ 평소 소화기 사용방법은 알아둘 필요 없다.

해설 평소 소화기 사용방법 및 비치 장소를 숙지하고 있다가 화재 시 소화기나 소화전을 사용하여 불을 끈다.

정답
11 ① 12 ② 13 ① 14 ④ 15 ③ 16 ④

17 소화기 설치 및 관리요령으로 바르지 않은 것은?

① 소화기는 습기가 적고 건조하며, 서늘한 곳에 설치한다.

② 분말소화기는 흔들거나 움직이지 않고 계속 비치한다.

③ 사용한 소화기는 다시 사용할 수 있도록 재충전하여 보관한다.

④ 유사시에 대비하여 수시로 점검한다.

해설 분말소화기는 소화약제가 굳거나 가라앉지 않도록 한 달에 한 번 정도 위아래로 흔들어주는 것이 좋다.

18 다음 중 산업재해 예방을 위한 시책을 마련해야 하는 사람은 누구인가?

① 보건복지부 장관

② 식품의약품안전처장

③ 고용노동부장관

④ 시장

해설 고용노동부 장관은 산업재해 예방 지원 및 지도를 위하여 산업재해 예방기법의 연구 및 보급, 보건기술의 지원 및 교육에 관한 시책을 마련해야 한다.

19 산업안전보건법의 목적에 들지 않는 것은?

① 산업안전 · 보건에 관한 기준을 확립

② 산업재해를 예방

③ 편식 습관의 교정

④ 근로자의 안전과 보건을 증진

해설 산업안전보겁법의 목적: 산업안전 · 보건에 관한 기준을 확립하고 그 책임의 소재를 명확하게 하여 산업재해를 예방하고 쾌적한 작업환경을 조성함으로써 근로자의 안전과 보건을 유지 · 증진함

20 안전보건 관리담당자의 업무에 들지 않는 것은?

① 위험성 평가에 관한 보좌 및 지도 · 조언

② 안전보건교육 실시에 관한 보좌 및 지도 · 조언

③ 작업환경 측정 및 개선에 관한 보좌 및 지도 · 조언

④ 건강진단 결과의 검토 및 결과에 따른 작업배치, 작업 전환

해설 안전보건 관리담당자는 건강진단에 관한 보좌 및 지도 · 조언을 하고 산업보건의는 건강진단 결과에 따른 작업배치, 작업전환 또는 근로시간의 단축 등 근로자의 건강 보호조치를 할 수 있다.

정답
17 ② 18 ③ 19 ③ 20 ④

PART

03

일식·복어 재료관리

CHAPTER

01 식품재료의 성분

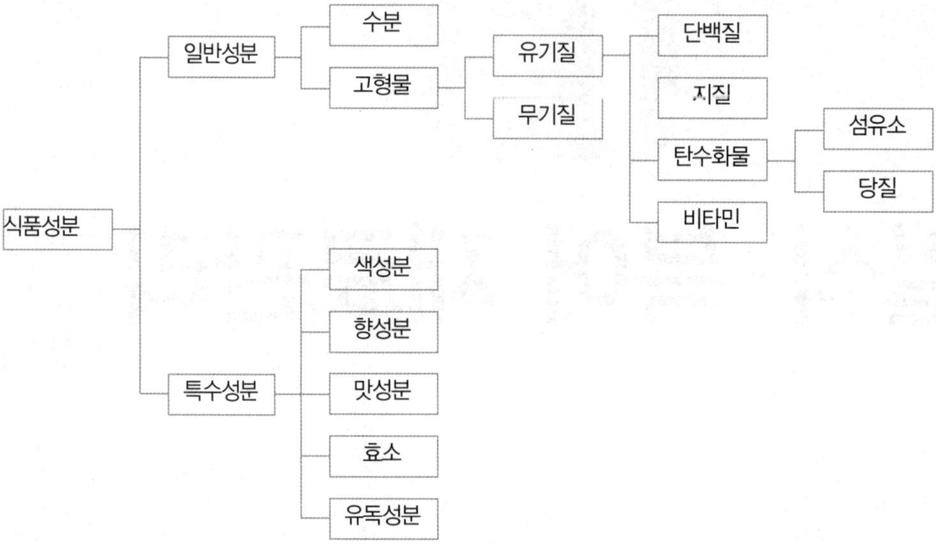

[식품의 구성성분]

01 수분

1 수분의 종류

① 자유수(유리수) : 식품 중에 유리 상태로 존재하는 물(보통의 물)

② 결합수 : 식품 중의 탄수화물이나 단백질 분자의 일부분을 형성하는 물

2 유리수와 결합수의 차이점

자유수(유리수)	결합수
• 수용성 물질을 녹일 수 있다. • 미생물 생육이 가능하다. • 건조로 쉽게 분리할 수 있다. • 0℃ 이하에서 동결된다. • 비점과 융점이 높다.	• 물질을 녹일 수 없다. • 미생물 생육이 불가능하다. • 쉽게 건조되지 않는다. • 0℃ 이하에서도 동결되지 않는다. • 유리수보다 밀도가 크다.

3 수분활성도(Aw)

어떤 임의의 온도에서 식품이 나타내는 수증기압을 그 온도의 순수한 물의 최대수증기압으로 나눈 것이다.

$$\text{식품의 수분 활성도} = \frac{\text{식품 속의 수증기압}}{\text{순수한 물의 수증기압}}$$

① 물의 수분활성도는 1이다(물의 Aw=1).

② 일반식품의 수분활성도는 항상 1보다 작다(일반식품의 Aw<1).

③ 미생물은 수분활성도가 낮으면 생육이 억제된다.

④ 곡류나 건조식품 등은 과일, 채소류보다 수분활성도가 낮다.

02 탄수화물

1 탄수화물의 특성

① 구성원소 : 탄소(C), 수소(H), 산소(O)

② 탄수화물은 크게 소화되는 당질과 소화되지 않는 섬유소로 나눈다.

③ 과잉 섭취 시 간과 근육에 글리코겐으로 저장된다.

④ 탄수화물의 대사작용에는 비타민 B_1(티아민)이 반드시 필요하다.

2 탄수화물의 분류

단당류	포도당(Glucose)	• 동물의 혈액 중에 0.1% 정도 함유 • 전분이 소화되어 최후에 가장 작은 형태로 된 것
	과당(Fructose)	• 당류 중 가장 단맛이 강함 • 벌꿀의 구성 성분으로 들어 있음
	갈락토오스(Galactose)	• 젖당의 구성 성분으로 포유동물의 유즙에 존재 • 자연계에 단독으로 존재하지 못하고, 유당에 함유
이당류 – 단당류 2개가 결합	자당(설탕, 서당, Sucrose)	• 포도당+과당이 결합된 당 • 160℃ 이상 가열하면 갈색 색소인 캐러멜이 됨 • 당류의 단맛 비교 시 기준이 됨 • 전화당 : 설탕을 가수분해할 때 얻어지는 포도당과 과당(포도당 : 과당이 1 : 1인 당)의 등량혼합물 → 벌꿀에 많음 • 사탕수수나 사탕무에 함유되어 있음

이당류 – 단당류 2개가 결합	맥아당(엿당, Maltose)	• 포도당+포도당이 결합된 당 • 엿기름에 많고 물엿의 주성분
	젖당(유당, Lactose)	• 포도당+갈락토오스가 결합된 당 • 동물의 유즙에 함유되어 있으며 감미가 거의 없음
다당류 – 여러 종류의 단당류가 결합	전분(녹말, Starch)	• 포도당의 결합 형태로 아밀로오즈와 아밀로펙틴으로 구성 • 곡류, 감자류 등에 존재
	글리코겐(Glycogen)	동물체의 저장 탄수화물로 간, 근육, 조개류에 많이 함유
	섬유소(Cellulose)	• 소화되지 않는 전분으로 식물의 줄기에 포함되어 있는 당 • 영양적 가치는 없으나 배변운동을 촉진
	펙틴(Pectin)	• 세포벽 또는 세포 사이의 중층에 존재 • 과실류와 감귤류의 껍질에 많이 함유

3 탄수화물의 기능

① 에너지의 공급원이다(1g당 4kcal의 에너지 발생). → 전체 열량의 65%를 당질, 20%를 지방, 15%를 단백질에서 공급하는 것이 가장 이상적이다.

② 인체 내에서의 소화흡수율이 98%나 되므로 피로회복에 효과적이다.

③ 단백질의 절약 작용을 한다.

④ 지방의 완전연소에 관여한다.

> **당질의 감미도**
> 과당>전화당>서당>포도당>맥아당>갈락토오스>유당

03 지질

1 지질의 특성

① 구성원소 : 탄소(C), 수소(H), 산소(O)

② 3분자의 지방산과 1분자의 글리세롤이 에스테르(Ester) 상태로 결합되어 있다.

③ 과잉 섭취 시 피하지방으로 저장된다.

2 지질의 분류

① 단순지질(중성지방) : 지방산과 글리세롤의 에스테르(지방, 왁스)

② 복합지질 : 지방산과 알코올의 에스테르에 다른 화합물이 더 결합된 지질(인지질=단순지질+인, 당지질=단순지질+당)

③ 유도지질 : 단순지질, 복합지질의 가수분해로 얻어지는 지용성 물질(스테로이드 → 콜레스테롤, 에르고스테롤, 스쿠알렌 등)

3 지방산의 분류

(1) 포화지방산

① 융점이 높아 상온에서 고체로 존재하며, 이중결합이 없는 지방산을 말한다. 스테아르산과 팔미트산이 천연에 가장 많이 분포하는 지방산이다.

② 동물성 지방에 많이 함유되어 있다.

(2) 불포화지방산

① 융점이 낮아 상온에서 액체로 존재하며, 이중결합이 있는 지방산을 말한다. 이중결합 수가 많을수록 불포화도가 높고 리놀레산, 리놀렌산, 아라키돈산, 올레산 등이 있다.

② 식물성 유지 또는 어류에 많이 함유되어 있다

③ 혈관벽에 쌓여 있는 콜레스테롤을 제거하는 중요한 역할을 한다.

> **필수지방산**
> - 신체의 성장과 유지 과정의 정상적인 기능을 수행함에 있어서 반드시 필요한 지방산으로, 체내에서 합성되지 않기 때문에 식사를 통해 공급받아야 하는 지방산을 말한다.
> - 종류 : 리놀레산, 리놀렌산, 아라키돈산
> - 대두유, 옥수수유 등 식물성유에 다량 함유되어 있다.

4 지질의 기능적 성질

① 유화(에멀전화, Emulsification) : 다른 물질과 기름이 잘 섞이게 하는 작용으로 수중유적형(O/W)과 유중수적형(W/O)이 있다.

수중유적형(O/W)	물에 기름이 분산되어 있는 형태(우유, 생크림, 마요네즈, 아이스크림, 크림수프, 케이크반죽 등)
유중수적형(W/O)	기름에 물이 분산되어 있는 형태(버터, 마가린 등)

② 가수소화(경화, Hardening of oil) : 액체 상태의 기름에 H_2(수소)를 첨가하고, Ni(니켈)과 Pt(백금)을 넣어 고체형의 기름으로 만든 것을 말한다(예 : 마가린, 쇼트닝).

③ 요오드가(불포화도) : 유지 100g 중의 불포화결합에 첨가되는 요오드의 g수로, 요오드가가 높다는 것은 불포화도가 높다는 것을 의미한다.

5 지질의 기능

① 지용성 비타민(비타민 A, D, E, K)의 흡수를 좋게 한다.

② 발생하는 열량이 높다(lg당 9kcal의 열량이 발생).

③ 유지의 높은 열을 조리에 이용하여 영양소의 손실을 줄일 수 있다.

04 단백질

1 단백질의 특성

① 구성 원소 : 탄소(C), 수소(H), 산소(O), 질소(N) → 질소를 포함하고 있는 고분자 유기화합물

② 단백질은 아미노산의 펩티드 결합에 의해 이루어져 있다.

③ 단백질 중의 질소 함량은 평균 16%로 단백질을 분해하여 생기는 질소의 양에 6.25(단백질의 질소계수)를 곱하면 단백질의 양을 알 수 있다.

2 단백질의 분류

(1) 구성 성분에 따른 분류

① 단순단백질 : 아미노산만으로 구성된 단백질(알부민, 글로불린, 글루테닌, 프롤라민 등)

② 복합단백질 : 단백질과 비단백질 성분으로 구성된 복합형 단백질(인단백질, 당단백질, 지단백질 등)

③ 유도단백질 : 단백질이 열, 산, 알칼리 등의 작용으로 변성이나 분해를 받은 단백질(1차 유도 단백질 – 젤라틴, 2차유도 단백질 – 펩톤)

(2) 영양학적 분류

① 완전단백질 : 동물의 생명유지와 성장에 필요한 모든 필수아미노산이 필요한 양만큼 충분히 들어 있는 단백질(달걀, 우유)

② 부분적 불완전단백질 : 동물 성장과 생육에 필요한 필수아미노산을 모두 함유하고 있으나 그중 하나 또는 그 이상의 아미노산의 함량이 부족한 단백질

③ 불완전단백질 : 하나 또는 그 이상의 필수아미노산이 식품 중에 결여되어 단백질 합성을 위한 모든 아미노산을 제공할 수 없는 단백질

필수아미노산
체내에서 합성이 불가능하여 반드시 식사를 통해 공급받아야 하는 아미노산
- 성인에게 필요한 필수아미노산 : 8가지(트레오닌, 발린, 트립토판, 이소루신, 루신, 라이신, 페닐알라닌, 메티오닌)
- 성장기 어린이에게 필요한 필수아미노산 : 10가지(성인에게 필요한 필수아미노산+알기닌+히스티딘)

(3) 형태에 따른 분류

① 섬유상 단백질 : 보통용매에 녹지 않는다.

㉠ 콜라겐(Collagen) : 피부와 결합조직을 구성하는 단백질

㉡ 엘라스틴(Elastin) : 혈관 등에 함유되어 있는 단백질

㉢ 케라틴 (Keratin) : 모발 등에 함유되어 있는 단백질

② 구상단백질 : 묽은 산, 묽은 알칼리나 염류용액에 녹는 영양성 단백질(알부민, 글로불린, 글루텔린 등)

3 단백질의 아미노산 보강

아미노산을 다른 식품을 통해 보강함으로써 완전단백질을 이뤄 영양가를 높이는 것을 아미노산 보강이라 한다[쌀(리신 부족)+콩(리신 풍부)=콩밥(완전한 형태의 단백질을 공급)].

4 단백질의 기능

① 성장 및 체조직의 구성에 관여한다(피부, 효소, 항체, 호르몬 구성).

② 에너지의 공급원(1g당 4kcal의 에너지 발생)

05 무기질

무기질은 우리 몸을 구성하는 중요 성분이며, 생체 내에서 pH 및 삼투압을 조절하여 생체 내의 물리, 화학적 작용이 정상으로 유지되도록 한다.

1 무기질의 기능

① 산과 염기의 평형을 유지하는 데 관여한다.

② 신경의 자극전달에 필수적이다.

③ 생리적 반응을 위한 촉매제로 이용된다.

④ 수분의 평형 유지에 관여한다.

2 무기질의 종류

칼슘(Ca)	• 생리작용 : 골격과 치아를 구성하고 비타민 K와 함께 혈액응고에 관여 • 특징 : 인체 내에서 칼슘흡수를 촉진하려면 비타민 D를 공급함. 칼슘흡수를 방해하는 인자는 수산으로, 칼슘과 결합하여 결석을 형성 • 결핍증 : 골다공증, 골격과 치아의 발육 불량 • 급원식품 : 우유 및 유제품, 멸치, 뼈째 먹는 생선
인(P)	• 생리작용 : 인지질과 핵단백질의 구성 성분이며, 골격과 치아를 구성 • 특징 : 칼슘과 인의 섭취비율로 정상 성인은 1 : 1, 성장기 어린이는 2 : 1이 좋음 • 결핍증 : 골격과 치아의 발육 불량
나트륨(Na)	• 생리작용 : 수분균형 유지 및 삼투압 조절, 산, 염기 평형유지, 근육수축에 관여 • 특징 : 과잉증의 문제로 고혈압이나 심장병을 유발하는 원인
칼륨(K)	• 생리작용 : 삼투압 조절과 신경의 자극전달 작용 • 특징 : 염화나트륨(NaCl)과 같은 작용을 하며, 세포내액에 존재
철분(Fe)	• 생리작용 : 헤모글로빈(혈색소)을 구성하는 성분이고 혈액 생성 시 필수적 • 결핍증 : 철분결핍성빈혈(영양결핍성빈혈) • 급원식품 : 간, 난황, 육류, 녹황색 채소류
불소 (플로오르, F)	• 생리작용 : 골격과 치아를 단단하게 함 • 결핍증 : 우치(충치), 과잉증 : 반상치 • 급원식품 : 해조류 등
요오드(I)	• 생리작용 : 갑상선 호르몬을 구성하며 유즙분비를 촉진시키는 작용 • 결핍증 : 갑상선종 • 급원식품 : 해조류[갈조류(미역, 다시마 등)]

무기질의 종류에 따른 산성 식품과 알칼리성 식품

- 산성 식품 : P(인), S(황), Cl(염소) 등을 함유하고 있는 식품으로 체내에 들어오면 체액을 산성화시키는 식품이다(곡류, 어류, 육류 등).
- 알칼리성 식품 : Na(나트륨), K(칼륨), Fe(철분), Mg(마그네슘) 등을 함유하고 있는 식품이다(해조류, 과일, 채소류).

※ 우유는 동물성 식품이지만, Ca(칼슘)이 다량 함유되어 있어서 알칼리성 식품에 분류한다.

06 비타민

비타민은 크게 기름에 용해되는 지용성 비타민(비타민 A, D, E, K)과 물에 잘 용해되는 수용성 비타민(비타민 B군, 비타민 C, 나이아신)으로 크게 나눈다. 인체 내에서 미량으로 필요한 유기물로서 식품을 통해 공급받아야 하며, 대사작용의 조절물질로 이용된다.

1 지용성 비타민과 수용성 비타민의 차이점

지용성 비타민	수용성 비타민
• 기름에 잘 용해 • 기름과 함께 섭취했을 때 흡수율이 증가 • 과잉 섭취 시 체내에 저장 • 결핍증이 서서히 나타남 • 매일 식사 때마다 공급받을 필요는 없음	• 물에 잘 용해 • 과잉 섭취 시 필요한 양만큼만 체내에 남고, 모두 몸 밖으로 배출 • 결핍증이 바로 나타남 • 매일 식사에서 필요로 하는 양만큼 충분히 섭취

2 비타민의 기능과 특성

① 인체 내에 없어서는 안 될 필수 물질이나 미량 필요하다.

② 에너지나 신체 구성 물질로 사용되지 않는다.

③ 대사작용 조절물질, 즉 보조효소의 역할을 한다.

④ 여러 가지 결핍증을 예방한다.

⑤ 대부분 체내에서 합성되지 않으므로 음식을 통해서 공급되어야 한다.

3 비타민의 종류와 특성

(1) 지용성 비타민

비타민 A (레티놀, Retinol)	• 생리작용 : 상피세포를 보호하고 눈의 작용을 좋게 함 • 특징 : 식물성 식품에는 카로틴이라는 물질이 포함되어 있어서 동물의 몸에 들어오면 비타민 A로서의 효력을 가짐 • α-carotin, β-carotin, ɣ-carotin 중 β-carotin이 비타민 A로서의 활성을 가장 많이 지니고 있음 • 결핍증 : 야맹증 • 급원식품 : 간, 난황, 시금치, 당근 등
비타민 D (칼시페롤, Calciferol)	• 생리작용 : 골격의 석회화에 필수적인 물질 • 특징 : 비타민 D는 반드시 식품에서 섭취하지 않아도 자외선에 의해 인체 내에서 합성 • 결핍증 : 구루병 • 급원식품 : 건조식품(말린 생선류, 버섯류)

비타민 E (토코페롤, Tocopherol)	• 생리작용 : 불포화지방산에 대한 항산화제로서 역할을 하고 인체 내에서는 노화를 방지 • 특징 : 가장 활성이 큰 것은 α–tocopherol이며, 지질 섭취 시 흡수에 좋음 • 결핍증 : 사람에게는 노화촉진, 동물에게는 불임증 • 급원식품 : 곡물의 배아, 식물성유
비타민 K (필로퀴논, Phylloquinone)	• 생리작용 : 혈액응고에 관여하여 지혈작용 • 특징 : 장내 세균에 의해 인체 내에서 합성 • 결핍증 : 혈액응고 지연 • 급원식품: 녹색채소, 콩류, 달걀, 간 등

(2) 수용성 비타민

비타민 B_1 (티아민, Tiamine)	• 생리작용 : 탄수화물 대사작용에 필수적인 보조효소로 작용, 당질을 많이 섭취하는 한국인에게 꼭 필요한 영양소. • 특징 : 마늘의 매운맛 성분인 알리신에 의하여 흡수율이 증가 • 결핍증 : 각기병 • 급원식품 : 돼지고기, 곡류의 배아 등
비타민 B_2 (리보플라빈, Riboflavin)	• 생리작용 : 성장촉진과 피부점막 보호작용 • 특징 : 산에 안정적이나 알칼리에 약하고, 빛에 분해되기 쉬움 • 결핍증 : 구순염, 구각염 • 급원식품 : 우유, 육류, 고기류, 녹색채소 등
비타민 B_3 (나이아신, 니코틴산, Nicotinic acid)	• 생리작용 : 탄수화물의 대사작용을 증진시키며, 펠라그라 피부염을 예방 • 특징 : 필수아미노산인 트립토판 60mg으로 나이아신 1mg을 만듦 • 결핍증 : 펠라그라(옥수수 단백질인 제인에는 트립토판이 없으므로, 옥수수를 주식으로 하는 민족에게서 펠라그라가 많이 나타남) • 급원식품 : 육류, 어류 등
비타민 B_6 (피리독신, Phyridoxin)	• 생리작용 : 항피부염 인자로, 단백질 대사작용과 지방합성에 관여 • 특징 : 열에는 안정하나 빛에 분해됨 • 결핍증 : 피부염 • 급원식품 : 쌀겨, 육류, 녹색채소 등
비타민 B_9 (엽산, Folic acid)	• 생리작용 : 단백질 대사과정에서 보조 효소로 작용 • 특징 : 산과 열에 쉽게 파괴됨 • 결핍증 : 빈혈 • 급원식품 : 간, 달걀 등
비타민 B_{12} (시아노코발라민, Cyanocobalamin)	• 생리작용 : 성장촉진 작용과 증혈작용 • 특징 : Co(코발트)를 함유하고 있는 비타민 • 결핍증 : 악성빈혈 • 급원식품 : 간, 살코기, 내장, 생선 등

비타민 C (아스코르브산, Ascorbic acid)	• 생리작용 : 체내의 산화, 환원작용에 관여하고 세포질의 성장을 촉진하는 단백질 대사에 작용 • 특징 : 물에 잘 녹고, 열에 쉽게 파괴되므로 조리 시 가장 많이 손실 • 결핍증 : 괴혈병 • 급원식품 : 과일, 채소 등
비타민 P (비오플라보노이드, Bioflavonoid)	• 생리작용 : 모세혈관을 튼튼하게 함 • 특징 : 열에 약하고 쉽게 파괴되는 단점이 있는 비타민 C를 안정시키는 작용 • 결핍증 : 피하출혈 • 급원식품 : 레몬즙, 고추 ,메밀, 감귤류 등

07 식품의 색

식품의 색은 그 식품의 품질을 결정하는 하나의 척도가 되며 식욕과도 깊은 관계가 있는데 크게 동물성 색소와 식물성 색소로 나뉜다.

(1) 식물성 색소

클로로필	• 식품의 녹색 색소로, Mg(마그네슘)을 함유 • 산성(식초물) – 녹갈색, 알칼리(소다 첨가) – 진한 녹색, 금속이온 구리(Cu)나 철(Fe) – 선명한 청록색 • 푸른잎 채소류에 포함 • 산, 알칼리, 효소, 금속에 의해 변한다.
카로티노이드	• 식물계에 널리 분포되어 있으며, 클로로필과 함께 잎의 엽록체 속에 존재하며 동물성 식품에도 일부 분포하고 있음 • 황색, 오렌지색, 적색의 색소 → 당근, 토마토, 고추, 감 등에 함유 • 산과 알칼리에 거의 변하지 않고, 열에 안정함
플라보노이드	식물계에 널리 존재하는 수용성 색소로서 옥수수, 밀가루, 양파 등에 함유되어 있다. • 안토잔틴 – 과일과 채소에 분포되어 있는 담황색, 황색의 색소 – 산에서는 흰색이 선명하게 유지되고(연근이나 우엉을 식초 물에 삶으면 흰색을 띰), 알칼리에서는 불안정하여 황색 또는 황갈색으로 변함(밀가루 반죽에 소다를 넣으면 밀가루의 플라본 색소 때문에 황색을 띰) • 안토시아닌 – 꽃, 과일, 채소(적색양배추, 가지, 비트 등) 등의 적색, 자색 등의 색소 – 산성(식초물)에서는 선명한 적색, 중성에서는 보라색, 알칼리(소다 첨가)에서는 청색 – 생강은 담황색이나 산성에서 분홍색으로 색깔변화가 일어나는 안토시안 색소를 함유

(2) 동물성 색소

① 미오글로빈 : 근육색소(신선한 생육은 환원형의 미오글로빈에 의해 암적색을 띠나 고기의 면이 공기와 접촉하면 분자상의 산소와 결합하여 선명한 적색의 옥시미오글로빈이 됨)

② 헤모글로빈 : 혈액색소(Fe 함유)

③ 헤모시아닌 : 문어, 오징어 등의 연체류에 포함되어 있는 색소로서 익혔을 때 적자색으로 색깔 변화가 일어난다.

④ 아스타신 : 새우, 게, 가재 등에 포함되어 있는 색소이다.

⑤ 유멜라닌 : 오징어의 먹물색소

08 식품의 갈변

식품을 조리하거나 가공 · 저장하는 동안 갈색으로 변색하거나 식품의 본색이 짙어지는 현상을 말한다(효소적 · 비효소적 갈변).

효소적 갈변	• 채소류나 과일류를 파쇄하거나 껍질을 벗길 때 일어나는 현상(사과, 배, 복숭아, 바나나, 밤, 감자 등)이다. • 원인 : 채소류나 과일류의 상처받은 조직이 공기 중에 노출되면 페놀화합물이 갈색색소인 멜라닌으로 전환하기 때문이다. • 효소에 의한 갈변 방지법 – 열처리 : 데치기와 같이 고온에서 열처리하여 효소를 불활성화 – 산을 이용 : pH(수소이온농도)를 3 이하로 낮춰 산의 효소작용을 억제 – 당 또는 염류첨가 : 껍질을 벗긴 배나 사과를 설탕이나 소금물에 담그기 – 산소의 제거 : 밀폐용기에 식품을 넣어 공기를 제거 또는 공기 대신 이산화탄소나 질소가스를 주입 – 효소의 작용 억제 : 온도를 -10℃ 이하로 낮추기 – 구리 또는 철로 된 용기나 기구의 사용을 피함 • 효소적 산화에 의한 갈변이 실제로 응용되고 있는 좋은 예의 하나는 홍차의 제조과정이다.
비효소적 갈변	• 마이얄 반응 : 외부 에너지의 공급 없이도 자연발생적으로 일어나는 반응(식빵, 된장, 간장 등의 반응) • 캐러멜화 반응 : 당류를 고온으로 가열하였을 때 산화 및 분해산물에 의한 중합, 축합에 의한 반응(간장, 소스, 합성청주, 약식 및 기타 식품가공에 이용) • 아스코르브산(Ascorbic acid)의 반응 : 감귤류의 가공품인 오렌지주스나 농축물 등에서 일어나는 갈변반응

09 식품의 맛과 냄새

1 식품의 맛

식품의 맛은 서로의 적미성분(適味成分)의 상승작용, 억제작용, 맛의 대비, 식품의 온도 등의 여러 가지 조건에 따라 결정된다.

(1) 기본적인 맛(Henning의 4원미)

기본적인 맛은 헤닝이 분류한 단맛, 짠맛, 신맛, 쓴맛이다. 단맛과 짠맛은 생리적으로 요구하는 맛이고, 신맛과 쓴맛은 취미의 맛이라고 한다.

① 단맛

㉠ 포도당, 과당, 맥아당 등의 단당류, 이당류

㉡ 만니트 : 해조류

② 짠맛 : 염화나트륨 등(소금 성분)

③ 신맛

㉠ 식초산

㉡ 구연산(감귤류, 살구 등)

㉢ 주석산(포도)

④ 쓴맛

㉠ 카페인 : 커피, 초콜릿 등

㉡ 테인 : 차류

㉢ 호프 : 맥주

(2) 기타 맛

① 맛난맛

㉠ 이노신산 : 가다랑어 말린 것, 멸치

㉡ 글루타민산 : 다시마, 된장

㉢ 시스테인, 리신 : 육류, 어류

② 매운맛

㉠ 미각신경을 강하게 자극할 때 형성되는 맛으로, 미각이라기보다는 통각에 가깝다.

㉡ 캡사이신 : 고추의 매운맛

㉢ 매운맛은 60℃ 정도에서 가장 강하게 느껴진다.

③ 떫은맛

㉠ 미숙한 과일에서 느껴지는 불쾌한 맛으로, 단백질의 응고작용으로 일어난다.

㉡ 탄닌 성분 : 미숙한 과일에 포함되어 있는 떫은맛 성분

㉢ 탄닌은 인체 내에서 변비를 유발하는 특성을 가지고 있다.

④ 아린맛

㉠ 쓴맛과 떫은맛의 혼합된 맛이다.

㉡ 죽순 또는 고사리에서 느낄 수 있는 맛

(3) 맛의 여러 가지 현상

맛의 대비현상 (강화현상)	서로 다른 두 가지 맛이 작용하여 주된 맛 성분이 강해지는 현상(설탕 용액에 약간의 소금을 첨가하면 단맛이 증가함) 예 단팥죽에 약간의 소금을 첨가하면 단맛이 증가
맛의 변조현상	한 가지 맛을 느낀 직후 다른 맛을 보면 원래 식품의 맛이 다르게 느껴지는 현상 예 쓴 약을 먹고 난 후 물을 마시면 물맛이 달게 느껴짐 예 오징어를 먹은 후 밀감을 먹으면 쓰게 느껴짐
미맹현상	쓴맛 성분인 PTC(Phenyl thiocarbamide)는 정상적인 사람에게는 쓴맛을 느끼게 하지만 일부 사람들은 느끼지 못하는데, 이를 미맹(Taste Blind)이라 함
맛의 상쇄현상	맛의 강화 · 대비현상과는 반대로 두 종류의 정미 성분이 혼재해 있을 경우 각각의 맛을 느낄 수 없고, 조화된 맛을 느끼는 경우
맛의 억제현상	서로 다른 정미 성분이 혼합되었을 때 주된 정미 성분의 맛이 약화되는 현상을 맛의 억제 또는 손실현상이라 함

(4) 맛의 온도

일반적으로 혀의 미각은 30℃ 전후에서 가장 예민하며, 온도 상승 시 매운맛은 증가하고, 온도 저하에 따른 쓴맛의 감소는 심하다.

(5) 혀의 미각 부위

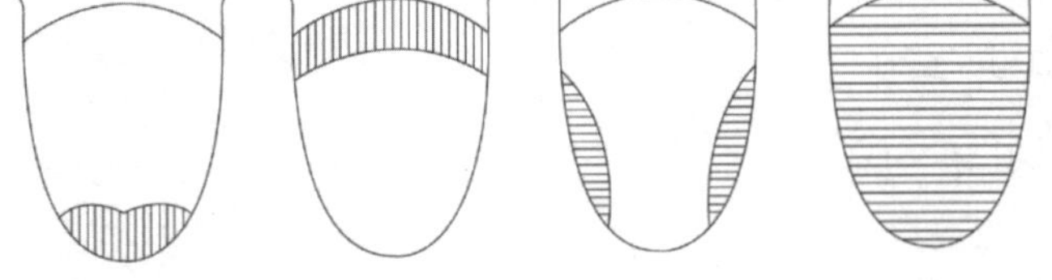

▲ 단맛 ▲ 쓴맛 ▲ 신맛 ▲ 짠맛

[맛을 느끼는 혀의 위치]

2 식품의 냄새

식품의 냄새는 음식의 기호에 영향을 주는데, 쾌감을 주는 것을 향(香)이라 하고 불쾌감을 주는 것을 취(臭)라고 한다.

(1) 식물성 식품의 냄새

① 알코올 및 알데히드류 : 주류, 감자, 복숭아, 오이, 계피 등

② 테르펜류 : 녹차, 차 잎, 레몬, 오렌지 등

③ 에스테르류 : 주로 과일 향

④ 황화합물 : 마늘, 양파, 파, 무, 고추, 부추, 냉이 등

(2) 동물성 식품의 냄새

① 아민류 및 암모니아류 : 육류, 어류 등

② 카르보닐 화합물 및 지방산류 : 치즈, 버터 등의 유제품

식품 중의 특수성분

- 생선 비린내 성분 : 트리메틸아민(Trimethylamin)
- 참기름 : 세사몰(Sesamol)
- 마늘 : 알리신(Allicin)
- 고추 : 캡사이신(Capsaicine)
- 생강 : 진저론(Zingerone)
- 후추 : 캐비신(Chavicine)
- 겨자 : 시니그린(Sinigrine)
- 고추냉이와 흑겨자 : 알릴이소티오시아네이트(Allylisothiocyanate)
- 산초 : 산스홀(Sanshool)

10 식품의 물성

식품 자체가 지니는 물리적인 성질은 식품의 가공과 처리과정에 영향을 미치며, 더 나아가 소비자의 평가에 영향을 주는 요소가 될 수 있다. 음식이나 식품을 맛있게 조리하려면 식품들이 갖고 있는 물리적인 성질인 교질(Colloid), 텍스처(Texture), 물질의 변형과 흐름을 연구하는 물리과학 리올로지(Rheology) 등의 특성을 이해할 필요가 있다.

1 식품의 교질상태

용매란 액체에 물질을 녹여서 용액을 만들 때 그 액체를 가리키며, 용질이란 용액에 녹아 있는 물질을 말한다. 용매에 용질을 섞어서 형성되는 용액의 유형은 다음의 3가지로 구분된다.

① 물에 설탕이나 소금을 섞었을 때 용질이 용매에 녹아 균질한 상태를 유지하는 진용액(True Solution)

② 물에 진흙이나 전분을 섞을 때 나타나는 현탁액(Suspension)으로 용질이 커서 저으면 잠시 섞였다가 시간이 지나면 분리됨

③ 용질이 진용액과 현탁액의 중간 크기를 가진 교질로, 일부 단백질 등의 용질이 용매에 녹거나 가라앉지 않고 고루 분산되어 있는 교질용액(Colloidal Solution) 상태로 녹거나 분리되는 것이 아닌 분산되어 존재하기 때문에 용매, 용질, 용액이라는 용어 대신에 분산매, 분산질(상), 분산계라는 표현을 사용

(1) 교질의 종류

분산매	분산질	성상	교질의 상태	식품의 예
액체	액체	유화액(에멀전)	분산매와 분산질이 액체인 교질상태	• 수중유적형(물속에 소량의 기름방울이 잘 분산된 상태) : 우유, 마요네즈, 아이스크림 • 유중수적형(기름 속에 소량의 물방울이 미세하게 분산된 상태) : 버터, 마가린
액체	기체	거품(포말질)	분산매는 액체, 분산질은 기체인 교질상태(거품은 물속에 공기가 잘 분산되어 있는 형태)	탄산음료, 맥주, 난백의 기포
액체	고체	졸(sol)	분산매가 액체이고 분산질이 고체이거나 액체로 전체적인 분산계가 액체상태	된장국, 달걀흰자, 수프
고체	액체	겔(gel)	졸이 냉각에 의해 응고되거나 분산매의 감소로 반 고체화된 상태	젤리, 양갱, 두부, 치즈, 묵
고체	기체	고체거품(포말질)	분산매는 고체, 분산질은 기체인 교질상태	빵, 쿠키, 휘핑크림

(2) 교질 용액의 성질

교질 용액은 분산질이 용해되거나 침전되지 않고 분산 상태로 존재한다. 교질 용액(콜로이드 용액)의 전 체계를 이어주는 것을 분산매(연속상)라 하고, 녹아있는 물질을 분산질(분산상)이라 한다.

교질 용액은 콜로이드 입자의 크기에 의하여 다음의 특성을 가지며, 콜로이드 입자의 크기에 의해서 반투성, 브라운운동, 흡착성, 틴달현상이 나타난다.

특성	성질
반투성	진용액을 이루는 이온이나 작은 분자들은 반투막을 통과하지만, 이보다 큰 입자를 갖는 교질(콜로이드) 입자는 반투막을 통과하지 못하는 현상
틴달현상	교질 용액에 강한 빛을 쪼이면 분산된 입자들에 의해 빛의 통로가 하얗게 보이는 현상
흡착성	교질 용액을 이루는 입자들은 표면적이 크기 때문에 다른 물질을 잘 흡착하는 성질을 나타냄
점성과 가소성	점성이란 유체의 흐름에 대한 저항을 말하며, 분산상의 농도가 높을수록 증가하고 가소성은 외부의 힘을 받아 변형된 후 외부 힘을 없애도 본래의 상태로 되돌아가지 않는 성질을 가소성이라 함. 쇼트닝이나 전분의 풀에서 볼 수 있음

2 텍스처(Texture)

(1) 텍스처의 특성

식품을 입에 넣거나 손으로 만졌을 때 느껴지는 조직감이나 감촉을 텍스처라고 한다. 식품의 텍스처는 직접 관능검사를 통하여 측정하거나 기계를 통하여 측정할 수 있다. 식품의 텍스처 특성은 다음과 같다.

특성	성질
경도	식품의 형태(원하는 변형에 도달하는 데 필요한)를 변형하는 힘
응집성 (부스러짐성, 씹힘성, 검성)	식품의 형태를 이루는 내부적 결합에 필요한 힘 • 식품을 파쇄하는 데 필요한 힘 • 고체식품을 삼킬 수 있는 상태까지 씹는 데 필요한 힘 • 반고체식품을 삼킬 수 있는 상태까지 씹는 데 필요한 힘
점성	액체가 단위의 힘에 의하여 유동되는 정도(액체가 잘 흐르고 흐르지 않는 정도)
탄성	외부의 힘에 의해서 변형된 샘플이 힘이 제거된 후에 원래의 상태로 돌아가려는 성질
부착성	식품의 표면이 입안에 들어와서 부착된 상태에서 떼어내는 데 필요한 힘

(2) 텍스처 표현 용어

텍스처의 결정요인은 강도와 유동성, 외관(크기, 모양), 수분과 지방 함량이 있으며, 표현 용어는 다음과 같다.

① 강도와 유동성 : 부드럽다, 단단하다, 바삭바삭하다, 부서지기 쉽다, 풀 같다,

② 외관(크기와 모양) : 거칠다(입자가 큰), 모래 같다(입자가 작은), 입자 상태다, 결정형이다, 가루 상태다 등

③ 수분과 지방함량 : 축축한, 마르다, 느끼하다 등

3 리올로지

리올로지(Rtheology)는 그리스어에서 유래된 말로 유동이라는 뜻을 갖고 있는데, 물체의 변형과 흐름에 관한 연구 분야로 식품의 물리학적 미각을 연구하는 학문으로 점성, 탄성, 소성, 점탄성 등의 특성을 갖고 있다.

(1) 리올로지의 특성

특성	성질
점성(Viscosity)	액상식품 중 졸상의 액상식품은 점성을 가지는데 점성은 온도를 올리면 감소하고, 압력을 가하면 증가한다. • 점성이 큰 식품 : 물엿, 꿀 • 점성이 중간식품 : 수프, 소스 등 • 점성이 낮은 식품 : 간장, 식초 등
탄성(Elasticity)	외부의 힘에 의해 변형이 되었다가 힘을 제거하면 원래의 상태로 돌아오려고 하는 성질을 탄성이라고 한다. • 탄성이 약한 식품 : 묵, 양갱 등 • 탄성이 큰 식품 : 곤약 등
소성(Plasticity)	외부로부터 힘을 받아서 변형이 되었다가 그 힘을 제거해도 원래 상태로 돌아오지 못하는 성질을 소성이라고 한다. 예 버터, 마가린 등
점탄성 (Viscoelasticity)	외부의 힘에 의해 점성유동과 탄성변형이 동시에 일어나는 성질이다. 예 밀가루 반죽, 찹쌀떡류 등

11 식품의 유독 성분

식품의 독성 성분은 자연적으로 생성되는 내인성 유독물질과 오염된 미생물이 분비하는 유독물질, 식품의 제조, 유통, 저장 중 혼입되는 유독물질, 인위적으로 첨가한 유독첨가물과 식품공해에 의한 유독물질과 같은 외인성 유독물질이 있다.

1 자연독

식물과 동물에 원래부터 들어 있는 독소에 의하여 발생하는 유독성분이다.

① 식물성 자연독

독소명	소재
솔라닌(Solanine)	싹이 튼 감자
셉신(Sepsine)	부패한 감자
무스카린(Muscarine)	파리버섯, 광대버섯, 무당버섯 등에 함유

아미그달린(Amygdalin)	청매, 살구씨, 복숭아씨
고시풀(Gossypol)	목화씨(면실)
시큐톡신(Cicutoxin)	독미나리
테무린(Temuline)	독보리(독맥)
리신(Ricin)	피마자

② 동물성 자연독

독소명	소재
테트로도톡신(Tetrodotoxin)	복어
삭시톡신(saxitoxin)	섭조개(홍합), 대합
베네루핀(Venerupin)	모시조개, 바지락
테트라민(Tetramine)	관절매물고둥, 조각매물고둥

2 곰팡이독

세균을 제외한 미생물 가운데 특히 곰팡이 중에는 유독물질을 생성하는 경우가 많은데 곰팡이 독은 곰팡이가 생성한 2차 대사산물로, 비정상적인 생리작용을 일으킨다.

종류	원인곰팡이
황변미중독	페니실리움(Penicillum)속 푸른곰팡이 : 신장독, 신경독, 간장독
맥각중독	에르고톡신(Ergotoxin) : 간장독
아플라톡신 중독	아스퍼질러스 플라버스(Aspergilus flavus) : 간장독

3 조리 · 가공 · 저장 중에 생성되는 독성물질

식품은 조리와 가공, 저장과정을 거치면서 화학적으로 반응을 하거나 분해되면서 인체에 유해한 독성물질이 생성되는 경우가 있다.

독성물질	특성
다환방향족 탄화수소 (Polycyclic Aromatic Hydrocarbons, 벤조피렌, 벤조안스라센, 플루오르안센)	화석연료나 식품의 유기물이 300~600℃에서 불완전연소 될 때 생성됨 (훈제식품, 숯불구이, 식용유지류 등)
헤테로사이클릭아민 (Heterocyclic Amines)	돼지, 닭, 오리, 생선 등의 근육 부위의 아미노산과 크레아틴이 식품 중의 당과 300℃ 이상의 고온에서 반응하여 생성됨[식육의 조리법 중 바비큐, 굽기, 튀기기 등(끓이기, 찌기 등의 조리법 선택)]
아크릴아마이드 (Acrylamide)	탄수화물 식품에 자연적으로 존재하는 아스파라긴과 당이 160℃ 이상의 고온에서 반응하여 생성됨[감자칩, 감자튀김, 빵, 건빵 등(튀김온도는 160℃ 넘지 않게, 오븐은 200℃ 넘지 않게)]

CHAPTER

01 모의고사

01 우리 몸에서 물은 인체의 몇 %를 차지하고 있는가?

① 30% ② 40%

③ 50% ④ 60%

해설 인체는 전체 체중의 60~65%의 수분을 포함하고 있다.

02 수분이 체내에서 하는 일이 아닌 것은?

① 인체에 열량을 공급한다.

② 영양소와 노폐물을 운반하는 작용을 한다.

③ 체온을 조절한다.

④ 내장의 장기를 보존하는 역할을 한다.

해설 **수분의 역할**

- 영양소와 노폐물을 운반한다.
- 체온을 조절한다.
- 여러 생리반응에 필수적이다.
- 내장의 장기를 보존한다.

03 다음 중 자유수와 결합수에 대한 설명으로 틀린 것은?

① 식품 내의 어떤 물질과 결합되어 있는 물을 결합수라 한다.

② 식품 내 여러 성분 물질을 녹이거나 분산시키는 물을 자유수라 한다.

③ 식품을 냉동시키면 자유수, 결합수 모두 동결된다.

④ 자유수는 식품 내의 총수분량에서 결합수를 뺀 양이다.

해설 자유수와 결합수의 차이점

자유수	결합수
• 수용성 물질을 녹일 수 있음 • 미생물 생육이 가능 • 건조로 쉽게 분리할 수 있음 • 0℃ 이하에서 동결	• 물질을 녹일 수 없음 • 미생물 생육이 불가능 • 쉽게 건조되지 않음 • 0℃ 이하에서도 동결되지 않음

04 수분활성도의 설명으로 옳지 않은 것은?

① 수분활성도는 식품 중의 물의 함유량과 같다.

② 달걀의 수분활성도는 0.9 정도이다.

③ 일반식품의 수분활성도는 항상 1보다 작다.

④ 수분활성도는 임의의 온도에서 그 식품의 수증기압에 대한 순수한 물의 최대 수증기압의 비율로 나타낸다.

해설 **수분활성도(Aw)**

임의의 온도에서 그 식품의 수증기압에 대한 순수한 물의 최대 수증기압의 비율을 말하며, 일반적으로 식품 중의 수분 함량이 낮으면 식품의 수분활성도(Aw)도 낮아진다.

- 일반식품의 Aw<1
- 물의 Aw=1

05 다음 중 포도당에 대한 설명으로 바르지 못한 것은?

① 포도당은 인체에서 흡수되기 쉬운 가장 기본적인 열량원이다.

② 포도당은 단당류이며 이당류, 전분, 글리코겐의 구성성분이다.

③ 포도당은 열량원 외에도 체조직을 구성하는 영양성분이다.

정답

01 ④ 02 ① 03 ③ 04 ① 05 ③

④ 중환자나 기아상태의 초기에 포도당주사를 놓아 효과적인 열량을 제공한다.

해설 • 체조직을 구성하는 것은 단백질이다.
• 포도당은 더 이상 분해되지 않는 최소한의 당이며, 체내에서 바로 흡수될 수 있는 열량원이다. 혈액 중에는 0.1% 정도 포함되어 있고, 과잉섭취 시 글리코겐으로 저장된다.

06 다음 중 단당류가 아닌 것은?

① 서당(Sucrose)

② 포도당(Glucose)

③ 과당(Fructose)

④ 갈락토오스(Glactose)

해설 • 단당류 : 과당, 포도당, 갈락토오스
• 이당류 : 서당, 맥아당, 유당
• 다당류 : 글리코겐, 섬유소, 전분

07 맥아당은 어떤 성분으로 구성되어 있는가?

① 포도당 2분자가 결합된 것

② 과당과 포도당 각 1분자가 결합된 것

③ 과당 2분자가 결합된 것

④ 포도당과 전분이 결합된 것

해설 엿당이라고도 하며, 포도당 2분자가 결합된 이당류로 엿기름에 많이 함유되어 있고 물엿의 주성분이다.

08 혈액에 존재하는 당의 형태와 동물 체내에 저장되는 당의 형태를 바르게 짝지은 것은?

① 갈락토오스 – 이눌린

② 포도당 – 전분

③ 포도당 – 글리코겐

④ 젖당 – 글리코겐

해설 사람의 혈액 중에는 포도당이 0.1% 정도 함유되어 있고, 탄수화물 과잉섭취 시 간에 저장되는 저장탄수화물을 글리코겐이라고 한다.

09 유용한 장내 세균의 발육을 활성케 하여 장에 좋은 영향을 미치는 이당류는?

① 말토즈

② 셀로비오스

③ 수크로스

④ 락토오즈

해설 **락토오즈(유당, 젖당)**
포도당과 갈락토오스가 결합된 당으로, 당류 중 단맛이 가장 약하고 포유류의 젖, 특히 초유 속에서 많이 발견되며, 장내 세균의 발육을 촉진하여 장운동에 좋은 이당류이다.

10 당의 가수분해 생성물로 옳은 것은?

① 설탕 : 포도당+포도당

② 젖당 : 포도당+갈락토오스

③ 이눌린 : 과당+포도당

④ 설탕 : 과당+갈락토오스

해설 **이당류의 분해 생성물**
• 설탕 : 포도당+과당
• 젖당 : 포도당+갈락토오스
• 맥아당 : 포도당+포도당
이눌린은 과당만 결합되어 있는 다당류이다.

11 핵산의 구성성분이고 보효소 성분으로 되어 있으며, 생리상 중요한 당은?

① 글루코스

② 리보오스

③ 프락토스

④ 미오신

해설 **리보오스(Ribose)**
핵산의 성분, 비타민 B_2의 구성성분으로 생리상 중요한 단당류는 5탄당이다.

정답
06 ① 07 ① 08 ③ 09 ④ 10 ② 11 ②

12 인체 내에서 섬유소가 소화되지 못하는 이유는 무엇인가?

① 구조가 너무 치밀하여 단단하기 때문이다.

② 구조가 복잡하여 분해되지 않는다.

③ 섬유조직을 분해할 수 있는 효소가 없기 때문이다.

④ 분해된 후 다시 복합체를 형성하기 때문이다.

13 동물의 저장물질로, 간과 근육에 저장되는 형태의 당을 무엇이라고 하는가?

① 글리코겐 ② 포도당

③ 이눌린 ④ 올리고당

해설 탄수화물의 과잉섭취 시 포도당은 글리코겐의 형태로 간과 근육에 저장되며, 보통 체내에서 저장되는 양은 300~350g 정도이다.

14 단맛이 높은 순서로 잘 배열된 것은?

① 포도당 – 서당 – 과당 – 유당

② 과당 – 서당 – 포도당 – 맥아당

③ 맥아당 – 포도당 – 유당 – 과당

④ 유당 – 포도당 – 서당 – 과당

해설 **단맛이 강한 순서**
과당>전화당>서당>포도당>맥아당>유당

15 글리코겐에 관한 설명으로 옳지 않은 것은?

① 체내에서 에너지원으로 이용된다.

② 식물성 저장 물질이다.

③ 글리코겐이 전분보다 분자가 크다.

④ 혈당이 저하되면 포도당으로 전환된다.

해설 글리코겐은 동물성 다당류로, 간에 저장되었다가 열량 부족 시 혹은 혈액 중의 당 농도가 저하될 때 포도당으로 전환되어 이용된다.

16 탄수화물의 가장 이상적인 섭취비율은 몇 %인가?

① 50% ② 15%

③ 20% ④ 65%

해설 **열량원의 섭취비율**
탄수화물 65%, 단백질 15%, 지방 20%로 섭취될 때가 가장 이상적이라고 할 수 있다.

17 다음 중 당 용액으로 만든 결정형 캔디는 무엇인가?

① 젤리 ② 설탕

③ 폰당 ④ 캐러멜

해설 폰당은 결정형 캔디로, 설탕과 물을 2 : 1의 비율로 섞어 113~114℃로 가열한 후 40~70℃로 냉각시키면서 빠르게 저어주며 만든다. 과포화에 달한 온도로 강하게 각반하면 결정이 석출되는데, 이것이 폰당이다.

18 침 속에 들어 있으며, 녹말을 분해하여 엿당을 만드는 효소는?

① 리파아제 ② 펩신

③ 펩티아제 ④ 프티알린

해설
- 당질분해효소 : 프티알린((녹말을 당으로 변화시키는 포유류의 침 속에 들어 있는 아밀라아제)), 수크라아제, 말타아제(장액)
- 지방분해효소 : 리파아제(위), 스테압신(췌장)
- 단백질분해효소 : 펩신(위), 트립신(췌장)

19 지방에 대한 설명으로 바른 것은?

① 지방산과 글리세롤의 에스테르 결합으로 이루어져 있다.

② 1g당 발생하는 열량은 4kcal이다.

③ 글리세롤의 아세톤 결합이다.

④ 콜레스테롤은 지방이지만 몸에 유익하지 못하므로 섭취하지 않도록 한다.

정답
12 ③ 13 ① 14 ② 15 ② 16 ④ 17 ③ 18 ④ 19 ①

해설 지방은 3분자의 지방산과 1분자의 글리세롤로 에스테르 결합을 이루고 있으며, 1g당 9kcal의 에너지를 발생시킨다. 또한 콜레스테롤은 세포 형성에 필수적이므로 식사에서 적당히 공급되어야 한다.

20 다음 중 필수지방산에 대한 설명으로 바른 것은?

① 인체 내에서 필요로 하는 지방산의 종류는 10여 가지에 이른다.

② 인체 내에서 합성되지 않으므로 반드시 식사를 통해 공급받아야 하는 지방산을 말한다.

③ 필수지방산은 올레산, 리놀레산, 아라키돈산 3가지가 있다.

④ 동물성 지방에 많이 함유되어 있다.

해설
- 필수지방산은 체내에서 합성되지 않으므로 반드시 식사에서 공급되어야 하는 지방산을 말하며, 불포화도가 높은 식물성유에 많이 포함되어 있다.
- 필수지방산의 종류 : 리놀레산, 리놀렌산, 아라키돈산

21 필수지방산의 함량이 많은 기름은?

① 유채기름 ② 동백기름

③ 대두유 ④ 참기름

해설 필수지방산의 함량이 높은 기름은 불포화도가 높은 것이다. 즉, 일반적으로 대두유나 옥수수기름에 다량 함유되어 있다.

22 유지의 경화란?

① 불포화지방산에 수소를 첨가하여 고체화한 가공유이다.

② 포화지방산에 니켈과 백금을 넣어 가공한 것이다.

③ 유지에서 수분을 제거한 것이다.

④ 포화지방산의 수증기 증류를 말한다.

해설 **경화유**

불포화지방산(액체유)에 수소(H_2)를 첨가하고 니켈과 백금을 촉매제로 하여 고체화한 가공유이다.

23 지질의 화학적인 구성은?

① 탄소와 수소

② 아미노산

③ 포도당과 지방산

④ 지방산과 글리세롤

해설 지질의 구성 성분은 지방산(3분자)과 글리세롤(1분자)의 에스테르 결합이다.

24 다음 중 필수지방산은?

① 리놀레산 ② 올레산

③ 스테아르산 ④ 팔미트산

해설 **필수지방산(비타민 F)**

리놀레산, 리놀렌산, 아라키돈산

25 다음은 담즙의 기능을 설명한 것이다. 틀린 것은?

① 산의 중화작용

② 유화작용

③ 당질의 소화

④ 약물 및 독소의 배설작용

해설 담즙은 췌장에서 분비되는 소화효소로 지방의 소화와 흡수작용, 지방의 유화작용, 위산의 중화작용, 약물 및 독소의 배설작용을 한다.

26 체내에서 피부 및 근육형성에 필수적인 영양소는 무엇인가?

① 단백질 ② 무기질

③ 탄수화물 ④ 지방

해설 **체내에서 영양소의 역할**
- 열량소 : 탄수화물, 단백질, 지방
- 구성소 : 단백질, 무기질
- 조절소 : 비타민, 무기질

정답

20 ② 21 ③ 22 ① 23 ④ 24 ① 25 ③ 26 ①

27 단백질의 질소 함유량은 몇 %인가?

① 8%　　② 12%

③ 16%　　④ 20%

해설 단백질은 전체량의 16% 정도가 질소(N)로 구성되어 있다.

28 필수아미노산이 가장 적게 함유된 것은?

① 돼지고기　　② 쌀밥

③ 갈치　　④ 닭고기

해설 **필수아미노산**

체내에서 필요한 만큼 충분히 합성되지 못해 음식으로 섭취해야만 하는 단백질로 생명유지와 성장에 필요하며, 동물성식품에 많이 함유되어 있다.

29 필수아미노산을 반드시 음식에서 섭취해야 하는 이유는?

① 식품에 의해서만 얻을 수 있기 때문이다.

② 성장과 생명유지에 꼭 필요하기 때문이다.

③ 체조직을 구성하기 때문이다.

④ 병의 회복과 예방에 필요하기 때문이다.

해설 **필수아미노산**

신체의 성장과 유지과정의 정상적인 기능을 수행함에 있어서 반드시 필요한 것으로 체내에서 합성되지 않으므로 공급받아야 하는 아미노산을 말한다.

30 완전단백질이란 무엇인가?

① 발견된 모든 아미노산을 골고루 함유하고 있는 단백질

② 필수아미노산을 필요한 비율로 골고루 함유하고 있는 단백질

③ 어느 아미노산이나 한 가지를 많이 함유하고 있는 단백질

④ 필수아미노산 중 몇 가지만 다량으로 함유하고 있는 단백질

해설 동물의 생명유지와 성장에 필요한 모든 필수아미노산이 필요한 만큼 충분히 들어 있는 단백질을 완전단백질이라 한다.

31 어린이에게만 필수적인 아미노산인 것은?

① 이소루신

② 히스티딘

③ 리신

④ 발린

해설
- 성인에게 필요한 필수 아미노산(8가지) : 루신, 리신, 페닐알라닌, 트립토판, 이소루신, 발린, 메티오닌, 트레오닌
- 어린이에게 필요한 필수아미노산(10가지) : 성인 8가지+히스티딘, 알기닌

32 각 식품에 포함되어 있는 단백질의 명칭이 옳지 않은 것은?

① 쌀 - 오리제닌

② 콩 - 글리시닌

③ 우유 - 카제인

④ 옥수수 - 홀데인

해설 **각 식품의 단백질 명칭**

쌀 - 오리제닌, 콩 - 글리시닌, 우유 - 카제인, 옥수수 - 제인, 보리 - 홀데인, 밀가루 - 글루텐

33 육류의 전체 조직 중 조리와 가장 관계가 깊은 단백질로 80℃에서 수용성인 젤라틴으로 분해되는 것은?

① 헤모글로빈

② 콜라겐

③ 미오글로빈

④ 엘라스틴

해설 콜라겐을 80℃ 이상의 온도로 가열하여 젤라틴으로 용해되면 근육섬유를 한 가닥씩 풀어주어 고기가 연해진다.

정답 27 ③　28 ②　29 ①　30 ②　31 ②　32 ④　33 ②

34 밥을 지을 때 콩을 섞으면 영양적인 면에서 효과적이다. 이를 옳게 설명한 것은?

① 쌀에 부족한 리신을 콩이 보완하여 완전한 단백질 조성을 이룬다.

② 소화흡수율이 증가하게 된다.

③ 콩의 유독성분이 쌀에 의해 무독화 된다.

④ 콩의 비타민 흡수율이 증가하게 된다.

해설 **아미노산 보강**
단백질을 구성하고 있는 필수아미노산 중 가장 부족한 아미노산을 제1 제한 아미노산이라 부르며, 다른 아미노산이 풍부하더라도 단백질의 영양가는 제1 제한 아미노산에 의해 지배된다. 따라서 부족한 아미노산을 다른 식품을 통해 보강함으로써 완전 단백질을 이뤄 영양가를 높인다[예 쌀(리신 부족)+콩(리신 풍부)=콩밥(완전단백질)].

35 단백질 전체의 공급량의 어느 정도를 고기, 생선, 알, 콩류에서 공급받는 것이 좋은가?

① 1/2 이상 ② 1/3 이상

③ 1/4 이상 ④ 1/5 이상

해설 하루 동안 섭취해야 할 단백질 전체의 양 중에서 약 1/3 정도를 고기, 생선, 알, 콩류에서 공급되어야 한다.

36 다음 중 단백가가 100으로, 표준 단백질인 식품은?

① 두부 ② 달걀

③ 소고기 ④ 우유

해설 달걀은 단백가 및 생물가가 100으로 가장 우수하여 단백질 평가의 기준이 되며, 최고의 영양가치를 가진 식품이다.

37 단백질의 구성단위는?

① 아미노산 ② 지방산

③ 과당 ④ 포도당

해설 단백질은 20여 종의 아미노산이 결합된 고분자 화합물이다.

38 단백질의 영양적 의의를 설명한 것으로 옳지 않은 것은?

① 체내의 단백질은 손톱, 피부, 소화관 표면에서의 세포 괴사 등으로 소모 파괴된다.

② 단백질은 각종 효소와 호르몬의 구성성분이다.

③ 단백질은 체액을 중성으로 유지시킨다.

④ 체내 단백질이 부족하면 지방과 탄수화물에 의해서 보충 이용될 수 있다.

해설 단백질은 성장 및 체조직구성에 관여하며, 효소와 호르몬을 구성하는 성분이다. 열량원으로 이용되지만 지방과 탄수화물이 단백질을 대신하여 체조직을 구성할 수는 없다.

39 무기염류의 작용과 관계없는 것은?

① 체액의 pH 조절

② 효소작용의 촉진

③ 세포의 삼투압 조절

④ 비타민의 절약작용

해설 **무기질의 일반적 기능**
- 체액의 pH 및 삼투압 조절
- 생리적 작용의 촉매작용
- 신체의 구성성분
- 신경의 자극전달 및 산, 알칼리 조절

40 다음 중 무기질만으로 짝지어진 것은?

① 칼슘, 인, 철

② 지방, 나트륨, 비타민 A

③ 단백질, 염소, 비타민 B

④ 단백질, 불소, 지방

해설 무기질은 회분이라고도 하며, 인체의 약 4%를 차지하는데 영양상 필수적인 것으로 칼슘, 인, 칼륨, 황, 나트륨, 염소, 마그네슘, 철, 아연, 요오드, 불소, 크롬 등이 있다.

정답
34 ① **35** ② **36** ② **37** ① **38** ④ **39** ④ **40** ①

41 칼슘의 흡수를 방해하는 요인은?

① 수산 ② 초산
③ 호박산 ④ 구연산

해설 • 칼슘 흡수를 촉진시키는 인자 : 비타민 D
• 칼슘 흡수를 방해하는 인자 : 수산(옥살산)

42 칼슘의 기능이 아닌 것은?

① 골격과 치아를 구성
② 근육의 수축작용
③ 혈액응고 작용
④ 체액과 조직 사이의 삼투압 조절

해설 • 체액과 조직 사이의 삼투압 조절 : Na, K
• 칼슘의 기능 : 뼈를 구성, 혈액응고에 관여, 근육수축작용

43 헤모글로빈이라는 혈색소를 만드는 주성분으로 산소를 운반하는 역할을 하는 무기질은?

① 칼슘
② 인
③ 철분
④ 마그네슘

해설 우리 몸에서 혈액색소인 헤모글로빈은 각 조직세포에 산소를 운반하는 작용을 하며, 철분에 의해 합성된다.

44 충치 예방을 위해 필요한 무기질은?

① 불소 ② 칼슘
③ 철분 ④ 요오드

해설 • 불소
 – 치아의 강도를 단단하게 함
 – 과잉증 : 반상치
 – 결핍증 : 충치
• 칼슘 : 뼈의 구성 성분
• 철분 : 혈색소 구성
• 요오드 : 기초대사조절, 유즙분비

45 요오드(I)는 어떤 호르몬과 관계가 있는가?

① 신장호르몬
② 성호르몬
③ 부신호르몬
④ 갑상선호르몬

해설 **요오드(I)**
• 갑상선호르몬의 구성 성분
• 기초대사를 조절
• 급원식품 : 해조류[갈조류(미역, 다시마)]

46 우유는 동물성 식품이지만, 알칼리 식품에 속한다. 어떤 원소 때문인가?

① S(황) ② P(인)
③ Mg(마그네슘) ④ Ca(칼슘)

해설 우유는 칼슘의 급원식품으로 동물성 식품이지만, 무기질 중 칼슘의 양이 많으므로 알칼리성 식품이다.

47 혈액을 산성화시키는 무기질은?

① Ca ② S
③ K ④ Mg

해설 **산성식품**
인(P), 황(S), 염소(Cl) 등이 많이 포함되어 있는 식품이다.

48 비타민의 특성 또는 기능인 것은?

① 많은 양이 필요하다.
② 인체 내에서 조절물질로 이용된다.
③ 에너지 공급을 한다.
④ 일반적으로 체내에서 합성된다.

해설 **비타민의 기능과 특성**
• 인체 내에 없어서는 안 될 필수 물질이지만, 미량만 필요하다.
• 대사작용의 조절물질, 보조효소의 작용을 한다.
• 여러 가지 결핍증을 예방한다.
• 체내에서 합성되지 않으므로 식품을 통해 공급받아야 한다.

정답
41 ① 42 ④ 43 ③ 44 ① 45 ④ 46 ④ 47 ② 48 ②

49 유지류와 함께 섭취하여야 흡수되는 비타민은 어느 것인가?

① 비타민 A ② 비타민 B_2
③ 비타민 C ④ 비타민 P

해설 **지용성 비타민**
- 유지류와 함께 섭취했을 때 흡수율이 증가한다.
- 비타민 A, D, E, K

50 다음 중 비타민 A의 결핍증이 아닌 것은?

① 야맹증 ② 안구건조증
③ 결막염 ④ 구각염

해설 구각염은 비타민 B_2의 결핍증이다.

※ 비타민 A
- 생리작용 : 상피세포보호, 시력에 영향을 줌
- 결핍증 : 야맹증, 각막건조증 등
- 급원식품 : 간, 난황, 시금치, 당근 등

51 카로틴이란 어떤 비타민의 효능을 가진 것인가?

① 비타민 A ② 비타민 B_2
③ 비타민 C ④ 비타민 D

해설 **카로틴(프로비타민 A)**
녹색채소류에 다량 포함되어 있고 인체 내에 들어왔을 때 비타민 A로서의 효력을 갖게 된다. 카로틴의 비타민 A로서의 효력은 1/3 정도이다.

52 신선한 환경에서 일광욕을 했을 때 그 효력이 높아지는 비타민은?

① 비타민 A ② 비타민 B_2
③ 비타민 C ④ 비타민 D

해설 **비타민 D(칼시페놀)**
- 자외선에 의해서 인체 내에서 합성이 가능하다.
  - 에르고스테롤 → 비타민 D
  - 콜레스테롤 → 비타민 D
- 결핍증 : 구루병

53 칼슘(Ca)의 흡수를 촉진시키는 비타민은?

① 비타민 A ② 비타민 B_6
③ 비타민 E ④ 비타민 D

해설 칼슘(Ca)과 비타민 D는 뼈의 정상적인 성장에 필수적인 영양소로, 비타민 D는 Ca의 흡수를 촉진시킨다.

54 에르고스테롤에 자외선을 쬐면 무엇이 되는가?

① 비타민 D ② 비타민 A
③ 비타민 E ④ 비타민 C

해설 식물성에 포함되어 있는 에르고스테롤에 자외선을 쬐어 주면 비타민 D가 형성되고, 동물성에서는 콜레스테롤이 비타민 D로 전환된다.

55 비타민 D의 결핍증은 무엇인가?

① 야맹증
② 구루병
③ 각기병
④ 괴혈병

해설 **비타민의 결핍증**
비타민 A – 야맹증, 비타민 B_1 – 각기병, 비타민 B_2 – 구각염, 비타민 C – 괴혈병, 비타민 D – 구루병, 비타민 E – 노화촉진, 나이아신 – 펠라그라

56 비타민 A를 보호하고 기름의 산화방지역할을 하는 것은?

① 비타민 K
② 비타민 E
③ 비타민 P
④ 비타민 D

해설 **비타민 E(토코페롤)**
인체 내에서는 노화를 방지하고, 식품 내에서는 산화방지역할을 한다.

정답
49 ① 50 ④ 51 ① 52 ④ 53 ④ 54 ① 55 ② 56 ②

57 필수지방산은 다음 중 어느 비타민을 말하는가?

① 비타민 B_6

② 비타민 C

③ 비타민 F

④ 비타민 D

해설 **필수지방산(비타민 F)**

- 신체의 성장과 유지과정의 정상적인 기능을 수행함에 있어서 반드시 필요한 지방산으로, 체내에서 합성되지 않기 때문에 식사를 통해 공급받아야 하는 지방산을 말한다.
- 종류 : 리놀레산, 리놀렌산, 아라키돈산

58 식물성유에 천연으로 포함되어 항산화작용을 하는 물질은?

① TBA ② BHT

③ BHA ④ 토코페롤

해설 **토코페롤(Tocopherol)**

- 항산화제, 체내 지방의 산화방지, 동물의 생식기능 도움, 동맥경화, 성인병 예방
- 곡류의 배아와 식물성 기름에 함유

59 혈액의 응고성과 관계있는 비타민은?

① 비타민 A ② 비타민 D

③ 비타민 F ④ 비타민 K

해설 • 혈액응고에 관여하는 영양소 : Ca(칼슘), 비타민 K

- 뼈 성장에 관여하는 영양소 : Ca(칼슘), 비타민 D

60 탄수화물의 대사작용과 관계있는 비타민은?

① 코발라민(비타민 B_{12})

② 피리독신(비타민 B_6)

③ 티아민(비타민 B_1)

④ 칼시페롤(비타민 D)

해설 티아민은 곡류의 배아에 다량 함유되어 있고, 도정하는 과정 중에 가장 많이 손실되며, 탄수화물대사과정에 필수적인 영양소이다.

61 악성빈혈에 좋으며, 빨간색을 나타내고 빈혈에 유효한 인(P)과 코발트(Co)가 들어 있는 비타민은?

① 비타민 A

② 비타민 B_1

③ 비타민 B_{12}

④ 비타민 B_6

해설 비타민 B_{12}는 코발트(Co)가 들어 있는 비타민이라 하여 코발라민이라 불린다. 부족 시 악성빈혈이 나타난다.

62 나이아신의 전구체인 필수아미노산은?

① 트립토판 ② 리신

③ 페닐알라닌 ④ 히스티딘

해설 동물과 미생물에서 필수아미노산인 트립토판 60mg으로 나이아신 1mg을 만들어주기 때문에 육류를 즐겨먹는 민족에게는 부족증이 없다. 그러나 옥수수의 제인에는 트립토판이 없으므로 옥수수를 주식으로 하는 민족에게 펠라그라가 많이 나타난다.

63 조리 시 손실이 가장 큰 비타민은?

① 비타민 A

② 비타민 B_1

③ 비타민 B_2

④ 비타민 C

해설 비타민 C(아스코르브산)는 수용성 비타민으로 가장 불안정하여 조리 및 가공 중 손실이 가장 크므로 주의해야 한다.

64 비타민 C가 결핍되었을 때 나타나는 결핍증은?

① 각기병 ② 펠라그라

③ 괴혈병 ④ 구루병

해설 ① 각기병 : 비타민 B_1

② 펠라그라 : 나이아신

③ 괴혈병 : 비타민 C

④ 구루병 : 비타민 D

정답

57 ③ 58 ④ 59 ④ 60 ③ 61 ③ 62 ① 63 ④ 64 ③

65 다음 연결 중 관계가 없는 것끼리 묶인 것은?

① 비타민 B_1 – 각기병

② 비타민 B_2 – 구각염

③ 나이아신 – 각막건조증

④ 비타민 C – 괴혈병

해설 나이아신 – 펠라그라, 비타민 A – 각막건조증

66 발효식품인 김치는 어떤 영양소의 급원이 되고 있는가?

① 비타민 C ② 비타민 A

③ 철분 ④ 마그네슘

해설 김치는 숙성 과정에서 유기산과 알코올 등을 생성하며, 이때 비타민 C의 함량도 증가한다.

67 다음 중 인체의 무기질 조성으로서 그 함량이 많은 순서로 되어 있는 것은?

① Na>Ca>P

② Ca>P>K

③ Ca>Fe>P

④ Na>P>S

해설 **인체에 포함되어 있는 무기질의 함량 순서**

칼슘(Ca)>인(P)>칼륨(K)>황(S)

68 다음 색소 중 산에 의하여 녹황색으로 변하고, 알칼리에 의하여 선명한 녹색으로 변하는 성질을 가진 것은?

① 안토시안 ② 플라본

③ 카로티노이드 ④ 클로로필

해설 **클로로필 색소**

- 식물의 녹색 채소의 색을 나타낸다.
- 마그네슘(Mg)을 함유한다.
- 산성(식초 첨가) : 녹갈색으로 변색
- 알칼리(소다 첨가) : 진한 녹색으로 변색

69 녹색채소를 짧은 시간 조리하였을 때 색이 더욱 선명해지는 원인은?

① 가열에 의하여 조직의 변화가 일어나지 않았기 때문에

② 조직에서 공기가 제거되었기 때문에

③ 엽록소 내에 포함된 단백질이 완충작용을 하지 않았기 때문에

④ 끓는 물에 의하여 엽록소가 고정되었기 때문에

해설 짧은 시간에 채소를 데쳐내면 채소조직으로부터 공기가 제거되어 클로로필이 드러나 보이는 것이다.

70 토마토의 붉은 색은 주로 무엇에 의한 것인가?

① 안토시안 색소

② 엽록소

③ 미오글로빈

④ 카로티노이드

해설 **카로티노이드 색소**

당근, 늙은호박, 토마토에 들어 있는 붉은색소산이다. 알칼리에서 색 변화가 일어나지 않고, 비타민 A의 기능이 있다.

71 다음 중 식물성 식품의 색소가 아닌 것은?

① 클로로필 색소

② 안토시안 색소

③ 헤모글로빈

④ 플라보노이드

해설
- 식물성 색소 : 엽록소(클로로필), 안토시안, 플라보노이드, 카로티노이드
- 동물성 색소 : 헤모글로빈, 미오글로빈

정답 65 ③ 66 ① 67 ② 68 ④ 69 ② 70 ④ 71 ③

72 생강을 식초에 절이면 붉은색으로 변하는 이유는 무엇인가?

① 생강의 매운맛 때문이다.

② 카로티노이드계 색소로 인해 나타난 현상이다.

③ 안토시안 색소 때문이다.

④ 알칼리 용액에 절였기 때문이다.

해설 **안토시안**

사과, 딸기, 포도, 가지 등에 들어 있는 붉은색 혹은 자색 색소(예외적으로 생강은 안토시안 색소가 함유되어 있음)로 산성에서는 선명한 적색, 알칼리성에서는 청색을 띤다.

73 다음과 같은 성질의 색소는?

- 고등식물 중 잎줄기의 초록색
- 산에 의해 갈색의 피오피틴으로 됨
- 알칼리에 의해 선명한 녹색이 됨

① 카로티노이드

② 탄닌

③ 클로로필

④ 안토시안

해설
- 카로티노이드(주황색) : 당근, 토마토, 늙은호박
- 탄닌 : 단백질을 응고시키는 성분으로 떫은맛을 낸다.
- 클로로필 : 식물의 녹색 채소로서 마그네슘(Mg)을 포함하고 있다.
- 안토시안 : 딸기, 포도 등의 과일 색소

74 사과, 딸기, 포도 등의 과일 색소는?

① 클로로필

② 안토시안

③ 플라보노이드

④ 카로티노이드

해설 **안토시안 색소**

사과, 딸기, 포도, 가지 등의 적색, 자색 등의 색소이다. 산성에서는 적색, 알칼리성에서는 청색을 띤다.

75 식품의 색소 중 클로로필의 특징에 대해 잘못 말한 것은?

① 엽록소는 산성용액에서 녹갈색의 페오피틴으로 된다.

② 엽록소는 불안정하기 때문에 조리 가공 시 보존이 어렵다.

③ 엽록소는 식물의 뿌리와 줄기의 세포 속에 있는 클로로플라스트에 지방과 결합하여 존재한다.

④ 녹색채소는 가열 조리할 때 중조를 넣으면 녹색이 보존되지만 비타민은 파괴된다.

해설 엽록소는 식물의 잎과 줄기의 세포 속에 단백질과 결합한 형태로 엽록체에 존재한다. 엽록소에 산을 가하면 녹갈색으로 되고, 알칼리 용액에서는 안정된 녹색을 유지한다.

76 안토시안 색소를 함유하는 과일을 붉은색으로 보존하기 위한 적당한 조건은?

① 산 첨가

② 중조 사용

③ 구리 사용

④ 소금 사용

해설 안토시안 색소는 산성에서는 적색, 중성에서는 보라색, 알칼리에서는 청색을 띤다. 그러므로 선명한 붉은색을 보존하려면 산을 첨가한다.

77 혈색소로서 철(Fe)을 함유하는 것은?

① 카로티노이드

② 헤모글로빈

③ 헤모시아닌

④ 미오글로빈

해설 철분(Fe)은 헤모글로빈의 구성 성분으로 적혈구를 형성하고 탄산가스나 산소를 운반한다. 결핍 시 빈혈이 생긴다.

정답
72 ③ 73 ③ 74 ② 75 ③ 76 ① 77 ②

78 식품의 4가지 기본 맛은?

① 단맛, 쓴맛, 매운맛, 만난맛

② 단맛, 쓴맛, 신맛, 짠맛

③ 단맛, 쓴맛, 매운맛, 짠맛

④ 단맛, 쓴맛, 신맛, 만난맛

해설 **헤닝에 의한 맛의 분류**
- 단맛, 짠맛 : 생리적으로 요구하는 맛
- 신맛, 쓴맛 : 취미의 맛

79 다음 미각 중 가장 높은 온도에서 느껴지는 맛은?

① 매운맛 ② 신맛

③ 단맛 ④ 쓴맛

해설 쓴맛 40~45℃, 짠맛 30~40℃, 매운맛 50~60℃, 단맛 20~50℃, 신맛 5~25℃

80 설탕 용액에 미량의 소금(0.1%)을 가하면 단맛이 증가된다. 이러한 맛의 현상은?

① 맛의 상쇄 ② 맛의 변조

③ 맛의 대비 ④ 맛의 발현

해설
- 맛의 대비현상 : 주된 맛을 내는 물질에 다른 맛을 혼합할 경우에 원래의 맛이 강해지는 현상, 맛의 강화현상이라고도 한다.
- 맛의 변조현상 : 한 가지 맛을 느낀 직후 다른 식품의 맛이 다르게 느껴지는 현상
- 미맹현상 : PTC 화합물에 대한 쓴맛을 느끼지 못하는 현상
- 맛의 상쇄현상 : 맛의 대비현상(맛의 강화현상)과는 반대로 두 종류의 정미 성분이 혼재해 있을 경우 각각의 맛을 느낄 수 없고 조화된 맛을 느끼는 경우를 말한다.

81 쓴 약을 먹은 후 물을 마시면 단맛이 나는 현상은?

① 맛의 변조 ② 맛의 상쇄

③ 맛의 대비 ④ 맛의 미맹

82 맛을 느낄 수 있는 가장 예민한 온도는?

① 5℃ ② 20℃

③ 30℃ ④ 40℃

해설 일반적으로 혀의 미각은 30℃ 전 · 후에서 가장 예민하고, 매운맛은 60℃에서 강하며, 쓴맛은 온도가 저하되면서 맛의 감소가 심하다.

83 다음 맛의 성분 중, 혀의 앞부분에서 가장 강하게 느껴지는 것은?

① 신맛

② 쓴맛

③ 단맛

④ 매운맛

해설 단맛 – 혀 앞부분, 신맛 – 혀 옆부분, 쓴맛 – 혀 뒷부분, 짠맛 – 혀 전체

84 다음 중 쓴맛 성분은?

① 구연산

② 구아닌산

③ 만니트

④ 카페인

해설
- 단맛 : 포도당, 과당, 맥아당 등
- 신맛 : 구연산, 주석산, 사과산 등
- 쓴맛 : 카페인, 테인
- 짠맛 : 염화나트륨

85 간장, 된장, 다시마의 주된 정미 성분은?

① 글리신

② 알라닌

③ 히스티딘

④ 글루타민산

해설 간장, 된장, 다시마의 정미 성분 : 글루타민산

정답
78 ② **79** ① **80** ③ **81** ① **82** ③ **83** ③ **84** ④ **85** ④

86 해리된 수소이온이 내는 맛은?

① 신맛

② 단맛

③ 매운맛

④ 짠맛

해설 대부분 신맛은 수소이온의 맛으로 강도는 수소이온의 농도에 비례한다.

87 나음 중 맛에 대한 설명으로 옳은 것은?

① 맛은 단맛, 신맛, 짠맛, 매운맛 등의 4가지를 기본 맛으로 한다.

② 생리적인 미각의 이상으로 단맛을 느끼지 못하는 것을 미맹이라 한다.

③ 같은 맛을 계속해서 보면 그 맛이 변하거나 미각이 둔해진다.

④ 맛을 느끼는 부위로는 단맛은 혀끝, 쓴맛은 혀의 양옆이 강하다.

해설 • 맛의 기본 : 단맛, 짠맛, 신맛, 쓴맛

• 미맹 : PTC에 대한 쓴맛을 느끼지 못하는 현상
• 맛을 느끼는 부위
  – 단맛 : 혀의 앞부분
  – 신맛 : 혀의 옆부분
  – 쓴맛 : 혀의 뒷부분
  – 짠맛 : 혀의 전체

88 다음 중 식품과 맛 성분의 관계가 잘못 이어진 것은?

① 캐비신(Chavicine) – 산초의 매운맛

② 캡사이신(Capsaicin) – 고추의 매운맛

③ 알리신(Allicin) – 마늘의 매운맛

④ 세사몰(Sesamol) – 참기름의 성분

해설 캐비신 : 후추의 매운맛 성분

89 떫은맛과 관계 깊은 현상은?

① 지방 응고 ② 단백질 응고

③ 당질 응고 ④ 배당체 현상

해설 떫은맛은 혀 표면에 있는 점성 단백질이 일시적으로 응고되고, 미각신경이 마비되어 일어나는 감각이다.

90 겨자의 매운맛에 대한 설명으로 부적당한 것은?

① 겨자를 갠 후 시간이 경과하면 매운맛이 약화된다.

② 40℃ 전 · 후의 따뜻한 물에 갠다.

③ 흑겨자는 이용되지 않는다.

④ 매운맛 성분의 구성체는 시니그린이다.

해설 **겨자의 매운맛 성분**

• 시니그린 : 흑겨자
• 시니루빈 : 백겨자

91 조개의 시원한 국물맛을 내주는 성분은?

① 호박산 ② 구연산

③ 능금산 ④ 주석산

해설 **호박산**

유기산의 하나로 청주, 간장, 조개의 정미성분이며, 미생물에 의해 형성되는 조개의 맛과 관련이 있다.

92 맛에 대한 설명으로 옳은 것은?

① 소량의 소금은 설탕의 단맛을 감소시킨다.

② 신맛과 쓴맛은 식욕을 돋우어준다.

③ 설탕은 식염, 식초보다 식품에 빠르게 침투된다.

④ 단맛이 더해지면 신맛이 증가된다.

해설 설탕은 식염, 식초보다 분자량이 커서 식품에 느리게 침투된다. 소량의 소금은 단맛을 증가시키는데, 이 현상을 맛의 강화현상이라 한다. 단맛이 더해지면 신맛과 짠맛은 감소한다.

정답
86 ① 87 ③ 88 ① 89 ② 90 ③ 91 ① 92 ②

93 다음 중 식품의 교질 상태 중 졸이 냉각에 의해 응고되거나 분산매의 감소로 반고체화 된 식품이 아닌 것은?

① 젤리 ② 양갱
③ 두부 ④ 휘핑크림

해설 교질의 종류

분산매	분산질	성상	교질의 상태	식품의 예
액체	액체	유화액(에멀전)	분산매와 분산질이 액체인 교질상태	• 수중유적형(물속에 소량의 기름 방울이 잘 분산된 상태) : 우유, 마요네즈, 아이스크림 • 유중수적형(기름 속에 소량의 물 방울이 미세하게 분산된 상태) : 버터, 마가린
액체	기체	거품(포말질)	분산매는 액체, 분산질은 기체인 교질상태(거품은 물속에 공기가 잘 분산되어 있는 형태)	탄산음료, 맥주, 난백의 기포
액체	고체	졸(sol)	분산매가 액체이고 분산질이 고체이거나 액체로 전체적인 분산계가 액체 상태	된장국, 달걀흰자, 수프
고체	액체	겔(gel)	졸이 냉각에 의해 응고되거나 분산매의 감소로 반고체화 된 상태	젤리, 양갱, 두부, 치즈, 묵
고체	기체	고체거품(포말질)	분산매는 고체, 분산질은 기체인 교질상태	빵, 쿠키, 휘핑크림

94 식품의 유기물이 300~600℃에서 불완전 연소될 때 생성될 수 있는 다환방향족 탄화수소독성물질이 아닌 것은?

① 벤조피렌
② 벤조안스라센
③ 플루오르안센
④ 에르고톡신

해설 • 식품의 유기물이 300~600℃에서 불완전연소 되면 (숯불구이, 훈제식품, 식용유지류 등) 독성물질인 다환방향족 탄화수소(벤조피렌, 벤조안스라센, 플루오르안센)가 생성된다.
• 맥각중독의 원인곰팡이는 에르고톡신(산장독)이다.

95 탄수화물 식품에 존재하는 아스파라긴과 당이 160℃ 이상의 고온에서 반응하면 생성되는 독성물질은?

① 헤테로사이클릭아민
② 아크릴아마이드
③ 벤조피렌
④ 테트로도톡신

해설 조리가공 · 저장 중에 생성되는 독성물질

독성물질	특성
다환방향족 탄화수소(Polycyclic Aromatic Hydrocarbons, 벤조피렌, 벤조안스라센, 플루오르안센)	화석연료나 식품의 유기물이 300~600℃에서 불완전연소 될 때 생성됨 예 훈제식품, 숯불구이, 식용유지류 등
헤테로사이클릭아민(Heterocyclic Amines)	돼지, 닭, 오리, 생선 등의 근육부위의 아미노산과 크레아틴이 식품 중의 당과 300℃ 이상의 고온에서 반응하여 생성됨 예 식육의 조리법 중 바비큐, 굽기, 튀기기 등(끓이기, 찌기 등의 조리법 선택)
아크릴아마이드(Acrylamide)	탄수화물 식품에 자연적으로 존재하는 아스파라긴과 당이 160℃ 이상의 고온에서 반응하여 생성됨 예 감자칩, 감자튀김, 빵, 건빵 등(튀김온도는 160℃ 넘지 않게, 오븐은 200℃ 넘지 않게)

96 하루 동안에 섭취한 음식 중에 단백질 70g, 지질 35g, 당질 400g이 있다면, 이때 얻을 수 있는 열량은?

① 1,885kcal ② 2,195kcal
③ 2,295kcal ④ 2,095kcal

해설 열량소 1g당 단백질 4kcal, 지질9kcal, 당질4kcal의 열량을 내므로, (70×4)+(35×9)+(400×4)=2,195kcal이다.

정답
93 ④ 94 ④ 95 ② 96 ②

CHAPTER

02 효소

01 식품과 효소

효소는 촉매작용을 가지는 활성단백질로 생체 세포에서 만들어져 생체촉매역할을 하는데, 육류나 어패류, 채소, 과일 등에 여러 종류의 효소가 함유되어 있어 식품을 가공 · 저장 · 보존하는 일련의 과정에 영향을 준다. 효소는 소량으로 생체 내에서 일어나는 화학반응에 촉매역할을 하는데, 식품효소는 가수분해효소(화학반응 때 물이 필요하며 생체 내에서 이루어지는 여러 가지 가수분해반응에서 작용)와 산화환원효소(산화 환원반응을 촉매하는 모든 효소의 통칭)에 속한다.

1 효소의 성질

(1) 효소의 작용에 따른 분류

① 식품 중의 효소작용을 이용하는 경우 : 육류, 치즈, 된장의 숙성

② 식품 중의 효소작용을 억제하는 경우 : 식품의 선도유지와 변색방지

③ 가공식품에 이용하는 경우 : 가공식품의 질적 향상

(2) 효소 반응에 영향을 주는 인자

① 온도 : 효소의 활성이 큰 최적온도 30~40℃

① 최적 pH : 효소의 활성이 가장 큰 범위 pH 4.5~8.0

02 소화와 흡수

입에서의 소화작용	• 아밀라아제(침 속의 소화효소) : 전분 → 맥아당 • 말타아제 : 맥아당(엿당) → 포도당
위에서의 소화작용	• 펩신 : 단백질 → 펩톤 • 레닌 : 우유(카제인) → 응고 • 리파아제 : 지방 → 지방산, 글리세롤
췌장에서 분비되는 소화효소	• 아밀라아제 : 전분 → 맥아당 • 트립신 : 단백질, 펩톤 → 아미노산 • 스테압신 : 지방 → 지방산, 글리세롤
장에서의 소화작용	• 수크라아제 : 자당(서당, 설탕) → 포도당+과당 • 말타아제 : 맥아당(엿당) → 포도당+포도당 • 락타아제 : 젖당 → 포도당+갈락토오스 • 펩티다아제 : 펩톤 → 아미노산+아미노산

02 모의고사

01 소량으로 생채 내에서 일어나는 화학반응에 촉매역할을 하는 것은 무엇인가?

① 효소

② 지방

③ 밀가루

④ 탄수화물

해설 효소는 소량으로 생체 내에서 일어나는 화학반응에 촉매역할을 하는 촉매제이다.

02 효소에 대한 설명으로 바르지 못한 것은?

① 최적의 온도는 30~40℃이다.

② 효소마다의 성질과 특성이 있다.

③ 고온에서도 효소의 활성은 유지된다.

④ 최적의 pH는 4.5~8.0이다.

해설 효소의 반응 속도는 온도가 올라가면 증가하지만, 일정 온도 이상이 되면 저하되고 활성을 잃는다.

03 효소의 성질에 대한 설명으로 바르지 않은 것은?

① 단백질의 일반적인 성질과 같은 성질을 갖고 있다.

② 효소는 기질의 특이성 없이 모두 같은 조건에 작용한다.

③ 효소는 가열에 의해 응고되면 성질이 상실된다.

④ 강한 알칼리나 강한 산성에 변성된다.

해설 **효소의 특이성**

- 절대적 특이성 : 한 종류의 기질에서만 특이적으로 작용하는 성질
- 상대적 특이성 : 우선적으로 작용을 하는 기질과 다른 기질에도 적게라도 작용하는 성질
- 광학적 특이성 : 광학적 구조에 따라 달리 반응하는 성질

04 침 속에 들어있는 소화효소의 작용은?

① 전분을 맥아당으로 분해

② 맥아당을 포도당으로 분해

③ 자당을 포도당과 과당으로 분해

④ 젖당을 포도당과 갈락토오스로 분해

해설 침 속 소화효소인 아밀라아제는 전분을 맥아당으로 변화시킨다.

05 지방을 지방산과 글리세롤로 분해하는 것은?

① 레닌

② 말타아제

③ 아밀라아제

④ 리파아제

해설 리파아제 : 지방 → 지방산, 글리세롤

정답

01 ① **02** ③ **03** ② **04** ① **05** ④

CHAPTER

03 식품과 영양

01 영양소의 기능

영양소란 식품을 통해 음식으로 섭취한 화합물로 우리 몸에 들어와서 열량을 내거나, 몸을 구성해주거나, 체조직의 유지 · 성장 등 인체의 기능을 조절해주는 성분들을 말하며, 식품 이외에 인체 내에서 합성이 되기도 하고 체내에 들어온 영양소가 다른 영양소로 바뀌기도 한다.

1 영양소의 종류

탄수화물	포도당 : 탄수화물의 최종 분해물[기타 : 과당, 갈락토오스, 만노스, 펜토산, 설탕(서당), 맥아당(엿당), 전분, 글리코겐, 식이섬유)]	
단백질(아미노산)	필수아미노산	히스티딘, 이소루신, 루신, 리신, 메티오닌, 페닐알라닌, 트레오닌, 트립토판, 발린
	불필수아미노산	알라닌, 아르기닌, 아스파라긴, 아스파르트산, 시스테인, 시스틴, 글루탐산, 글루타민, 글리신, 프롤린, 세린, 티로신
지질	필수지방산 : 리놀산, 리놀렌산, 아라키돈산	
무기질	칼슘(Ca), 인(P), 나트륨(Na), 염소(Cl), 칼륨(K), 마그네슘(Mg), 황(s), 철(Fe), 아연(Zn), 구리(Cu), 불소(F), 망간(Mn), 요오드(I), 몰리브덴(Mo), 셀레늄(Se), 코발트(Co), 크롬(Cr)	
비타민	수용성	티아민, 리보플라빈, 니아신, 판토텐산, 비오틴, 비타민 B_6, 비타민 B_6, 엽산, 비타민 C
	지용성	비타민 A, D, E, K
물	물	

2 영양소의 기능

① 열량영양소 : 에너지 공급기능을 하는 탄수화물(1g → 4kcal), 단백질(1g → 4kcal), 지방(1g → 9kcal)

② 구성영양소 : 신체구성의 기능을 하는 단백질, 지방, 무기질, 물 등

③ 조절영양소 : 생리적 조절기능을 하는 비타민, 무기질, 단백질, 물 등

④ 수분의 기능 : 영양분의 섭취와 소화 흡수를 돕고 체온조절, 노폐물 배설 등

02 영양소 섭취기준

1 식품군의 분류

식생활에서 균형 잡힌 식생활을 위하여 반드시 먹어야 하는 식품들로, 식품에 들어 있는 영양소의 종류를 중심으로 우리나라는 6가지 식품군을 정하고 있다.

① 곡류

② 고기, 생선, 달걀, 콩류

③ 채소류

④ 과일류

⑤ 우유, 유제품류

⑥ 유지, 당류

※ 견과류는 최근 많은 연구에서 만성질병과의 관련성을 인정받아 고기, 생선, 달걀 콩류군으로 옮겨졌다.

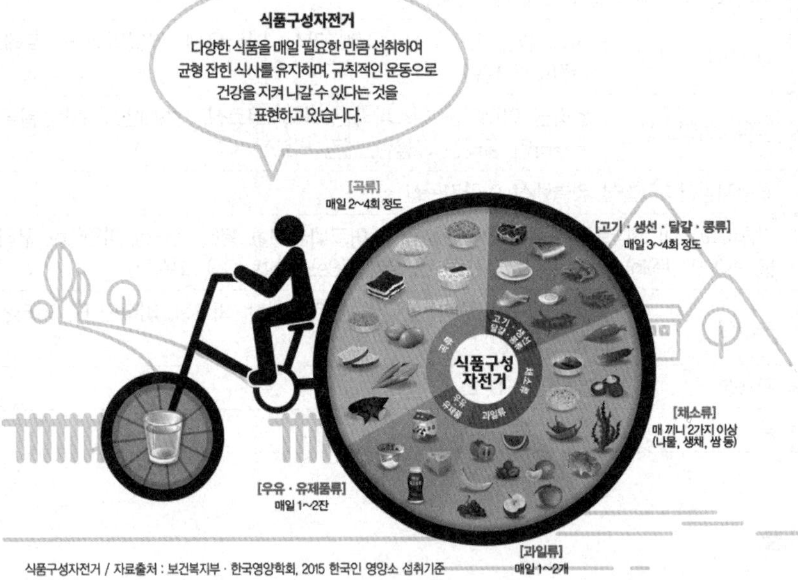

식품구성자전거 / 자료출처 : 보건복지부 · 한국영양학회, 2015 한국인 영양소 섭취기준

2 식품구성자전거

① 식품구성자전거는 6개의 식품군에 권장식사 패턴의 섭취횟수와 분량에 맞추어 바퀴면적을 배분한 형태로 다양한 식품 섭취를 통한 균형 잡힌 식사와 수분 섭취의 중요성, 그리고 적절한 운동을 통한 비만 예방이라는 기본 개념을 나타내었다.

② 면적비율 : 곡류 > 채소류 > 고기, 생선, 달걀, 콩류 > 우유, 유제품류 > 과일류 > 유지, 당류

3 한국인 영양섭취기준

① 평균필요량 : 대상집단을 구성하는 건강한 사람들의 절반에 해당하는 사람들의 1일 필요량을 충족시키는 영양소량이다.

② 권장섭취량 : 인구집단의 97.5%에 해당하는 대부분의 사람들의 필요량을 나타내며, 평균필요량에 표준편차의 2배를 더하여 정하였다.

③ 충분섭취량 : 영양소 필요량에 대한 정확한 자료가 부족하거나 필요량의 중앙값 또는 표준편차를 구하기 어려워 권장섭취량을 정할 수 없는 경우에 제시한다.

④ 상한섭취량 : 인체 건강에 유해한 현상이 나타나지 않은 최대 영양소섭취 기준이며, 과량섭취 시 건강에 유해위험성이 있다고 확인된 경우에 설정하게 된다.

4 주요영양소와 식품군

주요영양소	식품군
탄수화물	곡류(잡곡), 감자류
단백질	고기, 생선, 알류 및 두류
지방	유지류
무기질 및 비타민	채소 및 과실류

CHAPTER

03 모의고사

01 영양소의 기능으로 맞지 않는 것은?

① 식품으로 우리 몸에 들어와 인체의 기능을 조절해 준다.

② 수분은 영양분의 섭취와 소화흡수를 돕는다.

③ 비타민과 무기질, 단백질은 조절영양소이다.

④ 탄수화물, 단백질, 지방, 물은 열량영양소이다.

해설 영양소의 기능 중 열량영양소는 탄수화물, 단백질, 지방이다.

02 식단 작성 시 단백질을 공급하려면 다음 중 어떤 식품으로 구성하는 것이 좋은가?

① 곡류와 감자류

② 고기, 생선, 알류 및 두류

③ 아이스크림, 유지류

④ 채소 및 과실류

해설 **주요영양소와 식품군**

주요영양소	식품군
탄수화물	곡류(잡곡), 감자류
단백질	고기, 생선, 알류 및 두류
지방	유지류
무기질 및 비타민	채소 및 과실류

03 우리나라의 기초식품군은 모두 몇 가지로 분류되어 있는가?

① 3가지 ② 4가지

③ 5가지 ④ 6가지

해설 우리나라의 기초식품군은 영양소의 종류를 중심으로 6가지로 구성되어 있다.

1. 곡류
2. 고기, 생선, 달걀, 콩류
3. 채소류
4. 과일류
5. 우유, 유제품류
6. 유지, 당류

04 한국인 영양섭취기준의 구성요소로 틀린 것은?

① 평균필요량 ② 권장섭취량

③ 충분섭취량 ④ 하한섭취량

해설 한국인 영양섭취기준은 건강을 최적의 상태로 유지할 수 있는 영양소 섭취기준으로 평균필요량, 권장섭취량, 충분섭취량, 상한섭취량(인체 건강에 유해한 현상이 나타나지 않은 최대 영양소섭취 기준)이 있다.

05 한국인 영양섭취와 비율로 맞는 것은?

① 당질 65%, 지질 20%, 단백질 15%

② 당질 50%, 지질 35%, 단백질 15%

③ 당질 40%, 지질 45%, 단백질 15%

④ 당질 85%, 지질 10%, 단백질 5%

해설 식단 작성 시 총 열량권장량 중 당질 65%, 지질 20%, 단백질 15%로 한다.

정답
01 ④ 02 ② 03 ④ 04 ④ 05 ①

PART

04

일식·복어 구매관리

| 일 식 · 복 어 조 리 기 능 사 필 기 |

CHAPTER

01 시장조사 및 구매관리

01 시장조사

시장조사를 통해 조리법을 기준으로 재료의 구매에 필요한 종류와 품질, 수량을 산정하고 시장조사에 의해 재료수급이나 가격변동에 의한 공급처를 대체할 수 있으며, 품목의 공급선을 파악하고 활용할 수 있다.

1 시장조사의 의의와 목적

① 시장조사의 의의

㉠ 구매에 필요한 자료를 조사 · 분석하여 비용을 절감하며 이익을 증대하기 위한 조사

㉡ 보다 좋은 구매방법을 발견하고, 앞으로의 구매시장을 예측하기 위한 조사

② 시장조사의 목적

㉠ 구매예정가격의 결정

㉡ 합리적인 구매계획의 수립

㉢ 신제품의 설계

㉣ 제품개량(기존 품목의 새로운 판로개척이나 원가를 절감하는 목적)

2 시장조사의 내용

시장조사는 다음과 같은 내용으로 행해지며, 이런 내용을 바탕으로 구매계획을 세우고 실행해야 한다.

① 품목 ② 품질 ③ 수량

④ 가격 ⑤ 구매 시기 ⑥ 구매거래처

⑦ 거래조건

3 시장조사의 원칙

비용 경제성의 원칙	최소의 비용으로 시장조사를 한다.
조사 적시성의 원칙	시장조사는 본 구매를 해야 하는 기간 내에 끝낸다.
조사 탄력성의 원칙	시장의 가격변동이나 수급상황 변동에 대한 탄력적으로 대응하는 조사여야 한다.
조사 계획성의 원칙	사전에 시장조사 계획을 철저하게 세워서 실시한다.
조사 정확성의 원칙	세운 계획의 내용을 정확하게 조사한다.

4 시장조사의 종류

시장조사종류는 4가지의 형태로 일반적으로 구분한다.

일반 기본 시장조사	구매정책을 결정하기 위해서 시행하며 전반적인 경제계와 관련업계의 동향, 구입처의 대금결제조건, 관련업체의 수급변동 상황, 기초자재의 시가 등 조사
품목별 시장조사	현재 구매하고 있는 물품의 수급 및 가격 변동에 대한 조사로, 구매물품의 가격산정을 위한 기초자료와 구매수량 결정을 위한 자료로 활용
구매거래처의 업태조사	계속 거래인 경우 안정적인 거래를 유지하기 위해서 주거래 업체의 개괄적 상황, 기업의 특색, 금융상황 ,판매상황, 노무상황, 생산상황, 품질관리, 제조원가 등의 업무조사를 실시
유통경로의 조사	구매가격에 직접적인 영향을 미치는 유통경로를 조사

5 공급처의 선정과 대체

구매부서에서 원하는 물품과 수량을 좋은 품질과 적절한 가격으로 공급해 줄 수 있는 업체를 선정하고 가격변동이나 재료수급의 부적절 등의 경우에 공급처를 대체할 수가 있는데, 구매자 측의 사정변화가 있거나 납품업자 측이 계약조건을 이행하지 않을 경우에 계약이 해제될 수 있다.

02 식품 구매관리

1 구매활동

(1) 구매관리의 정의와 목적

① 구매관리의 정의 : 구매관리란 구매하고자 하는 물품에 대하여 적정시기에 원하는 만큼, 최고의 품질을 최소의 가격으로 구입할 목적으로 구매활동을 계획 · 통제하는 관리활동을 말한다.

② 구매 관리의 목적

㉠ 특정물품, 최적품질, 적정수량, 최적의 가격 등 효율적인 경영관리

㉡ 시장조사와 정보자료를 통한 공급자를 선정하고 유리한 구매 조건으로 계약을 체결

㉢ 원하는 물품을 적정시기에 납품

㉣ 구매활동에 따른 검수와 저장, 입출고, 원가관리가 이루어짐

(2) 구매관리 시 유의점

상품에 대한 철저한 분석과 검토를 통해서 질 좋은 상품을 구매하고 꼼꼼한 시장조사를 통해 구매경쟁력을 키우고 필요량을 저렴한 가격과 좋은 품질로 적기에 구입하며, 공급업체와의 유기적 상관관계를 유지한다.

(3) 구매명세서의 내용

구매명세서에는 구매하고자 하는 제품의 다음과 같은 특징과 내용을 꼼꼼히 파악하여 구매하도록 한다.

① 품목의 물품명　② 정확한 용도

③ 상표명(브랜드)　④ 품질과 등급

⑤ 크기(크기와 중량)　⑥ 형태

⑦ 숙성 정도　⑧ 산지 명

⑨ 전처리 및 가공 정도　⑩ 보관온도

⑪ 폐기율

(4) 식품수불부

식품수불부는 식품이 들어오고 나가는 것을 기재하는 것으로, 그것을 통해서 재고의 상태와 어떤 물건을 언제 들여와야 하는지를 알 수 있기 때문에 매장의 합리적인 운영을 위해서 정확한 기재가 필요하다.

(5) 구매담당자의 업무

구매를 담당하는 개인이나 부서의 업무는 좋은 품질의 물품을 최저가격으로 최적의 시기에 공급해주는 것으로 그 업무를 정리하면 다음과 같다.

① 구매계획서를 작성하고 구매결과를 분석하는 물품구매 총괄업무

② 발주단위를 결정하고 신상품 개발을 하는 식재료 결정

③ 품목별로 경쟁력 있는 구매방법을 결정

④ 시세를 분석하고 경쟁업체가격을 분석하는 시장조사

⑤ 공급업체 관리와 평가

⑥ 원가관리

⑦ 공급업자와의 약정서 체결과 대금지급 업무

⑧ 식재료 모니터링과 정보사항 공지

(6) 식품 구매방법

① 폐기율과 비가식부율을 고려하여 제철식품을 구매

② 곡류, 건어물, 공산품은 1개월분을 한꺼번에 구입

③ 육류는 중량과 부위에 유의하여 냉장시설 구비 시 1주일분을 구입

④ 신선도가 중요한 생선, 과채류 등은 필요시마다 수시로 구입

⑤ 과일은 산지와 상자당 개수, 품종을 고려하여 수시로 구입

⑥ 단체급식에서의 식품 구매 시 식품단가를 최소한 1개월에 2회 정도 점검한다.

(7) 구매절차에 따른 구매업무

구매물품의 수요를 예측 → 구매의 필요성을 인식 → 물품을 구매 → 물품구매청구서 → 재고량 조사 후 발주량 결정 → 물품구매명세서(구매하고자 하는 물품의 품질과 특성이 기술된 것) 작성 구매발주서 작성(공급업체에 보낼 것) → 공급업체선정 → 공급업체에 발주 및 확인전화 → 구매명세서를 기준으로 검수 → 입출고 및 재고관리 수행 → 납품서를 회계부서에 청구하여 납품대금 지불

(8) 공급처의 선정

공급업체 선정방법은 경쟁입찰계약과 수의계약으로 나눈다.

구분	내용
경쟁입찰계약	• 공식적 구매방법 • 공급업체 중 급식소에서 원하는 품질의 물품 입찰가격을 가장 합당하게 제시한 업체와 계약을 체결하는 방법 • 일반경쟁입찰과 지명경쟁입찰로 나눔 • 저장성이 높은 식품(쌀, 조미료, 건어물 등) 구매 시 적합 • 공평하고 경제적임

수의계약	• 비공식적 구매방법 • 공급업자들을 경쟁에 붙이지 않고 계약을 이행할 자격을 가진 특정 업체와 계약을 체결하는 방법 • 복수견적과 단일견적으로 나눔 • 소규모 급식시설에 적합 • 채소, 생선, 육류 등의 저장성이 낮고 가격변동이 있는 식품 구매에 적합 • 절차가 간편하고, 경비와 인원 감소 가능 • 구매자의 구매력이 제한될 수 있고, 불리한 가격으로 계약하기 쉬움

(9) 발주량 산출

식품의 발주 시 폐기 부분이 있는 식품과 없는 식품을 구분하여 다음과 같은 공식에 의해 산출하며, 폐기율에 따른 출고계수를 감안한다.

〈발주량 산출을 위한 공식〉

① 총발주량 $=\dfrac{\text{정미중량}}{(100-\text{폐기율})}\times 100\times \text{인원수}$

② 필요비용 $=$ 필요량 $\times\dfrac{100}{\text{가식부율}}\times 1\text{kg당의 단가}$

③ 출고계수 $=\dfrac{100}{(100-\text{폐기율})}=\dfrac{100}{\text{가식부율}}$

④ 폐기율 $=\dfrac{\text{폐기량}}{\text{전체중량}}\times 100=100-\text{가식부율}$

⑤ 대치식품량 $=\dfrac{\text{원래식품의 양}\times\text{원래식품의 해당 성분수치}}{\text{대치하고자 하는 식품의 해당 성분수치}}$

03 식품 재고관리

재고관리란 물품의 수요와 공급을 적절하게 유지하기 위한 보관기능을 나타내며, 적정발주량을 결정짓기 위해서 반드시 필요하다.

1 재고조사 실시

재고조사를 실시하고 재고량을 고려하여 적정발주량을 결정하게 되는데, 이를 토대로 구매명세서와 구매발주서를 작성하게 된다.

① 효율적인 재고조사를 위해서는 저장창고별로 품목의 위치를 순서대로 정렬하고 이 저장순서대로 품목명을 기록하여 시간을 절약하도록 하며, 실사에 품목의 가격을 미리 기록하여 냉동 물품은 꼬리표를 달아서 입고한다.

② 재고조사표를 작성하는 데 품목별 재고수량 및 중량 등을 확인 후 정확히 작성하고, 재고조사 시에 색상, 형태, 이미, 이취, 품질상태, 유통기한 등도 함께 점검하도록 한다.

③ 재고조사의 결과를 구매명세서에 작성한다.

④ 경제적인 발주량이 될 수 있도록 구매에 필요한 양을 현재의 재고량을 고려하여 결정한다.

⑤ 구매명세서를 보고 구매발주서를 작성한다.

2 재고의 중요성

적정한 재고수량을 파악함으로써 물품의 갑작스러운 부족으로 생산계획의 차질을 방지하고 적정주문량 결정을 통해서 구매비용이 절감되며, 도난이나 부패 또는 부주의로 인한 손실을 최소화하며, 경제적인 재고관리로 원가절감의 효과를 볼 수 있다.

3 재고관리의 유형

재고관리의 유형은 영구재고시스템과 실사재고시스템의 두 종류가 있으며, 두 시스템을 상호 보완적으로 병행하여 활용하는 것이 이상적이다.

영구재고시스템	• 입고된 물품의 출고와 입고서에 물품의 수량을 계속해서 기록하여 남아있는 물품의 목록과 수량을 알고, 적정의 재고량을 유지하도록 하는 방법 • 규모가 큰 업체의 건조 물품과 냉동 저장고에 보유되는 물품의 관리나 고가의 품목에 활용 • 물품의 고유번호, 품목명, 상호명, 날짜, 중량 및 수량 등을 기재 • 전산화된 시스템을 활용하여 정확성과 효율성을 기대할 수 있음
실사재고시스템 (재고실사법)	• 창고에 보유 중인 물품을 주기적으로 실사하여 기록하는 방법 • 영구재고시스템의 단점인 부정확성을 점검하기 위해 실시 • 실사재고 기록지에는 단가와 이름, 형태, 품목의 단위, 물품의 보유량이 기록됨 • 보유 중인 재고들의 화폐가치를 결정하기 위해 재고액을 평가하게 됨

CHAPTER

01 모의고사

01 구매를 위한 시장조사의 목적으로 바르지 않은 것은?

① 구매 예정가격의 결정

② 합리적인 구매계획의 수립

③ 제품개량

④ 신제품의 판매

해설 **시장조사의 목적**

- 구매 예정 가격의 결정
- 합리적인 구매계획의 수립
- 제품개량
- 신제품의 설계

02 다음 중 구매를 위한 시장조사에서 행해지는 조사내용이 아닌 것은?

① 품목 ② 수량

③ 가격 ④ 판매거래처

해설 **시장조사의 내용**

품목, 품질, 수량, 가격, 시기, 구매처, 거래조건(인수, 지불조건)

03 다음 중 구매를 위한 시장조사에서 행해지는 내용이 아닌 것은?

① 제조회사와 대체가 가능한 품목은 고려할 필요가 없다.

② 어떠한 품질과 가격의 물품을 구매할 것인지 결정한다.

③ 어느 정도의 양을 구매할 것인지 결정한다.

④ 어느 정도의 가격에 구매할 것인지 결정한다.

해설 시장 조사 시에는 제조회사와 대체가 가능한 품목도 고려해서 결정한다.

04 구매를 위한 시장조사의 종류로 다음은 무엇에 대한 설명인가?

구매정책을 결정하기 위해 시행하며, 전반적인 경제계와 관련업계의 동향과 기초자재의 시가, 관련업체의 수급 변동상황, 구입처의 대금결제조건 등을 조사한다.

① 일반 기본 시장조사

② 품목별 시장조사

③ 구매거래처의 업태조사

④ 유통경로의 조사

해설 **구매를 위한 시장조사의 종류**

- 일반 기본 시장조사 : 구매정책을 결정하기 위해서 시행하며, 전반적인 경제계와 관련업계의 동향과 구입처의 대금결제조건, 관련업체의 수급변동상황, 기초자재의 시가 등 조사
- 품목별 시장조사 : 현재 구매하고 있는 물품의 수급 및 가격 변동에 대한 조사로, 구매물품의 가격산정을 위한 기초자료와 구매수량 결정을 위한 자료로 활용
- 구매거래처의 업태조사 : 계속 거래인 경우 안정적인 거래를 유지하기 위해서 주거래 업체의 개괄적 상황, 기업의 특색, 금융상황, 판매상황, 노무상황, 생산상황, 품질관리, 제조원가 등의 업무조사를 실시
- 유통경로의 조사 : 구매가격에 직접적인 영향을 미치는 유통경로를 조사

정답

01 ④ 02 ④ 03 ① 04 ①

05 구매를 위한 시장조사의 원칙으로 바르지 않은 것은?

① 조사 적시성의 원칙

② 조사 계획성의 원칙

③ 조사 정확성의 원칙

④ 비용 소비성의 원칙

해설 **시장조사의 원칙**
- 비용경제성의 원칙 : 최소의 비용으로 시장조사를 한다.
- 조사 적시성의 원칙 : 시장조사는 본 구매를 해야 하는 기간 내에 끝낸다.
- 조사 탄력성의 원칙 : 시장의 가격변동이나 수급상황 변동에 대한 탄력적으로 대응하는 조사여야 한다.
- 조사 계획성의 원칙 : 사전에 시장조사 계획을 철저하게 세워서 실시한다.
- 조사 정확성의 원칙 : 세운 계획의 내용을 정확하게 조사한다.

06 시장조사의 원칙 중 다음에 해당하는 것은 무엇인가?

시장수급상황이나 가격변동과 같은 시장상황변동에 탄력적으로 대응할 수 있는 조사가 되어야 한다.

① 비용 경제성의 원칙

② 조사 탄력성의 원칙

③ 조사 계획성의 원칙

④ 조사 적시성의 원칙

해설 시장조사의 원칙 중 조사 탄력성의 원칙에 대한 설명이다.

07 식품구매 방법으로 바르지 못한 것은?

① 위생적이고 안전한 제철식품을 구입한다.

② 육류는 중량과 부위, 과일은 산지와 상자 당 개수, 품종을 고려하여 구입한다.

③ 생선 · 과채류 등은 1주일분을 구입한다.

④ 폐기율을 고려하여 구매한다.

해설 생선과 과채류는 신선도가 중요하므로 필요시마다 수시로 구입한다.

08 소고기 구입 시 가장 유의해야 할 것은?

① 색깔, 부위

② 색깔, 부피

③ 중량, 부위

④ 중량, 부피

해설 소고기 구입 시 중량과 부위에 유의하여 구입한다.

09 사과나 배 등의 과일을 구입할 때 알아야 할 가장 중요한 것은?

① 산지, 포장, 색깔

② 상자 형태, 포장, 중량

③ 산지, 상자 당 개수. 품종

④ 상자형태, 상자 당 개수, 색깔

해설 과일 구입 시 산지, 상자 당 개수, 품종 등을 유의하여 구입한다.

10 단체급식에서 식품구매 시 식품 단가를 최소한 1개월에 어느 정도 점검해야 하는가?

① 1회 ② 2회

③ 3회 ④ 4회

해설 단체급식에서 식품 구매 시 식품의 단가를 최소한 1개월에 2회 정도 점검한다.

11 공급처의 선정 중 급식소에서 원하는 품질의 물품 입찰가격을 가장 합당하게 제시한 업체와 계약을 체결하는 방법?

① 경쟁입찰

② 수의계약

③ 공동구매

④ 계약구입

해설 공급업체 선정방법은 경쟁입찰계약과 수의계약으로 나눈다.

정답
05 ④ 06 ② 07 ③ 08 ③ 09 ③ 10 ② 11 ①

구분	내용
경쟁입찰계약	• 공식적 구매방법 • 공급업체 중 급식소에서 원하는 품질의 물품 입찰가격을 가장 합당하게 제시한 업체와 계약을 체결하는 방법 • 일반경쟁입찰과 지명경쟁입찰로 나눔 • 저장성이 높은 식품(쌀, 조미료, 건어물 등) 구매 시 적합 • 공평하고 경제적임
수의계약	• 비공식적 구매방법 • 공급업자들을 경쟁에 붙이지 않고 계약을 이행할 자격을 가진 특정업체와 계약을 체결하는 방법 • 복수견적과 단견적으로 나눔 • 소규모 급식시설에 적합 • 채소, 생선, 육류 등의 저장성이 낮고 가격변동이 있는 식품 구매에 적합 • 절차가 간편하고 경비와 인원 감소 가능 • 구매자의 구매력이 제한될 수 있고 불리한 가격으로 계약하기 쉬움

12 수의계약의 장점이 아닌 것은?

① 경비와 인원감소가 가능하다.

② 저렴한 가격으로 구매할 수 있다.

③ 절차가 간편하다.

④ 경쟁이나 입찰의 번거로움이 없다.

해설 수의계약은 경쟁 없이 계약을 이행할 자격을 가진 특정업체와 계약을 체결하기 때문에 구매자의 구매력이 제한될 수 있고, 불리한 가격으로 계약하기 쉽다.

13 경쟁입찰계약의 내용으로 바르지 않은 것은?

① 일반경쟁입찰과 지명경쟁입찰로 나눈다.

② 공식적 구매방법이다.

③ 공평하고 경제적이다.

④ 채소, 생선, 육류 등의 구매에 적합하다.

해설 경쟁입찰계약은 쌀, 조미료, 건어물 같은 저장성이 높은 식품의 구매 시 적합하다.

14 삼치구이를 하려고 한다. 정미중량 60g을 조리하고자 할 때 1인당 발주량은 얼마로 계산하는가?(단, 삼치의 폐기율 34%)

① 약 60g　② 약 110g

③ 약 90g　④ 약 40g

해설 총발주량 = 정미중량/(100 − 폐기율) × 100 × 인원수
= 60/(100−34) × 100 × 1 = 6,000/66 = 90.9g

15 가식부율이 70%인 식품의 출고계수는?

① 1.25　② 1.43

③ 1.64　④ 2.00

해설 출고계수 = 100/가식부율 = 100/70 = 1.43

16 시금치나물을 조리할 때 1인당 80g이 필요하다면 식수인원 1,500명에 적합한 시금치 발주량은? (단, 시금치의 폐기율은 4%)

① 100kg　② 110kg

③ 125kg　④ 132kg

해설 총발주량 = 정미중량/(100 − 폐기율) × 100 × 인원수
= 80/(100 − 4) × 100 × 1,500 = 80 × 100 × 1,500/96 = 12,000,000/96 = 125,000g
= 125kg

17 폐기율이 20%인 식품의 출고계수는 얼마인가?

① 0.5　② 1.0

③ 1.25　④ 2.0

해설 식품의 출고계수 = 100/(100 − 폐기율) = 100/(100 − 20)
= 100/80 = 1.25

정답
12 ②　13 ④　14 ③　15 ②　16 ③　17 ③

18 일반적인 식품의 구매방법으로 가장 옳은 것은?

① 고등어는 2주일분을 한꺼번에 구입한다.

② 느타리버섯을 3일에 한 번씩 구입한다.

③ 쌀은 1개월분을 한꺼번에 구입한다.

④ 소고기는 1개월분을 한꺼번에 구입한다.

해설 생선, 과채류는 필요에 따라 수시 구입하고 소고기는 냉장시설이 갖추어져 있으면 1주일분을 한꺼번에 구입한다.

19 배추김치 46kg을 담그려는데 김장용 배추포기 구입에 필요한 비용은 얼마인가?[단, 배추 5포기(13kg)의 값은 13,260원, 폐기율은 8%]

① 23,920원 ② 38,934원

③ 46,000원 ④ 51,000원

해설 폐기율이 8%이므로 가식부율은 92%이고, 1kg당 단가는 13kg에 13,260원이라고 했으므로 13,260÷13=1,020원이다.

필요비용=필요량×100/가식부율×1kg당의 단가
=46×100/92×1,020=4,600/92×1,020
=4,600×1,020/92=4,692,000/92
=51,000

∴ 필요비용은 51,000원이다.

20 소고기가 값이 비싸 돼지고기로 대체하려고 할 때 소고기 300g을 돼지고기 몇 g으로 대체하면 되는가?(단, 식품분석표상 단백질 함량은 소고기 20g, 돼지고기 15g임)

① 200g ② 360g

③ 400g ④ 460g

해설 대체식품량=원래식품의 양×원래식품의 해당성분수치/대치하고자 하는 식품의 해당성분수치
=300×20/15=6,000/15=400

따라서 소고기 300g은 돼지고기 400g으로 대체해서 사용하면 된다.

21 다음 중 일반적으로 폐기율이 높은 식품은 어떤 것인가?

① 생선류 ② 소고기류

③ 곡류 ④ 달걀

해설 폐기율은 식품을 손질하고 버려지는 부분으로 생선류의 폐기율이 보편적으로 높은 편이다.

- 어패류의 폐기율 : 바지락 82%, 대구 34%, 동태 20%, 조기 34%, 꽃게 68%, 고등어 31%, 굴(석굴) 75% 등
- 고기류의 폐기율 : 닭고기 39%, 돼지고기 살코기 0%, 소꼬리 50%, 소고기 살코기 0% 등
- 기타 폐기율 : 고구마 10%, 감자 6%, 달걀 14%, 오이 8%, 콩나물 10%, 귤 25%, 파인애플 50% 등

22 식품 재고조사 실시 시 바르지 않은 것은?

① 효율적인 재고조사를 위해 저장 창고별로 품목의 위치를 순서대로 정렬한다.

② 재고조사표 작성 시 품목별 재고수량만 파악하고, 중량은 확인하지 않아도 된다.

③ 재고조사의 결과를 구매명세서에 작성한다.

④ 구매에 필요한 양은 현재의 재고량을 고려하여 결정한다.

해설 재고조사표 작성 시 품목별 재고수량 및 중량 등을 확인 후 정확히 작성한다.

23 식품 재고관리의 중요성에 들지 않는 것은?

① 물품의 갑작스러운 부족에 대처할 수 있다.

② 부주의로 인한 손실을 최소화할 수 있다.

③ 원가절감의 효과를 볼 수 있다.

④ 구매비용의 절감은 기대할 수 없다.

해설 식품 재고를 파악하고 관리함으로써 적정주문량 결정을 통해서 구매비용이 절감된다.

정답
18 ③ 19 ④ 20 ③ 21 ① 22 ② 23 ④

CHAPTER

02 검수관리

검수관리란 주문한 물품의 품질과 규격, 수량, 크기, 가격 등이 일치 하는가 검사하는 확인절차이다.

01 식재료의 품질 확인 및 선별

1 검수방법

물품의 검수는 공급자와 구매자 간의 상호신뢰를 가지고 검수에 소요되는 비용이나 시간을 최소화하여 이루어져야 한다. 검수방법에는 전수검사법과 발췌검사(샘플링)법이 활용된다.

① 전수검수법 : 물품의 양이 적을 때 납품된 품목을 하나하나 검수하는 방법으로 정확성은 있지만, 많은 시간과 경비가 소요된다는 단점이 있다. 품목이 고가이거나 종류가 다양할 때 많이 사용된다.

② 발췌(샘플링)검수법 : 검수할 품목의 양이 대량이거나 같은 품목으로 검수할 물량이 많거나, 파괴검사를 해야 할 경우 물품의 일부를 무작위로 선택해서 검사하는 방법이다.

2 검수업무에 대한 평가사항

검수업무 시 다음과 같은 사항에 유념하여 검수를 한다.

① 물품의 품질과 수량을 검사하고 검사기준을 적용하여 검사

② 육류 : 부위등급, 육질, 절단 상태, 신선도, 중량

③ 계류 : 크기, 절단부위, 중량과 육색

④ 난류 : 크기, 중량, 신선도

⑤ 과일 : 크기, 외관형태, 숙성 정도, 색상, 향기, 등급

⑥ 야채 : 신선도, 크기, 중량, 색상, 등급

⑦ 곡류 : 품종, 수확년도, 산지, 건조 상태, 이물질의 혼합여부

⑧ 건어물 : 건조 상태, 외관형태, 염도와 색상, 냄새

⑨ 통조림 : 제조일자, 유통기간, 외관의 형태, 내용물 표시

⑩ 냉동식품 : -18℃ 이하로 소비자가 구입할 때까지 저장, 유통

⑪ 구매주문서와 거래명세서의 수량과 단가의 일치여부

⑫ 포장해체에 따른 식품 보존 상태와 반품처리 절차

⑬ 거래명세서 서명과 상호교부에 관한 절차

3 검수절차 수행

구매청구서에 의해서 주문 · 배달된 물품을 검수관리하는 모든 관리 활동을 말하며, 6단계의 검수절차 수행은 다음과 같다.

① 구매청구서와 물품을 대조하여 품목과 수량, 중량을 확인한다.

② 송장과 물품을 대조할 때 품목, 수량, 중량, 가격도 대조한다.

③ 물품의 품질, 등급, 위생 상태를 판정한 후 물품 인수 및 반품처리를 한다.

④ 검수일자, 가격, 품질검사확인, 납품업자명 확인 후 식품분류 및 명세표를 부착해 둔다.

⑤ 물품을 정리보관 및 저장장소로 옮기는데, 이때 조리장, 냉장고, 냉동고, 저장창고를 준비한다.

⑥ 검수에 관한 검수일지작성, 및 서명, 검수표 작성, 반품서 작성, 검수 시 불합격품 처리를 한다.

4 식재료의 품목별 검수기준

구분	품명	검수기준
곡류	쌀	• 싸라기, 벌레 먹은 쌀, 돌 등이 없어야 함 • 광택이 있으며 투명해야 함
	밀가루	• 순백색으로 이상한 냄새나 맛이 없어야 함 • 덩어리가 지지 않고 건조 상태가 좋아야 함
감자 및 서류	감자류 고구마류	• 크기가 고르고 부패, 발아가 안 된 것 • 병충해가 없어야 함
	토란	잘라서 보았을 때 흰색으로, 단단하고 끈적끈적한 감이 강해야 함
두류	대두 및 기타 두류	• 알이 고르고 잡물이 섞여 있지 않아야 함 • 콩 자체의 특유의 색택을 가지고 있어야 함

버섯류	건조하지 않은 버섯	• 형태가 눌리지 않고 으스러지지 않아야 함 • 짓무르지 않고 탄력이 있어야 함
	건조시킨 버섯	• 잎의 형태를 잘 유지하고 있어야 함 • 변색 · 변질되지 않으며, 건조 상태가 양호해야 함
과일류	사과	• 껍질에 윤기가 돌고 상처와 무른 부분이 없어야 함 • 당도가 12% 이상이어야 하며, 신맛이 없어야 함
	바나나	• 익어야 하며, 표면에 검은 점이 없어야 함 • 꼭지가 말랐거나 끝부분이 무르지 않아야 함
	포도류	알이 떨어지지 않아야 하며 포도 자체의 진한 색을 띠고 있어야 함
	딸기	• 알이 고르고 짓무르지 않아야 함 • 짙은 빨간색을 내며 광택이 있어야 함
해조류	미역	육질이 두꺼우며 건조가 잘 되고, 모양이 흐트러지거나 찢어지지 않아야 함
	김/ 다시마	표면에 구멍이 없이 건조 상태가 좋아야 하며 광택이 나야 함
채소류	오이	• 모양이 휘지 않고 일정하며 씨가 적어야 함 • 수분 함량이 많고 육질이 사각사각해야 함
	피망	깨지거나 변색된 부분이 없고 고유의 색을 띠며 윤기가 나야 함
	배추	잎이 얇고 연하며, 잘라서 속이 꽉 차고 단맛이 있어야 함
	쑥갓	잎이 가지런하고 시들지 않고 꽃대가 올라오지 않아야 함
	대파	흰 대가 길고 꽃대가 피지 않아야 함
	당근	• 외피에 균열이 없고 윗부분과 아랫부분의 굵기 차이가 많이 나지 않아야 함 • 잘라보아서 심이 없고, 심 부분까지 주황색이어야 함
	무	흠집이 없고 잘라보아서 바람이 들지 않고 까만 심이 없어야 함
	양파	싹이 나지 않고 단단하며, 외피가 짓무르지 않아야 함
	깐마늘	물기가 없고 껍질이 깨끗하게 제거되며, 흠집이 없어야 함
육류	소고기	소고기 고유의 적색을 띠며, 마블링과 지방 제거 상태를 확인
	돼지고기	선홍색을 띠며 껍질 부분의 소제 상태를 확인
	닭고기	신선한 광택이 있고 특유한 향 외에 이취가 없어야 함
어패류	각종 어류	• 아가미는 선홍색이며, 비늘은 단단히 붙어 있어야 함 • 안구는 돌출되어 있고 손으로 눌러보아 단단하고 탄력이 있어야 함

02 조리기구 및 설비 특성과 품질 확인

작업장 내의 조리기구와 시설 · 설비는 위생과 안전성, 능률, 경제성을 확보할 수 있도록 계획되어야 하며, 그로 인해 식재료와 작업의 전체적인 흐름이 작업장에서 원활해지고 시간과 노동력, 식재료 등의 낭비를 줄일 수 있다.

1 조리기구의 선정

① 디자인은 단순하지만 가능하면 용도는 다양하고 사용하기에 편리한 것

② 기존 설치공간에 설치하기에 성능, 동력, 크기, 용량이 적합할 것

③ 위생적이고 내구성과 실용성이 있을 것

④ 가격과 유지관리비가 경제적이고 쉬운 것

⑤ 청소가 용이하며 사후관리가 쉬운 것

2 설비

검수공간	• 들어오는 식재료를 신속하고 용이하게 취급할 수 있도록 설계 • 검수대, 손소독기, 계량기, 운반차, 온도계 등
저장공간	• 검수공간과 저장공간, 조리장의 위치순으로 같은 구역 안에 두는 것이 동선이 짧아서 노동력이 절감되고 효율적임 • 쌀 저장고, 냉장 · 냉동고, 일반저장고(조미료, 마른 식품) 등
전처리 및 조리준비실	• 전처리 구역은 기기의 사용빈도가 높은 공간으로 충분한 면적이 필요함 • 교차오염이 일어나지 않도록 육류와 어패류, 채소의 전처리 공간을 구분 • 청소가 쉽고 배수가 잘 되며, 건조가 잘 되는 바닥으로 함 • 싱크, 탈피기, 혼합기, 절단기 등
조리공간	• 조리기기 선정, 작업자 동선 고려, 조리장 면적 산출, 조리장 형태 결정, 장래의 변화를 고려하여 합리적이고 능률적인 공간이 될 수 있도록 설계 • 취반 : 저울, 세미기, 취반기 등 • 가열조리 : 레인지, 오븐, 튀김기, 번철, 브로일러, 증기솥 등
배식	• 보온, 저온보관, 음식담기, 배식 등이 이루어지는 공간 • 보온고, 냉장고, 이동운반차, 제빙기, 온 · 냉 식수기 등
세척 및 소독	• 식기회수와 세척, 샤워싱크, 소독, 잔반처리가 이루어지는 공간 • 세척용 선반, 식기세척기, 식기 소독고, 칼 • 도마 소독고, 손 소독기, 잔반처리기 등
보관	• 세척과 소독이 끝난 기구나 기물을 보관하는 공간 • 선반, 식기소독 보관고 등

03 검수를 위한 설비 및 장비 활용 방법

1 검수설비 및 장비

검수업무를 신속하고 정확하게 하기 위해서 다음과 같은 설비조건을 갖추고 검수에 필요한 장비를 갖추도록 한다.

① 검수장소에서 물품검수를 위해 적절한 밝기는 540룩스 이상이어야 한다.

② 안전성 확보를 위해 물품과 사람이 이동하기에 충분한 공간을 확보한다.

③ 물품을 바닥에 두고 검수하지 않도록 검수대가 있어야 한다.

④ 물품들의 구입 단위에 맞는 장비들을 구비하여 물품을 검수하여야 효율성이 높다.

㉠ 중량 단위로 들어오는 물품은 저울을 사용

㉡ 온도 측정이 필요한 냉장 · 냉동으로 들어오는 물건은 온도계를 사용하여 온도를 측정

㉢ 검수용 온도계로는 전자식 온도계가 적합한데, 액정판에 온도가 표시되고 탐침 끝이 물품과 가까운 거리에서 온도를 감지함

㉣ 물건을 옮기는 운반차(손수레나 운반카트)는 L자형 운반차와 다단식 운반차가 주로 쓰임

㉤ 검수기록을 보관하는 캐비닛이나 계산기 등을 갖추고 있어야 함

2 검수업무 수행의 구비요건

① 검수지식과 경험이 풍부한 검수담당자가 진행

② 검수구역은 배달구역입구, 물품저장소와 가까운 거리

③ 급식소의 상황에 적합하도록 물품배달 시간 등을 미리 계획

④ 구매청구서 사본, 구매명세서 사본, 검수설비와 기기 등을 갖추기

3 검수절차

검수업무는 다음의 절차로 단계적으로 이루어진다.

① 납품 물품과 주문한 내용, 납품서의 대조 및 품질검사

② 물품의 인수 또는 반품

③ 인수한 물품의 입고

④ 검수에 관한 기록 및 문서 정리

CHAPTER

02 모의고사

01 다음 중 식품의 감별법으로 틀린 것은?

① 어류 – 아가미가 열려 있는 것이 좋다.

② 쌀 – 빛이 나고 특유의 냄새 외의 냄새가 없는 것이 좋다.

③ 연제품 – 표면에 점액 물질이 없는 것이 좋다.

④ 소맥분 – 색깔이 흰 것일수록 좋다.

해설 어류는 껍질의 색이 선명하고 윤택이 나며, 비늘이 고르게 밀착되어 있고 아가미는 선홍색을 띠며 밀착되어 있는 것이 신선하다.

02 신선한 생선을 감별하는 방법과 관계없는 것은?

① 눈알이 밖으로 돌출되고, 표피에 점액물질이 없는 것

② 색은 선명하고 광택이 있는 것

③ 아가미의 빛깔이 회백색을 띠는 것

④ 손가락으로 누르면 탄력성이 있는 것

해설 아가미의 빛깔은 선홍색을 띠는 것이 신선하다.

03 식품감별의 목적에 부적당한 설명은?

① 불량식품을 적발

② 식중독을 미연에 방지

③ 유해한 성분 검출

④ 영양성분의 파악

해설 식품을 감별함으로써 식품으로 인해 발생하는 식중독을 미리 예방하고, 인체에 해로운 유해 성분이 포함되어 있는지를 검사하여 불량식품의 유통을 막는다.

04 다음은 식재료 중 육류를 감별하는 방법을 설명한 것이다. 신선한 재료를 판단하는 방법 중 부적당한 것은?

① 탄력성이 있을 것

② 빛깔이 곱고 습기가 있을 것

③ 조직에 피가 많이 흐를 것

④ 선홍색을 띠는 것

해설 신선한 육류는 색이 곱고 습기가 있으며, 탄력성이 있고 선홍색을 띤다.

05 식품 감별 능력에서 가장 중요한 것은?

① 식품검사기술

② 감별자의 풍부한 경험

③ 경험자의 의견

④ 문헌상의 지식

해설 관능검사는 오랜 경험에서 얻어지는 지식을 바탕으로 한다.

06 신선한 달걀의 감별법 중 틀린 것은?

① 흔들 때 내용물이 흔들리지 않는다.

② 깨서 접시에 놓으면 노른자가 볼록하고 흰자의 점도가 높다.

③ 6%의 소금물에 넣어서 떠오른다.

④ 햇빛(전등)에 비출 때 공기집의 크기가 작다.

해설 신선한 달걀의 비중은 약 1.08~1.09인데, 선도가 저하됨에 따라 감소한다. 따라서 6%의 소금물에 떠오르는 것은 오래된 것이다.

정답

01 ① **02** ③ **03** ④ **04** ③ **05** ② **06** ③

07 다음 중에서 좋은 버터는 어느 것인가?

① 신맛이 나는 것

② 담황색으로 반점이 있는 것

③ 단단하여 입안에서 잘 녹지 않는 것

④ 우유와 같은 맛과 냄새가 나는 것

해설 **버터의 감별법**
입에 넣었을 때 우유와 같은 냄새가 있고, 자극이 없는 것이 신선하다.

08 식품의 감별법으로 바르지 않은 것은?

① 양배추는 무겁고 잎이 얇으며, 신선하고 광택이 있는 것이 좋다.

② 오이는 수분함량이 많고, 육질이 사각사각해야 한다.

③ 당근은 굵기 차이가 있고, 심이 없어야 한다.

④ 무는 흠집이 없고, 잘라 보아서 바람이 들지 않아야 한다.

해설 당근은 굵기 차이가 많이 나지 않고 잘라 보아서 심이 없어야 하며, 심 부분까지 주황색이어야 한다.

09 주방 내 조리기기를 선정할 때 고려할 사항이 아닌 것은?

① 성능, 동력, 크기와 용량이 기존 설치 공간보다 커야 한다.

② 성능은 다양하고 사용이 간편해야 한다.

③ 사후관리가 쉬워야 한다.

④ 위생, 안전, 능률, 내구성, 경제성을 확보해야 한다.

해설 조리기구 설치 시 디자인은 단순하지만 성능은 다양하고, 성능과 동력, 크기와 용량은 기존설치 공간에 적합해야 하고 사후관리가 쉬운 것이어야 한다.

10 조리작업별 주요 작업기기로 틀린 것은?

① 검수 : 계량기, 검수대

② 저장공간 : 냉장고, 일반저장고

③ 전처리 : 탈피기, 절단기

④ 세척 : 식기세척기, 혼합기

해설 **조리작업별 작업기기**
- 검수공간 : 검수대, 손소독기, 계량기, 운반차, 온도계 등
- 저장공간 : 쌀 저장고, 냉장고, 냉동고, 일반저장고(조미료, 마른 식품) 등
- 전처리공간 : 싱크, 탈피기, 혼합기, 절단기 등
- 조리공간 : 저울, 세미기, 취반기, 레인지, 오븐, 튀김기, 번철, 브로일러, 증기솥 등
- 배식 : 보온고, 냉장고, 이동운반차, 제빙기, 온 · 냉 식수기 등
- 세척공간 : 세척용 선반, 식기세척기, 식기 소독고, 칼 · 도마 소독고, 손 소독기, 잔반처리기 등
- 보관 : 선반, 식기소독 보관고 등

11 설비에 대한 설명으로 바르지 않은 것은?

① 검수공간 : 들어오는 식재료를 신속하고 용이하게 취급할 수 있도록 설계한다.

② 저장공간 : 노동력 절감을 위해 검수공간과 가깝게 둔다.

③ 전처리공간 : 교차오염이 일어나지 않도록 육류와 어패류, 채소의 전처리 공간을 구분하여 사용한다.

④ 전처리공간 : 배수는 크게 신경을 안 써도 괜찮다.

해설 전처리공간은 물을 많이 사용하므로 청소가 쉽고 배수가 잘되며 건조가 쉬운 바닥으로 한다.

12 배식을 위해 필요한 주요기기로 바르지 않은 것은?

① 이동운반차　　② 보온고

③ 세미기　　④ 온 · 냉 정수기

해설 세미기는 대량의 쌀을 빠른 시간에 씻을 수 있는 기기로 조리공간에 두어야 한다.

정답
07 ④　08 ③　09 ①　10 ④　11 ④　12 ③

13 주문한 물품의 품질과 품목, 신선도, 위생 상태, 중량, 가격, 납기일 등을 확인하는 것은?

① 검수관리 ② 발주관리
③ 배식관리 ④ 구매관리

해설 검수관리는 발주한 물건의 품목, 품질, 신선도, 위생 상태, 수량, 가격, 중량, 납기일 등을 확인하는 단계이다.

14 검수를 위한 설비조건으로 바르지 않은 것은?

① 조도는 80Lux 이상을 갖추어야 한다.
② 사람과 물건이 이용할 수 있는 공간을 확보한다.
③ 전처리 장소와 가까워야 한다.
④ 위생적이고 안전해야 한다.

해설 물품을 검사하기에 적절한 조명시설을 갖추어야 하는데, 조도 540Lux 이상이어야 한다.

15 검수절차에 해당되지 않는 것은?

① 납품 물품과 주문한 내용, 납품서의 대조 및 품질검사
② 물품의 인수 또는 반품
③ 인수한 물품의 입고
④ 정기발주방식에 의한 발주

해설 정기발주방식에 의한 발주는 발주방식의 하나로 상품발주시기를 일정 간격의 일시로 설정하여 때에 맞춰 발주량을 결정하여 발주하는 방식이다.

※ 검수업무는 다음의 절차로 단계적으로 이루어진다.

1. 납품 물품과 주문한 내용, 납품서의 대조 및 품질검사
2. 물품의 인수 또는 반품
3. 인수한 물품의 입고
4. 검수에 관한 기록 및 문서 정리

16 검수업무를 위한 구비요건으로 바르지 않은 것은?

① 검수지식이 풍부한 검수담당자가 진행한다.
② 검수구역은 배달구역과 가까워야 한다.
③ 물품저장소와의 거리는 가까울 필요는 없다.
④ 물품의 저장관리 및 특성을 숙지한다.

해설 노동력 절감을 위해서 검수구역은 배달구역입구, 물품저장소와 가까운 거리여야 한다.

17 검수에 필요한 측량도구가 아닌 것은?

① 저울 ② 계량컵
③ 온도계 ④ 운반차

해설 검수에 필요한 측량도구로는 저울, 계량컵, 온도계, 계산기 등이 있다.

정답
13 ① 14 ① 15 ④ 16 ③ 17 ④

CHAPTER

03 원가

01 원가의 의의 및 종류

1 원가 개념

원가란 특정한 제품의 제조, 판매, 서비스 제공을 위하여 소비된 경제가치라고 규정할 수 있으며, 일정한 급부를 생산하는 데 필요한 경제가치의 소비액을 화폐가치로 표시한 것이다.

2 원가계산 목적

원가계산의 목적은 기업의 경제실제를 계수적으로 파악하여 적정한 판매가격을 결정하고, 동시에 경영능률을 증진시키고자 하는 데 있다.

가격결정의 목적	제품의 판매가격은 보통 그 제품을 생산하는 데 실제로 소비된 원가가 얼마인가를 산출하여 여기에 일정한 이윤을 가산하여 결정하게 된다.
원가관리의 목적	경영활동에 있어서 가능한 원가를 절감하도록 관리하기 위함이다.
예산편성의 목적	예산을 편성하기 위한 기초자료로 이용한다.
재무제표 작성의 목적	일정기간 동안의 경영활동의 결과를 재무제표로 작성할 때 기업의 외부 이해관계자들에게 보고하는 기초자료로 이용한다.

3 원가계산 기간

이와 같은 원가계산은 보통 1개월에 한번 실시하는 것을 원칙으로 하고 있으나, 경우에 따라서는 3개월 또는 1년에 한 번 실시하기도 한다. 이러한 원가계산의 실시기간을 원가계산 기간이라고 한다.

4 원가 종류

(1) 원가의 3요소

재료비	제품 제조를 위하여 소비되는 물품의 원가로, 집단급식시설에서 재료비는 급식재료비를 의미한다. 일정기간 동안 소비한 재료의 수량에 단가를 곱하여 소비된 재료의 금액을 계산한다(재료구입비, 급식재료비).

노무비	제품 제조를 위하여 소비되는 노동의 가치를 말하며, 임금, 급료, 잡금 등으로 구분된다(임금, 급료, 잡금, 상여금).
경비	제품 제조를 위하여 소비되는 재료비, 노무비 이외의 가치를 말하며, 필요에 따라 수도광열비, 전력비, 보험료, 감가상각비 등과 같은 비용이 있다(외주가공비 등).

(2) 직접원가, 제조원가, 총원가, 판매가격

이것은 각 원가 요소가 어떠한 범위까지 원가계산에 집계되는가의 관점에서 분류한 것으로, 그림으로 나타내면 다음과 같다.

<table>
<tr><td></td><td></td><td></td><td>이익</td></tr>
<tr><td></td><td></td><td>판매비와
관리비</td><td rowspan="5">총원가
(판매원가)</td></tr>
<tr><td></td><td>제조간접비</td><td rowspan="4">제조원가
(공장원가)</td></tr>
<tr><td>직접재료비</td><td rowspan="3">직접원가
(기초원가)</td></tr>
<tr><td>직접노무비</td></tr>
<tr><td>직접경비</td></tr>
<tr><td>직접원가</td><td>제조원가</td><td>총원가</td><td>판매가격</td></tr>
</table>

[원가구성도]

① 직접원가=직접재료비+직접노무비+직접경비

② 제조원가=직접원가+제조간접비(간접재료비+간접노무비+간접경비)

③ 총원가=제조원가+판매비와 관리비

④ 판매가격=총원가+이익

(3) 직접비 · 간접비

이것은 원가요소를 제품에 배분하는 절차로 보아서 분류한 것이다.

① 직접비 : 특정 제품에 직접 부담시킬 수 있는 것으로서 직접원가라고도 한다. 이것은 직접재료비, 직접노무비, 직접경비로 구분된다.

② 간접비 : 여러 제품에 공통적으로 또는 간접적으로 소비되는 것으로, 이것은 각 제품에 인위적으로 적절히 부담시킨다.

(4) 실제원가, 예정원가, 표준원가

원가계산 시점과 방법의 차이로부터 분류한 것이다.

① 실제원가(확정원가, 현실원가, 보통원가) : 제품이 제조된 후에 실제로 소비된 원가를 산출한 것이다. 이것은 사후계산에 의하여 산출된 원가이므로 확정원가 또는 현실원가라고도 하며, 보통 원가라고 하면 이를 의미한다.

② 예정원가(추정원가, 견적원가, 사전원가) : 제품 제조 이전에 제품 제조에 소비될 것으로 예상되는 원가를 예상하여 산출한 사전원가이며, 견적원가 또는 추정원가라고도 한다.

③ 표준원가 : 기업이 이상적으로 제조활동을 할 경우에 예상되는 원가로, 경영능률을 최고로 올렸을 때의 최소원가 예정을 말한다. 따라서 이것은 장래에 발생할 실제원가에 대한 예정원가와는 차이가 있으며, 실제원가를 통제하는 기능을 갖는다.

02 원가분석 및 계산

1 집단급식시설의 원가요소

집단급식시설의 운영 과정에서 발생하는 원가요소는 다음과 같다.

① 급식재료비 : 조리제 식품, 반제품, 급식 원재료 또는 조미료 등의 급식에 소요된 모든 재료에 대한 비용을 말한다.

② 노무비 : 급식업무에 종사하는 모든 사람들의 노동력 대가로 지불되는 비용이다.

③ 시설사용료 : 급식시설의 사용에 대하여 지불하는 비용을 말한다.

④ 수도 · 광열비 : 전기료, 수도료, 연료비 등으로 구분된다.

⑤ 전화사용료 : 업무수행 상 사용한 전화료이다.

⑥ 소모품비 : 급식업무에 소요되는 각종 소모품의 사용에 지불되는 비용이다.

⑦ 기타 경비 : 위생비, 피복비, 세척비, 기타 잡비 등이 포함된다.

⑧ 관리비 : 집단급식시설의 규모가 큰 경우 별도로 계산되는 간접경비

2 원가계산 원칙

① 진실성의 원칙 : 제품에 소요된 원가를 정확하게 계산하여 진실하게 표현해야 된다. → 실제로 발생한 원가의 진실성을 파악

② 발생기준의 원칙 : 모든 비용과 수익의 계산은 그 발생 시점을 기준으로 하여야 한다. → 현금의 수지와 관계없이 원가발생의 사실이 있으면 그것을 원가로 인정해야 한다는 원칙

③ 계산경제성의 원칙 : 중요성의 원칙이라고도 하며, 원가계산을 할 때에는 경제성을 고려해야 한다는 원칙이다.

④ 확실성의 원칙 : 실행 가능한 여러 방법이 있을 경우 가장 확실성이 높은 방법을 선택한다는 원칙이다.

⑤ 정상성의 원칙 : 정상적으로 발생한 원가만을 계산하고, 비정상적으로 발생한 원가는 계산하지 않는다.

⑥ 비교성의 원칙 : 원가계산 기간에 다른 일정 기간의 것과 또 다른 부분의 것과 비교할 수 있도록 실행되어야 한다는 원칙이다.

⑦ 상호관리의 원칙 : 원가계산과 일반회계 간, 그리고 각 요소별 계산, 부문별 계산, 제품별 계산 간에 서로 밀접하게 관련되어 하나의 유기적 관계를 구성함으로써 상호관리가 가능하도록 되어야 한다는 원칙이다.

3 원가계산의 구조

원가계산은 다음과 같은 단계를 거쳐 실시하게 된다.

요소별 원가계산 → 부문별 원가계산 → 제품별 원가계산

① 제1단계 요소별 원가계산 : 제품의 원가는 먼저 재료비, 노무비, 경비의 3가지 원가요소를 몇 가지의 분류방법에 따라 세분하여 각 원가요소별로 계산하게 된다.

② 제2단계 부문별 원가계산 : 전 단계에서 파악된 원가요소를 분류 집계하는 계산절차를 가리킨다.

③ 제3단계 제품별 원가계산 : 요소별 원가계산에서 이루어진 직접비는 제품별로 직접 집계하고, 부문별 원가계산에서 파악된 직접비는 일정한 기준에 따라 제품별로 배분하여 최종적으로 각 제품의 제조원가를 계산하는 절차를 가리킨다.

4 재료비 계산

(1) 재료비 개념

제품을 제조할 목적으로 외부로부터 구입 · 조달한 물품을 재료라 하고, 제품의 제조과정에서 실제로 소비되는 재료의 가치를 화폐액수로 표시한 금액을 재료비라고 한다. 재료비는 제품원가의 중요한 요소가 된다. 재료비는 재료의 실제 소비량에 재료소비 단가를 곱하여 산출한다(재료비=재료소비량×재료소비단가).

(2) 재료소비량의 계산법

① 계속기록법 : 재료를 동일한 종류별로 분류하고 들어오고 나갈 때마다 수입, 불출 및 재고량을 계속하여 기록함으로써 재료소비량을 파악하는 방법이다. 소비량을 정확히 계산할 수 있고 재료의 소비처를 알 수 있는 가장 좋은 방법이다.

② 재고조사법 : 전기의 재료 이월량과 당기의 재료 구입량의 합계에서 기말 재고량을 차감함으로써 재료의 소비된 양을 파악하는 방법이다.

※ 당기소비량=(전기이월량+당기구입량)−기말재고량 ※ 월중소비액=(월초재고액+월중매입액)−월말재고액

③ 역계산법 : 일정단위를 생산하는 데 소요되는 재료의 표준소비량을 정하고, 그것에 제품의 수량을 곱하여 전체의 재료소비량을 산출하는 방법이다.

※ 재료소비량=제품단위당 표준소비량×생산량

(3) 재료소비가격의 계산법

① 개별법 : 재료를 구입단가별로 가격표를 붙여서 보관하다가 출고할 때 그 가격표에 붙어 있는 구입단가를 재료의 소비가격으로 하는 방법이다.

② 선입선출법 : 재료의 구입순서에 따라 먼저 구입한 재료를 먼저 소비한다는 가정 아래에서 재료의 소비가격을 계산하는 방법이다.

③ 후입선출법 : 선입선출법과 정반대로 최근에 구입한 재료부터 먼저 사용한다는 가정 아래에서 재료의 소비가격을 계산하는 방법이다.

④ 단순평균법 : 일정기간 동안의 구입단가를 구입횟수로 나눈 구입단가의 평균을 재료 소비단가로 하는 방법이다.

⑤ 이동평균법 : 구입단가가 다른 재료를 구입할 때마다 재고량과의 가중평균가를 산출하여 이를 소비 재료의 가격으로 하는 방법이다

5 원가관리

① 원가관리 개념 : 원가의 통제를 위하여 가능한 한 원가를 합리적으로 절감하려는 경영기법이라고 할 수 있다. 일반적으로 표준원가계산방법을 이용한다.

② 표준원가계산 : 과학적 및 통계적 방법에 의하여 미리 표준이 되는 원가를 설정하고, 이를 실제원가와 비교, 분석하기 위하여 실시하는 원가계산의 한 방법이다.

③ 표준원가 설정 : 표준원가는 원가요소별로 직접재료비표준, 직접노무비표준, 제조간접비표준으로 구분하여 설정하는 것이 일반적이다. 이 중에서 제조간접비의 표준설정은 변동비와 고정비가 있어서 매우 어렵다. 표준원가가 설정되면 실제원가와 비교하여 표준과 실제의 차이를 분석할 수 있다.

6 손익계산

손익분석은 원가, 조업도, 이익의 상호관계를 조사 분석하여 이로부터 경영계획을 수립하는 데 유용한 정보를 얻기 위하여 실시되는 하나의 기법이다. 손익분석은 보통 손익분기점 분석의 기법을 통하여 이루어진다. 손익분기점이란 수익과 총비용(고정비+변동비)이 일치하는 점을 말한다. 그러므로 이 점에서는 이익도 손실도 발생하지 않는다. 수익이 그 이상으로 증대하면 이익이 발생하고, 반대로 그 이하로 감소되면 손실이 발생하게 된다.

① 고정비 : 제품의 제조, 판매수량의 증감에 관계없이 고정적으로 발생하는 비용으로 감가상각비, 고정급 등이 속한다.

② 변동비 : 제품의 제조, 판매수량의 증감에 따라 비례적으로 증감하는 비용으로 주요 재료비, 임금 등이 있다.

7 감가상각

① 감가상각 개념 : 기업의 자산은 고정자산(토지, 건물, 기계 등), 유동자산(현금, 예금, 원재료 등) 및 기타 자산으로 구분된다. 이 중에서 고정자산은 대부분 그 사용과 시일의 경과에 따라 그 가치가 감가된다. 감가상각이란 이 같은 고정자산의 감가를 일정한 내용연수에 일정한 비율로 할당하여 비용으로 계산하는 절차를 말하며, 감가된 비용을 감가상각비라 한다.

② 감가상각 계산요소 : 감가상각을 하는 데에는 기초가격, 내용연수, 잔존가격의 3대 요소를 결정해야 한다.

㉠ 기초가격 : 취득원가(구입가격)

㉡ 내용연수 : 취득한 고정자산이 유효하게 사용될 수 있는 추산기간이다.

㉢ 잔존가격 : 고정자산이 내용연수에 도달했을 때 매각하여 얻을 수 있는 추정가격을 말하는 것으로, 보통 구입가격의 10%를 잔존가격으로 계산한다.

③ 감가상각 계산법 : 감가상각 계산 방법에는 여러 가지가 있으나 중요한 것들을 들면 다음과 같다.

㉠ 정액법 : 고정자산의 감가총액을 내용연수로 균등하게 할당하는 방법이다.

$$\text{매년 감가상각액} = \frac{\text{기초가격} - \text{잔존가격}}{\text{내용연수}}$$

㉡ 정율법 : 기초가격에서 감가상각비 누계를 차감한 미상각액에 대하여 매년 일정률을 곱하여 산출한 금액을 상각하는 방법이다. 따라서 초년도의 상각액이 가장 크며, 연수가 경과함에 따라 상각액은 점점 줄어든다.

CHAPTER

03 모의고사

01 다음 중 원가의 개념으로 옳은 것은?

① 화폐의 지급액

② 기업의 활동을 위한 재화의 소비액

③ 일정기간 동안의 모든 재화의 소비액

④ 일정한 급부를 생산하는 데 필요한 경제가치의 소비액

해설 **원가**

기업이 제품을 생산하는 데 소비한 경제가치를 화폐액수로 나타낸 것이다. 즉, 제품의 제조, 판매, 서비스의 제공을 위하여 소비된 경제가치라고 할 수 있다.

02 원가계산의 최종목표는?

① 제품 1단위당의 원가

② 부문별 원가

③ 요소별 원가

④ 비목별 원가

해설 한 제품을 생산하는 데 들어간 비용을 계산하여 제품 1단위당의 원가를 계산하고, 원가를 바탕으로 제품의 판매가격을 결정지을 수 있다.

03 다음 중 원가계산의 목적이 아닌 것은?

① 가격결정의 목적

② 재무제표 작성의 목적

③ 원가관리의 목적

④ 기말재고량 측정의 목적

해설 **원가계산의 목적**

- 가격결정의 목적
- 원가관리의 목적
- 예산편성의 목적
- 재무제표 작성의 목적

04 원가계산 기간은?

① 3개월 ② 보통 1개월

③ 6개월 ④ 1년

해설 원가계산의 실시기간은 1개월을 원칙으로 실시한다. 그러나 경우에 따라서는 3개월 또는 1년에 한 번 실시하기도 한다.

05 다음 중에서 재료의 소비에 의해서 발생한 원가는 어느 것인가?

① 노무비 ② 간접비

③ 재료비 ④ 경비

해설 제품의 제조를 위해 재료의 소비로 발생한 원가를 재료비라고 한다.

06 제품의 제조를 위해 노동력을 소비함으로써 발생하는 원가를 무엇이라고 하는가?

① 직접비 ② 노무비

③ 경비 ④ 재료비

해설 제품의 제조를 위하여 소비된 노동의 가치를 노무비라 하며, 임금은 직접노무비, 급료 · 수당은 간접노무비라 한다.

정답

01 ④ 02 ① 03 ④ 04 ② 05 ③ 06 ②

07 원가요소 중에서 재료비와 노무비를 제외한 원가요소를 무엇이라고 하는가?

① 경비 ② 임금
③ 원재료비 ④ 급료

해설 원가의 3요소는 재료비, 노무비, 경비로 경비는 노무비와 재료비를 제외한 나머지 가치로 보험료, 수선비, 전력비 등이 포함된다.

08 원가의 3요소는?

① 재료비, 노무비, 경비
② 임금, 급료, 잡금
③ 재료비, 수도, 광열비
④ 수도, 광열비, 전력비

해설 원가란 제품이 완성되기까지 소요된 경제 가치로, 원가의 3요소는 재료비, 노무비, 경비이다.

09. 다음 중 재료비에 포함되지 않는 것은?

① 임금 ② 급료
③ 여비 · 교통비 ④ 상여 · 수당

해설 • 재료비 : 급식재료비
• 노무비 : 임금, 급료, 잡금, 상여금
• 경비 : 수도비, 광열비, 전력비, 보험료, 감가상각비, 여비, 교통비, 전화사용료 등

10 직접경비란 특정제품의 제조에 사용된 경비를 말한다. 다음 중 직접경비는?

① 감가상각비
② 복리비
③ 외주가공비
④ 전력비

해설 • 직접경비 : 외주가공비, 특허권사용료 등
• 간접경비 : 감가상각비, 보험료, 수선비, 전력비, 가스비 등

11 각 원가요소가 어떠한 범위까지 원가계산에 집계되는가의 관점에서 분류한 원가는 어느 것인가?

① 직접원가, 제조원가, 총원가
② 재료비, 노무비, 경비
③ 직접비, 간접비
④ 실제원가, 예정원가

해설 **제조원가요소**
• 직접원가 : 직접재료비+직접노무비+직접경비
• 제조원가 : 직접원가+제조간접비
• 총원가 : 제조원가+판매관리비
• 판매가격 : 총원가+이익

12 직접재료비, 직접노무비, 직접경비의 3가지를 합한 원가를 무엇이라 하는가?

① 직접원가 ② 제조원가
③ 총원가 ④ 판매원가

해설 직접원가 : 직접재료비+직접노무비+직접경비

13 총원가에 대한 설명으로 타당한 것은?

① 판매가격을 말한다.
② 제조원가와 판매관리비의 합계액을 말한다.
③ 재료비, 노무비, 경비의 합계로서 판매관리비는 포함하지 아니한 금액이다.
④ 직접재료비, 직접노무비, 직접경비와 판매관리비의 합계액이다.

해설

			이익
		판매관리비	총원가
	제조간접비	제조원가	
직접재료비 직접노무비 직접경비	직접원가		
직접원가	제조원가	총원가	판매가격

정답
07 ① **08** ① **09** ③ **10** ③ **11** ① **12** ① **13** ②

14 다음 중 이익이 포함된 것은?

① 직접원가

② 제조원가

③ 총원가

④ 판매가격

해설 ① 직접원가 : 직접재료비+직접노무비+직접경비
② 제조원가 : 직접원가+제조간접비
③ 총원가 : 제조원가+판매관리비
④ 판매가격 : 총원가+이익

15 다음은 원가구성의 공식을 기술한 것이다. 옳은 것은?

① 제조원가=직접재료비+직접노무비+직접경비

② 직접원가=제조원가+제조간접비

③ 총원가=제조원가+판매비+일반관리비

④ 판매가격=총원가+이익

16 다음 자료에 의해서 직접원가를 산출하면 얼마인가?

• 직접재료비 ₩150,000	• 간접재료비 ₩50,000
• 직접노무비 ₩120,000	• 간접노무비 ₩20,000
• 직 접 경 비 ₩5,000	• 간 접 경 비 ₩100,000

① 170,000원

② 275,000원

③ 320,000원

④ 370,000원

해설 직접원가=직접재료비+직접노무비+직접경비
=150,000+120,000+5,000=275,000원

17 고정자산에 대한 감가상각을 실제로 할 때는 감가상각의 계산요소를 결정해야 하는데, 이러한 계산요소로서 필요하지 않은 것은?

① 기초가격　② 표준가격

③ 내용연수　④ 잔존가격

해설 ① 기초가격 : 구입가격
③ 내용연수 : 취득한 고정자산이 유효하게 사용할 수 있는 추산기간
④ 잔존가격 : 고정자산이 내용연수에 도달했을 때 매각하여 얻을 수 있는 추정가격

18 다음 재료를 가지고 재고조사법에 의하여 재료의 소비량을 산출하면 얼마인가?

• 전월이월량 : 200kg	• 당월매입량 : 800kg
• 장 부 잔 액 : 420kg	• 실지재고량 : 300kg

① 120kg　② 420kg

③ 700kg　④ 880kg

해설 당기소비량=(전기이월량+당기구입량)－기말재고량
=(200kg+800kg)－300kg=700kg

19 다음 재료에 의하여 계산하면 총원가는 얼마인가?

• 직접재료비 ₩180,000	• 간접재료비 ₩50,000
• 직접노무비 ₩100,000	• 간접노무비 ₩30,000
• 직 접 경 비 ₩10,000	• 간 접 경 비 ₩100,000
• 판매관리비 ₩120,000	

① ₩470,000　② ₩290,000

③ ₩410,000　④ ₩590,000

해설 총원가=직접원가(직접재료비+직접노무비+직접경비)+
제조간접비(간접재료비+간접노무비+간접경비)
+판매관리비
=180,000+100,000+10,000+50,000+30,000
+100,000+120,000=590,000(원)

정답
14 ④　15 ④　16 ②　17 ②　18 ③　19 ④

20 다음은 간장의 재고대장이다. 간장의 재고가 10병일 때 선입선출법에 의한 간장의 재고자산은 얼마인가?

입고일자	수량	단가
5일	5병	3,500원
12일	10병	3,500원
20일	7병	3,000원
27일	5병	3,500원

① 30,000원 ② 31,500원
③ 32,500원 ④ 35,000원

해설 선입선출법이란 먼저 들어온 것을 먼저 사용한다는 뜻으로, 간장의 재고가 10병이므로 남아있는 간장은 27일 5병과 20일 5병이 된다.
27일 5병×3,500원=17,500원, 20일 5병×3,000원=15,000원
∴ 17,500원+15,000원=32,500원

21 제품을 제조한 후에 실제로 발생한 소비액을 자료로 하는 원가계산 방법을 무엇이라고 하는가?

① 실제원가계산
② 사전원가계산
③ 예정원가계산
④ 표준원가계산

해설
- 실제원가 : 제품을 제조한 후에 실제로 소비된 원가를 산출한 원가
- 예정원가(사전원가, 추정원가) : 제품의 제조에 소비될 것이라 예상되는 원가를 산출한 것
- 표준원가 : 과학적 및 통계적 방법에 의하여 미리 표준이 되는 원가를 산출한 것

22 실제원가란 ( )라고도 하며, 보통원가라 한다. 다음 중 빈칸에 알맞은 것은?

① 사전원가 ② 확정원가
③ 표준원가 ④ 직접원가

해설 실제원가는 확정원가, 현실원가라고도 하며 제품을 제조한 후에 실제로 소비된 원가를 산출한 것이다.

23 다음 중 원가계산의 원칙이 아닌 것은?

① 진실성의 원칙
② 현금기준의 원칙
③ 확실성의 원칙
④ 정상성의 원칙

해설 **원가계산의 원칙**
진실성의 원칙, 발생기준의 원칙, 계산경제성의 원칙, 확실성의 원칙, 정상성의 원칙, 비교성의 원칙, 상호관리의 원칙

24 다음은 원가계산의 절차이다. 옳은 것은?

① 요소별 원가계산 → 부문별 원가계산 → 제품별 원가계산
② 요소별 원가계산 → 제품별 원가계산 → 부문별 원가계산
③ 부문별 원가계산 → 요소별 원가계산 → 제품별 원가계산
④ 제품별 원가계산 → 부문별 원가계산 → 요소별 원가계산

해설 **원가계산의 구조**
- 요소별 원가계산 : 재료비, 노무비, 경비의 3가지 원가요소를 몇 가지 분류방법에 따라 세분하여 각 원가계산별로 계산함
- 부문별 원가계산 : 전 단계에서 파악된 원가요소를 분류 · 집계하는 계산절차
- 제품별 원가계산 : 요소별 원가계산에서 파악된 직접비는 제품별로 직접 집계하고, 부문별 원가계산에서 파악된 부문비는 일정한 기준에 따라 제품별로 집계하여 최종적으로 각 제품의 제조원가를 계산하는 절차

25 원가계산의 첫 단계로 재료비, 노무비, 경비를 각 요소별로 계산하는 방법을 무엇이라고 하는가?

① 부문별 원가계산
② 요소별 원가계산
③ 제품별 원가계산
④ 종합원가계산

정답
20 ③ 21 ① 22 ② 23 ② 24 ① 25 ②

26 다음 중 재료소비량의 계산방법이 아닌 것은?

① 계속기록법

② 재고조사법

③ 선입선출법

④ 역계산법

해설 선입선출법 : 재료소비가격의 계산

※ 재료소비량 계산법

① 계속기록법 : 재료가 들어오고 나갈 때마다 기록함으로써 재료소비량을 파악

② 재고조사법 : 일정시기에 재료의 실제소비량을 조사하여 기말재고량을 파악하고, 전기이월량과 당기구입량의 합계에서 기말재고량을 차감하여 재료소비량을 산출

④ 역계산법 : 일정단위를 생산하는 데 소요되는 재료의 표준소비량을 정하고, 그것에다 제품의 수량을 곱하여 전체소비량을 산출

27 정확한 소비량을 알 수 있으나 계산방법과 출납이 빈번한 것이 단점인 것은?

① 재고조사법 ② 계속기록법

③ 역계산법 ④ 단순평균법

해설 계속기록법

재료를 동일한 종류별로 분류하고 들어오고 나갈 때마다 재고량을 기록함으로써 재료소비량을 파악하는 방법으로, 소비량을 정확하게 계산할 수 있고 재료의 소비처를 알 수 있는 가장 좋은 방법이나 계산방법과 출납이 빈번한 것이 단점이다.

28 (전기이월량＋당기구입량)－기말재고량＝당기소비량의 방법으로 재료소비량을 계산하는 방법을 무엇이라 부르는가?

① 재고조사법 ② 계속기록법

③ 역계산법 ④ 단순평균법

해설 재고조사법

원가계산 기말이나 또는 일정한 시기에 재료의 실제소비량을 조사하여 기말재고량을 파악하고 전기이월량과 당기구입량의 합계에서 기말재고량을 차감하여 계산하는 방법

29 다음 중 재고소비가격의 계산법이 아닌 것은?

① 개별법

② 역계산법

③ 후입선출법

④ 이동평균법

해설 • 재료소비가격의 계산법 : 개별법, 선입선출법, 후입선출법, 단순평균법, 이동평균법

• 역계산법 : 재료소비량의 계산

30 월중소비액을 파악하기 쉬운 계산법은?

① 월중매입액－월말재고액

② 월초재고액－월중매입액－월말재고액

③ 월말재고액＋월중매입액－월말소비액

④ 월초재고액＋월중매입액－월말재고액

해설 월중소비액＝(월초재고액＋월중매입액)－월말재고액

31 손익분기점이란 무엇인가?

① 이익을 발생시킨 점

② 수익과 총비용이 일치하는 점

③ 손실을 발생시킨 점

④ 판매량, 생산량을 알리는 도표

해설 손익분기점

수익과 총비용(고정비＋변동비)이 일치하는 점으로, 이점에서는 이익도 손실도 발생하지 않는다.

32 다음 중 고정자산에 속하지 않는 것은?

① 기계 ② 건물

③ 원재료 ④ 토지

해설 기업의 자산

• 고정자산 : 토지, 건물, 기계 등

• 유동자산 : 현금, 예금, 원재료

• 기타 자산

정답

26 ③ 27 ② 28 ① 29 ② 30 ④ 31 ② 32 ③

PART

05

일식 · 복어 기초 조리실무

| 일식 · 복어조리기능사 필기 |

CHAPTER

01 조리 준비

01 조리의 정의 및 기본 조리조작

1 조리의 정의 및 목적

(1) 조리의 정의

조리란 식품을 다듬기에서부터 식탁에 올리기까지 물리적, 화학적 조작을 가하여 합리적인 음식물로 만드는 과정, 즉 식품을 위생적으로 처리한 후 먹기 좋고 소화하기 쉽도록 하여 식욕이 나도록 하는 과정을 말한다.

(2) 조리의 목적

① 기호성 : 식품의 외관을 좋게 하여 맛있게 하기 위하여 행한다.

② 영양성 : 소화를 용이하게 하며 식품의 영양효율을 높이기 위하여 행한다.

③ 안전성 : 위생상 안전한 음식으로 만들기 위하여 행한다.

④ 저장성 : 저장성을 높이기 위하여 행한다.

2 기본 조리조작

식품을 구매하여 본 요리에 들어가기 전의 전처리 과정에 속하는 과정을 기본 조리조작이라고 하는데 한 단계 또는 여러 단계의 기본 조리조작을 거치게 된다. 기본 조리조작에는 다듬고, 씻고, 담그거나 썰고, 다지고, 압착이나 여과, 냉각, 냉동, 해동 등이 있다. 조리조작의 특징은 다음과 같다.

(1) 다듬기

다듬기는 먹을 수 없는 부분을 다듬어서 버리는 작업으로 여기서 알아두어야 할 것은 폐기율이다. 폐기율이란 식품 전체의 무게에 대하여 폐기되는 부분의 무게를 백분율로 나타낸 것으로 되도록 폐기되는 부분이 적게 나오도록 다듬기를 하도록 한다.

(2) 씻기

씻기는 식품에 붙어있는 이물질이나 유해성분을 제거하기 위한 과정으로 흐르는 물 또는 전용세제를 이용하여 씻는다. 채소의 경우 흐르는 물에 무르지 않도록 살살 흔들어가며 씻고, 생선의 경우는 비늘과 내장, 지느러미 등을 제거한 후 2~3%의 소금물을 이용하여 씻는다. 식품의 수용성 성분의 손실을 막기 위해서는 썰기 전에 씻는 것이 좋다.

(3) 담그기와 불리기

식품을 여러 가지 목적에 의해서 물이나 조미액 등에 담그는 과정으로 건조식품을 그대로 사용할 수 없을 시 물에 담가 수분을 재흡수시키도록 하거나 식품이 변색되는 것을 방지하기 위해서 쓴맛이나 떫은맛, 아린맛 등 좋지 못한 맛을 제거하기 위해 하는 작업이다. 식품을 필요 이상으로 오래 담그면 맛 성분이나 수용성 성분이 녹아 나오므로 주의한다. 또한 불렸을 때에 몇 배로 불어나는지 감안해서 불리면 효율적인데, 미역은 8~9배, 콩은 2~3배, 당면은 6배, 고사리 6배, 목이버섯 7~8배 가량 부피가 늘어난다. 염장식품은 저농도(약 1.5%)의 소금물을 사용하면 삼투압작용으로 효과적으로 염분을 제거할 수 있고, 조개류는 3%의 소금물에 담가 해감시켜서 사용한다.

(4) 썰기

썰기는 만들고자 하는 요리에 맞게 재료를 써는 것으로 이 과정을 거치면서 불필요한 부분을 제거하고 표면적이 커져 가열 시 열전도율이 높아지고 조미료의 침투속도도 빠르며 조리시간도 단축할 수 있다. 썰기 작업 시 재료의 특성과 요리의 특성을 살려서 써는데, 예를 들어 육회나 삶은 편육고기는 결의 반대로 썰어야 연하고, 잡채나 볶음요리에 들어가는 고기는 결대로 썰어야 고기가 부서지지 않는다.

(5) 으깨기

으깨기는 감자나 달걀 등을 삶아서 체에 내리거나 수저 등으로 으깨는 작업으로 재료가 삶아서 따뜻할 때 체에 잘 내려진다.

(6) 다지기와 갈기

다지기는 마늘이나 생강, 양파 등을 곱고 작은 입자로 만드는 과정이며, 갈기는 블렌더나 그라인더를 이용하여 다지기보다 더 미세한 입자로 만드는 과정이다.

(7) 섞기와 젓기

볶음이나 무침, 조림 등을 하면서 섞거나 젓는 과정은 재료가 골고루 섞이게 하며, 조미액을 전체적으로 균일하게 섞이게 하여 맛을 균일하게 해준다.

(8) 압착과 여과

식품에 물리적인 힘을 주어서 고형물과 액체를 분리하는 과정으로 녹즙, 두부 으깨어 물기 짜기, 팥고물 등이 있다.

(9) 냉각, 냉장, 냉동

냉각은 조리된 제품 또는 식품재료의 온도를 내리는 방법으로 냉수나 얼음물에 담그거나 냉장고 또는 냉동고를 이용하여 차게 식힌다. 냉각을 함으로써 얻을 수 있는 이점으로 육수의 경우 미생물의 번식을 억제할 수 있고, 과일의 경우는 맛이 향상되며, 녹색채소를 데쳐서 냉각시키면 클로로필라아제에 의한 클로로필의 파괴를 억제할 수 있어서 녹색을 선명하게 살릴 수 있으며, 젤리나 묵, 양갱, 족편처럼 냉각시키면 겔화를 돕는다. 냉장은 5℃ 이하의 온도에 보관하는 방법으로 냉국이나 냉채 등의 요리의 맛과 질감을 살릴 수 있다. 냉동은 0℃ 이하로 식품을 동결시켜서 미생물의 발육을 저지하고 억제하는 방법으로 -40℃ 이하로 급속동결해야 식품의 조직파괴가 적다.

(10) 해동

해동은 냉동된 식품을 조리하기 위해서 냉동 전의 상태로 만드는 것으로 급속해동과 완만해동이 있다. 완만해동은 냉장고 안이나 또는 흐르는 물에 천천히 해동하는 방법으로 중심부와 표면의 온도 차이가 적어서 원래의 상태로 회복되기가 쉬우며, 육류나 어류, 과일의 해동에 주로 쓰인다. 급속해동은 전자레인지 해동과 가열해동이 있는데, 데친 채소나 동결된 반조리 또는 조리된 식품은 동결된 상태 그대로 가열조리하는 급속해동 중 가열해동이 좋다.

3 조리의 온도

(1) 조리 시 온도

① 끓이는 조리 : 끓이는 국은 100℃에서 가열한다.

② 찌는 조리 : 수증기 속의 100℃에서 가열하지만, 요리에 따라 85~90℃에서도 가열한다.

③ 굽는 조리 : 식품을 오븐에 굽는 간접구이와 금속판이나 석쇠의 열로 160℃ 이상의 온도에서 가열하는 직접구이가 있다.

④ 튀기는 조리 : 튀김의 적온은 보통 160~180℃이지만, 수분이 많은 식품은 150℃, 튀김껍질이 없는 것은 130~140℃, 고로케와 속의 충전물이 미리 가열되어 있는 것은 180~190℃에서 재빨리 튀겨내는 것이 좋다.

(2) 음식의 적온

음식의 종류	온도	음식의 종류	온도
청량음료	2~5℃	겨자발효	40~45℃
맥주 · 냉수	7~10℃	식혜발효	55~60℃
빵 발효	25~30℃	커피 · 국 · 달걀찜	70~75℃
밥 · 우유	40~45℃	전골	95~98℃

02 기본 조리법 및 대량 조리기술

1 기본 조리법

조리법으로는 열을 가하지 않고 하는 비가열조리와 열을 이용한 가열조리가 있으며, 가열조리법에는 물을 이용한 습열조리와 물이 아닌 기름이나 조리기구가 열원에 의해서 고온이 되었을 때 생기는 복사열을 이용한 건열조리(굽기, 볶기, 지지기, 튀기기 등), 복합조리, 초단파조리가 있다.

(1) 비가열조리

① 열을 가하지 않고 식품을 조리하는 방법으로 생선류에는 생선회나 물회 등이 있고, 육류를 이용한 요리에는 육회 등이 있으며, 채소나 과일을 이용한 요리로는 샐러드, 생채류, 겉절이, 화채 등이 있다.

② 비가열조리는 열을 가하지 않기 때문에 비타민과 무기질 등의 이용률이 높고 식재료 자체의 향이나 색의 손실이 작아서 풍미를 살릴 수 있으며, 조리시간이 가열조리에 비하여 짧은 장점이 있으나 위생적으로 생선이나 육류, 채소와 과일을 취급하지 않을 경우에는 교차오염이나 기생충 등의 감염이 일어날 수 있다.

(2) 가열조리

가열조리 방법은 열을 가하여 조리하는 방법으로 습열조리법(끓이기, 데치기, 삶기, 시머링, 물에 담가 익히기, 찌기)과 건열조리법(굽기, 볶기, 지지기, 튀기기 등), 복합조리와 초단파조리로 나눈다.

① 습열조리법

조리법	특징
데치기	• 끓는 물에 식품을 단시간 넣었다가 건져 원하는 만큼 익혀내는 조리법 • 끓이기보다 시간이 짧게 걸림 • 육류요리의 경우 본 요리에 앞서 끓는 물에 데쳐서 불미 성분과 지방 등을 제거할 수 있음 • 채소의 경우 냉동 보관하기 위해 또는 건조채소를 만들기 위한 준비 과정으로 이용하는데, 데치기 과정을 거치면서 효소의 불활성화로 변색을 막아 색을 좋게 하고 불순물이나 특유의 냄새를 제거할 수 있음 • 데치는 물의 양은 온도변화를 최소한으로 하기 위해 충분히 넣고 녹색채소의 변색을 막기 위해 1%의 소금을 넣은 다음 휘발성 유기산이 데치는 물에 들어가서 채소의 색을 변색시키지 못하도록 뚜껑을 열어 단시간 데쳐서 냉수에 바로 식힘 • 소금 대신에 식소다나 중조 등의 알칼리성 물질을 넣으면 색은 선명하나 비타민 손실이 큼
끓이기	• 끓이기는 밑손질이 된 재료들을 한곳에 넣고 물을 넣고 가열하는 방법 • 끓이면서 조미가 가능 • 온도조절이 가능 • 식품의 조직이 연화되고 식품에 함유된 맛 성분을 그대로 이용할 수 있음 • 단백질의 응고, 콜라겐이 젤라틴화 되어 소화, 흡수가 용이함
삶기	• 식품을 물속에 넣고 익을 때까지 가열하는 방법 • 조직의 연화와 불미성분의 제거, 단백질의 응고, 감칠맛 성분의 증가 • 수용성 성분의 손실을 막기 위해 조리시간을 최대한 줄일 수 있도록 하기
시머링	• 시머링(Simmering)은 물을 끓는점 이하로 가열하는 조리법 • 단백질의 응고와 조직의 연화, 감칠맛 성분을 증가시킴 • 국물을 이용한 곰국이나 스톡(Stock), 뭉근하게 끓여서 만드는 요리 등에 이용됨
찌기	• 물이 100℃로 끓을 때 발생하는 수증기의 기화열(539kcal/g)을 이용하여 조리하는 방법 • 수용성 성분의 손실이 끓이는 것보다 적음 • 식품의 모양이 그대로 유지됨 • 간접가열이어서 가열시간이 비교적 길고 연료소비도 많음 • 중간에 조미를 할 수 없으므로 찌기 전후에 조미를 해야 함

② 건열조리법

조리법	특징	
굽기	구이는 물이나 기름을 사용하지 않고 열로 빠른 시간 내에 조리하는 방법	
	직접구이 (직화구이)	• 석쇠 등의 기구를 놓고 바로 그 위에 재료를 얹어 굽는 방법(육류나 어패류, 채소류 등에 이용) • 종류 : 제육구이, 너비아니구이, 생선구이, 조개구이, 더덕구이 등
	간접구이	• 열원 위에 팬이나 철판 등을 놓고 재료를 얹어 굽는 방법 • 육류의 경우 센 불로 표면을 익힌 후 불을 줄여서 속까지 익힘
	오븐구이	• 오븐을 이용한 조리법으로, 오븐 안의 뜨거운 공기의 대류열과 가열되어서 생긴 복사열에 의해 재료가 익음 • 직접구이에 비하여 시간은 걸리지만, 재료가 골고루 가열되는 장점이 있음

볶기	• 팬이나 냄비 등을 달구어서 기름을 두르고 재료를 볶아내는 방법 • 기름을 사용하기 때문에 지용성 영양소의 흡수율을 높임 • 식품 고유의 색을 살릴 수 있음
지지기	• 팬에 기름을 약간 두르고 재료를 익혀내는 조리 방법 • 식품을 너무 두껍게 준비하면 속까지 익는데 시간이 걸리므로, 재료를 얇게 썰어 주고 중간에 뒤집어서 위아래가 골고루 익도록 하기
튀기기	• 기름을 가열하여 열전달매체로 이용하여 식품을 익혀내는 조리법 • 비타민의 손실이 적음 • 식품 속의 수분과 기름의 교환이 이루어져 풍미가 좋음 • 튀기는 중에 조미가 불가능하므로 튀기기 전후에 조미하기

③ 복합조리 : 브레이징(Braising)은 팬을 달구어 고기나 채소를 갈색으로 볶은 후 적은 양의 스톡이나 와인을 넣고 뚜껑을 덮어 조려주는 방법으로, 건열조리와 습열조리가 동시에 이용되는 복합조리이다.

④ 초단파조리

㉠ 초단파조리(Microwave Cooking)는 외부로부터 열이 가해지는 것이 아니라 초단파를 식품에 조사시켜서 식품 자체에 있는 물 분자들이 진동하여 열이 발생하는 원리로 식품을 익히는 방법이다.

㉡ 조리기구로는 전자레인지 등이 있다.

㉢ 영양소의 손실이 적고 조리시간이 짧으나 식품의 수분증발이 심하여 뚜껑을 덮거나 랩으로 싸서 사용하는 것이 좋다.

㉣ 전자레인지에 초단파는 수분은 흡수하고 종이나 유리, 도자기, 나무, 플라스틱(폴리프로필렌, 테프론, 실리콘수지 등) 등은 투과를 하여 사용 가능하다.

㉥ 금속이온은 반사하기 때문에 금속류(금속, 금박, 은박장식, 알루미늄호일)의 그릇과 열에 약한 플라스틱(폴리에틸렌, 비닐, 멜라민, 요소수지)은 사용할 수 없다.

(3) 일식 · 복어 기본 조리법

조리법	특징	요리명
맑은국 [스이모노(吸物, すいもの)]	• 국물류의 일종 • 그 계절에 맞는 식재료를 사용하여 계절감을 줌 • 1번 다시를 사용하며, 소금과 간장으로 조미	대합 맑은국, 도미머리맑은국 등
생선회 [사시미(刺身, さしみ)]	• 참치와 방어같이 지방이 많고 살이 부드러운 것은 두껍게 썰기 • 흰살생선은 육질이 비교적 단단하므로 얇게 썰음	조개회, 붉은살 생선회, 활어회, 흰살 생선회 등

구이 [야키모노(焼物, やきもの)]	• 직접 또는 간접적인 화력으로 구이한 요리 • 표면과 내부의 비율을 7 : 3으로 구우면서 표면의 색이 충분히 나도록 함	간장양념구이, 그냥구이, 소금구이 등
튀김 [아게모노(揚物, あげもの)]	다량의 기름을 통하여 식품에 열을 가한 것 ① 스아게 : 재료에 튀김옷을 묻히지 않고 튀겨낸 것 ② 코로모아게 : 재료에 튀김옷을 묻히거나 담가 묻혀서 튀기는 것으로 종류는 다음과 같음 • 템뿌라 : 계란, 물, 밀가루를 혼합하여 만든 튀김옷을 입혀서 튀긴 것 • 가와리아게 : 튀김옷에 변화를 주어 튀긴 것 • 가라아게 : 재료에 밑간을 하거나 그대로 전분이나 밀가루를 묻혀서 튀긴 것	그냥튀김, 튀김옷튀김, 양념튀김, 변형튀김 등
조림 [니모노(煮物, にもの)]	조미료는 설탕, 소금, 간장의 순으로 첨가하며, 식초 등의 휘발성 향은 나중에 넣어 줌	도미조림, 채소조림 등
찜 [무시모노(蒸し物, むしもの)]	• 증기의 기화열을 이용하여 가열한 것 • 재료의 모양의 변형이 없음 • 담백한 재료에 적당한 조리법 • 재료에 따른 온도조절이 중요함	달걀찜, 질 그릇찜, 생선술찜 등
무침 [아에모노(和物, あえもの)]	• 재료에 소스나 양념 등을 곁들여 무쳐낸 것 • 재료를 차게 하여 무치고, 수분이 나오므로 빨리 사용하도록 함	채소두부무침, 깨무침 등
초회 [스노모노(酢の物, すのもの)]	• 새콤달콤한 혼합초를 이용하여 식욕을 자극함 • 미역, 오이 등을 바탕으로 어패류를 담아 냄	모듬초회, 문어초회, 해삼초회 등
냄비 [나베모노(鍋物, なべもの)]	• 재료의 맛과 모양이 요리를 좌우 • 사교적인 요리로 식탁에 올려놓기에는 열효율이 높은 도나베(土鍋)가 적당함	복어냄비, 전골냄비, 샤브샤브 등
면류 [면루이(麵類, めんるい)]	밀가루나 메밀가루에 소금물을 첨가해 반죽을 하여 면으로 만든 것 • 소바 : 메밀국수 • 우동 : 우동국수 • 소우멘 : 소면국수	소면, 우동, 메밀국수 등
밥 [고항(御飯, ごはん)]	쌀로만 지은 밥과 별도의 재료를 넣어 맛을 들인 밥이 있음	밤밥, 자연송이밥, 죽순밥 등
덮밥 [돈부리(丼物, とんぶりもの)]	밥 위에 신선한 어패류나 튀김류, 간장소스를 발라 구운 장어나 닭고기 등을 토핑으로 얹은 일본의 덮밥 요리	소고기덮밥, 장어덮밥, 튀김덮밥, 닭고기덮밥 등
차밥류 [오차쓰케(御茶漬, おちゃつけ)]	'차'라는 뜻의 '오차(お茶)'와 '담그다'라는 뜻의 '쓰케루(漬ける)'가 합쳐 만든 이름으로, 녹차를 우려낸 물에 밥을 넣고 그 위에 참치나 연어, 명란젓, 우메보시, 김 가루 등을 고명으로 올려 먹음	도미차밥, 연어차밥, 매실차밥 등

초밥 [스시(寿司, すし)]	소금과 식초, 설탕으로 간을 한 밥 위에 얇게 저민 생선이나 김, 달걀, 채소 등을 얹거나 말아 만드는 일본의 대표 요리	생선초밥, 김초밥, 유부초밥, 흩어뿌림초밥, 선택초밥 등
절임류 [쓰케모노(漬物, つけもの)]	식품을 식염이나 쌀겨, 된장, 간장, 술지게미 등에 절여서 맛을 향상시키고 저장성을 높임	가지절임, 매실절임, 쌀겨절임, 단무지 등

(4) 대량조리기술

대량조리는 소량의 조리보다 음식의 맛과 질감이 급속히 떨어지고 음식의 관능적, 미생물적 품질관리를 위해 조리시간이나 온도의 통제가 필요하며, 소량일 때의 수작업보다는 조리기기를 활용하여 한정된 시간 내에 대량생산 조리과정을 끝내야 한다. 대량조리법의 종류와 특징은 다음과 같다.

① 국 : 집단급식에서는 영양적인 면과 기호적인 면에서 많은 사람들이 토장국을 선호하므로 토장국이 좋고, 국의 건더기는 국물의 3분의 1 정도가 적당하다.

② 찌개 : 불 조절은 센 불에서 끓이기 시작하여 어느 정도 끓인 후에는 불을 약하게 하여 약 20분간 푹 끓이고, 건더기의 분량은 국물의 3분의 2가 적당하다.

③ 조림 : 조림은 식품자체에 맛을 잘 들이도록 하는 것이 중요하며, 어느 부분이나 같은 맛이 나도록 해야 한다. 생선은 국물을 끓이다가 생선을 넣고 조리는 것이 영양 손실도 적고 생선살이 부서지지 않는다.

④ 구이

- 불이 너무 세면 거죽만 타고 속은 익지 않으며, 굽는 재료가 너무 두꺼우면 조미료가 속까지 배어들어가지 못하므로 맛이 좋지 않으면서 조미료만 태우기 쉽다.
- 구이를 할 때는 석쇠나 오븐을 미리 뜨겁게 달구어 굽도록 한다.
- 소금을 뿌렸다가 구울 때 소금을 뿌리고 20~30분간 두어 소금이 생선 표면에서 없어진 후에 굽도록 한다.

⑤ 튀김 : 튀김을 만드는 데 소요되는 시간이 국에 비하여 약 3배 더 걸리므로 집단급식에서 튀김은 그 사정을 충분히 고려하여 행하도록 하야야 한다.

⑥ 나물

- 채소를 데쳐 사용할 때 데친 후 완전히 식혀서 무치도록 한다.
- 신선한 재료를 사용해야 한다.
- 나물은 먹기 직전에 무쳐야 특유한 향을 유지한다.

03 기본 칼 기술 습득

1 칼의 종류와 용도 분류

칼의 종류	용 도
생선회칼[사시미보쵸(刺身包丁, さしみぼうちょう)]	• 생선회를 자를 때 사용하며, 다른 칼들에 비해 가늘고 긴 것이 특징 • 칼날의 길이는 27~30cm 정도가 사용하기에 편리함 • 칼의 수평이 잘 맞는지 확인하고, 손에 맞는 칼을 선택함
절단칼(데바칼)[데바보쵸(出刃包丁, でばぼうちょう)]	• 생선을 손질하거나 포를 뜰 때 또는 굵은 뼈를 자를 때 사용함 • 칼이 두껍고, 무거운 특징이 있음
채소칼[우스바보쵸(薄刃包丁, うすばぼうちょう)]	• 채소를 자르거나 무 등을 돌려깎기 할 때 사용함 • 칼날이 얇기 때문에 뼈가 있거나 단단한 재료에는 사용하지 않음 • 이 칼을 사용할 때는 자기 몸 바깥쪽으로 밀면서 자름
장어칼[우나기보쵸(鰻包丁, うなぎぼうちょう)]	• 장어칼은 민물장어나 바다장어 등을 손질할 때 전용으로 사용함 • 장어칼은 칼끝이 45도 정도로 기울어져 있고, 뾰족하여 장어 손질에 적합하도록 만들어져 있음

2 칼의 부위별 명칭

명칭	사용용도
칼날 뾰족날	육류의 힘줄을 자르거나 생선 내장을 긁어낼 때, 채소에 칼집 등을 낼 때 사용함
윗날	윗날은 식재료를 자르는 데 가장 많이 사용하기 때문에 가장 중요한 곳임
중심날	육류와 생선을 잡아당겨서 썰거나 채소를 자를 때 사용하는 부위
불룩배	강철과 철의 맞물리는 경계선이라서 이 부분이 명확할수록 좋음
아랫날	채소나 과일 등의 껍질을 벗길 때 사용하는 부위
칼턱	생선의 뼈나 머리 등을 반으로 자를 때나 감자 등의 씨눈을 파낼 때 사용함
날면	날의 끝부분에서 불룩배까지의 부분을 말함
칼등	육류를 두드리거나 채소 등의 껍질을 벗길 때 사용함
칼날배	칼날의 끝부분에서 불룩배까지 비스듬히 깎여 있는 단면을 말함
칼배	마늘이나 호두 등을 깨부술 때 사용하는 부위
칼뿌리	칼날과 손잡이 사이 부분
꼭지쇠	칼의 손잡이 주둥이에 끼우는 금속제를 말함
슴베	손으로 칼자루를 쥘 때 미끄러지지 않게 하는 부위
손잡이	둥근형 손잡이와 팔각슴베의 손잡이 등이 있음

3 올바른 칼 잡는 법

전악식 (주먹쥐기 형태)	• 가장 일반적인 칼 잡는 방법으로 잡는 방법은 엄지손가락과 집게손가락(검지, 두 번째 손가락)으로 칼자루 주둥이의 꼭지쇠와 칼뿌리의 배 부분을 잡고 나머지 세 손가락으로 칼자루를 말아 쥐는 방법 • 연속해서 자르거나 단단한 재료를 자를 때 사용하는 쥐기 방법
단도식 (누르기 형태)	집게손가락은 칼뿌리 쪽 배 부분에 붙이고, 가운데 손가락이 칼 턱 밑으로 들어간 부분에 붙인 상태에서 약손가락과 새끼손가락으로 칼을 감싸듯이 쥐는 방법
지주식 (손가락질 형태)	• 쭉 편 집게손가락이 칼등 위를 가볍게 누르는 방법으로 쥐는 방법 • 회칼이나 채소칼을 사용할 때 쥐는 방법 • 단단한 재료는 칼을 깊이 쥐고, 부드러운 재료는 가볍게 쥠

4 기본 썰기[기혼키리(基本切り, きほんきり)]

기본썰기 방법	특징
와기리(輪切り, わぎり) – 둥글게 썰기	당근, 무, 오이, 고구마 등 둥근 모양의 채소를 둥글게 썰 때 사용
항게쓰기리(半月切り, はんげつぎり) – 반달썰기	• 당근, 무 등 둥근 재료를 세로로 이등분한 반달 모양으로 자르는 방법 • 용도 : 국물요리, 조림요리 등
이쵸기리(銀杏切り, いちょうぎり) – 은행잎 썰기	• 당근, 무, 순무 등 둥근 것을 십자형의 적당한 두께로 써는 방법 • 용도 : 맑은국물의 부재료, 조림 등
지가미기리(地紙切り, ちがみぎり) – 부채꼴모양 썰기	당근, 무 등을 은행잎 모양처럼 자르고, 끝부분을 둥근 조각칼로 깎아 내듯이 깎아 내고 써는 방법으로 부채꼴 모양으로 나옴
나나메기리(斜切り, ななめぎり) – 어슷하게 썰기	• 우엉, 대파 등을 적당한 두께로 옆으로 어슷하게 자르는 방법 • 용도 : 조림 등
효시키기리(拍子木切り, ひょうしぎぎり) – 사각 기둥 모양 썰기	• 길이 4~5cm에 두께 1cm 전후의 사각 막대 모양으로 써는 방법 • 용도 : 채소요리 등
사이노메기리 (賽の目切り, さいのめぎり) – 주사위 모양 썰기	사방 1cm 크기의 주사위 모양으로 써는 방법
아라레기리(霰切, あられぎり) – 작은 주사위 썰기	사방 두께 5mm 정도의 작은 주사위 꼴로 써는 방법
미징기리(微塵切り, みじんぎり) – 곱게 다져썰기	곱게 다지는 방법
고구치기리(小口切り, こぐちぎり) – 잘게 썰기	우엉이나 실파, 샐러리 등의 가늘고 긴 재료를 끝에서 부터 잘게 써는 방법

셍기리(千切り, せんぎり) - 채썰기	당근, 무 등을 길이로 얇게 자른 다음 다시 이것을 5~6cm 채로 써는 방법
센록퐁기리 (千六本切り, せんろっぽんぎり) - 성냥개비 두께로 썰기	성냥개비 크기의 두께로 써는 방법
하리기리(針切り : はりぎり) - 바늘 굵기 썰기	• 바늘 굵기로 써는 방법 • 용도 : 생강, 구운 김 등을 썰 때
단자쿠기리(短册切り, たんざくぎり) - 얇은 사각 채 썰기	당근, 무 등을 길이 4~5cm, 폭 1cm 정도로 얇게 써는 방법
이로가미기리 (色紙切り, いろがみぎり) - 색종이모양 자르기	당근, 무 등을 가로, 세로 2.5cm 정도의 정사각형으로 얇게 써는 방법
가쓰라무키기리 (桂剝切り, かつらむきぎり) -돌려 깎기	• 당근, 무, 오이 등을 원기둥 모양으로 깎은 다음 이것을 돌려가면서 껍질을 얇게 벗겨 내는 방법 • 이것을 세로로 자른 것을 겡(けん)이라고 함
요리우도기리(縒独活, よりうどぎり) - 용수철 모양 썰기	당근, 무, 오이 등을 돌려깎기하여 옆으로 비스듬히(나나메기리) 폭 7~8mm 정도로 잘라 젓가락 등을 이용해서 용수철 모양으로 만든 것 • 용도 : 생선회 등의 곁들임 재료로 사용
란기리(乱切り, らんぎり) - 멋대로 썰기	• 당근, 우엉, 연근 등의 채소를 한 손으로 돌려가며 칼로 어슷하게 잘라 삼각 모양이 나도록 써는 방법 • 용도 : 채소조림 등
사사가키(笹抉切り, ささがき) - 대나무 잎 썰기	• 우엉을 칼의 끝을 사용하여 연필을 깎는 것처럼 돌려가면서 대나무 잎처럼 깎는 방법 • 용도 : 전골냄비(鋤焼: すきやき) 등에 사용
구시가타기리 (櫛型切り : くしがたぎり) - 빗 모양 썰기	• 양파를 2등분 한 다음 가로로 자르는 방법으로 보통 1cm 정도 두께로 써는 것을 말함 • 양파 등을 이등분 한 다음 재료를 얼레빗 등처럼 굽은 모양으로 써는 방법
다마네기미징기리 (玉ねぎみじんぎり) - 양파 다지기	양파를 반으로 갈라서 뿌리 반대쪽에서 칼집을 세로 가로로 넣어서 잘게 다지는 방법

5 모양 썰기[가자리기리(飾り切り, かざりきり)]

모양썰기의 종류	특징
멘토리기리 (面取り切り, めんとりぎり)	• 각 없애는 썰기 • 자른 채소의 모서리를 다듬는 방법으로, 조리 시 깨지는 것을 방지하기 위함

긱카기리 (菊花切り, きっかぎり)	• 국화 잎 모양 썰기 • 무 등을 두께 2cm로 썰어 밑 부분을 조금 남기고 가로, 세로로 자르는 방법
스에히로기리 (螺子ひろ切り, すえひろぎり)	• 부챗살 모양 썰기 • 죽순의 끝부분을 남기고 윗부분만 잘라 부챗살 모양으로 자르는 방법
하나카타기리 (花形切り, はなかたぎり)	• 꽃 모양 썰기 • 당근을 정오각형 모양으로 자른 다음 각 면의 중앙에 칼집을 넣어 꽃모양으로 깎는 방법
네지우메기리 (捻梅切り, ねじうめぎり)	• 매화꽃 모양 썰기 • 하나카타기리한 당근을 중앙을 향해 45도로 칼집을 넣은 후 단면의 골이 페인 곳에 또다시 45도 각도로 비스듬히 깎아서 매화꽃 모양을 만드는 방법
마쓰바기리 (松葉切り, まつばぎり)	• 솔잎 모양 썰기 • 당근, 오이 등을 길이 4~5cm, 폭 4mm, 두께 2mm로 잘라서 이것을 한쪽 끝을 조금 남기고, 폭을 2mm로 하여 한쪽을 잘라서 솔잎 모양으로 만드는 방법
자바라큐리기리 (蛇腹胡瓜切り, じゃばらきゅうりぎり)	• 자바라 모양 썰기 • 오이를 비스듬히 절반 정도만 잘게 칼집을 넣고, 뒤집어 반대쪽도 칼집을 잘게 넣어 소금물에 담가 두고 펼치면 모양이 뱀과 닮은 모양으로 초회 등에 사용함
기타 모양 썰기	
• 오레마쓰바기리(折れ松葉切り, おれまづばぎり) : 접힌 솔잎 모양 썰기 • 기리치가이큐리기리 (切り違い胡瓜切り, ぎりちがいきゅうりぎり) : 오이 원통 뿔 모양 썰기 • 가쿠도큐리기리(角度胡瓜切り, かくどきゅうりぎり) : 나사 모양으로 오이 썰기 • 하나랭콩기리 (花蓮根切り, はなれんこんぎり) : 꽃 연근 만드는 썰기 • 야바네랭콩기리(矢羽蓮根切り, やばねれんこんぎり) : 화살의 날개 모양 썰기 • 자카고랭콩기리(蛇籠蓮根切り, じゃかごれんこんぎり) : 연근 돌려깎아 썰기 • 자센나스기리(茶せん茄子切り, ちゃせんなすぎり) : 자센 모양 가지 썰기 • 구다고보기리(管牛蒡: 切り, くだごぼうぎり) : 원통형 우엉 만드는 썰기 • 다즈나가리기리(手綱切り, たづなぎり) : 말고삐 곤약 썰기 • 무스비가마보코기리(結び蒲鉾切り, むすびかまぼこぎり) : 매듭 어묵 모양 만드는 썰기 • 후데쇼우가기리(筆生姜切り, ふでしょうがぎり) : 붓끝 모양 썰기 • 이카리후우보우기리(いかりふうぼうぎり) : 갈고리 모양 썰기 • 마쓰카사이카기리(松笠烏賊切り, まつかさいかぎり) : 솔방울 모양 오징어 썰기 • 가라쿠사이카기리(唐草烏賊切り, からくさいかぎり) : 당초(唐草)무늬 오징어 썰기 • 아야메기리(菖蒲切り, あやめぎり) : 붓꽃 모양 썰기 • 다이콩노아미기리(大根の網切り, ダイコンのあみぎり) : 그물 모양 무 썰기	

6 칼 연마 및 관리

(1) 일식 조리도의 특징

일식 조리도는 종류가 다양하다. 주로 생선을 손질하기에 적합한 조리도가 발달하였는데 폭이 좁고 긴 것이 많으며, 회칼 등이 매우 예리하다. 칼날을 세울 때는 반드시 숫돌을 사용해야 한다.

(2) 칼 연마

일본요리에 사용되는 조리도는 대부분 한쪽 날의 칼이기 때문에 칼날을 몸쪽 방향으로 갈 때는 앞으로 밀 때 힘을 주고, 칼날을 몸 바깥쪽 방향으로 갈 때는 잡아당길 때 힘을 주어 간다.

① 칼 앞면 가는 방법

㉠ 칼의 갈아야 할 면을 숫돌에 부착한 후 오른손으로 칼의 손잡이를 잡고, 오른손의 집게손가락(검지, 두 번째 손가락)은 칼등 쪽에 대고 엄지손가락은 칼의 뒷면에 대어 남은 세 손가락으로 칼자루를 쥔다.

㉡ 칼을 잡고 칼의 앞면 경사를 자연스럽게 물에 적셔 둔 숫돌에 밀착시킨 후 칼의 뒷면에 왼손을[왼손 집게손가락, 가운뎃손가락, 약손가락(4번째 손가락)]을 댄다.

㉢ 칼자루를 쥔 오른손과 뒷면에 댄 왼손을 동시에 움직여 칼을 앞쪽으로 가볍게 힘을 넣어 밀고 당기는 식으로 계속 반복해서 간다.

㉣ 칼날의 폭이 2cm 정도이면 중심의 1cm 정도를 숫돌에 밀착시켜 자연스러운 각도를 유지한다.

② 칼의 뒷면 가는 방법

㉠ 오른손의 집게손가락(검지, 두 번째 손가락)을 칼의 평면에 대고, 엄지손가락을 칼의 등에 댄다.

㉡ 왼손은 앞면과 동일하게 칼의 앞 가장자리부터 끝 가장자리까지 간다.

㉢ 일식 조리도는 한쪽 면만 갈기 때문에 칼끝이 살짝 반대편으로 넘어가게 되는데, 뒷면을 가는 것을 가에리(返り, かえり)라고 한다.

㉣ 칼을 다 갈았다면 마무리용 숫돌을 사용해 앞뒤를 마무리한다.

㉤ 마무리 단계에서는 흙탕물이 나오지 않도록 물을 계속 끼얹어 주며 가볍게 간다.

(3) 숫돌의 사용 방법

① 숫돌은 항상 평평하게 유지한다.

② 숫돌은 사용하기 전 최소한 30분~1시간 전에는 물에 충분히 흡수시켜 놓는다.

③ 칼을 갈면서 나오는 흙탕물로 인해 칼이 갈아지는 것이므로 물은 가끔씩 뿌리고 많이 뿌리지 않도록 한다.

(4) 조리도의 관리 방법

각자 자신의 조리도를 사용 · 관리하며, 하루에 한번 이상 가는 것을 원칙으로 한다. 일반적으로 수세미를 이용해 비눗물 등으로 닦고 씻어 물기를 제거하고, 마른종이에 싸서 보관한다.

(5) 숫돌의 종류와 특징

숫돌의 입자의 크기를 나타내는 단위를 입도하고 하며, 기호는 #로 표기하는데 숫자가 클수록 입자가 작고 미세하다.

숫돌의 종류	숫돌의 입자	특징
400#	굵은숫돌 (거친숫돌)	칼날이 뭉뚝하고 이가 나갔거나 새 칼을 갈 때 사용하며, 계속 거친숫돌로 갈면 칼에 요철이 생길 수 있으므로 중간숫돌과 마무리숫돌을 중간에 함께 사용하는 것이 좋다.
1000#	고운숫돌 (중간숫돌)	일반적인 칼을 갈 때 많이 사용하며, 굵은숫돌로 갈고 난 후에 칼날을 부드럽게 정돈하기 위해 사용한다.
4000~6000#	마무리숫돌	마무리 단계에 사용하는 숫돌로, 앞 단계를 거쳐서 부드러워진 칼날을 더욱 매끄럽고 광이 나게 하기 위해 사용한다.

(5) 칼 사용 안전수칙

① 작업 중 칼 사용을 잠시 멈출 때에는 잘 보이는 곳에 둔다(도마의 옆 또는 위쪽).

② 칼을 식재료 자르는 용도 이외에는 사용하지 않는다.

③ 용도에 알맞은 칼을 사용한다.

④ 칼이 무디면 더 안전하지 못하다.

⑤ 칼을 갈 때는 주의를 기울여야 한다.

⑥ 칼을 보이지 않는 곳에 두거나 물이 든 개수대에 담아두지 않는다.

⑦ 칼을 들고 이동할 때는 칼끝을 정면에 두지 않으며, 칼등을 앞을 향하게 하고 칼날은 뒤로 가게 한다.

⑧ 칼을 떨어뜨렸을 경우 잡으려고 하지 말고 물러서서 피한다.

⑨ 작업이 끝나면 칼을 먼저 세척하여 안전한 곳(칼 보관함 또는 개인 가방)에 보관 후 정리정돈을 한다.

04 조리기구의 종류와 용도

1 기구의 종류와 용도

종류	용도
집게냄비 [얏토코나베(やっとこ鍋)]	• 깊이가 낮은 평평한 모양으로 손잡이가 없는 것이 특징 • 잡을 때 반드시 집게[야토코]를 사용하므로 이 이름이 붙여졌음
편수냄비 [가타테나베(たてなべ)]	냄비로 손잡이가 있어서 사용하기 편리함
양수냄비 [료우테테나베(りょうてなべ)]	냄비 양쪽에 손잡이가 달려 있어 다량의 요리를 삶거나 조릴 때 물을 끓이는 데 사용하기 때문에 비교적 큰 냄비가 많음
아게나베 [아게나베(揚鍋:あげなべ)]	튀김 전문용 냄비
달걀말이팬 [타마고야키나베(卵焼鍋, たまごやきなべ)]	달걀말이 전용 달걀말이 팬(出汁巻鍋)으로 사각으로 된 형태가 대부분임
덮밥냄비 [돔부리나베(丼鍋, どんぶりなべ)]	덮밥 전용 냄비로, 소고기나 닭고기덮밥 등 주로 계란을 풀어서 끼얹는 덮밥을 만들 때 사용함
쇠냄비 [데쓰나베(鉄鍋, てつなべ)]	전골냄비라고도 하며, 재질은 철로 만들어져 두껍고 무거운 특징이 있음
도기냄비 [유키히라나베(行平鍋, ゆきひらなべ)]	• 손잡이, 뚜껑 등이 있는 운두가 낮은 두꺼운 도기(陶器)냄비 • 열의 세기가 약하고 천천히 열을 전할 수 있어 보온력이 좋음 • 입구가 좁아 용적에 대해 수분을 증발하는 면적이 작으므로 죽 등을 끓이기에 좋음
질냄비 [호로쿠나베(炮烙鍋, ほうろくなべ)]	• 크고 편평한 뚜껑이 없는 그릇이 대부분이지만, 뚜껑이 달려서 나오는 제품도 있음 • 구이요리를 담는 용기로 사용하거나 찜구이(蒸し焼き) 등에 사용하며, 참깨를 볶을 때도 사용함
토기냄비 [도나베(土鍋, どなべ)]	• 두꺼운 뚜껑이 있는 냄비로, 양쪽에 잡는 손잡이가 있음 • 열전도율은 좋지 않으나 보온력이 우수해서 1인분용으로 식탁에 오르는 냄비요리에 사용함
찜통 [무시키(蒸し器, むしき)]	• 증기를 통해서 재료에 열을 가하는 조리 방법 • 찜통의 종류는 스테인리스, 알루미늄, 합금 등의 금속재와 목재가 있고 사각형이나 원형이 있으며, 일반적으로 금속 제품이 대부분임 • 목재 제품은 열효율도 좋고 나무가 여분의 수분을 적당히 흡수하는 장점이 있음
조림용 뚜껑 [오토시부타(落し蓋, おとしぶた)]	• 냄비 중앙 위에 재료를 덮어 재료나 국물이 직접 닿게 하여 조림이 빨리 되고 양념이 고루 스며들도록 하는 역할을 하는 뚜껑 • 재질은 나무로 만든 것과 종이로 만든 것이 있음

강판 [오로시가네(卸金, おろしがね)]	무나 고추냉이, 생강 등을 갈 때 사용함
절구통/절구방망이 [스리바치/스리코기(擂鉢, すりばち/擂, こ木: すりこぎ)]	용도는 재료를 으깨어 잘게 하거나 계속 휘저어서 끈기가 나도록하는 데 사용
굳힘틀 [나가시캉(流し岳, ながしかん)]	사각 형태의 스테인리스로 만든 두 겹으로 된 것이고, 달걀이나 두부 등의 찜요리, 참깨두부 같은 네리모노(ねりもの)와 한천을 이용한 요세모노(よせもの) 등에 사용
눌림통 [오시바코(御し想, おしばこ)]	눌림 통은 목재로 된 상자초밥용과 오시바코에 밥을 넣어 눌러 모양을 찍어 내는 두 종류가 있음
쇠꼬챙이 [가네쿠시(鉄串, かねくし)]	• 생선구이에 대부분 쇠꼬챙이를 많이 사용함 • 대나무로 만든 제품과 스테인리스로 만든 제품이 있는데, 주로 스테인리스 제품을 생선구이에 사용함
소쿠리 [자루/다케카고(笊, ざる/竹籠, たけかご)]	주로 재료의 물기를 빼는 데 사용
초밥 비빔용 통 [항기리(半切り, はんぎり)]	• 초밥을 비빌 때 사용하며, 보통 노송나무(ひのき)로 된 초밥 비빔용 통임 • 사용할 때는 물을 듬뿍 적셔 수분을 충분히 흡수하도록 한 다음 사용해야 밥알이 달라붙지 않음(초밥초가 나무에 지나치게 스며들지 못하기 때문) • 사용 후의 보관은 세척하여 건조시켜 뒤집어 놓음
김발 [마키스(巻き簀, まきす)]	김발은 김초밥을 만들 때나 달걀말이 모양을 잡을 때 등 다양하게 사용되며, 재질은 대나무로 되어 있음
핀셋 [호네누키(骨拔, きほねぬき)]	생선의 지아이(血合い, ちあい) 부근의 잔가시나 뼈를 제거하거나 유자 등의 과육을 빼내는 데 사용함
장어 고정시키는 송곳[메우치(目打, めうち)]	뱀장어나 갯장어, 바닷장어 등을 손질할 때 장어의 눈 부분을 송곳으로 고정시켜서 장어손질을 할 때 편리함
비늘치기 [우로코히키, 고케히키(うろこひき, こけひき)]	도미나 연어 등의 생선의 비늘을 제거할 때 사용하는 기구로, 비늘을 벗길 때 생선의 머리 방향으로 긁어야 잘 벗겨짐
요리용 붓 [하케(刷毛, はけ)]	붓은 튀김 재료에 밀가루나 녹말가루 등을 골고루 바를 때 사용하는 요리용, 구이류에 다레(垂れ, たれ)를 바를 때도 사용함
파는 기구 [구리누키(刳り貫き, くりぬき)]	채소류, 과일류 등의 재료 속의 씨앗을 빼내거나 재료들을 조리 용도에 따라서 둥글게 파내는 도구
찍는 틀 [누키카타(抜き形, ぬきかた)]	찍는 틀은 재료를 원하는 형태로 찍어 눌러 만드는 도구로 꽃 모양, 별 모양, 채소 모양, 동물 모양 등 스테인리스 제품으로 다양한 모양과 크기가 있음
체 [우라고시(裏漉, うらごし)]	원형의 목판에 망을 씌운 기구

말린 대나무 껍질 [다케노카와(竹の皮, たけのかわ)]	• 대나무 껍질이나 죽순 껍질을 말린 것 • 용도는 재료를 감쌀 때 이외에는 물이나 뜨거운 물에 불려서 사용함 • 잔 칼집을 내어 냄비의 바닥에 깔면 재료가 눌어붙거나 타는 것을 방지할 수 있음
엷은 판자종이 [우스이타(薄板, うすいた)]	• 우스이타의 재질은 삼나무나 노송나무를 종잇장처럼 엷게 깎아 만들었음 • 용도는 말아서 만든 요리를 감싸거나, 포를 뜬 생선을 싸서 냉장고에 보관하거나, 냄비의 바닥에 깔거나 장식용으로 사용함
그물망 국자 [그아미자쿠시(網杓子, あみじゃくし)]	튀김요리를 할 때 튀김찌꺼기(天滓, てんかす) 등을 건져내는 데 사용함

05 식재료 계량방법

1 계량도구

주방에는 계량컵, 계량스푼, 저울, 온도계, 시계 등을 반드시 비치하여 정확한 식품 및 조미료의 양, 조리온도와 시간 등을 알아야 편리하다. 식품을 남지 않게 사용하고 항상 같은 맛의 요리를 만들기 위해 재료 분량에 세심한 주의를 기울여야 한다.

① 저울 : 저울은 무게를 측정하는 기구로, 사용하기 전에 평평한 곳에 수평이 되도록 놓고 영점을 맞추어 사용해야 한다. 저울의 단위는 g, kg으로 나타낸다.

② 계량컵 : 계량컵은 부피를 측정하는 기구로, 우리나라의 경우 1컵은 200ml로 지정하고 있고 미국 등 외국에서는 1컵을 240ml로 하고 있으니 주의해야 한다.

③ 계량스푼 : 계량스푼은 양념류 등의 부피를 측정하는 기구로, 큰술(Table spoon, Ts)과 작은술(tea spoon, ts)로 구분한다.

2 식품별 계량방법

식품별 계량방법의 차이가 있으므로 숙지하여 계량의 오차가 없도록 한다.

(1) 가루식품

① 밀가루 : 밀가루는 체에 두, 세 번 친 후 스푼을 이용해서 계량컵에 수북하게 담고 흔들거나 누르지 말고 스페출라로 편평하게 깎아서 잰다.

② 설탕

- 백설탕 : 덩어리진 것이 없도록 하여 계량컵에 수북이 담고, 스페출라로 편평하게 깎아서 잰다.

• 황설탕과 흑설탕 : 컵에 꺼내었을 때 컵의 모양이 유지될 수 있을 정도로 꾹꾹 눌러 담아 컵의 윗면을 스페출라로 편평하게 깎아서 잰다.

(2) 고체식품

버터나 마가린, 쇼트닝 등의 고형지방은 실온에서 부드러워졌을 때 스푼이나 컵에 꾹꾹 눌러 담아 공간이 없게 한 후 위를 편평하게 깎아 잰다.

(3) 액체식품

액체식품은 계량컵이나 계량스푼에 가득 담아서 계량하고 속이 보이는 계량컵을 사용한다.

① 일반적인 액체식품 : 유리와 같은 투명기구를 사용하여 액체를 계량할 때는 액체의 표면 아랫부분을 눈과 수평으로 하여 읽는다.

② 점도가 있는 액체식품 : 엿이나 꿀과 같은 점도가 있는 액체는 컵에 가득 채운 후 위를 편평하게 깎아서 잰다.

(4) 알갱이 상태의 식품

콩류나 쌀, 깨 등의 알갱이 상태의 식품은 계량컵에 가득하게 담고 살짝 흔들어서 빈공간이 없도록 하고 표면이 평면이 되도록 깎아서 잰다.

(5) 농도가 큰 식품

농도가 있는 된장이나 고추장은 계량컵에 꾹꾹 눌러 담고 표면이 평면이 되도록 깎아서 잰다.

계량

1컵 = 1Cup = 1C = 물200ml(약 13큰술 + 1작은술)
1큰술 = 1Table spoon(테이블스푼) = 1Ts = 물15ml
1작은술 = 1tea spoon(티스푼) = 1ts = 물 5ml
1큰술 = 3작은술

온도계

조리용 온도계는 용도에 따라 사용하는데 적외선 온도계, 튀김용 온도계, 육류용 온도계 등 다양하다.

• 적외선 온도계 : 비접촉식으로 표면의 온도를 잴 수 있음
• 튀김용 온도계 : 액체의 온도를 잴 수 있는 봉상 액체용 온도계를 사용
• 육류용 온도계 : 탐침하여 육류의 내부온도를 측정할 수 있음

조리용 시계

식품을 가열하거나 담그는 등의 측정이 필요할 때는 스톱워치(Stop Watch)나 타이머(Timer), 초침이 잘 보이는 탁상시계 등을 사용한다.

06 조리장의 시설 및 설비 관리

1 조리장의 기본조건

(1) 조리장 3원칙

조리장을 신축 또는 개조할 경우 다음 세 가지 면을 고려하여 시설하여야 하는데, 그 중 가장 먼저 고려해야 할 점은 '위생 > 능률 > 경제'의 순이다.

① 위생 : 식품의 오염을 방지할 수 있고 채광, 환기, 통풍 등이 잘 되며, 배수와 청소가 용이하여야 한다.

② 능률 : 적당한 공간이 있어 식품의 구입, 검수, 저장, 식당 등과의 연결이 쉽고, 기구나 기기 등의 배치가 능률적이어야 한다.

③ 경제 : 내구성이 있고 구입이 쉬우며, 경제적이어야 한다.

(2) 조리장 위치

① 통풍, 채광 및 급 · 배수가 용이하고 소음, 악취, 가스, 분진, 공해 등이 없는 곳이어야 한다.

② 화장실, 쓰레기통 등에서 오염될 염려가 없을 정도의 거리에 떨어져 있는 곳이 좋다.

③ 물건의 구입 및 반출이 용이하고, 종업원의 출입이 편리한 곳이어야 한다.

④ 음식을 배선하고 운반하기 쉬운 곳이어야 한다.

⑤ 손님에게 피해가 가지 않는 위치여야 한다.

⑥ 비상시 출입문과 통로에 방해되지 않는 장소여야 한다.

(3) 조리장의 면적 및 형태

① 조리장의 면적 : 식당 넓이의 1/3이 기준으로, 일반급식소(1식당) $0.1m^2$, 학교(아동 1인당) $0.1m^2$, 병원급식시설(침대 1개장) $1.0m^2$, 기숙사(1인당) $0.3m^2$가 일반적 기준이다.

② 조리장의 폭 : 주방의 평면형에서 폭과 길이의 비율은 폭 1.0, 길이 2.0~2.5의 비율이 능률적이고, 정사각형이나 원형은 동선의 교체가 증가되어 비능률적이다.

2 조리장 설비

(1) 조리장 건물

① 충분한 내구력이 있는 구조일 것

② 객실과 객석과는 구획의 구분이 분명할 것

③ 바닥과 바닥으로부터 1m까지의 내벽은 타일 등 내수성 자재를 사용한 구조일 것

④ 배수 및 청소가 쉬운 구조일 것

(2) 급수시설

급수는 수돗물이나 공공시험 기관에서 음용에 적합하다고 인정하는 것만을 사용하고, 우물일 경우에는 화장실로부터 20m, 하수관에서 3m 떨어진 곳에 있는 것을 사용한다. 1인당 급수량은 급식센터인 경우 6~10ℓ/1식, 학교는 4~6ℓ/1식이 필요하다.

(3) 작업대

① 작업대의 높이 : 신장의 52%(80~85cm) 가량이며, 55~60cm 너비인 것이 효율적

② 작업대와 뒤 선반과의 간격은 최소한 150cm 이상

③ 작업대의 배치순서 : 준비대(냉장고) → 개수대 → 조리대 → 가열대 → 배선대

작업대 종류
- ㄷ자형 : 면적이 같을 경우 가장 동선이 짧으며, 넓은 조리장에 사용된다.
- ㄴ자형 : 동선이 짧으며, 조리장이 좁은 경우에 사용된다.
- 병렬형 : 180°의 회전을 요하므로 피로가 빨리 온다.
- 일렬형 : 작업 동선이 길어 비능률적이지만, 조리장이 굽은 경우 사용된다.

(4) 냉장 · 냉동고

① 냉장고는 5℃ 내외의 내부온도를 유지하는 것이 표준이며, 보존기간도 2~3일 정도이므로 냉장고에 절대 의존하지 말아야 한다.

② 냉동고는 0℃ 이하를, 장기간 저장에는 -40~-20℃를 유지하는 것이 좋다.

(5) 환기시설

창에 팬을 설치하는 방법과 후드(Hood)를 설치하여 환기를 하는 방법이 있다. 후드의 모양은 환기속도와 주방의 위치에 따라 달라지며, 4방형이 가장 효율이 좋다.

(6) 조명시설

식품위생법상의 기준조명은 객석 30룩스(유흥음식점은 10룩스), 단란주점은 30룩스, 조리실은 50룩스 이상이어야 한다.

(7) 방충 · 방서시설

창문, 조리장, 출입구, 화장실, 배수구에는 쥐 또는 해충의 침입을 방지할 수 있는 설비를 해야 하며, 조리장의 방충망은 30매시 이상이어야 한다.

(8) 화장실

남녀용으로 구분되어 사용하는데 불편이 없는 구조여야 하며, 내수성 자재로 하고 손 씻는 시설을 갖추어야 한다.

3 조리기기

(1) 필러(Peeler)

감자, 무, 당근, 토란 등의 껍질을 벗기는 기계(박피기)

(2) 식품 절단기(Food Cutter)

육류를 저며 내는 슬라이서(Slicer), 채소를 여러 가지 형태로 썰어주는 베지터블 커터(Vegetable Cutter), 식품을 다져내는 푸드 초퍼(Food Chopper) 등이 있다.

(3) 샐러맨더(Salamander)

가스 또는 전기를 열원으로 하는 하향식 구이용 기기로 생선구이나 스테이크 구이용으로 많이 쓰인다.

(4) 그리들(Griddle)

두꺼운 철판 밑으로 열을 가열하여 철판을 뜨겁게 달구어 철판 위에서 음식을 조리하는 기기로 전, 햄버거 등 부침요리에 적합하다.

(5) 브로일러(Broiler)

복사열을 직 · 간접으로 이용하여 음식을 조리하는 기기로 구이에 적합하며, 석쇠에 구운 모양을 나타내는 시각적 효과로 스테이크 등의 메뉴에 많이 이용된다.

(6) 믹서(Mixer)

식품의 혼합 · 교반 등에 사용된다. 액체를 교반하여 동일한 성질로 만드는 브랜더(Blender)와 여러 가지 재료를 혼합하는 믹서(Mixer)가 있다.

(7) 믹싱기(Mixing Machine)

식품을 섞어 반죽하거나 분쇄 · 절단하는 작업이 편리한 조리기기로, 주로 소시지나 만두소 등을 만들 때 사용한다.

(8) 스쿠퍼(Scooper)

아이스크림이나 야채의 모양을 뜨는 데 사용한다.

CHAPTER

01 모의고사

01 식품 조리 목적에 들지 않는 것은?

① 영양성 ② 기호성

③ 안전성 ④ 보충성

해설 조리의 목적
- 식품의 기호적 가치를 높인다(기호성).
- 식품의 영양적 가치를 높인다(영양성).
- 식품의 안전성을 높인다(안전성).
- 식품을 오래 보관 할 수 있다(저장성).

02 다음 중 조리의 목적과 거리가 먼 것은?

① 유해물을 제거하여 위생상 안전하게 한다.

② 식품의 가열, 연화로 소화가 잘 되게 한다.

③ 식품을 손질하여 더 좋은 식품으로 만들어 식품의 상품가격을 높인다.

④ 향미를 좋게 하고, 외관을 아름답게 하여 식욕을 돋운다.

해설 조리는 위생성, 기호성, 영양성, 저장성 등의 향상을 목적으로 한다.

03 다음 중 습열조리에 의한 조리에 해당되지 않는 것은?

① 삶기

② 튀기기

③ 끓이기

④ 조림

해설 • 습열조리 : 삶기, 끓이기, 찌기, 조리, 데치기 등
• 건열조리 : 굽기, 석쇠구이, 볶기, 튀기기, 부치기 등

04 식혜를 만들고자 할 때 당화시키는 온도는 어느 정도가 적당한가?

① 35~40℃

② 45~50℃

③ 55~60℃

④ 65~70℃

해설 식혜 발효온도는 55~60℃이다.

05 맛있게 느끼는 식품의 온도로 잘못된 것은?

① 밥 – 70℃

② 찌개, 전골 – 95℃

③ 홍차 – 70℃

④ 맥주 – 7℃

해설 밥의 맛있는 적온은 40℃ 내외이다.

06 전자오븐(Microwave Oven)에서의 조리원리는?

① 전도에 의하여

② 복사에 의하여

③ 대류에 의하여

④ 초단파에 의하여

해설 전자레인지(전자오븐)는 초단파(전자파)를 이용한다.

정답 01 ④ 02 ③ 03 ② 04 ③ 05 ① 06 ④

07 전자오븐 사용에 관한 설명 중 틀린 것은?

① 가열에는 수분이 필요하다.

② 식품의 내부와 외부를 동시에 가열한다.

③ 법랑냄비는 마이크로파를 대부분 흡수하여 조리가 잘 된다.

④ 마이크로파는 도자기, 유리, 합성수지 등을 투과하므로 식품을 그릇에 담은 채 조리할 수 있다.

해설 법랑제는 금속에 사기를 입힌 그릇이기 때문에 전자파가 반사되어 조리가 안 된다. 전자오븐에 사용할 수 있는 그릇은 파이렉스, 도자기, 내열성 플라스틱 용기, 유리, 종이상자 등이다.

08 비교적 영양소 손실이 적은 조리방법은?

① 굽기　② 삶기

③ 찌기　④ 튀기기

해설 기름을 이용하여 튀기는 조리는 영양소나 맛의 손실이 가장 적은 조리법이다.

09 다음은 찜의 장점에 대한 설명이다. 틀린 것은?

① 풍미 유지에 좋다.

② 모양이 흐트러지지 않는다.

③ 수용성 성분의 손실이 끓이기에 비하여 적다.

④ 수증기의 잠재열을 이용하므로 시간이 절약된다.

해설 찜은 수증기의 잠재열(1g당 539kcal)을 이용하는 조리방법으로, 시간이 다소 걸리는 단점이 있다.

10 구이의 장점에 대한 설명으로 부적당한 것은?

① 고온 가열이므로 성분변화가 심하다.

② 수용성 물질의 용출이 끓이는 것보다 많다.

③ 식품 자체의 성분이 용출되지 않고 표피 가까이에 보존된다.

④ 익히는 맛과 향이 잘 조화된다.

해설 구이는 비교적 고온으로 가열하므로 식품으로부터 수용성 성분의 용출이 적고, 식품 표면의 수분이 감소되어 식품 본래의 맛이 난다.

11 다음은 녹색채소 조리 시 중조를 가하면 나타나는 결과를 설명한 것이다. 틀린 것은?

① 비타민 C가 파괴된다.

② 조직이 연화된다.

③ 진한 녹색을 띤다.

④ 녹갈색으로 변한다.

해설 녹색채소로 조리 시 중조(소다)를 넣으면 색이 선명해지지만, 조직이 연화되고 비타민 C의 파괴를 가져온다.

12 흰색채소의 흰색을 그대로 유지할 수 있는 조리방법은?

① 약간의 소다를 넣고 삶는다.

② 약간의 식초 물을 넣고 삶는다.

③ 채소를 데친 직후 냉수에 헹군다.

④ 채소를 물에 담가 두었다가 삶는다.

해설 흰색채소에 함유된 플라보노이드 계통의 색소는 산에서 백색을 유지하고, 알칼리에서는 황색으로 된다. 연근이나 우엉은 껍질을 벗긴 후 식초 물에 담그면 색깔이 변하지 않는다.

13 다음 조리 작업 중 비타민 C의 손실이 제일 큰 경우는?

① 무생채에 오이를 넣어 무쳤다.

② 무생채에 고춧가루를 넣어 무쳤다.

③ 무채를 썰어 15분가량 공기 중에 방치해 두었다.

④ 무생채에 당근을 넣어 약 1시간 후에 무쳤다.

해설 비타민 C는 열과 광선에 의해서도 쉽게 파괴되지만, 비타민 C 파괴 효소인 아스코르비나제에 의해서도 많은 양의 비타민 C가 손실된다. 아스코르비나제가 많은 식품은 당근이다.

정답
07 ③ 08 ④ 09 ④ 10 ② 11 ④ 12 ② 13 ④

14 채소를 데칠 때 녹색채소의 변색을 막기 위해 넣는 적당한 소금의 농도는?

① 1% ② 5%

③ 10% ④ 15%

해설 녹색채소를 데칠 때 채소의 변색을 막기 위해 1%의 소금을 넣은 다음 뚜껑을 열고 단시간 데쳐서 냉수에 식힌다.

15 다음 중 푸른 채소를 데치는 방법으로 바른 것은?

① 뚜껑을 덮고 가열한다.

② 삶은 후 찬물에서 냉각해서는 안 된다.

③ 수용성 성분의 손실을 줄이기 위해 물을 최소한으로 줄인다.

④ 삶는 물의 온도변화를 최소한으로 줄이기 위해 물의 양을 5배 정도 충분히 한다.

해설 푸른 채소를 데칠 때는 삶는 물의 온도변화를 줄이기 위해 재료의 5배의 끓는 물에 뚜껑을 열고 단시간 데쳐내어 찬물에 냉각시킨다.

16 수용성 영양소의 손실이 가장 적은 조리법은?

① 끓이기 ② 삶기

③ 튀기기 ④ 찌기

해설 튀기기는 수용성 영양소의 손실이 적다.

17 다음은 우리나라 계량기구의 표준용량을 나타낸 것이다. 틀린 것은?

① 1컵=200ml

② 1큰술=25ml

③ 1작은술=5ml

④ 1국자=100ml

해설 1큰술(Ts)=15ml

18 1컵(Cup)은 용량 측정으로 약 몇 큰술인가?

① 6큰술

② 8큰술

③ 10큰술

④ 13큰술

해설 1컵=1Cup=1C=200ml로, 약 13큰술(Ts)+1작은술(ts)이다.

19 식품계량에 대한 설명 중 맞는 방법으로만 묶인 것은?

> ㉠ 밀가루는 계량컵으로 직접 떠서 계량한다.
> ㉡ 꿀 등 점성이 높은 것은 계량컵을 사용한다.
> ㉢ 흑설탕은 가볍게 흔들어 담아 계량한다.
> ㉣ 마가린은 실온일 때 꼭꼭 눌러 담아 계량한다.

① ㉠, ㉡

② ㉠, ㉢

③ ㉡, ㉣

④ ㉢, ㉣

해설 밀가루는 측정 직전에 체로 쳐서 누르지 않고 수저를 이용해 가만히 수북하게 담아 직선주걱으로 깎아 측정하고, 흑설탕은 꼭꼭 눌러 잰다.

20 식품을 불렸을 때 불어나는 정도로 바르지 못한 것은?

① 미역 4배

② 콩 2~3배

③ 당면 6배

④ 목이버섯 7~8배

해설 식품을 불렸을 때 몇 배로 불어나는지 감안해서 불리면 효율적인데, 미역은 8~9배 불어난다.

정답
14 ① 15 ④ 16 ③ 17 ② 18 ④ 19 ③ 20 ①

21 다음의 조리방법 중 센 불에서 가열한 후에 불을 약하게 줄여서 조리해야 하는 것과 관계가 없는 것은?

① 조림류 ② 튀김류
③ 밥류 ④ 찌개류

해설 튀김류는 센 불에서 단시간에 요리하는 특징을 갖고 있다.

22 다음 중 썰기의 목적으로 바르지 않은 것은?

① 불필요한 부분을 제거할 수 있다.
② 표면적이 커져서 열전도율이 높아진다.
③ 조미료의 침투속도가 빨라진다.
④ 조리시간의 단축에는 도움이 안 된다.

해설 썰기를 통해서 조리작업 시간이 단축된다.

23 대량 조리를 위한 식품 구입 시 고려해야 할 사항 중 틀린 것은?

① 값이 싼 대치식품을 구입토록 해야 한다.
② 영양이 풍부한 계절식품을 구입토록 한다.
③ 국의 건더기는 국물의 3분의 1 정도로 한다.
④ 찌개의 건더기는 국물의 3분의 1 정도로 한다.

해설 찌개의 건더기는 국물의 3분의 2가 적당하다.

24 칼날이 뭉뚝하고 이가 나갔거나 새 칼을 갈 때 사용하는 숫돌의 종류는?

① 400#
② 1000#
③ 4000#
④ 6000#

해설 숫돌의 입자의 크기를 나타내는 단위를 입도하고 하며 기호는 #로 표기하는데, 숫자가 클수록 입자가 작고 미세하다.

숫돌의 종류	숫돌의 입자	특징
400#	굵은숫돌 (거친숫돌)	칼날이 뭉뚝하고 이가 나갔거나 새 칼을 갈 때 사용하며, 계속 거친숫돌로 갈면 칼에 요철이 생길 수 있으므로 중간숫돌과 마무리숫돌을 중간에 함께 사용하는 것이 좋다.
1000#	고운숫돌 (중간숫돌)	일반적인 칼을 갈 때 많이 사용하며, 굵은숫돌로 갈고 난 후에 칼날을 부드럽게 정돈하기 위해 사용한다.
4000~ 6000#	마무리숫돌	마무리 단계에 사용하는 숫돌로 앞 단계를 거쳐서 부드러워진 칼날을 더욱 매끄럽고 광이 나게 하기 위해 사용한다.

25 조리용 온도계 중 비접촉식으로 표면의 온도를 잴 수 있는 온도계는 무엇인가?

① 적외선 온도계
② 봉상 액체 온도계
③ 알코올 온도계
④ 육류용 온도계

해설 조리용 온도계의 용도
- 적외선 온도계 : 비접촉식으로 표면의 온도를 잴 수 있음
- 봉상 액체용 온도계 : 튀김용 온도계로 액체의 온도를 잴 수 있음
- 육류용 온도계 : 탐침하여 육류의 내부온도를 측정할 수 있음

26 식품의 염도를 측정할 때 사용하는 기구는 무엇인가?

① 온도계
② 시계
③ 당도계
④ 염도계

해설 염도계는 식품의 염도를 측정하는 데 사용한다.

정답
21 ② 22 ④ 23 ④ 24 ① 25 ① 26 ④

27 조리실의 계량기구 사용법으로 바르지 않은 것은?

① 계량컵의 경우 우리나라와 일본은 1컵이 200ml이다.

② 김치를 절일 때 염도계 사용으로 평균 15% 정도면 적당하다.

③ 저울은 아무 곳에나 놓고 바늘을 0에 고정하고 정면으로 읽는다.

④ 당도계는 식품의 당도를 측정하는 데 사용한다.

해설 저울은 수평으로 놓고 사용한다.

28 조리기구 중 불꽃이 위에서 아래로 내려오는 기구로 생선구이에 적당한 기구는?

① 샐러맨더

② 번철

③ 조리용레인지

④ 석쇠

해설 샐러맨더(Salamander)는 불꽃이 위에서 아래로 내려오는 기구로 생선구이에 적당하다.

29 식품의 계량방법으로 바르지 않은 것은?

① 콩류나 쌀, 깨 등의 알갱이 상태의 식품은 가득 채워서 살짝 흔들어 빈 공간이 없도록 하고 표면이 평면이 되도록 깎아서 잰다.

② 유리와 같은 투명기구를 사용하여 액체를 계량할 때는 액체의 표면 아랫부분을 눈과 수평으로 하여 읽는다.

③ 된장, 고추장 같은 농도가 있는 제품은 계량컵에 눌러 담고 수북하게 하여 잰다.

④ 버터나 마가린 고형지방은 실온에서 부드러워졌을 때 꼭꼭 눌러 담아 공간이 없게 한 후 위를 편평하게 깎아 잰다.

해설 농도가 있는 된장이나 고추장은 계량컵에 꾹꾹 눌러 담고 표면이 평면이 되도록 깎아서 잰다.

30 다음의 장소에서 조도가 가장 높아야 할 곳은?

① 조리장

② 화장실

③ 현관

④ 객실

해설 조리장은 청결유지, 작업의 능률성, 종업원의 피로예방을 위해 50룩스 이상 가장 밝아야 한다.

31 다음 중 식당 넓이에 대한 조리장의 일반적인 크기로 가장 적당한 것은?

① 1/2

② 1/3

③ 1/4

④ 1/5

해설 일반적으로 조리장의 면적은 식당 넓이의 1/3이 기준으로 되어 있다.

32 조리작업장의 창문 넓이는 벽 면적을 기준으로 하였을 때 몇 %가 적당한가?

① 40%

② 50%

③ 60%

④ 70%

해설 창의 면적은 벽 면적의 70%, 바닥 면적의 20~30%가 적당하다.

정답

27 ③ 28 ① 29 ③ 30 ① 31 ② 32 ④

33 조리장의 입지조건으로 적당하지 않은 곳은?

① 채광, 환기, 건조, 통풍이 잘 되는 곳

② 양질의 음료수 공급과 배수가 용이한 곳

③ 단층보다 지하층에 위치하여 조용한 곳

④ 쓰레기처리장과 화장실이 멀리 떨어져 있는 곳

해설 조리장이 지하층에 위치하면 통풍, 채광 및 배수 등의 문제점이 발생하므로 좋지 않다.

34 일반급식소에서 조리장의 급수설비 용량을 환산할 때 1식(一食)당의 사용량을 얼마로 하는 것이 좋은가?

① 0.1~0.4 ℓ

② 1.0~4.0 ℓ

③ 0.6~1.0 ℓ

④ 6.0~10.0 ℓ

해설 주방에서 사용하는 물의 양은 조리의 종류와 양, 조리법 등에 따라 다르며, 일반적으로 1식당 6.0~10.0(평균 8.0)으로 되어 있다. 학교급식은 4.0~6.0(평균 5.0), 병원급식은 10~20(평균 15), 공장급식은 5~10(평균 7), 기숙사급식은 7~15(평균 11)로 한다.

35 일반급식소에서 급식수 1식당 주방면적은 얼마로 하는 것이 좋은가?

① 50m² 정도

② 5m² 정도

③ 1m² 정도

④ 0.1m² 정도

해설 학교급식소는 아동 1인당 0.1m², 병원급식소는 1개의 침대당 1m², 기숙사는 1인당 0.3m², 일반 급식소는 1식당 0.1m²가 조리장의 일반적 기준이다.

36 취식자 1인당 취사면적을 1m², 식기회수공간을 취사면적의 10%로 할 때, 1회 200인을 수용하는 식당의 면적은 얼마나 되는가?

① 200m²

② 220m²

③ 400m²

④ 440m²

해설 1인당 취식면적이 1m², 1회 200인을 수용하므로 1×200=200m², 식기회수 공간 10%가 필요하므로 200×0.1=20m², 그러므로 취식자 200인을 수용하는 식당면적(취식면적+식기회수 공간)은 200+20=220m²이다.

37 다음은 설비기기의 배치형태 중 어떤 것에 대한 설명인가?

- 대규모 주방에 적합하다.
- 가장 효율적이며 짜임새가 있다.
- 동선의 방해를 받지 않는다.

① ㄷ자형 ② 병렬형

③ ㄴ자형 ④ 일렬형

해설 ㄷ자형은 같은 면적의 경우 동선이 짧고, 넓은 조리장에 사용된다.

38 가장 이상적인 작업대 높이는?

① 60~65cm

② 70~75cm

③ 80~85cm

④ 90~95cm

해설 작업대 높이는 신장의 52%(80~85cm) 가량이며, 55~60cm 나비인 것이 효율적이다.

정답
33 ③ 34 ④ 35 ④ 36 ② 37 ① 38 ③

39 조리대를 비치할 때 동선을 줄일 수 있는 효율적인 방법이 아닌 것은?

① 조리대 배치는 오른손잡이를 기준으로 생각할 때 일의 순서에 따라 우측에서 좌측으로 배치한다.

② 조리대에는 조리에 필요한 용구나 기기 등의 설비를 가까이 배치하여야 한다.

③ 십자교차나 같은 길을 통해서 역행하는 것을 피한다.

④ 식기나 조리용구의 세척장소와 보관 장소를 가까이 두어 동선을 절약시켜야 한다.

해설 조리대 배치는 오른손잡이를 기준할 때 좌측에서 우측으로 배치하는 것이 동선을 줄일 수 있고 능률적이다.

40 조리용 기계 · 기구의 설비 조건 중 바르지 않은 것은?

① 용도가 많은 것보다 단순한 것을 선택한다.

② 약간의 기술만으로 조직이 가능한 기기를 선택한다.

③ 능률을 올릴 수 있고 재료의 손실을 줄일 수 있는 것이어야 한다.

④ 설비의 종류나 규모를 검토하고 가장 적절한 것을 선택한다.

해설 조리용 기계 · 기구 설비 시 단순한 것을 선택하다 보면 기계 · 기구의 종류가 다양해지고 설비가 복잡하게 된다. 위생적, 능률적, 경제적인 면을 고려해서 선택해야 하므로 사용하기 쉬우면서도 용도가 많은 것이 능률적, 경제적이다.

41 다음은 조리장을 신축할 때 고려해야 할 사항 등이다. 순서로 옳은 것은?

㉠ 위생	㉡ 능률	㉢ 경제

① ㉢ – ㉡ – ㉠

② ㉡ – ㉠ – ㉢

③ ㉠ – ㉡ – ㉢

④ ㉡ – ㉢ – ㉠

해설 조리장을 신축 또는 개축할 때는 위생, 능률, 경제의 3요소를 기본으로 하며 위생, 능률, 경제의 순으로 고려해야 한다.

42 가장 효율이 좋은 후드(Hood)의 형태는?

① 1방 개방형

② 2방 개방형

③ 3방 개방형

④ 4방 개방형

해설 후드(Hood)의 모양은 4방 개방형이 가장 효율적이다.

43 트랩을 설치하는 목적으로 옳은 것은?

① 주방의 바닥 청소를 효과적으로 하기 위해

② 온수 공급을 위해

③ 증기, 음식냄새의 배출을 위해

④ 하수도로부터 올라오는 악취 방지를 위해

해설 트랩(Trap)
일정량의 물을 고이게 해서 하수구에서 부패가스가 역류하는 것을 방지하는 장치

44 다음 중 조리기기 사용이 잘못된 것은?

① 필러(Peeler) : 감자, 당근의 껍질 벗기기

② 슬라이서(Slicer) : 소고기 갈아내기

③ 세척기 : 조리용기의 세척

④ 믹서(Mixer) : 재료의 혼합

해설 슬라이서는 육류를 저며 내는 기계이며, 소고기를 갈아 내는 기구는 미트 그라인더(Meat Grinder)이다.

정답
39 ① 40 ① 41 ③ 42 ④ 43 ④ 44 ②

45 일본 조리도 중 생선을 손질하거나 굵은 뼈를 자를 때 사용하는 칼의 명칭은?

① 우나기보쵸

② 우스바보쵸

③ 데바보쵸

④ 사시미보쵸

해설 • 우나기보쵸 : 장어칼
• 우스바보쵸 : 채소칼
• 사시미보쵸 : 생선회칼

46 다음 설명에 해당하는 모양 썰기의 명칭은?

오이를 비스듬히 절반 정도만 칼집을 넣고 뒤집어 반대쪽도 칼집을 잘게 넣어 소금물에 담가 두었다가 펼치면 뱀과 닮은 모양으로 초회 등에 사용함

① 마쓰바기리

② 자바라큐리기리

③ 긱카기리

④ 멘토리기리

해설 자바라큐리기리(자바라 모양 썰기)에 대한 설명으로 초회 등에 사용한다.

47 다음 중 칼 사용 안전 수칙으로 바르지 않은 것은?

① 사용한 칼은 보관함에 보관한다.

② 칼을 떨어 떨어뜨렸을 경우 잡으려하지 않고 물러서서 피한다.

③ 칼이 무디면 안전하다.

④ 칼을 물이 든 개수대에 담아두지 않는다.

해설 칼이 무디면 더 안전하지 못하다.

정답
45 ③ **46** ② **47** ③

CHAPTER

02 식품의 조리원리

01 농산물의 조리 및 가공 · 저장

1 전분의 변화

(1) 전분(녹말)의 구조

① 곡류의 탄수화물은 대부분이 전분으로 이루어져 있다.

② 전분의 입자는 아밀로오스(Amylose)와 아밀로펙틴(Amylopectin)으로 구성되어 있다.

③ 멥쌀은 아밀로오스 20%와 아밀로펙틴 80%, 찹쌀은 아밀로펙틴 100%로 구성되어 있다.

(2) 전분의 호화(α화, 알파화)

① 정의

㉠ 식품에 포함되어 있는 많은 탄수화물은 전분이다. 쌀, 보리, 감자, 좁쌀 등 전분이 주성분으로 된 식품은 반드시 가열하지 않으면 먹지 못한다. 그리고 전분의 날 것은 소화가 잘 되지 않기 때문에 이와 같이 날 것인 상태의 전분을 베타(β) 전분이라 한다.

㉡ 베타 전분은 전분의 분자가 밀착되어 규칙적으로 정렬되어 있기 때문에 물이나 소화액이 침투하지 못하는 형이다. 이 베타 전분을 물에 끓이면 그 분자에 금이 가서 물분자가 전분 속에 들어가서 팽윤한 상태가 된다. 이 현상을 호화(糊化)라 한다.

㉢ 다시 가열을 계속하면 생전분의 규칙적인 분자 규칙이 파괴되며 소화가 잘 되는 맛있는 전분이 된다. 이 과정을 '전분의 α화'라 하며 익은 전분을 α전분이라 한다.

날 전분(β전분) + 물 —가열→ 익은 전분(α전분)

② 전분의 호화에 영향을 미치는 인자

㉠ 가열온도가 높을수록 호화속도가 빨라진다.

㉡ 전분의 입자가 크면 빨리 호화된다.

㉢ 감자나 고구마 같은 감자류는 곡류의 입자가 커서 소화가 잘 된다.

㉣ 전분의 농도가 낮을수록 호화가 커진다.

㉤ 전분에 산을 가하면 호화가 잘 안 된다.

(3) 전분의 노화(β화, 베타화)

소화가 잘 되는 α전분을 실온이나 냉장온도에 방치함으로써 소화되지 않는 β전분으로 되돌아가는 것을 전분의 노화라고 한다.

익은 전분(α전분) —(실온 / 냉장온도)→ 날 전분(β전분)

① 전분이 노화되기 쉬운 조건

㉠ 전분의 노화는 아밀로오스(Amylose)의 함량 비율이 높을수록 빠르다. 그러므로 찹쌀로 만든 떡보다 멥쌀로 만든 떡이 노화가 빨리 일어난다.

㉡ 수분이 30~60%, 온도가 2~5℃일 때 가장 일어나기 쉽다. 따라서 겨울철에 밥, 떡, 빵 등이 빨리 굳는다.

② 노화억제 방법

㉠ α화한 전분을 80℃ 이상에서 급속히 건조시키거나 0℃ 이하에서 급속 냉동하여 수분 함량을 15% 이하로 하면 노화를 방지할 수 있다.

㉡ 설탕을 다량 함유(첨가)한다.

㉢ 환원제나 유화제를 첨가하면 막을 수 있다.

(4) 전분의 호정화(덱스트린화)

전분에 물을 가하지 않고 160℃ 이상으로 가열하면 여러 단계의 가용성 전분을 거쳐 덱스트린(호정)으로 분해되는데, 이것을 전분의 호정화라 한다[미숫가루, 튀밥(뻥튀기)]. 호정화는 화학적 분해가 일어난 호화된 전분보다 물에 녹기 쉽고, 효소작용도 받기 쉽다.

날 전분(β전분) —(가열 160℃ 이상)→ 덱스트린(호정)

2 쌀 조리

(1) 쌀의 수분 함량

쌀의 수분 함량은 14~15% 정도이며 밥을 지었을 경우의 수분은 65% 정도이다.

(2) 밥 짓기

쌀을 씻을 때 비타민 B_1의 손실을 막기 위해 너무 으깨어 씻지 말고 3회 정도 가볍게 씻으며, 멥쌀은 30분, 찹쌀은 50분 정도 물에 담가 놓으면 물을 최대로 흡수한다. 물의 분량은 쌀의 종류와 수침 시간에 따라 다르며 잘된 밥의 양은 쌀의 2.5~2.7배 정도가 된다.

(3) 밥 지을 때 평균 열효율

전력 50~65%, 가스 45~55%, 장작 25~45%, 연탄 30~40% 등이다.

(4) 쌀 종류에 따른 물의 분량

쌀의 종류	쌀의 중량에 대한 물의 분량	체적(부피)에 대한 물의 분량
백미(보통)	쌀 중량의 1.5배	쌀 용량의 1.2배
햅쌀	쌀 중량의 1.4배	쌀 용량의 1.1배
찹쌀	쌀 중량의 1.1~1.2배	쌀 용량의 0.9~1배
불린 쌀(침수)	쌀 중량의 1.2배	쌀 용량의 동량(1.0배)

(5) 밥맛의 구성요소

① 밥물은 pH 7~8의 것이 밥맛이 가장 좋고, 산성이 높아질수록 밥맛은 나쁘다.

② 약간의(0.03%) 소금을 넣으면 밥맛이 좋아진다.

③ 수확 후 시일이 오래 지나거나 변질하면 밥맛이 나빠진다.

④ 지나치게 건조된 쌀은 밥맛이 나쁘다.

⑤ 쌀의 품종과 재배지역의 토질에 따라 밥맛은 달라진다.

⑥ 쌀의 일반 성분은 밥맛과 거의 관계가 없다.

3 밀가루 조리

소맥분은 날 것으로 쓸모가 없으나 가루로 가공하면 여러 가지 가공 형태에 이용되어 맛있는 음식으로 먹을 수 있다. 밀가루의 주성분은 당질이나 단백질의 함량이 많다. 밀가루 단백질의 대부분은 글루텐(Gluten)인데, 이 글루텐의 함량에 따라 밀가루 종류와 용도가 달라진다.

(1) 밀가루 종류와 용도

종류	글루텐 함량	용도
강력분	13% 이상	식빵, 마카로니, 스파게티
중력분	10~13%	국수, 만두피
박력분	10% 이하	케이크, 튀김옷, 카스테라

(2) 글루텐의 형성

밀가루에 물을 조금씩 가하면 점탄성 있는 도우(Dough)가 된다. 이는 밀의 단백질인 글리아딘(Gliadin)과 글루테닌(Glutenin)이 물과 결합하여 글루텐(Gluten)을 형성하기 때문이다. 반죽을 오래할수록 질기고 점성이 강한 글루텐이 형성되는데, 반죽에서 글리아딘은 탄성을, 글루테닌은 강도를 강하게 한다.

(3) 밀가루 반죽 시 다른 물질이 글루텐에 주는 영향

① 팽창제 : CO_2(탄산가스)를 발생시켜 가볍게 부풀게 한다.

㉠ 이스트(효모) : 밀가루의 1~3% 적량, 최적온도 30℃, 반죽온도는 25~30℃일 때 활동이 촉진된다.

㉡ 베이킹파우더(B · P) : 밀가루 1C에 1ts이 적당하다.

㉢ 중조(중탄산나트륨) : 밀가루 내에는 플라보노이드 색소가 있어 중조(알칼리)를 넣으면 제품이 황색으로 변하는 단점이 있다. 특히 비타민 B_1, 비타민 B_2의 손실을 가져온다.

② 지방 : 층을 형성하여 음식을 부드럽고 아삭하게 한다(예 파이).

③ 설탕 : 열을 가했을 때 음식의 표면을 착색시켜 보기 좋게 만들지만, 밀가루 반죽에 넣으면 글루텐을 분해하여 반죽을 구우면 부풀지 못하고 꺼진다.

④ 소금 : 글루텐의 늘어나는 성질이 강해져 잘 끊어지지 않는다.

⑤ 달걀 : 밀가루 반죽의 형태를 형성하는 것을 돕지만, 지나치게 많이 사용하면 음식이 질겨진다. → 튀김 반죽을 심하게 젓거나 오래 두고 사용하면 글루텐이 형성되어 튀김옷이 바삭하지 않고 질겨지므로 주의한다.

4 감자류 조리

감자류는 수분이 70~80%, 전분이 15~16%, 비타민류의 함량이 비교적 많고, 기타 칼륨과 칼슘 등의 무기질이 들어 있는 알칼리성 식품이며, 수분 함량이 많아 장기 저장은 어렵다. 감자류에는 감자, 고구마, 토란, 마 등이 있으며, 그 종류에 따라 특유의 조리성을 갖고 있다.

(1) 감자

감자는 고구마에 비해 당분과 섬유소가 적어 저장성이 있고, 맛이 담백하여 조리에 광범위하게 사용된다. 감자는 전분의 함량에 따라 점질감자와 분질감자로 구분한다.

① 점질감자

㉠ 찌거나 구울 때 부서지지 않고 기름을 써서 볶는 요리에 적당하다.

㉡ 조림, 볶음, 샐러드에 적합하다.

② 분질감자

㉠ 굽거나 찌거나 으깨어 먹는 요리에 적당하다.

㉡ 매시드 포테이토(Mashed Potato), 분이 나게 감자를 삶을 때 적합하다.

㉢ 단, 분질종이라도 햇것은 점질에 가깝고, 분이 잘 나지 않는다. → 매시드 포테이토를 만들 때는 보슬보슬하고 점성이 없어야 한다. 점성이 없는 매시 포테이토를 만들려면 감자가 뜨거울 때 으깨어야 하며, 약한 불 위에 솥을 올려놓고 작업을 하는 것이 바람직하다.

(2) 고구마

감자보다 다량의 비타민 C를 함유하고 있고, 단맛이 강하며 수분이 적고 섬유질이 많다. 당분은 1~3% 정도 함유하고 있으며, β-아밀라아제 활성이 강하여 가열 중에 작용하여 전분을 맥아당으로 분해하고 감미를 증대시킨다.

(3) 토란, 마

① 토란 : 주성분은 당질이며, 특유의 점질물이 있어 삶는 물에 유출된 점질물은 열의 전달을 방해하고 조미료의 침투를 나쁘게 하므로 물을 갈아가면서 삶아야 이를 방지할 수 있고 토란의 줄기는 껍질을 벗겨 삶아서 사용하고 말려두었다가 사용하기도 한다.

② 마 : 마의 점질물은 글로불린(Globulin) 등의 단백질과 만난(Mannan)이 결합한 것으로, 가열하면 점성이 없어지고 생 것 그대로 조직을 파괴하면 점성을 나타낸다. 마를 생식하는 경우 효소를 많이 함유하고 있어 소화가 잘된다.

5 두류 및 두류제품의 조리

(1) 두류의 분류와 용도

두류는 100g당 약 40g 정도의 단백질을 함유하고 있으며, 대두의 주 단백질은 글리시닌(Glycinin)으로 양질의 단백질이다.

① 대두, 낙화생 : 단백질과 지방 함량이 많으며, 식용유지의 원료로 이용되고 대두는 단백질 함량이 40% 정도로 두부 제조에 많이 이용된다.

② 팥, 녹두, 강낭콩, 동부 : 단백질과 전분 함량이 많으며, 전분을 추출하여 떡이나 과자의 소 · 고물로 이용되고, 전분이 비교적 많아 가열하면 쉽게 무른다.

③ 풋완두, 껍질콩 : 채소의 성질을 갖고 있으며, 비타민 C 함량이 비교적 높아 채소로 취급된다.

(2) 두류의 조리 · 가열에 의한 변화

① 독성물질의 파괴 : 대두와 팥에는 사포닌(Saponin)이라는 용혈 독성분이 있지만, 가열 시 파괴된다.

② 단백질 이용률 · 소화율의 증가 : 날콩 속에는 단백질의 소화액인 트립신(Trypsin)의 분비를 억제하는 안티트립신(Antitrypsin)이 들어 있어서 소화가 잘 안 되지만, 가열 시 파괴된다.

③ 조리수의 pH와 조리 : 콩의 단백질인 글리시닌은 물에는 녹지 않으나 약염기(pH 7.0) 상태에서는 수용성이 되어 녹는다. 따라서 콩을 삶을 때 식용소다(중조)를 첨가하여 삶으면 콩이 쉽게 무르지만 비타민 B_1(티아민)의 손실이 크다.

(3) 두부의 제조

대두로 만든 두유를 70℃ 정도에서 두부 응고제인 황산칼슘($CaSO_4$) 또는 염화마그네슘($MgCl_2$), 염화칼슘($CaCl_2$)을 가하여 응고시킨 것이다. 두부가 풀어지는 현상을 막기 위해서는 0.5% 식염수를 사용하면 두부가 부드러워진다.

6 채소 및 과일 조리

(1) 채소 · 과일의 구성

채소 및 과일류는 수분을 80~90% 정도 함유하고 다량의 비타민과 나트륨(Na) · 칼슘(Ca) · 칼륨(K) · 마그네슘(Mg) 등의 무기질을 많이 함유하여 알칼리성 식품에 속한다. 채소와 과일류를 같이 섭취하면 혈액이나 체액을 중화시켜 약알칼리성으로 유지시켜 준다.

(2) 채소 분류

① 엽채류 : 잎사귀를 식용으로 하는 채소로는 시금치, 배추, 아욱, 근대, 상추, 쑥갓 등이다. 수분과 섬유소가 많고 카로틴, 비타민 C, 비타민 B_2도 비교적 많다.

② 경채류 : 줄기를 식용으로 하는 채소, 아스파라거스, 샐러리, 죽순 등이다.

③ 근채류 : 뿌리를 식용으로 하는 채소, 당근, 연근, 우엉, 무, 감자, 고구마 등 당질 함량이 채소 중 가장 많고 섬유소 함량은 적다.

④ 화채류 : 꽃을 식용으로 하는 채소로 브로콜리, 콜리플라워, 아티초크 등이다.

⑤ 과채류 : 열매를 식용으로 하는 채소로 토마토, 참외, 오이, 고추, 호박, 가지 등이며, 고추와 토마토는 비타민 C와 카로틴이 많으나 다른 영양소는 엽채류보다 조금 적다.

⑥ 종실류 : 종자를 식용으로 하는 채소, 옥수수, 콩, 수수 등 다량의 단백질과 당질이 있으나 수분, 섬유소 함량이 적다.

(3) 조리 시 채소의 변화

① 채소는 보관 중에도 호흡작용에 의해 선도가 떨어지므로 습도가 높고, 어둡고, 온도가 낮은 곳에 보관한다.

② 채소를 씻을 때는 중성세제 0.2%의 용액으로 씻은 다음 흐르는 물에 깨끗이 헹군다. 물로만 씻을 경우는 흐르는 물에 5회 이상 씻어서 사용한다.

③ 채소는 열, 산, 알칼리에 대하여 약하므로 생으로 먹는 것이 가장 좋다. 대체로 조리 과정 중에서 비타민의 손실이 많다. 비타민 A는 3%, 비타민 B_1은 5%, 비타민 B_2는 30%, 비타민 C는 50% 정도의 손실률이 있다.

④ 채소를 데칠 때에는 물의 양을 5배 정도로 하여 뚜껑을 연 채 끓는 물에 단시간 데쳐 냉수에 헹구어 놓는다.

⑤ 비타민 A는 알칼리와 열에 강하고 지용성 비타민이므로 기름에 녹아 흡수가 된다. 그러므로 녹황색 채소는 되도록 기름을 이용한 조리법을 사용하는 것이 좋다.

⑥ 죽순, 우엉, 연근 등 흰색 채소는 쌀뜨물이나 식초물에 삶으면 흰색을 유지시키고 단단한 섬유를 연하게 한다.

⑦ 당근에는 비타민 C를 파괴하는 효소인 아스코르비나제(Ascorbinase)가 있어 무와 함께 갈면 무의 비타민 C 손실이 많아진다.

시금치, 근대, 아욱 등의 푸른 채소는 불미 성분인 수산(옥살산)을 함유하고 있어 데칠 때 뚜껑을 열고 휘발시켜야 체내에서 신장결석을 막을 수 있다.

(4) 채소 · 과일의 갈변방지

① 사과 · 배 등의 갈변은 구리나 철로 된 칼의 사용을 피하고, 묽은 소금물(1%)에 담가두면 방지할 수 있다.

② 푸른 잎채소를 데칠 때 냄비의 뚜껑을 덮으면 유기산에 의해 갈색으로 변하므로 뚜껑을 열고 끓는 물에 단시간 데치는 것이 좋다.

(5) 과채류 가공

① 채소 및 과일 가공 시 주의점

- 비타민C의 손실과 향기성분의 손실이 적도록 한다.
- 가공기구에 의한 풍미와 색 등의 변화에 주의 한다.

② 과일 가공품

- 잼(Jam) : 과육, 과즙에 설탕 60%를 첨가하여 농축한 것
- 젤리(Jelly) : 투명한 과즙에 설탕 70%를 넣고 가열, 농축, 응고한 것
- 마멀레이드(Marmalaide) : 오렌지나 레몬껍질로 만든 잼

> 과일의 가공품은 펙틴(Pectin)의 응고성을 이용하여 만든 것으로 펙틴, 산, 당분이 일정한 비율로 들어 있을 때 젤리화가 일어난다.
>
> - 펙틴과 산이 많은 과일 : 사과, 포도, 딸기 등 → 펙틴과 산이 부족한 배 및 감 등은 원료로 사용하지 않는다.
> - 젤리화의 3요소 : 펙틴(1~1.5%), 유기산(0.5%, pH 3.4), 당분(60~65%)

③ 과일의 저장

- 과일과 채소는 수확 후에도 호흡작용을 하여 성분의 변화를 일으키므로 호흡을 억제하기 위한 CA 저장이 필요하다.
- 저온장해 : 저온 보존 중에도 열대, 아열대산 청과물은 저온에 대한 감수성이 커서 저온장해를 받게 된다(예 바나나 등).

02 축산물의 조리 및 가공 · 저장

(1) 육류 성분

① 근육을 이루는 주성분으로 섬유상 단백질과 결합조직 단백질로 이루어져 있으며, 섬유막과 같은 결합조직은 주로 콜라겐(Collagen)으로 이루어지고 엘라스틴(Elastin)은 적다. 콜라겐은 끓이면 물속에서 분해되어 젤라틴으로 변하지만, 엘라스틴은 거의 변화되지 않는 물질이다.

② 육류의 색소는 크게 근육의 미오글로빈과 혈액의 헤모글로빈으로 이루어져 있다. 지방조직은 내장기관의 주위와 피하 · 복강 내에 분포되어 있는, 근육 속에 함유되어 있는 지방은 고기를 연하게 하고 맛을 좋게 하므로 고기의 품질을 결정하는 기준이 된다.

(2) 육류의 사후강직과 숙성

육류의 사후 변화	특징
사후경직 (사후강직)	• 동물이 도살되어 근육이 단단해지는 현상 • 산소공급이 끊기면 근육조직의 글리코겐으로부터 형성된 젖산이 생성 → 산성으로 변하며 → 액틴(근단백질)과 미오신(근섬유)이 결합 → 액토미오신이 생성 • 고기가 질기고 보수성이 적어 맛이 없음
숙성 (자기소화)	• 근육의 젖산 생성이 정지되며, 이와 동시에 숙성이 일어남 • 근육 내의 단백질 분해효소인 프로테아제에 의해 근원섬유단백질을 분해시키는 자기소화가 일어남 • 식육의 연화, 보수성 증가로 감칠맛이 좋아지고 소화가 잘됨
부패	숙성(자기소화)을 거쳐 미생물들의 활성으로 변질이 시작됨

(3) 가열에 의한 고기 변화

① 고기단백질의 응고, 고기의 수축, 분해

② 중량 보수성 감소

③ 결합조직의 연화 : 콜라겐 → 젤라틴(75~80℃ 이상)

④ 지방의 융해

⑤ 색의 변화, 풍미의 변화 등이 일어난다.

(4) 고기의 종류와 조리

융점이 높은 지방을 가진 소고기나 양고기는 가열해서 뜨겁게 먹는 요리에 적합하나 융점이 낮은 지방을 가진 돼지고기나 가금류 고기는 식어도 맛이 변하지 않으므로 햄, 소시지와 같은 가열하지 않고 먹을 수 있는 가공품을 제조할 수 있다

(5) 고기의 가열 정도와 내부 상태

가열 정도	내부온도	내부 상태
Rare	55~65℃	고기의 표면을 불에 살짝 굽는다. 자르면 육즙이 흐르고 내부는 생고기에 가깝다.
Medium	65~70℃	고기 표면의 색깔은 회갈색이나 내부는 장미색 정도이고, 자르면 육즙이 약간 있다.
Well-done	70~80℃	고기의 표면과 내부 모두 갈색 정도로 구우며, 육즙은 거의 없다.

(6) 고기 연화법

① 도살 직후 숙성기간을 두어 근육조직을 연화시킨다.

② 고기에 단백질 분해효소를 가해주어 고기를 연하게 할 수 있다.

㉠ 파파야 속에 들어있는 파파인(Papain)

㉡ 파인애플 속에 들어있는 브로멜린(Bromelin)

㉢ 무화과 속에 들어 있는 휘신(Ficin)

㉣ 배즙에 들어 있는 프로타아제(Protease)

㉤ 키위에 들어 있는 액티니딘(Actinidin)

③ 기계적 방법으로 연화 : 고기를 결 반대로 썰거나, 두들기거나, 칼집을 넣거나, 갈아주는 방법 등

④ 적당한 가열 조리 방법 : 결체조직이 많은 고기는 장시간 물에 끓이면 콜라겐이 가수분해되어 연해진다.

⑤ 동결 : 고기를 얼리면 고기 속의 수분이 단백질보다 먼저 얼어서 용적이 팽창한다. 이때 용적의 팽창에 따라 조직이 파괴되므로 약간의 연화작용이 나타난다.

⑥ 설탕 첨가 : 조리 시 처음에 설탕을 넣으면 단백질을 연화시키는 작용을 하는데, 설탕을 먼저 넣고 불고기를 재워 몇 시간 후에 조리하면 연화력이 증대된다.

(7) 육류의 감별법

① 소고기 : 색이 빨갛고 윤택이 나며 얄팍하게 썰었을 때 손으로 찢기 쉬운 것이 좋다. 또한 수분이 충분하게 함유되고 손가락으로 눌렀을 때 탄력성이 있는 것이 좋다. 고기의 빛깔이 너무 빨간 것은 오래되었거나 늙은 고기 또는 노동을 많이 한 고기이므로 질기고 좋지 못하다.

② 돼지고기 : 기름지고 윤기가 있으며 살이 두껍고 살코기의 색이 엷은 것이 좋다. 살코기의 색이 빨간 것은 늙은 돼지고기이다.

(8) 부위별 조리의 용도

① 소고기

ⓐ 소머리 : 편육 · 찜

ⓑ 장정육 : 전골 · 편육 · 조림

ⓒ 양지육 : 전골 · 조림 · 편육 · 탕

ⓓ 등심 : 전골 · 구이 · 볶음

ⓔ 갈비 : 찜 · 구이 · 탕

ⓕ 쐬악지 : 조림 · 탕

ⓖ 채끝살 : 구이 · 조림 · 찌개 · 전골

ⓗ 안심 : 전골 · 구이 · 볶음

ⓘ 업진살 : 편육 · 탕 · 조림

ⓙ 우둔살 : 조림 · 포 · 구이 · 산적 · 육회 · 육전

ⓚ 중치살 : 조림 · 탕

ⓛ 홍두깨살 : 조림 · 탕

ⓜ 대접살 : 구이 · 조림 · 육회 · 육포 · 산적

ⓝ 꼬리 : 탕

ⓞ 사태 : 탕 · 조림 · 편 · 찜

ⓟ 족 : 족편 · 탕

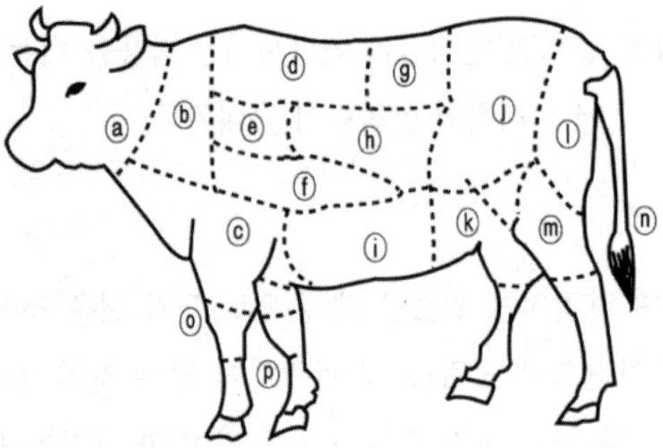

② 돼지고기

ⓐ 머리 : 편육

ⓑ 어깻살 : 구이 · 찜 · 찌개

ⓒ 등심 : 구이 · 찜 · 찌개

ⓓ 안심 : 구이 · 찜

ⓔ 갈비 : 구이 · 찜 · 탕

ⓕ 삼겹살 : 편육 · 구이 · 조림

ⓖ 볼기긴살 : 조림 · 편육

ⓗ 넓적다리 : 구이 · 편육

ⓘ 족 : 탕 · 찜

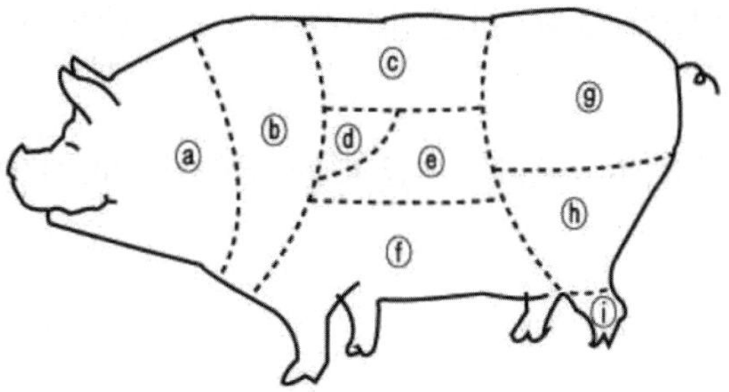

③ 소고기의 부위별 특징

㉠ 장정육 : 운동량이 많은 부분이므로 육질이 질기며, 결합조직이 많고 지방이 적다.

㉡ 사태 : 힘줄과 아교질이 많아 오래 끓여야 한다.

㉢ 우둔육, 대접살, 홍두깨살 : 상부에 지방이 약간 있고 부드러우며, 맛이 좋다.

㉣ 등심, 안심, 갈비, 쐬악지 : 얼룩지방이 있고 부드러우며, 맛이 좋다.

④ 돼지고기의 부위별 특징

㉠ 갈비 : 지방층이 두껍고 육질이 연하여 맛이 가장 좋다.

㉢ 삼겹살(세겹살) : 지방층과 육질이 교대로 있어 편육, 베이컨 등에 이용한다.

㉡ 후육(볼기살) : 지방이 적어 조림, 찜, 햄 등에 이용한다.

상강육(霜降肉, Marbling)
육류의 절단면에 얼룩지방이 균등하게 분포되어 있는 것으로 조리특성과 직접 관련되어 양질의 맛을 갖게 한다.

2 달걀 조리

(1) 달걀의 구성

달걀은 껍질 및 난황(노른자), 난백(흰자)으로 구성되어 있다. 난백은 90%가 수분이고 나머지는 거의가 단백질이며, 난황은 약 50%가 고형분이고 단백질 외에 다량의 지방과 인(P)과 철 (Fe)이 들어 있다.

(2) 열 응고성

① 달걀의 응고 온도는 난백이 60~65℃, 난황이 65~70℃이며 설탕이나 국물을 섞으면 응고되는 온도가 높아진다.

② 달걀은 익는 정도에 따라 끓는 물의 상태에서 7분이면 반숙, 10~15분 정도면 완숙, 15분 이상이 되면 녹변현상이 일어난다. 소화시간은 반숙 → 완숙 → 생달걀 → 달걀프라이 순으로 오래 걸린다.

③ 반숙(1시간 30분), 완숙(2시간 30분), 생달걀(2시간 45분), 달걀프라이(3시간 15분) 가량 지나야 소화흡수가 된다.

(3) 난백의 기포성

① 원리 : 난백을 잘 휘저으면 공기가 들어가 거품이 일어난다. 이 거품은 잠시 동안 그대로 있고 가열하면 응고되어 고정된다. 이와 같은 성질을 기포성이라 하며 머랭(Meringue), 프리터(Fritter)로 튀김, 과자, 기타 요리에 사용된다.

② 특성

㉠ 온도 : 난백은 30℃에서 거품이 잘 일어난다. 냉장고에서 바로 꺼낸 달걀보다 실온에 두었던 달걀이 거품을 내는 데 좋다. 만약 냉장고에 두었던 달걀을 사용할 때는 냉장고에서 꺼내 온도를 높여서 거품을 내는 것이 좋다.

㉡ 신선도 : 난백은 점도가 묽은 수양난백과 점도가 큰 농후난백으로서 구성되어 있는데, 신선한 달걀일수록 농후난백이 많고 수양난백이 적다. 수양난백이 많은 달걀, 즉 오래된 달걀은 거품이 잘 일어나나 안정성은 적다.

㉢ 첨가물

- 기름, 우유 : 기포력을 저해한다.
- 설탕 : 거품을 완전히 낸 후 마지막 단계에서 넣어주면 거품이 안정된다.
- 산(오렌지주스, 식초, 레몬즙) : 기포현상을 도와준다.

㉣ 달걀을 넣고 젓는 그릇의 모양은 밑이 좁고 둥근 바닥을 가진 것이 팽팽하게 벌어진 것보다 좋으며, 젓는 속도가 빠를수록 기포력이 크다.

㉤ 달걀의 기포성을 응용한 조리로는 스펀지케이크, 케이크의 장식, 머랭(난백+설탕+크림+색소) 등이 있다. → 달걀흰자를 강하게 저으면 기포(거품)가 생기는데, 이것은 흰자에 들어 있는 오보뮤신, 오보글로불린, 콘알부민 등의 단백질이 흰자를 저을 때 들어간 공기를 둘러싸기 때문이다.

(4) 난황의 유화성

① 난황은 기름에 유화되는 것을 촉진한다.

② 난황의 지방 유화력은 단백질에 함유되어 있는 레시틴(Lecithin)이 중요한 역할을 하며, 유화를 안정시킨다.

③ 유화성을 이용한 대표적인 음식으로 마요네즈를 들 수 있고, 그 외에 프렌치드레싱, 잣미음, 크림수프, 케이크반죽 등이 있다.

(5) 달걀의 녹변현상

달걀을 껍질째 삶으면 난백과 난황 사이에 검푸른 색이 생기는 것을 볼 수 있다. 이는 난백의 황화수소(H_2S)가 난황의 철분(Fe)과 결합하여 황화제1철(유화철, FeS)을 만들기 때문이다.

① 가열온도가 높을수록 반응속도가 빠르다.

② 가열시간이 길수록 녹변 현상이 잘 일어나고 색이 짙다.

③ 신선한 달걀보다는 오래된 달걀일수록 녹변현상이 잘 일어난다.

④ 삶은 후 즉시 냉수에 넣어 식히면 적게 생기고, 식히지 않으면 많이 생긴다.

(6) 달걀의 신선도 판정 방법

① 비중법 : 물 1cup에 식염 1큰술(6%)을 용해한 물에 달걀을 넣어 가라앉으면 신선한 것이고, 위로 뜨면 오래된 것이다.

② 난황계수와 난백계수 측정법

오래된 달걀일수록 난황, 난백계수는 작아지고 기실은 커져서 흔들었을 때 소리가 나고 pH는 높아진다.

- 난황계수 = $\frac{\text{난황의 높이}}{\text{난황의 직경}}$, 0.36 이상이면 신선
- 난백계수 = $\frac{\text{난백의 높이}}{\text{난백의 직경}}$, 0.14 이상이면 신선

3 우유 조리

(1) 우유의 성분

우유의 주성분은 칼슘과 단백질이다. 그 중 주 단백질인 카제인(Casein)은 산(Acid)이나 레닌(Rennin)에 의해 응고되는데, 이 응고성을 이용하여 치즈를 만든다.

(2) 우유의 조리성

① 조리식품의 색을 희게 하며, 매끄러운 감촉과 유연한 맛, 방향을 준다.

② 미세한 지방구와 카제인 입자가 많이 함유되어 있어 여러 가지 냄새를 흡착한다. 따라서 생선을 굽든가 튀기기 전에 우유에 담가두면 비린내를 없앨 수 있다.

③ 단백질의 겔(Gel) 강도를 높인다(Ca의 염류작용에 의해서). → 커스터드푸딩

④ 유동성이 있다(커피, 홍차, 밀가루, 설탕, 코코아 등의 식품과 혼합이 잘 된다).

⑤ 우유를 60~65℃로 가열하면 표면에 얇은 피막이 생기는데, 이것은 우유 중의 단백질과 지질, 무기질이 흡착되어 열변성한 것이다. 따라서 우유를 데울 때는 온도에 주의하고 이중냄비를 사용하여 가볍게 저어가면서 데운다.

⑥ 토마토수프를 만들거나 딸기나 밀감에 우유를 넣으면 산 응고현상을 볼 수 있는데, 깨끗한 토마토수프를 만들려면 토마토를 가열하여 산을 휘발시킨 후 데운 우유를 넣고 만든다.

⑦ 우유의 당질인 유당은 열에 약하여 갈변반응을 쉽게 일으킨다. 따라서 빵, 케이크, 과자류의 표면을 갈색으로 하는 데 이용된다.

(3) 유제품의 종류

① 버터 : 우유의 지방분을 모아 가열 · 살균한 후 젖산균을 넣어 발효시키고 소금으로 간을 한 것으로, 비타민 A, 비타민 D, 카로틴 등이 풍부하고 소화흡수가 잘 된다.

② 크림 : 우유를 장시간 방치하여 생긴 황백색의 지방층을 거두어 만든 것으로, 지방 함량에 따라 커피크림(Coffee Cream)과 휘핑크림(Whipping Cream)으로 구분한다. 커피크림은 지방분이 18% 이상으로 주로 커피용으로 쓰이며, 휘핑크림은 지방분이 36% 이상인 포립용 크림으로 사용한다.

③ 치즈 : 우유 단백질을 레닌으로 응고시킨 것으로 우유보다 단백질과 칼슘이 풍부하다.

④ 분유 : 우유의 수분을 제거하여 분말 상태로 한 것으로, 전지분유, 탈지분유, 가당분유, 조제분유 등이 있다.

⑤ 연유(농축유, Condensed Milk) : 우유에 16%의 설탕을 첨가하여 약 1/3의 부피로 농축시킨 가당연유와 우유를 그대로 1/3의 부피로 농축시킨 무당연유가 있다.

⑥ 요구르트 : 탈지유를 1/2로 농축시켜 8%의 설탕에 넣고 가열 · 살균한 후 젖산 발효시킨 것으로 정장작용을 한다.

⑦ 탈지유 : 우유에서 지방을 뺀 것이다.

4 젤라틴

① 동물의 가죽이나 뼈에 다량 존재하는 단백질인 콜라겐(Collagen)의 가수분해로 생긴 물질이다.

② 조리에 사용하는 젤라틴 젤리의 농도는 3~4%이며, 13℃ 이상의 온도에서는 응고하기 어려우므로 10℃ 이하나 냉장고 또는 얼음을 이용하는 것이 좋다.

③ 젤라틴을 이용한 음식 : 젤리, 족편, 마시멜로(Marshmallow), 아이스크림 및 기타 얼린 후식 등에 유화제로 쓰인다.

03 수산물의 조리 및 가공 · 저장

1 생선의 성분

① 단백질 : 섬유상 단백질은 생선의 근섬유의 주체를 형성하는 단백질로 미오신(Myosin), 액틴(Actin), 액토미오신(Actomyosin)으로 되어 있으며, 전체 단백질의 약 70%를 차지하고 소금에 녹는 성질이 있어 어묵의 형성에 이용된다.

② 지방 : 생선의 지방은 약 80%가 불포화지방산이고, 나머지 약 20%는 포화지방산으로 되어 있다.

③ 포화지방산 : 분자 내에 이중결합이 없는 것으로 소기름, 돼지기름, 버터 등이 있다. 주로 동물성 식품에 존재하며 심장병, 동맥경화, 비만의 원인이 되고 있다.

④ 불포화지방산 : 지방산을 구성하는 탄소와 탄소의 결합이 이중결합이 있을 때 불포화지방산이라 하며, 식품성 기름인 콩기름, 면실유, 낙화생유, 참기름, 어육, 옥수수유 등에 많다. 또한 수소 첨가에 따라 포화지방산이 될 수 있으며[경화유(쇼트닝, 마가린)], 저급 지방산으로는 올레산, 리놀렌산, 리놀레산, 아라키돈산이 있다.

2 어류의 특징

① 어류는 서식하는 물의 성질에 따라 담수어와 해수어로 구분되며, 물의 온도가 낮고 깊은 곳에 사는 생선은 물의 온도가 높고 얕은 곳에 사는 생선보다 맛과 질이 우수하다.

② 어류는 지방분이 적고 살코기가 흰 백색어류(가자미, 도미, 민어, 광어 등)와 지방분이 많고 살코기가 붉은 적색어류(꽁치, 고등어, 청어 등)가 있다.

③ 적색어류는 백색어류보다 자가소화가 빨리 오고, 담수어(강에 사는 것)는 해수어(바다에 사는 것)보다 낮은 온도에서 자가소화가 일어난다.

④ 어류는 사후강직 시 맛이 있고, 이후 자가소화와 부패가 일어난다.

⑤ 생선은 산란기 직전의 것이 가장 살이 찌고 지방도 많으며 맛이 좋다. 그러나 산란기에는 저장된 영양분이 빠져나가고 몸이 마르기 시작하며, 지방도 줄어 맛이 없게 된다.

3 어패류 조리법

① 생선구이 시 소금구이의 경우 생선 중량의 2~3%를 뿌리면 탈수도 일어나지 않고 간도 적절하다.

② 생선 조림 시 결합조직이 적으므로 물이나 양념장이 끓을 때 넣어야 생선의 원형을 유지하고 영양 손실을 줄일 수 있으며, 처음 가열할 때 수분간은 뚜껑을 열어 비린내를 휘발시킨다. 가열시간이 너무 길어지면 양념간장의 염분에 의한 삼투압으로 어육에서 탈수작용이 일어나 굳어지면 맛이 없다.

③ 생선튀김 시 튀김옷은 박력분을 사용하고 180℃에서 2~3분간 튀기는 것이 좋다.

④ 전유어는 생선의 비린 냄새 제거에 효과적인 조리이다.

⑤ 오징어와 같이 결체조직이 치밀한 것은 안쪽에 칼금을 넣어 모양을 살리고, 소화도 용이하도록 한다.

⑥ 어묵은 어류의 단백질인 미오신이 소금에 용해되는 성질을 이용하여 만든다.

> **조개류는 물을 넣어 가열하면 호박산(Succinic acid)에 의해 독특하고 시원한 맛을 낸다.**

4 어취의 제거

① 생선의 비린내는 어체 내에 있는 트리메틸아민옥사이드(Trimethylamine oxide, TMAO)가 환원되어 트리메틸아민(Trimethylamine, TMA)으로 되면서 나는 냄새이다.

② 생선을 조릴 때 처음 수분간은 뚜껑을 열어 비린내를 휘발시킨다.

③ 물에 씻기 : 생선의 선도가 저하되면 TMA의 양이 증가하며, 물로 씻으면 어느 정도 녹아 나와 냄새를 줄일 수 있다.

④ 간장, 된장, 고추장 등의 장류를 첨가한다.

⑤ 생강, 파, 마늘, 겨자, 고추냉이, 술 등의 향신료를 강하게 사용한다.

⑥ 식초, 레몬즙 등의 산을 첨가(TMA 외 휘발성 · 염기성 물질을 산이 중화시킬 수 있음)한다.

⑦ 우유에 미리 담가두었다가 조리하면 우유의 단백질인 카제인이 트리메틸아민을 흡착하여 비린내를 약하게 한다.

5 한천(우뭇가사리)

① 우뭇가사리 등의 홍조류를 삶아서 얻은 액을 냉각시켜 엉기게 한 것이 우무인데, 주성분은 탄수화물인 아가로오즈와 아가로펙틴이다. 이것을 잘라서 동결 · 건조한 것이 한천이다.

② 영양가가 없고 체내에서 소화되지 않으나 물을 흡착하여 팽창함으로써 장의 연동운동을 높여 변비를 예방한다.

③ 한천은 물에 담그면 흡수 · 팽윤하며, 팽윤한 한천을 가열하면 쉽게 녹는다. 농도가 낮을수록 빨리 녹고 2% 이상이면 녹기 힘들다.

④ 용해된 한천액을 냉각시키면 점도가 증가하여 유동성을 잃고 겔화된다. 한천의 응고온도는 28~35℃이며, 조리에 사용하는 한천농도는 0.5~3% 정도이다.

⑤ 한천에 설탕을 첨가하면 점성과 탄성이 증가하고, 투명감도 증가한다. 또한 설탕농도가 높을수록 겔의 농도가 증가된다.

⑥ 한천을 이용한 음식 : 양갱, 과자, 양장피의 원료로 사용된다.

04 유지 및 유지가공품

1 유지의 성분

유지는 형태적으로 액체인 것을 유(油 – 대두유, 면실유, 참기름 등), 고체인 것을 지(脂 – 소기름, 돼지기름, 버터 등)라 하며, 가수분해 되면 지방산과 글리세롤로 된다.

2 유지의 발연점

기름을 가열하면 일정한 온도에 열분해를 일으켜 지방산과 글리세롤로 분리되어 연기가 나기 시작하는데, 이때의 온도를 발연점 또는 열분해 온도라 한다. 발연점에 도달한 경우는 청백색의 연기와 함께 자극성 취기가 발생하는데, 이는 기름 분해에 의해 아크롤레인(Acrolein)이 생성되기 때문이다. 발연점이 높은 식물성 기름이 튀김에 적당하다.

아크롤레인

발연점 이상에서 청백색의 연기와 함께 자극성 취기가 발생하고 기름에 거품이 나며, 기름이 분해되면서 생성되는 물질이다.

3 발연점에 영향을 주는 요인

① 유리지방산 함량이 높을수록 : 유리지방산의 함량이 높은 기름은 발연점이 낮다.

② 그릇의 표면적이 넓을수록 : 같은 기름이라도 기름을 담은 그릇이 넓으면 발연점이 낮아진다. 그러므로 기름으로 조리하는 그릇은 되도록 좁은 것을 사용한다.

③ 기름 이외의 이물질이 많을수록 : 기름이 아닌 다른 물질이 기름에 섞여 있으면 기름의 발연점이 낮아진다.

④ 여러 번 반복 사용할수록 : 발연점은 떨어져서 튀김하기에 부적당하다.

> **각종 유지의 발연점**
> 면실유(230℃), 올리브유(175℃), 버터(208℃), 낙화생유(160℃), 라드(190℃)

4 유화성의 이용

기름과 물은 그 자체로는 섞이지 않으나 중개하는 매개체인 유화제가 있으면 유화액이 된다. 유화액에는 물속에 기름이 분산된 수중유적형(우유, 아이스크림, 마요네즈 등)과 기름에 물이 분산된 유중수적형(버터, 마가린 등)의 두 가지 형이 있다.

> **유화제**
> 한 분자 내에 친수성과 친유성을 함께 가지고 유화액의 형성에 도움을 주는 물질로, 난황의 인지질(레시틴)이 가장 좋다.

5 연화

밀가루 반죽에 지방을 넣으면 지방이 글루텐 표면을 둘러싸서 글루텐이 길고 복잡하게 연결되는 것을 방해하여 음식이 부드럽고 연해지는데, 이를 연화(쇼트닝화)라고 한다. 이때 지방의 양이 너무 많으면 글루텐이 거의 형성되지 못하여 튀길 때 풀어지거나 구울 때 부서지기 쉽다.

6 산패

유지나 유지 함량이 많은 식품은 장기간 저장하거나 가열을 반복하면 공기 중의 효소 · 광선 · 미생물 · 수분 · 금속 · 온도 등에 의해 산화되며, 맛과 영양소가 저하되고 악취를 내며 신맛을 가진다. 산패를 막으려면 공기와의 접촉을 적게 하고 냉암한 곳에 저장하며, 사용한 기름은 새 기름과 섞지 말아야 한다.

05 냉동식품의 조리

미생물은 10℃ 이하면 생육이 억제되고, 0℃ 이하에서는 거의 작용을 하지 못한다. 이러한 원리를 응용하여 저장한 식품이 냉장 및 냉동식품이다. 냉장식품은 얼리지 않고 저온에서 저장한 것이며, 냉동식품은 식품을 0℃ 이하로 얼려서 저장한 것이다.

1 냉동 방법

냉동품의 저장은 −15℃ 이하의 저온에서 주로 축산물과 수산물의 장기 저장에 이용되며, 냉동에 의한 식품의 품질저하를 막기 위해 물의 결정을 미세하게 하려면 급속동결법이 필요하다. 일반적으로는 −40℃ 이하에서 동결시키고, 간혹 액체질소를 사용하여 −194℃에서 급속동결시키기도 한다.

2 해동 방법

① 육류, 어류 : 높은 온도에서 해동하면 조직이 상해서 드립(Drip)이 많이 나오므로 냉장고나 흐르는 냉수에서 필름에 싼 채 해동하는 것이 좋다. 가장 좋은 방법은 냉장고 내에서 저온 해동시켜 즉시 조리하는 것이다.

② 야채류 : 야채는 냉동 전에 가열처리를 하므로 조리 시 단시간에 조리한다. 삶을 때는 끓는 물에 냉동채소를 넣고 2~3분간 끓여 해동과 조리를 동시에 한다. 그 밖에 찌거나 볶을 때에도 동결된 채로 조리한다.

③ 조리냉동식품 : 플라스틱 필름으로 싼 것은 끓는 물에서 그대로 약 10분간 끓이고, 알루미늄에 넣은 것은 오븐에서 약 20분간 덥힌다.

④ 튀김류 : 빵가루를 묻힌 것은 동결 상태 그대로 다소 높은 온도의 기름에 튀겨도 되지만, 미리 튀겨져 있는 것은 오븐에서 15~20분간 덥힌다.

⑤ 빵 및 과자류 : 자연 해동시키거나 오븐에 덥혀 해동시킨다.

⑥ 과일류 : 해동은 먹기 직전에 한다. 포장된 채로 냉장고나 실온의 유수(흐르는 물)에서 하며, 열탕은 사용하지 않는다. 주스로 할 경우 동결된 상태에서 그대로 믹서에 넣거나 가공하며, 생식용은 반동결 상태에서 먹는다.

[식품의 주요 맛 성분표]

재료	주요 맛 성분표
소고기의 살	이노신산(Inosinic acid)
화학조미료	글루타민산(Glutamic acid)
패류	호박산(Succinic acid)
말린 멸치	이노신산 유도체
채소류	아미노산류
생선류	호박산 · 베타인
오징어	베타인
다시마	호박산 · 글루타민산
수육뼈	아미노산(Amino acid)과 유기염기
말린 버섯	구아닌산

06 조미료와 향신료

1 조미료

(1) 조미료의 종류

조미료	특징	
된장 (味噌, 미소)	적된장	• 붉은 빛을 띠고 단맛은 별로 없으며, 염도가 높음 • 깊은 맛을 내는 요리에 사용(고기요리, 국요리)
	백된장	• 색이 밝고(크림색에 가까움) 단맛이 강하며, 염도가 낮음 • 소스나 요리에 많이 사용되고, 된장국 요리 시 적된장과 섞어서 사용
	혼합 된장	• 적된장과 백된장이 섞여 있는 된장 • 가다랑어와 다시마 맛을 첨가하며, 한국에서 많이 사용함
간장 (醬油, 쇼유)	진간장	색이 진한 일반간장으로 향이 강해 육류나 생선요리에 적합하고 비린내 제거효과가 있으며, 생선회나 구이 등을 먹을 때 곁들이는 간장에 사용함
	연한간장	진간장보다 염도가 2% 정도 높고 색이 옅고 맛과 향이 담백하며, 재료가 가지고 있는 고유의 맛과 색, 향을 살리기에 좋음
	백간장	원료는 소맥으로 연한 간장보다 색이 연하고 거의 투명에 가까우며, 맛을 내는 성분보다 당분과 염분이 많고 담백함
	다마리간장	짙은 흑색으로 독특한 향기와 맛을 갖고 있고 농후한 맛과 단맛을 내고 윤기를 더해줌(조림요리에 사용) ※ 간장 사용 시 맛을 증진시키고, 냄새 제거효과, 살균의 효과도 있음
식초 (醋, 스)	양조식초	곡류, 과실 등을 원료로 초산을 발효시켜서 만들며, 풍미를 가지고 있고 가열해도 풍미가 살아 있음
	합성식초	양조식초의 사용 비율이 60% 이상, 초산을 4.0% 이상 첨가하여 제조하며, 가열하면 풍미는 날아가고 산미만 남음
맛술 (味淋, 미림)		• 찐 찹쌀에 소주와 누룩을 혼합하여 약 2개월 간 발효시켜(전분이 당화됨) 앙금은 제거하고 여과시켜 투명에 가까운 액체가 됨 • 성분 : 포도당 43%, 수분 42%, 알코올 14% 등 • 미림을 조리에 사용하면 단맛을 형성하여 빛과 색을 좋게 하고 맛의 농도, 매끄러움에 도움을 주며, 미림에 함유된 알코올은 좋지 않은 냄새를 휘발시킴
소금(塩, 시오)		염화나트륨을 함유하고 짠맛을 부여해주는데, 소금을 조리에 사용 시 조미의 역할 외에 탈수작용, 단백질 응고, 방부작용, 색의 안정 등의 효과를 가져옴
설탕 (砂糖, 사토)		감미 외에 여러 가지 특징을 가지고 있는데, 조리에 사용 시 전분의 노화방지효과, 캐러멜화, 방부작용 등의 효과를 가져옴
청주 (酒, 사케)		• 일본 술인 청주가 많이 사용됨 • 요리의 질을 한층 좋게 만들고 조림요리를 부드럽게 해줌 • 단단한 생선을 구울 때 술을 뿌려서 구우면 생선살의 비린내를 제거하고 살이 부드러워짐

(2) 일본 요리 기본양념인 조미료의 사용 순서

① 조미료의 일식표현

사(さ)	청주(さけ, 사케), 설탕(さとう, 사토우)
시(し)	소금(しお, 시오)
스(す)	식초(す, 스)
세(せ)	간장(しょうゆ, 쇼유)
소(そ)	된장 (みそ, 미소)

② 생선 종류 : 청주 → 설탕 → 소금 → 식초 → 간장 순서로 조미

③ 채소 종류 : 설탕 → 소금 → 간장 → 식초 → 된장 순서로 조미

2 향신료

향신료는 요리에 향을 더해 주거나 잡맛 또는 비린맛 등을 없애주는 역할을 하는데, 일본요리는 재료 그 자체를 살려서 조리하는 것이 특징으로 고유의 맛을 잃지 않을 만큼 사용한다.

종류	특징
와사비(와사비)	• 우리말로는 고추냉이라고 함 • 뿌리를 강판에 갈아서 생선회 등에 이용함 • 매운맛과 향기가 좋음 • 생물로 유통, 갈아서 진공 냉동포장, 분말가루로 유통 • 분말의 경우 차가운 물과 섞어서 나무젓가락으로 매운맛이 살아나도록 저어줌
겨자(가라시)	• 갓의 종자의 분말을 이용한 것 • 미지근한 물에 개어서 사용함 • 어묵이나 육류요리 등의 양념이나 소스로 사용됨
고추(도가라시)	생고추를 강판에 갈아 무즙과 섞어 사용하는데, 이것을 모미지 오로시 또는 아까오로시(빨간무즙)라고 함[야쿠미(양념)에 이용]
산초(산쇼)	• 귤과에 식물로 어린잎사귀와 열매를 사용함 • 어린싹은 기노매라고 하는데, 손바닥에 놓고 치면 독특한 향기가 나며, 맑은국 등의 고명으로 이용됨 • 건조분말은 고나산쇼라고 하며, 장어구이 등에 뿌려줌
생강(쇼가)	• 뿌리생강 : 갈거나 가늘게 채썰어 생선, 육류요리에 사용 • 잎생강 : 식초 등에 절여서 생선구이 등에 곁들임
일본깻잎(시소)	• 잎사귀의 색에 따라 붉은 보라색이면 적자소, 녹색이면 푸른자소, 겉은 녹색이고 안쪽이 보라색이면 양면자소로 나눔 • 튀김용, 맑은국, 메밀국수의 양념, 회의 부재료 등으로 많이 이용됨
유자(유즈)	• 산미가 강하여 그냥 먹는 것보다 향신료로 많이 이용 • 맑은국, 무침요리 등에 이용 • 채를 썰거나 오리발 모양 등으로 사용됨 • 즙도 유자초라 하여 향이 좋음

향신료와 특수성분

① 후추 : 특수 성분은 캐비신(Chavicine)으로, 육류의 누린 냄새와 생선의 비린내를 없애는 데 많이 쓰인다.

② 고추 : 고추의 매운맛 성분[캡사이신(Capsaicin)]은 소화의 촉진제 역할을 한다.

③ 겨자 : 특수 성분인 시니그린(Sinigrin)은 매운맛과 특유의 향을 지닌다. 이 겨자의 매운맛 성분인 시니그린을 분해시키는 효소인 미로시나제(Myrosinase)는 40℃ 정도에서 매운맛을 내기 때문에 따뜻한 곳에서 발효를 시키는 것이 좋다.

④ 생강 : 특수 성분인 진저롤(Gingerol), 쇼가올(Shogaol), 진저론(Zingerone) 등은 돼지고기요리나 생선요리, 닭고기요리의 누린내 및 비린내를 없애는 데 많이 사용되며, 살균효과도 있어 생선회를 먹을 때 곁들이기도 한다.

⑤ 마늘 : 매운 성분인 알리신(Allicin)은 살균력과 함께 비타민 B_1의 흡수를 돕는 역할이 있다.

⑥ 파 : 매운맛 성분인 황화아릴은 휘발성 자극의 방향과 매운맛을 갖고 있다.

CHAPTER

02 모의고사

01 밥을 지을 때 쌀의 전분이 빨리 α화 하려면?

① 쌀의 정백도가 낮을수록 좋다.

② 수침시간이 짧은 것일수록 좋다.

③ 가열온도가 높을수록 좋다.

④ 수소이온 농도가 낮을수록 좋다.

해설 전분의 호화는 쌀의 정백도(도정률)가 높을수록, pH가 높을수록, 가열온도가 높을수록, 수분이 증가할수록 촉진된다.

02 전분의 노화억제 방법이 아닌 것은?

① 0℃에서 보존

② 수분 함량 15% 이하 유지

③ 유화제 첨가

④ 설탕의 첨가

해설 노화억제 방법

0℃ 이하로 냉동시키거나 수분 함량을 15% 이하로 조절하여 유화제 또는 설탕을 첨가하면 된다.

03 β-전분이 가열에 의해 α전분으로 되는 현상을 무엇이라 하는가?

① 호화현상 ② 호정화현상

③ 산화현상 ④ 노화현상

해설

- 호화(α화) : 전분에 물을 넣고 고온으로 가열하여 익히는 것
- 호정화 : 전분을 고온에서 물기 없이 익히는 것
- 노화(β화) : 호화된 전분을 상온으로 방치하면 β-전분으로 되돌아가는 현상

04 전분의 호정화란 무엇인가?

① 당류를 고온에서 물을 넣고 계속 가열함으로써 생성되는 물질

② 전분에 물을 첨가시켜 가열하면 20~30℃에서 팽창하고, 계속가열하면 팽창하여 길어지는 상태를 말한다.

③ 전분에 물을 가하지 않고 160℃ 이상으로 가열하면 여러 단계의 가용성 전분을 거쳐 변화하는 물질

④ 당이 소화효소에 의해 분해된 물질

해설 전분에 물을 가하지 않고 160℃ 이상으로 가열하면 여러 단계의 가용성 전분을 거쳐 텍스트린(호정)으로 분해되는데, 이것을 전분의 호정화라 한다[예 미숫가루, 튀밥(뻥튀기)].

05 다음의 전분 중 아밀로펙틴 함량의 비율이 가장 높은 것은?

① 고구마

② 보리

③ 찰옥수수

④ 쌀

해설 찰옥수수, 찹쌀, 찰보리는 아밀로펙틴으로만 구성되어 있다.

정답

01 ③ 02 ① 03 ① 04 ③ 05 ③

06 밥을 할 때 백미와 물의 가장 알맞은 배합률은?

① 쌀 중량의 1.2배, 부피의 1.5배

② 쌀 중량의 1.4배, 부피의 1.1배

③ 쌀 중량의 1.5배, 부피의 1.2배

④ 쌀 중량의 1.9배, 부피의 1.8배

해설 쌀 종류에 따른 물의 분량

쌀의 종류	쌀의 중량에 대한 물의 분량	체적(부피)에 대한 물의 분량
백미(보통)	쌀 중량의 1.5배	쌀 용량의 1.2배
햅쌀	쌀 중량의 1.4배	쌀 용량의 1.1배
찹쌀	쌀 중량의 1.1~1.2배	쌀 용량의 0.9~1배
불린 쌀(침수)	쌀 중량의 1.2배	쌀 용량의 동량(1.0배)

07 밥맛을 좌우하는 요소로 잘못된 것은?

① 0.03%의 소금 첨가로 밥맛이 좋아진다.

② 쌀을 수확한 후 오래되면 밥맛이 나빠진다.

③ 쌀의 일반 성분은 밥맛과 거의 관계가 없다.

④ 밥물의 산도가 높아질수록 밥맛이 좋아진다.

해설 밥맛은 용수의 pH에 관계가 있다. pH7~8의 물을 넣고 밥을 지을 때 밥맛이 가장 좋다.

08 쌀을 심하게 으깨어 여러 번 씻으면 어떤 비타민의 손실이 큰가?

① 티아민

② 아스코르브산

③ 카로틴

④ 토코페롤

해설 쌀을 씻어 밥을 짓는 과정에서 약 50% 이상의 비타민 B_1의 손실이 있게 된다. 손실을 줄이기 위해 가볍게 쌀을 씻어준다.

09 증기로 가열하면 찹쌀가루가 멥쌀가루보다 더 끈기 있는 것을 볼 수 있는데, 어떤 성분함량이 많아서인가?

① 자당 ② 글루텐

③ 아밀로오스 ④ 아밀로펙틴

해설 찹쌀은 아밀로펙틴으로만 구성되어 있어서 멥쌀에 비해 끈기가 더 있다.

10 밀가루에 물을 넣어 반죽을 하면 끈기가 생겨 반죽이 부드럽고 질겨지게 되는데, 어떤 성분이 생성된 것인가?

① 글루텐 ② 글리아딘

③ 글루테닌 ④ 글리시닌

해설 밀가루에 들어 있는 단백질인 글리아딘과 글루테닌은 물을 넣어 반죽하면 끈기가 강한 특수한 성질을 가진 글루텐이란 단백질로 만들어진다.

11 밀가루에 중조를 넣으면 색깔이 황색으로 변하는 이유는 무엇인가?

① 비효소적 갈변

② 산에 의한 변색

③ 효소적 갈변

④ 알칼리에 의한 변색

해설 밀가루 내에는 플라보노이드 색소가 있어 중조(알칼리)를 넣으면 제품이 황색으로 변하는 단점이 있다.

12 밀가루 제품의 팽창에 관한 설명 중 맞는 것은?

① 다량의 설탕 첨가는 CO_2의 발생량을 높여 팽창을 도와준다.

② 체에 치기, 거품내기 등의 과정은 공기흡입량을 늘인다.

③ 소금의 첨가는 글루텐의 형성을 억제한다.

정답 06 ③ 07 ④ 08 ① 09 ④ 10 ① 11 ④ 12 ②

④ 달걀의 단백질은 제품의 질감을 부드럽게 한다.

해설 밀가루를 체에 치거나 달걀흰자를 거품내서 사용하면 공기흡입량을 늘여 부피증대를 가져온다.

13 밀가루 반죽에 지방을 첨가하는 것에 대한 설명이다. 맞는 것으로 구성된 것은?

㉠ 사용하는 지방은 가소성이 적은 것이 좋다. ㉡ 글루텐 망을 형성시켜 점탄성을 높여 준다. ㉢ 글루텐을 연화하여 제품을 부드럽게 해준다. ㉣ 가스체의 보존으로 용적을 증대시킨다.

① ㉠, ㉡ ② ㉠, ㉡, ㉢
③ ㉢, ㉣ ④ ㉡, ㉢

해설 지방의 가소성이 적으면 반죽 밖으로 기름이 흐를 수 있으며, 지방은 단백질과 물과의 접촉을 방해하여 글루텐 형성을 방해한다.

14 밀가루 종류에 따른 글루텐 함량과 용도가 옳은 것은?

① 강력분(13% 이상) : 식빵, 마카로니
② 중력분(10~13%) : 케이크, 튀김, 쿠키
③ 박력분(10% 이하) : 면류
④ 경질밀(20% 이상) : 식빵, 당면

해설 중력분은 글루텐 함량이 10~13%로 국수 등 면류, 박력분은 글루텐 함량 10% 이하로 튀김옷, 케이크, 쿠키 등을 만든다.

15 다음 중 감자를 삶아서 으깨는 방법으로 옳은 것은?

① 감자가 덜 익었을 때 으깬다.
② 우유를 넣고 으깬다.
③ 감자가 뜨거울 때 으깬다.
④ 감자가 차가워졌을 때 으깬다.

해설 감자의 온도가 내려가면 끈기가 생겨 으깨기가 어렵다. 보슬보슬하고 점성이 없이 으깨려면 감자가 뜨거울 때 으깨야 한다.

16 감자에 대한 설명으로 틀린 것은?

① 감자의 갈변은 티로신(Tyrosin)에 의해 일어난다.
② 감자의 갈변을 막는 방법은 물속에 담근다.
③ 점질의 감자는 감자조림에 적합하다.
④ 분질의 감자는 감자튀김에 적합하다.

해설 점질의 감자는 찌거나 구울 때 부서지지 않아 조림이나 볶음요리에 적합하며, 분질의 감자는 잘 부서지므로 매시포테이토나 분이 나게 감자를 삶을 때 적합하다.

17 사과, 감자 등의 절단면에서 일어나는 갈변현상을 막기 위한 방법이 아닌 것은?

① 설탕물에 담가둔다.
② 레몬즙에 담가둔다.
③ 희석된 소금물에 담가둔다.
④ 깨끗한 칼로 썬다.

해설 칼의 금속면이 닿으면 갈변현상의 촉진된다.

18 다음 중 푸른색 채소를 데치는 방법으로 바른 것은?

① 뚜껑을 덮고 가열한다.
② 삶은 후 찬물에서 냉각해서는 안 된다.
③ 수용성 성분의 손실을 줄이기 위해 물을 최소한으로 줄인다.
④ 삶은 물의 온도 변화를 최소한으로 줄이기 위해 물의 양을 5배 정도 충분히 한다.

해설 푸른 채소를 데칠 때는 삶는 물의 온도변화를 줄이기 위해 재료의 5배의 끓는 물에 뚜껑을 열고 단시간에 데쳐내어 찬물에 냉각시킨다.

정답
13 ③ 14 ① 15 ③ 16 ④ 17 ④ 18 ④

19 근대, 시금치, 아욱과 같은 푸른 잎채소를 데쳐낼 때의 올바른 방법은?

① 뚜껑을 열고 끓는 물에 단시간 데쳐 헹군다.

② 저온에서 뚜껑을 덮고 서서히 데쳐 헹군다.

③ 끓는 물에 뚜껑을 덮고 데쳐 헹군다.

④ 70℃ 정도의 물에서 뚜껑을 열고 데쳐 헹군다.

해설 시금치, 근대, 아욱 등의 녹색채소를 데칠 때는 수산을 제거하기 위해 뚜껑을 열고 단시간에 데쳐 찬물에 헹군다.

20 일반적으로 채소 조리 시 가장 손실되기 쉬운 성분은?

① 비타민 A

② 비타민 B_6

③ 비타민 C

④ 비타민 E

해설 비타민 C는 불안정하여 조리 시나 공기 중에 방치해 두면 산화하여 파괴된다.

21 채소를 아삭아삭하고 싱싱하게 서빙하려 할 때, 다음 중 가장 합리적인 처리 방법은?

① 물에 오래 담가 둔다.

② 먹기 직전에 씻는다.

③ 깨끗이 씻은 후 물에 5시간쯤 담가둔다.

④ 조리하기 2시간쯤 전에 씻은 후 물기를 빼고 그릇에 담아 뚜껑을 덮고 냉장고에 넣어 둔다.

해설 채소를 아삭아삭하게 먹으려면 조리하기 2시간쯤 전에 씻어서 물기를 빼고 그릇에 담아서 뚜껑을 덮어 냉장고에 넣어 두면 된다. 물에 오래 담가두면 수용성 비타민의 손실이 오고, 먹기 직전에 씻으면 싱싱하지 못하므로 ①, ②, ③은 바람직하지 못하다.

22 다음은 식품들의 조리방법을 설명한 것이다. 옳지 않은 것은?

① 무채는 소금을 뿌렸다가 물기를 꼭 짜서 무친다.

② 마른 호박은 더운 물에 씻어 불려서 먹는다.

③ 표고버섯은 더운 물에 담갔다가 꼭지를 떼고 볶는다.

④ 시금치는 데친 후 냉수에 씻어 무친다.

해설 무에 많이 함유되어 있는 비타민 C의 손실을 적게 하기 위해 소금에 절이지 않고 바로 양념을 해서 먹는 것이 좋다.

23 다음은 녹색채소 조리 시 중조를 가하면 나타나는 결과를 설명한 것이다. 틀린 것은?

① 비타민 C가 파괴된다.

② 조직이 연화된다.

③ 진한 녹색을 띤다.

④ 녹갈색으로 변한다.

해설 녹색채소 조리 시 중조(소다)를 넣으면 색이 선명해지지만, 조직이 연화되고 비타민 C의 파괴를 가져온다.

24 흰색 채소의 흰색을 그대로 유지할 수 있는 조리방법은?

① 약간의 소다를 넣고 삶는다.

② 약간의 식초 물을 넣고 삶는다.

③ 채소를 데친 직후 냉수에 헹군다.

④ 채소를 물에 담가 두었다가 삶는다.

해설 흰색 채소에 함유된 플라보노이드(Flavonoid) 계통의 색소는 산에서 백색을 유지하고 알칼리에서 황색이 된다. 따라서 연근이나 우엉은 껍질을 벗긴 후 식초 물에 담그면 색깔이 변하지 않는다.

정답
19 ① **20** ③ **21** ④ **22** ① **23** ④ **24** ②

25 다음 중 일반적으로 줄기부분을 식용부위로 하는 경채류는?

① 샐러리 ② 브로콜리
③ 토마토 ④ 옥수수

해설 브로콜리 – 화채류, 토마토 – 과채류 , 옥수수 – 종실류

26 다음 중 근채류 중 영양소의 흡수를 돕기 위해 기름을 사용하면 좋은 식품은?

① 우엉 ② 연근
③ 당근 ④ 무

해설 당근의 비타민 A
지용성 비타민의 흡수를 돕기 위해 기름을 첨가하여 조리한다.

27 마멀레이드(Marmalade)에 대한 설명으로 맞는 것은?

① 과즙과 과육을 60%의 설탕농도로 농축한 것
② 과실을 잘 건조한 건조과일
③ 오렌지나 레몬껍질로 만든 잼
④ 투명한 과즙을 70%의 설탕 농도로 농축하여 굳힌 것

해설 당장법의 대표적인 예
- 잼 : 과육 및 과즙을 60~65%의 설탕으로 가열 농축한 것
- 젤리 : 투명한 과즙을 70%의 설탕으로 가열하여 농축한 것
- 마멀레이드 : 오렌지나 레몬껍질에 설탕을 넣고 가열 농축시킨 것

28 과실 가공에서 젤리화 작용에 관여하지 않는 것은?

① 설탕 ② 유기산
③ 펙틴 ④ 소금

해설 펙틴의 응고성을 이용하여 유기산, 설탕 등이 일정한 농도로 배합되어 농축시키면 젤리화가 일어난다.
※ 펙틴 응고의 비율 : 설탕 60~60%, 유기산 0.3%, 펙틴 1%

29 펙틴과 산이 적어서 잼을 만 들 수 없는 과일은?

① 딸기 ② 배, 감
③ 복숭아, 포도 ④ 사과, 오렌지

해설 잼, 젤리, 마멀레이드는 펙틴의 응고성을 이용하여 만드는데, 과실 중에 펙틴, 산, 당분 중 어느 한 가지라도 없으면 젤리화가 일어나지 않는다. 배, 감 등은 펙틴과 유기산이 부족하여 젤리화가 잘 일어나지 않는다.

30 펙틴과 겔(Gel)화하여 만든 식품으로 묶은 것은?

① 잼, 젤리, 마멀레이드
② 잼, 크림, 버터
③ 젤리, 치즈, 마요네즈
④ 크림, 젤리, 마가린

해설 팩틴의 응고성을 이용하여 만든 식품
잼, 젤리, 마멀레이드

31 두부 제조 시 응고제로 가장 많이 사용하는 것은?

① 염화칼슘 ② 초산칼슘
③ 실리콘칼슘 ④ 황산칼슘

해설 염화마그네슘, 염화칼슘, 황산칼슘 중 두부 제조 시 응고제로 황산칼슘을 많이 사용하는데, 그 이유는 보수성과 탄력성이 높기 때문이다.

32 두부 응고제가 아닌 것은?

① 염화마그네슘($MgCl_2$)
② 황산칼슘($CaSO_4$)
③ 염화칼슘($CaCl_2$)
④ 탄산칼륨(K_2CO_3)

해설 두부 응고제 : 염화마그네슘, 염화칼슘, 황산칼슘

정답
25 ① 26 ③ 27 ③ 28 ④ 29 ② 30 ① 31 ④ 32 ④

33 무기염류에 의한 단백질 변성을 이용한 식품은?

① 곰탕

② 젓갈류

③ 두부

④ 요구르트

해설 콩 단백질인 글리시닌(Glycinin)이 염화칼슘 등의 염류에 응고되는 성질을 이용하여 만든 것이 두부이다.

34 두부를 부드럽게 끓이려고 한다. 다음 중 어떤 방법이 가장 좋은가?

① 두부와 소량의 전분과 소금을 동시에 물에 넣고 끓인다.

② 물에 소금과 소량의 전분을 넣고 끓이다가 두부를 넣고 끓인다.

③ 맹물에 넣고 끓인다.

④ 두부를 넣고 먼저 끓이다가 소금과 소량의 전분을 넣는다.

해설 두부를 부드럽게 끓이려면 물에 소금과 소량의 전분을 넣고 끓이다가 두부를 넣고 끓이는 것이 좋다.

35 건조된 콩을 삶으면 몇 배로 불어나는가?

① 약 2배

② 약 3배

③ 약 4배

④ 약 5배

해설 건조식품의 부피 변화
쌀로 밥을 지으면 중량은 쌀 무게의 2.5배, 건조된 콩을 삶을 경우 3배, 건미역을 물에 불릴 경우 7~8배로 부피의 변화를 보인다.

36 날콩 중에 들어 있으며 거품을 내며, 용혈작용을 하는 것은?

① 사포닌 ② 알부민

③ 케라틴 ④ 글로불린

해설 대두와 팥에는 사포닌이라는 용혈 독성분이 있지만, 가열 시 파괴된다.

37 대두에는 어떤 성분이 있어 소화액인 트립신의 분비를 저해하는가?

① 레닌 ② 안티트립신

③ 아비딘 ④ 청산배당체

해설 날 콩 속에는 단백질의 소화액인 트립신의 분비를 억제하는 안티트립신이 들어 있어서 소화가 잘 안 되지만 가열 시 파괴된다.

38 다음 중 중조수를 넣어 콩을 삶을 때 가장 문제가 되는 것은?

① 조리수가 많이 필요하다.

② 콩이 잘 무르지 않는다.

③ 비타민 B_1의 파괴가 촉진된다.

④ 조리시간이 길어진다.

해설 콩을 삶을 때 식용소다(중조)를 첨가하여 삶으면 콩이 빨리 무르지만, 비타민 B_1(티아민)이 손실되는 단점이 있다.

39 소고기 중 운동을 많이 한 부분으로 고기가 질겨서 주로 탕에 사용하는 부위는?

① 안심, 등심

② 우둔살, 대접살

③ 장정육, 사태

④ 머리, 홍두깨살

해설 장정육, 양지육, 사태는 운동을 많이 한 부분으로 고기가 질겨서 주로 탕 등 습열조리에 이용된다.

정답
33 ③ **34** ② **35** ② **36** ① **37** ② **38** ③ **39** ③

40 소고기 조리법의 연결이 잘못된 것은?

① 등심 : 전골, 구이

② 사태육 : 편육, 장국, 구이

③ 우둔살 : 포, 회, 조림

④ 홍두깨살 : 조림

해설 사태육은 골질이 많고 지방이 적어 찜, 탕, 조림 등에 사용한다.

41 다음은 동물성 식품의 부패 경로이다. 올바른 순서는?

① 사후강직 → 자가소화 → 부패

② 사후강직 → 부패 → 자가소화

③ 자가소화 → 사후강직 → 부패

④ 자가소화 → 부패 → 사후강직

해설 동물은 도살된 후 조직이 단단해지는 사후강직 현상이 일어나고, 시간이 지나면 근육 자체의 효소에 의해 자기소화 현상이 일어나면서 고기가 연해지고 풍미도 좋고 소화도 잘 되는데, 이 현상이 숙성이다. 숙성이 지나치면 부패된다.

42 육류를 물에 넣고 끓이면 고기가 연하게 되는 이유는?

① 조직 중의 콜라겐이 젤라틴으로 변해 용출되기 때문에

② 조직 중의 미오신이 젤라틴으로 변해 용출되기 때문에

③ 조직 중의 콜라겐이 알부민으로 변해 용출되기 때문에

④ 조직 중의 미오신이 알부민으로 변해 용출되기 때문에

해설 가열에 의한 고기의 변화 중 결체조직의 변화로 조직 중의 콜라겐이 젤라틴화(지방의 융해) 되면서 고기가 연해진다.

43 육류의 연화작용에 관계되지 않은 것은?

① 파인애플

② 무화과

③ 파파야

④ 레닌

해설 • 레닌은 단백질을 응고시키는 효소이다.
• 육류의 연화작용을 하는 과일 : 파인애플(브로멜린), 무화과(휘신), 파파야(파파인), 배즙(프로타아제)

44 육온도계는 주로 어디에 사용하는가?

① 육류의 사후경직을 알아보기 위해

② 육류의 숙성을 알아보기 위해

③ 육류의 신선도를 알아보기 위해

④ 육류의 익은 정도를 알기 위해

해설 육온도계는 스테이크(Steak) 등의 익은 정도를 알아보기 위해 살 중심부에 꽂아 잠시 후에 판정한다.

45 다음 중 융점이 가장 낮은 육류는?

① 닭고기

② 양고기

③ 소고기

④ 돼지고기

해설 융점이란 고체 지방이 열에 의해 액체 상태로 될 때의 온도를 말하는데, 돼지고기와 닭고기는 융점이 낮기 때문에 식어도 맛을 잃지 않는 요리를 만들 수 있다.

종류	융점(℃)	종류	융점(℃)
소기름	40~50	닭기름	30~32
돼지기름	33~46	칠면조	31~32
양기름	44~45	오리기름	29~39

정답
40 ② 41 ① 42 ① 43 ④ 44 ④ 45 ①

46 육류 조리에 대한 설명으로 틀린 것은?

① 편육 조리 시 찬물에 넣고 끓여야 잘 익고 고기 맛이 좋다.

② 탕 조리 시 찬물에 고기를 넣고 끓여야 추출물이 최대한 용출된다.

③ 장조림 조리 시 간장을 처음부터 넣으면 고기가 단단해지고 잘 찢기지 않는다.

④ 불고기용으로는 결합조직이 되도록 적은 부위가 적당하다.

해설 편육 조리 시 찬물에 삶게 되면 맛 성분이 용출되므로, 끓는 물에 고기를 덩어리째 넣고 삶아야 맛 성분의 용출을 막을 수 있다.

47 달걀의 응고성 중 알칼리 응고성을 이용한 제품은?

① 마요네즈 ② 피단

③ 케이크 ④ 머랭

해설 ①은 달걀의 유화성, ③과 ④는 달걀의 기포성을 이용한 제품이다.

48 마요네즈를 만드는 데 적당한 재료는?

① 계란, 버터, 식초, 겨자, 소금

② 계란, 식용유, 식초, 소금, 설탕, 겨자

③ 계란, 식용유, 식초, 설탕, 우유

④ 계란, 마가린, 식초, 소금, 설탕, 겨자

해설 마요네즈는 난황, 식용유, 식초, 소금, 설탕, 양겨자, 흰후추를 넣고 유화성을 이용해 만든다.

49 머랭을 만들고자 할 때 설탕 첨가는 어느 단계에서 하는 것이 가장 효과적인가?

① 거품이 생기려고 할 때

② 처음 젓기 시작할 때

③ 충분히 거품이 생겼을 때

④ 아무 때나 무방하다.

해설 소금 및 설탕은 기포력을 약화시키므로 거품이 충분히 난 후에 첨가하도록 한다.

50 일반적으로 달걀의 기포형성력을 방해하지 않는 것은?

① 기름 ② 우유

③ 날걀노른자 ④ 레몬즙

해설 소량의 산은 기포력을 도와주며 기름, 우유, 달걀노른자는 기포력을 저해한다. 설탕은 거품을 완전히 낸 후 마지막 단계에서 넣어 주면 거품이 안정된다.

51 다음 중 마요네즈 제조 시 유화제 역할을 하는 난황에 들어 있는 성분은?

① 레시틴

② 오브알부민

③ 글로불린

④ 갈락토오스

해설 레시틴은 기름을 물에 분산시키는 작용인 유화성을 가지고 있는데, 달걀노른자에 많이 들어 있다.

52 계란의 녹변현상이 잘 일어나는 조건이 아닌 것은?

① 가열 온도가 높을수록 잘 일어난다.

② 가열 시간이 길수록 잘 일어난다.

③ 오래된 계란 일수록 잘 일어난다.

④ 신선한 계란 일수록 잘 일어난다.

해설 달걀을 15분 이상 삶으면 난황 주위가 회록색이 되는데, 이를 녹변현상이라 한다. 이는 난백의 황화수소가 난황의 철분과 결합하여 황화제1철을 만들기 때문이며, 그 원인은 다음과 같다. 가열온도가 높을수록 반응속도가 빠르고, 가열시간이 길고 오래된 달걀일수록 잘 일어나고, 삶은 후 즉시 냉수에 식히면 적게 생기고, 식히지 않으면 많이 생긴다.

정답

46 ① 47 ② 48 ② 49 ③ 50 ④ 51 ① 52 ④

53 마요네즈 제조 시 유분리 복원 방법으로 알맞은 것은?

① 레몬즙을 첨가하고 기름을 넣으며 힘차게 젓는다.

② 기름을 넣는 속도를 늘려서 넣어준다.

③ 분리된 마요네즈를 양쪽 방향으로 빠르게 젓는다.

④ 새로운 난황에 분리된 것을 조금씩 넣으면서 한쪽 방향으로 저어 준다.

해설 유분리 복원 방법
- 새로운 달걀노른자를 거품이 일 정도로 저어준 후 유분리 된 마요네즈를 조금씩 부어가면서 다시 드레싱을 만든다.
- 잘 형성된 마요네즈에 분리된 마요네즈를 조금씩 넣어 재생시킨다.

54 마요네즈 제조 시 유분리 현상의 원인으로 바르지 않은 것은?

① 초기에 많은 양의 기름을 빨리 넣을 때

② 기름의 온도가 너무 낮아 유화액 형성이 완전하지 못할 때

③ 고온에 저장하여 물과 기름의 팽창계수가 다를 때

④ 달걀노른자에 비해 기름이 적었을 때

해설 달걀노른자에 비해서 기름이 많았을 때 유분리 현상이 일어 날 수 있다.

55 신선한 달걀의 난황계수(Yolk Index)는 얼마인가?

① 0.14 ② 0.25

③ 0.36 ④ 0.55

해설 난황계수 = $\frac{\text{난황의 높이}}{\text{난황의 직경}}$로, 0.36 이상이면 신선하다.

56 유화된 식품이 아닌 것은?

① 버터

② 마가린

③ 마요네즈

④ 햄

해설 유화액에는 물속에 기름이 분산된 수중유적형(마요네즈, 아이스크림, 우유)과 기름에 물이 분산된 유중수적형(버터, 마가린)이 있다.

57 우유를 데울 때 가장 옳은 방법은?

① 이중냄비에 넣고 젓지 않고 데운다.

② 냄비에 담고 끓기 시작할 때까지 강한 불에서 데운다.

③ 이중냄비에 넣고 저으면서 데운다.

④ 냄비에 담고 약한 불에서 젓지 않고 데운다.

해설 우유를 가열하면 지방과 단백질이 엉겨서 표면에 하얀 피막이 생기고, 냄비 밑바닥에 락토알부민이 응고하며, 또한 적당히 캐러멜화 되어 눌러 타기 쉬우므로 냄비에 담아서 바로 끓이지 말고 이중냄비에 넣고 저어가면서 데우는 것이 좋다.

58 휘핑크림(Whipping Cream)이란 무엇인가?

① 슈크림과 과자 속에 넣는 속크림

② 유지방률 36% 이상인 Heavy Cream

③ 부패된 크림

④ 아이스크림의 일종

해설
- 우유에서 유지방만을 분리한 것을 크림이라 하며, 휘핑크림(Whipping Cream)이란 지방 함량이 36% 이상인 Heavy Cream을 말한다.
- 라이트 크림(Light Cream)이란 지방 함량이 18% 이상인 크림을 말한다.

정답
53 ④ 54 ④ 55 ③ 56 ④ 57 ③ 58 ②

59 우유를 응고시키는 효소로 젖먹이와 송아지에서 볼 수 있는 효소는?

① 트립신

② 레닌

③ 스테압신

④ 펩신

해설 레닌은 우유의 단백질을 응고시켜 소화를 돕는 효소로 젖먹이나 송아지의 위에서만 발견된다.

60 식품 중 미생물을 이용하여 만든 식품은?

① 치즈 ② 두부

③ 잼 ④ 겨자

해설 치즈

우유에 레닌을 가하면 유단백질인 카제인이 분리되는데, 이를 칼슘이온과 결합시킨 응고물을 가하여 숙성시킨 것이다.

61 아이스크림 제조 시 사용되는 안정제는?

① 레시틴

② 젤라틴

③ 전화당

④ 레닌

해설 젤라틴은 동물의 가죽, 뼈에 다량 존재하는 단백질인 콜라겐의 가수분해로 얻어지며, 아이스크림 제조시 안정제로 사용된다.

62 어류 지방의 불포화지방산과 포화지방산에 대한 일반적인 비율로 옳은 것은?(불포화지방산 : 포화지방산)

① 80 : 20 ② 60 : 40

③ 40 : 60 ④ 20 : 80

해설 생선의 지방은 불포화지방산 약 80%와 포화지방산 약 20%로 구성되어 있다.

63 어취 해소를 위하여 가장 옳은 조리법은?

① 생선 전유어 ② 생선찜

③ 생선구이 ④ 생선국

해설 어취(비린내)는 생선의 체표에 많이 모여 있으므로 어취 해소를 위해서는 껍질을 사용하지 않는 조리법을 택하며, 흰살 생선을 얇게 저며 간을 한 후 밀가루와 달걀물을 입혀 기름에 지지는 과정에서도 많이 해소되므로 생선 전유어가 가장 알맞다.

64 새우, 게, 가재의 색깔이 변하는 시기는?

① 익혔을 때

② 술 종류를 부었을 때

③ 겨울철 물에 넣었을 때

④ 도마 위에 놓을 때

해설 새우, 게, 가재 등을 가열하여 익혔을 때 단백질에서 유리된 아스타산틴(Astaxanthin)이 적색을 띠게 된다.

65 어패류 조리에 대한 설명으로 옳지 않은 것은?

① 패류의 근육은 생선보다 더 연하여 쉽게 상하므로 살아 있을 때 조리하는 것이 좋다.

② 어류는 결체조직이 많으므로 습열조리를 이용하여 오랫동안 익히는 것이 좋다.

③ 패류를 조리할 때는 낮은 온도에서 서서히 익혀 단백질의 급격한 온도변화를 피하도록 한다.

④ 어류를 덜 익히면 맛도 좋지 않고 기생충의 위험도 있으므로 완전히 익혀야 한다.

해설 어류는 육류에 비해 결체조직이 적으므로 습열조리보다는 건열법을 많이 이용한다.

66 생선 비린내의 냄새는?

① 트리메틸아민 ② 암모니아

③ 회질 ④ 세사몰

정답

59 ② **60** ① **61** ② **62** ① **63** ① **64** ① **65** ② **66** ①

해설 생선의 비린내 성분은 트리메틸아민(Trimethylamine, TMA)으로 표피에 많고, 해수어보다 담수어가 냄새가 더 강하며 신선도가 떨어질수록 많이 난다.

67 전유어 하기에 적합하지 않은 생선은?

① 동태 ② 고등어
③ 도미 ④ 민어

해설 전유어는 주로 흰살생선인 민어, 도미, 동태 등을 이용한다.

68 신선한 생선을 판별하는 방법으로 잘못된 것은?

① 비늘이 잘 떨어지며, 광택이 있는 것
② 손가락으로 누르면 탄력성이 있는 것
③ 아가미의 빛깔이 선홍색인 것
④ 눈알이 밖으로 돌출된 것

해설 생선의 신선도 판별법
- 눈이 투명하고, 튀어나온 듯 긴장되어 있고 아가미는 선홍색이어야 한다.
- 신선도가 높은 것은 비늘이 잘 떨어지지 않으며, 광택이 있다.
- 손가락으로 눌러보아서 탄력성이 있다.

69 돼지고기나 생선조림에서 냄새를 제거하기 위해 생강을 이용하는데, 그 사용 방법은?

① 처음부터 함께 넣는다.
② 생강을 먼저 끓여낸 후 고기를 넣는다.
③ 고기나 생선이 거의 익은 후 생강을 넣는다.
④ 생강즙을 내어 물에 혼합한 후 고기를 넣고 끓인다.

해설 생선을 미리 가열하여 단백질을 변성시킨 후에 생강을 넣고 조리하는 것이 처음부터 넣고 조리하는 것보다 어취제거 효과가 크다. 이것은 어육단백질은 생강의 탈취작용을 방해하는 성질이 있기 때문이다.

70 조개류가 국에서 독특한 맛을 내는 것은 어떤 성분인가?

① 크레아틴 ② 글루타민산
③ 호박산 ④ 이노신산

해설 조개류의 독특한 시원한 맛은 호박산 때문이다.

71 생선을 조리 할 때 조리방법 중 틀린 것은?

① 물이 끓기 시작할 때 생선을 넣어야 모양이 흐트러지지 않는다.
② 생선의 비린내를 없애기 위해 생강과 술을 사용한다.
③ 생선의 선도에 따라 조리법을 달리한다.
④ 식초나 레몬을 생선조림에 이용 시 생선가시를 더욱 단단하게 한다.

해설 식초나 레몬을 생선조림에 이용하면 생선가시는 연해지고, 생선의 단백질이 응고되어 생선살은 단단해진다.

72 생선을 조리할 때 비린내를 없애는 방법으로 부적당한 것은?

① 가열함으로써 냄새를 완전히 제거할 수 있다.
② 식초를 넣으면 알릴류와 아민냄새가 제거된다.
③ 조리하기 전에 우유에 담가두면 냄새가 약화된다.
④ 물에 잘 씻으면 냄새를 제거하는 데 도움이 된다.

해설 어취제거방법
- 생선 냄새의 주성분인 트리메틸아민은 물로 씻으면 녹아나와 냄새를 줄일 수 있다.
- 간장, 된장, 고추장 등의 장류를 첨가한다.
- 생강, 파, 마늘, 겨자, 고추냉이, 무, 술, 등 향신료를 강하게 사용한다.
- 식초, 레몬즙 등의 산을 첨가한다.
- 우유에 미리 담가두었다가 조리하면 우유에 단백질인 카제인이 트리메틸아민을 흡착하여 비린내를 약하게 한다.

정답
67 ② 68 ① 69 ③ 70 ③ 71 ④ 72 ①

73 어패류 조리에 대한 설명으로 옳지 않은 것은?

① 패류의 근육은 생선보다 더 연하여 쉽게 상하므로 살아 있을 때 조리하는 것이 좋다.

② 어류는 결체조직이 많으므로 습열조리를 이용하여 오랫동안 익히는 것이 좋다.

③ 패류를 조리할 때는 낮은 온도에서 서서히 익혀 단백질의 급격한 온도변화를 피하도록 한다.

④ 어류를 덜 익히면 맛도 좋지 않고 기생충의 위험도 있으므로 완전히 익혀야 한다.

해설 어류는 육류에 비해 결체조직이 적으므로 습열조리보다는 건열법을 많이 이용한다.

74 생선묵의 탄력과 관련 있는 것은?

① 색소단백질 – 미오글로빈

② 결합단백질 – 콜라겐

③ 염용성 단백질 – 미오신

④ 수용성 단백질 – 미오겐

해설 생선묵의 제조 원리는 생선의 근육단백질(미오신)에 소금을 넣어 갈아주면 풀과 같은 상태로 녹는 성질을 이용하여 어묵을 만든다.

75 연제품 제조에서 어육단백질을 용해하여 탄력성을 주기 위해 첨가하는 물질은?

① 설탕

② 펙틴

③ 산

④ 소금

해설 74번 해설 참고

76 생선 및 육류의 초기부패를 확인하는 화학적 분석에 사용되지 않는 성분은?

① 아민

② 암모니아

③ 글리코겐

④ 트리메틸아민

해설 부패는 단백질 식품이 혐기성 미생물의 작용으로 변질되는 현상으로 암모니아, 인돌, 페놀, 황화수소, 히스티민, 트리메틸아민 등이 형성된다.

77 젓갈에 사용되는 소금의 농도는?

① 10~20%

② 20~30%

③ 30~40%

④ 40~50%

해설 젓갈은 주로 생선, 새우, 조개 등이나 내장, 알 등을 소금에 짜게 절여서 가공한 식품으로, 소금의 농도는 20~30%가 적당하다.

78 품질 좋은 김의 조건이 아닌 것은?

① 윤기가 나며, 검은색을 띤다.

② 붉은색을 띠며, 전체적으로 구멍이 많다.

③ 겨울에 생산되어 질소의 함량이 높다.

④ 불에 구우면 선명한 녹색을 나타낸다.

해설 붉은색을 띠는 김은 변질된 것이다.

79 우뭇가사리를 주원료로 한 가공품은?

① 한천 ② 곤약

③ 키틴 ④ 젤라틴

해설 우뭇가사리 등의 홍조류를 삶아서 얻은 액을 냉각시켜 엉기게 한 것이 우무인데, 이것을 잘라서 동결 · 건조한 것이 한천이다.

정답

73 ② **74** ③ **75** ④ **76** ③ **77** ② **78** ② **79** ①

80 일반적으로 젤라틴이 사용되지 않는 것은?

① 족편
② 양갱
③ 아이스크림
④ 마시멜로

해설 • 한천을 이용한 음식 : 양갱, 과자, 양장피 등
• 젤라틴을 이용한 음식 : 젤리, 족편, 마시멜로, 아이스크림 등

81 양갱 제조에서 팥소를 굳히는 작용을 하는 재료는?

① 한천 ② 갈분
③ 젤라틴 ④ 밀가루

해설 삶은 팥을 으깨어 여기에 설탕, 한천을 녹인 물을 부어 굳히면 양갱이 만들어지며, 한천은 젤라틴보다 응고력이 강해 양갱 등의 식물성 식품의 응고제로 이용된다.

82 한천은 다음 중 어디에 속하는가?

① 단백질
② 지방
③ 탄수화물
④ 무기질

해설 한천은 우뭇가사리와 같은 홍조류의 세포 성분으로 갈락토오스(Galactose)로 된 다당류이다.

83 크로켓의 튀김온도는 섭씨 몇 ℃가 적당한가?

① 130~140℃
② 150~160℃
③ 160~170℃
④ 180~190℃

해설 크로켓과 같이 속 재료가 익은 상태에서 튀기는 식품은 기름의 온도가 높아야 한다. 180~190℃ 정도가 적당하다.

84 튀김용 기름으로 적당한 조건은?

① 발연점이 높은 것이 좋다.
② 융점이 낮은 것이 좋다.
③ 융점이 높은 것이 좋다.
④ 동물성 기름이 좋다.

해설 튀김기름은 발연점이 낮으면 튀김을 했을 때 기름이 많이 흡수되므로 발연점이 높은 것이 좋다. 즉, 발연점이 높은 식물성 기름이 튀김에 적당하다.

85 유지의 발연점에 영향을 미치는 요인이 아닌 것은?

① 유리지방산 함량
② 용해도
③ 노출된 기름의 면적
④ 외부에서 들어온 미세한 입자상 물질들의 존재

해설 노출된 유지의 표면적이 넓을수록, 유리지방산의 함량이 많을수록, 외부에서 혼입된 이물질이 많을수록 유지의 발연점은 낮아진다.

86 기름을 높은 온도로 가열하면 생기는 자극적인 냄새는?

① 유리지방산의 냄새
② 지방의 산패취
③ 아미노산의 탄화취
④ 아크롤레인(Acrolein)의 냄새

해설 유지의 온도가 상승하여 지방이 분해되어 푸른 연기가 나기 시작하는 시점을 발연점이라 하며 글리세롤이 분해되어 검푸른 연기를 내는데, 이것은 아크롤레인으로 점막을 해치고 식욕을 잃게 한다.

정답
80 ② 81 ① 82 ③ 83 ④ 84 ① 85 ② 86 ④

87 약과를 반죽할 때 필요 이상으로 기름과 설탕을 넣으면 어떤 현상이 일어나는가?

① 매끈하고 모양이 좋다.

② 튀길 때 둥글게 부푼다.

③ 켜가 좋게 생긴다.

④ 튀길 때 풀어진다.

해설 약과 반죽 시 필요 이상의 기름과 설탕은 글루텐의 형성을 저해하고, 밀가루와 물의 결합을 방해하여 튀길 때 풀어진다.

88 튀김요리에 사용한 기름에 대한 설명 중 잘못된 것은?

① 식힌 후 이물질을 걸러내고 공기와 광선의 접촉이 없게 보관한다.

② 갈색병에 담아 서늘한 곳에 보관한다.

③ 일단 사용했던 기름은 단시일 내에 사용한다.

④ 동물성 기름을 튀긴 기름은 철재판에 그대로 두어도 산화가 덜 된다.

해설 기름은 공기 중에 방치하면 산화되어 변질되므로 사용한 기름은 이물질을 걸러서 입구가 좁고 색깔이 있는 유리병에 넣어 햇빛을 피해 서늘한 곳에 밀봉하여 보관한다.

89 기름을 가열할 때 일어나는 변화에 대한 내용으로 바르게 묶인 것은?

㉠ 풍미가 좋아진다.
㉡ 색이 진해지고 거품이 생긴다.
㉢ 산화중합반응으로 점성이 높아진다.
㉣ 가열분해로 항산화물질이 생겨 산패를 억제한다.

① ㉠, ㉡　　② ㉠, ㉢

③ ㉡, ㉢　　④ ㉢, ㉣

해설 기름을 계속 가열하여 사용하게 되면 색이 진해지고, 거품이 생기면서 풍미가 나빠지고, 중합체가 형성되어 점성이 높아지며, 가열분해로 아크롤레인이 생겨 산패를 촉진한다.

90 식물성 액상유를 경화처리한 고체기름은?

① 버터

② 라드

③ 쇼트닝

④ 마요네즈

해설 경화유란 불포화지방이 많은 액체유지에 니켈을 촉매로 해 수소를 첨가하여 고체화한 것을 말하며, 마가린과 쇼트닝이 있다.

91 튀김에 대한 설명으로 옳은 것만 묶은 것은?

㉠ 밀가루는 박력분을 사용하는 것이 좋다.
㉡ 온도는 170~190℃에서 튀기는 것이 좋다.
㉢ 튀김 반죽을 해서 두었다가 사용하는 것이 좋다.
㉣ 튀김 기름은 발연점이 높은 것을 사용하는 것이 좋다.

① ㉠, ㉡, ㉢, ㉣

② ㉠, ㉡, ㉢

③ ㉡, ㉢, ㉣

④ ㉠, ㉡, ㉣

해설 튀김 반죽을 미리 하면 글루텐이 형성되어 바삭거리지 않고 질겨지므로, 튀김을 하기 바로 직전에 만드는 것이 좋다.

92 유화된 식품이 아닌 것은?

① 버터

② 마가린

③ 마요네즈

④ 햄

해설 유화액에는 물속에 기름이 분산된 수중유적형(마요네즈, 아이스크림, 우유) 과 기름에 물이 분산된 유중수적형(버터, 마가린)이 있다.

정답
87 ④ 88 ④ 89 ③ 90 ③ 91 ④ 92 ④

93 유지의 산패에 영향을 미치는 인자에 대한 설명으로 옳은 것은?

① 유지의 불포화도가 높을수록 산패가 잘 일어난다.

② 저장온도가 낮으면 산패가 방지된다.

③ 구리, 납, 철, 알루미늄 등은 유지의 산패에 영향이 없다.

④ 자외선은 영향을 주지 않는다.

해설 저장온도가 낮더라도 산패가 방지되지는 않고, 광선 및 자외선은 유지의 산패를 촉진하며, 금속(구리, 납, 철, 알루미늄 등)도 유지의 산패를 촉진한다.

94 식품의 냉장효과를 바르게 설명한 것은?

① 식품의 오염세균을 사멸시킨다.

② 식품의 동결로 세균을 사멸시킨다.

③ 식품을 장기간 보관할 수 있다.

④ 식품의 부패세균의 생육을 억제할 수 있다.

해설 식품의 냉장효과는 부패세균의 생육을 억제할 뿐이며, 사멸시키지는 않는다. 그러므로 식품을 장기간 보관할 수 없으며, 단기간 보관에 주로 사용된다.

95 냉동생선을 해동하는 방법으로 영양손실이 가장 적은 것은?

① 18~22℃의 실온에 방치한다.

② 40℃의 미지근한 물에 담근다.

③ 5~6℃ 냉장고 속에서 해동한다.

④ 비닐봉지에 넣어서 물속에 담가 둔다.

해설 시간이 있다면 냉동식품은 냉장고에서 서서히 해동하는 것이 가장 바람직하다.

96 냉동식품의 동결과 해동 시 조직손상을 최소화 할 수 있는 방법은?

① 완만동결, 급속해동

② 완만동결, 급속해동

③ 급속동결, 급속해동

④ 급속동결, 완만해동

해설 냉동에 의한 품질의 저하를 막기 위해 물의 결정을 미세하게 하려면 급속 동결이 필요하며, 높은 온도에서 해동하게 되면 조직이 상해서 드립(Drip)이 많이 나오므로 냉장고나 흐르는 냉수에 필름에 싼 채 해동하는 것이 좋다. 가장 좋은 방법은 냉장고 내에서 저온 해동시켜 즉시 조리하는 것이다.

97 다음은 향신료에 함유된 주요 성분이다. 바르게 연결된 것은?

① 생강 : 알리신(Allicin)

② 겨자 : 캐비신(Chavicine)

③ 마늘 : 진저론(Zingerone)

④ 고추 : 캡사이신(Capsicin)

해설

① 생강의 매운맛 성분은 진저론(Zingerone), 쇼가올(Shaogaol)이며, 육류의 누린내와 생선의 비린내를 없애는 데 효과적이다.
② 겨자의 매운맛은 시니그린(Sinigrin) 성분이 분해되어 생긴다.
③ 마늘의 매운맛 성분은 알리신(Allicin)이다.

98 다음은 조리에 있어서 후춧가루의 작용에 관하여 설명한 것이다. 틀린 것은?

① 생선의 비린내 제거

② 식욕 증진

③ 생선의 근육형태 변화 방지

④ 육류의 누린내 제거

해설 후추의 매운맛을 내는 독특한 향은 캐비신(Chavicine)으로 식욕증진과 생선의 비린내 및 육류의 누린내 제거에 효과가 있다.

정답
93 ① 94 ④ 95 ③ 96 ④ 97 ④ 98 ③

99 조미료의 침투속도와 채소의 색을 고려할 때 조미료 사용 순서가 가장 합리적인 것은?

① 소금 → 설탕 → 식초

②소금 → 식초 → 설탕

③ 설탕 → 소금 → 식초

④ 식초 → 소금 → 설탕

해설 조미료는 분자량이 적을수록 빨리 침투하므로 분자량이 큰 것을 먼저 넣어야 제대로 조미료가 침투된다. '설탕 → 소금(간장) → 식초 → 화학조미료'의 순으로 분자량이 큰 것부터 넣어준다.

100 다음 설명에 해당하는 조미료는 무엇인가?

성분은 포도당, 수분, 알코올로 이루어져 있으며, 조리에 단맛과 매끄러움, 좋지 않은 냄새 등을 휘발시켜 준다.

① 설탕

② 올리고당

③ 된장

④ 미림

해설 미림에 함유된 포도당은 단맛을 형성하고, 아미노산이나 펩티드는 매끄러움을, 알코올은 좋지 않은 냄새를 휘발시키는 효과가 있다.

101 일본 간장의 종류 중 짙은 흑색으로 독특한 향기와 맛을 갖고 있는 것은?

① 다마리간장

② 연한간장

③ 진간장

④ 백간장

해설 다마리간장은 짙은 흑색으로, 농후한 맛과 단맛을 내고 윤기를 더해주며 조림요리에 사용한다.

102 향신료로 뿌리를 강판에 갈아서 생선회 등에 사용하며, 고추냉이라고 부르는 것은?

① 산초

② 와사비

③ 겨자

④ 고추

해설 와사비는 우리말로 고추냉이라고도 하며, 뿌리를 강판에 갈아서 생선회 등에 사용하는데 매운맛과 향기가 좋다.

103 조미료로 사용되는 설탕의 기능으로 바르지 않은 것은?

① 전분의 노화방지효과

② 향미성분

③ 캐러멜화

④ 방부작용

해설 설탕은 감미 외에 여러 가지 특징을 가지고 있는데, 조리에 사용 시 전분의 노화방지효과, 캐러멜화, 방부작용 등의 효과를 갖는다.

104 일본요리의 기본양념인 조미료의 사용 순서로 맞는 것은?

① 설탕 → 소금 → 간장 → 식초 → 조미료 → 청주

② 청주 → 설탕 → 소금 → 식초 → 간장 → 조미료

③ 청주 → 간장 → 소금 → 식초 → 조미료 → 설탕

④ 설탕 → 조미료 → 간장 → 식초 → 소금 → 조미료

해설 일본 기본양념의 순서
청주 → 설탕 → 소금 → 식초 → 간장 → 조미료

정답
99 ③ 100 ④ 101 ① 102 ② 103 ② 104 ②

CHAPTER

03 식생활 문화(일본음식)

01 일본 음식의 문화와 배경

일본은 사면이 바다로 둘러싸여 있어 생선요리가 다양하게 발달하였으며 사계절의 식재료를 이용해서 특색 있게 표현하여 그 가치를 한 층 높인 음식들이 특징이다. 예부터 전해 내려오는 전통적 요리와 외국 문화와의 교류를 통해 다양한 조리법을 병행하여 일본식으로 자리 잡은 것도 의의 가 있다고 하겠다.

요리의 특징은 재료 자체의 맛을 최대한 살릴 수 있는 조리법과 눈으로 먹는 요리라고 할 만큼 대나무, 도자기, 칠기, 유리 등을 이용한 조화로운 담음새로 음식의 맛과 색, 조화를 중요시한다.

02 일본음식의 분류

(1) 일본요리의 지역적인 분류

관서풍	– 교토(귀족문화)와 오사카를 중심으로 발달한 요리 – 전통적인 일본요리가 발달한 곳 – 색과 형태를 아름답게 꾸미는 일본요리의 특징을 잘 나타냄 – 오사카는 바다와 가까워 어패류를 활용한 생선요리가 발달 특징: 설탕보다는 소금 맛 하나에 의존하는 재료 본위의 요리법, 간이 싱거운 요리, 국물이 다소 많고 담백함
관동풍	– 도쿄의 옛 이름인 에도를 중심으로 발달한 요리 – 도쿄만과 스미다강에서 잡은 어패류를 사용한 초밥, 덴뿌라, 민물장어와 메밀국수 등이 대표음식 – 사회적 지위가 높은 사람에게 제공하기 위한 의례(義禮) 요리가 발달 – 특징 : 농후한 맛을 즐겨 맛이 진하고, 달며, 짜고, 국물이 적음

(2) 일본요리의 형식적인 분류

향응요리(饗應料理)	– 궁중의 행사의식 등 향응의 연회요리 – 밤, 마른 감, 연어, 전복 등 사용
정진요리(精進 料理)	– 불사의 제(際)에 사용된 요리로 불교사상을 기본으로 함 – 식물성 재료만 사용함
본선요리(本膳料理)	– 손님 접대 요리로 전해 내려온 정식 일본요리로 회석요리의 원조 – 상을 내는 방법과 형식이 중요시되었으나 그 후 예절과 방식을 멀리하게 됨에 따라 가이세키요리(회석요리–會席料理)로 변화되어 현재에 이름
남민요리(南蛮料理)	– 무로마치 시대 말기부터 에도시대 초기에 걸쳐 스페인과 포르투갈 등과 통상을 하면서 영향을 받은 요리 – 스페인과 포르투갈을 통틀어 남만이라 불렀음 – 덴푸라, 남반즈케 등
회석요리(懷石料理)	– 차(茶)를 마시기 위해 제공되는 요리
탁복요리(卓袱料理)	– 에도시대 초기 중국인의 영향을 받아서 알려진 요리법 – 식기는 중국풍이고 맛과 재료는 일본인의 기호에 맞게 담백하게 변화 – 탁복의 탁은 식탁을 복은 보자기 보로 식탁을 덮는다는 의미를 지니어 "식탁요리"라 할 수 있음
보차요리(普茶料理)	– 에도시대 초기 중국의 은원스님이 교토에서 포교하면서 전한 중국풍의 사찰요리 – 불교 정신으로부터 살아 있는 것은 사용하지 않는 것을 원칙으로 함 – 두부, 깨, 식물류를 사용
회석요리(會席料理)	– 복잡한 본선요리를 개선하여 간략하게 한 요리 – 술과 식사를 중심으로 한 연회식 요리 – 현대 호텔이나 음식점 등의 주류를 이루고 있음 – 메뉴 구성 시 오미오감을 살리고 손님의 취향에 맞게 동일한 맛과 재료를 피해서 구성함

03 일본음식의 특징 및 용어

1 일본음식의 특징

(1) 일본요리의 특징

① 눈으로 즐기고 먹는다고 할 만큼 색감과 조화를 중시함

② 재료 자체의 맛을 살리기 위해 조미료 사용을 적게 함

③ 맛과 색상, 계절감, 기물, 공간의 조화를 예술적으로 승화시키고자 함

④ 바다에서 나는 재료와 육지에서 나는 재료가 잘 조화를 이룸

⑤ 다시를 기본으로 많이 사용함

⑥ 주식과 부식의 구분이 있음

(2) 일본요리 담는 법

① 젓가락으로 먹는 사람이 집어 먹기 쉽게 담는다.

② 공간의 미를 살리기 위해 가득 담지 않는다.

③ 색상의 조화와 계절감이 살아날 수 있는 그릇을 선택한다.

④ 생선의 머리는 왼쪽, 배가 자신의 앞으로 오게 담는다.

⑤ 먹는 사람이 먹기 쉽도록 담는다.

⑥ 오른쪽에서 왼쪽으로 담으며 그릇 바깥쪽부터 자기 앞쪽으로 담는다.

(3) 일본요리의 구성 요소

① 일본요리는 5가지 색과 5가지 맛, 5가지 방법의 구성으로 요리를 만든다.

오색(五色)	흰색, 검은색, 빨간색, 청색, 노란색
오미(五味)	단맛, 짠맛, 신맛, 쓴맛, 매운맛
오법(五法)	생것, 구이, 튀김, 조림, 찜

② 메뉴의 기본

일즙삼채(一汁三菜: 한가지 국물에 세 가지 반찬), 이즙오채(二汁五菜), 삼즙칠채(三汁七菜)가 기본이며 응용하여 일즙오채(一汁五菜), 이즙칠채(二汁七菜), 삼즙구채(三汁九菜), 삼즙십일체(三汁十一菜) 등이 있다.

(4) 일본요리의 곁들임(아시라이, あしらい)

① 곁들임의 정의

- 주재료에 첨가해서 눈으로 보는 시각적인 일식 조리와 주재료와의 조화로 맛을 한층 돋우어 주는 역할을 한다.
- 제철에 나오는 재료를 사용한다.
- 전분이 많은 재료는 전분을 빼고, 진액이 많은 재료는 진액을 빼고 사용한다.

② 곁들임의 종류

- 시라가네기(しらがねぎ, 대파 가는 채)
- 하리노리(はりのり, 김 가는 채)
- 하리쇼가(はりしょが, 생강 가는 채)

CHAPTER

03 모의고사

01 일본요리의 기본 조리법 중 오법(五法)에 해당하지 않는 것은?

① 생 것

② 구이

③ 덮밥

④ 튀김

해설 일본요리의 기본 5가지 조리법
생 것, 구이, 튀김, 조림, 찜

02 일본 음식의 특징으로 바르지 않은 것은?

① 양념을 골고루 많이 사용함

② 주식과 부식의 구분이 있음

③ 색감과 조화를 중시함

④ 다시를 기본으로 많이 사용함

해설 재료 자체의 맛을 살리기 위해 조미료 사용을 적게 한다.

03 일본요리를 담는 방법으로 옳지 않은 것은?

① 그릇의 95% 이상 가득 담는다.

② 먹는 사람이 먹기 쉽도록 담는다.

③ 생선은 머리는 왼쪽, 배가 자신의 앞으로 오게 담는다.

④ 계절감이 살아날 수 있는 그릇을 선택한다.

해설 공간의 미를 살리기 위해 가득 담지 않는다.

04 일식 곁들임에 많이 사용되는 재료가 아닌 것은?

① 대파 가는 채

② 김 가는 채

③ 생강 가는 채

④ 마늘 가는 채

해설 일식 곁들임의 종류
시라가네기(しらがねぎ, 대파 가는 채), 하리노리(はりのり, 김 가는 채), 하리쇼가(はりしょうが, 생강 가는 채), 레몬오리발

05 일본요리의 구성 요소 중 오미(五味)에 속하지 않는 것은?

① 단맛 ② 떫은맛

③ 매운맛 ④ 신맛

해설 일본요리의 오미(五味)
단맛, 짠맛, 신맛, 쓴맛, 매운맛

06 일본의 관동요리의 특징이 아닌 것은?

① 농후한 맛

② 국물이 적음

③ 대표음식 : 생선초밥

④ 간이 싱거움

해설

- 관서요리의 특징 : 간이 싱거운 요리, 국물이 다소 많고 담백함
- 관동요리의 특징 : 농후한 맛을 즐겨 맛이 진하고 달며, 짜고 국물이 적음

정답
01 ③ 02 ① 03 ① 04 ④ 05 ② 06 ④

07 다음의 특징을 가지는 요리는?

- 손님 접대 요리로 전해 내려온 정식 일본요리
- 상을 내는 방법과 형식이 중요시되었으나 그 후 예절과 방식을 멀리하게 됨에 따라 가이세키요리(회석요리-會席料理)로 변화되어 현재에 이르렀음

① 보차요리

② 정진요리

③ 본선요리

④ 남만요리

해설 보차요리 : 일본에 전해진 중국풍의 사찰요리
정진요리 :불교사상을 기본으로하는 요리
남만요리 : 외교통상으로 스페인과 포르투갈 등의 조리법이나 재료를 이용하며 도래한 요리

정답
07 ③

04 식생활 문화(복어 음식)

01 복어 음식의 문화와 배경

(1) 복어 음식의 문화와 배경

복어는 참복과의 바닷물고기를 통틀어 이르는 말로 열대, 아열대 해역에서 분포하며 그 종류만 130종 가까이 되는데 우리나라 남해와 일본 근해에 약 38종류가 분포하고 있다.

복어는 지금부터 2000년 전의 고대 중국에서 알려져 왔으며 송나라 시대의 시인 소동파는 "먹고 죽을 만큼 맛있었다"라고 기록하고 있다. 우리나라는 16세기 정재륜이 쓴 공사견문록에 "인조(仁祖)는 복어요리를 즐겨 먹었다"라고 나와 있으며 1700년대 작가 미상인 경도잡지에 "복숭아꽃이 떨어지기 전에 복어국을 먹는다."라는 기록이 있다. 최근은 복어 전문가들의 요리연구로 한국인의 입맛에 맞는 다양한 메뉴들이 개발되어 있다.

02 복어음식의 분류

(1) 복어 종류의 식용 가능 여부

식용 가능한 복어(우리나라-21종)	까치복, 은밀복, 민밀복, 흑밀복, 복섬, 흰점복, 졸복, 검복, 황복, 눈불개복, 자주복, 참복, 까칠복, 불룩복, 황점복, 강담복, 가시복, 라투로가시복, 잔점박이가시복, 거북복, 매리복
식용 불가능한 복어	별복, 국매리, 배복, 선인복, 벌레복

(2) 복어의 식용 가능 및 불가능 부위

식용 가능	입, 혀, 껍질, 지느러미, 살, 머리뼈, 갈비뼈부분, 정소(이리)
식용 불가능	눈(안구), 간, 난소, 알, 위장, 아가미, 쓸개(담낭), 비장, 신장, 심장, 부레, 방광 등 정소를 제외한 내장

(3) 복어요리

복어회	깨끗하게 소제한 복어살을 마른행주를 이용하여 물기를 없애고 접시에 국화꽃, 학, 공작의 모양으로 담는 방법으로 살의 세포가 조밀하고 질기므로 얇게 썬다. – 초간장(폰즈)와 양념(야꾸미)을 곁들여 먹는다.
복어지리냄비	– 복어회를 하고 남은 살과 뼈를 이용하고 채소를 넣어 끓이면서 먹는 냄비요리의 일종이다. – 냄비의 내용물을 다 먹은 후 국물을 이용하여 죽을 쑤어 먹으면 식사가 된다.
복어 지느러미 술	– 복어의 지느러미를 소금으로 비벼 씻어 펴서 말려 건조한 후 노릇하게 구어 술잔에 넣고 정종을 뜨겁게 하여 붓고 불을 붙여 알코올을 조금 제거한 후, 뚜껑을 덮어 3분 정도 두면 특유의 맛이 난다.
그 외 복어요리	복어튀김, 복어 정자구이, 복어 껍질 조림 등

03 복어음식의 특징 및 용어

1 복어 기본 재료의 이해

복어의 독소명	테트로도톡신(Tetrodotoxin)
복어 독의 성질	• 복어독은 무색의 결정으로 무미무취임 • 알코올, 알칼리성, 산, 열, 효소, 염류, 일광 등에 분해되지 않음
부위별 독력	난소, 간, 내장 순으로 많음
중독 증상	지각마비, 구토, 호흡곤란을 거쳐 의식불명 후 호흡정지
치사량, 치사율	• 사람의 치사량은 2mg, 치사율 60% • 복어 한 마리는 성인 33명의 생명을 빼앗을 수 있는 맹독임
기타	• 산란기 직전인 5~7월에 가장 독소가 강함 • 겨울철에 맛이 좋음

복어 중독 시 조치사항

복어독은 파괴 되거나 씻기지 않으므로 잘 제거하는 것이 조리법의 비결이며 중독 시 물, 증조수, 식염수 등을 다량 섭취한 후 위세척을 하고 병원으로 옮긴다.

2 자주 사용되는 복어의 종류

밀복(鯖河豚, さばふぐ)	• 밀복은 참복과 밀복 속의 바다 경골어의 총칭으로 길이가 40cm 정도 됨 • 흰밀복, 민밀복, 은밀복, 흑밀복 등

까치복(縞河豚, シマフグ)	까치복은 등 부위와 측면이 청흑색의 바탕색이며, 배면에서 몸 쪽 후방 쪽으로 현저한 흰줄무늬가 뻗어 있거나 일부분은 흰줄무늬가 끊어져서 흰 점 모양으로 되어 있는 것도 있음
검복(真河豚, マフグ)	검복(真河豚, マフグ)은 등 부위는 암녹갈색으로 명확하지 않은 반문이 있고, 몸 쪽 중앙에 황색선이 뻗어 있으나 성장함에 따라 불분명하게 됨
황복	황복은 황점복의 성어와 비슷하지만, 황복은 가슴지느러미 후방과 등지느러미 기부에 불명료한 흰 테로 둘러진 검은 무늬가 있으며, 중국에서 즐겨 먹어 온 복어로 강으로 거슬러 올라가는 소하성 습성이 있음

3 복어의 영양 성분과 효능

영양성분	– 저지방, 저칼로리 – 아미노산과 콜라겐 함량이 높음(노화 방지효과) – 각종 무기질과 비타민 – 불포화지방산
효능	– 다이어트에 효과 – 환자회복 및 당뇨병, 신장질환자의 식이요법에 적합 – 열수추출물은 숙취해독에 효과가 있음

4 복어 내장 부위 감별

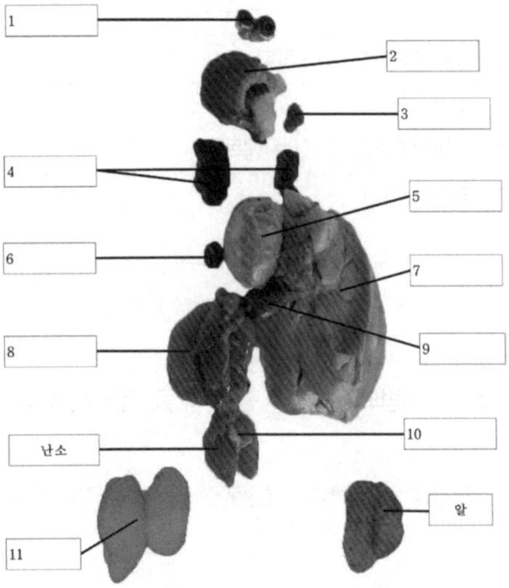

순번	내장 명칭
1	눈알
2	아가미
3	심장
4	신장
5	부레
6	비장
7	간
8	위장
9	쓸개(담낭)
10	방광
11	정소(정낭)

CHAPTER

04 모의고사

01 다음 중 복어의 독소명은?

① 테트로도톡신

② 솔라닌

③ 시큐톡신

④ 아미그달린

해설 독성분
솔라닌 – 감자싹, 시큐톡신 – 독미나리, 아미그달린 – 청매

02 복어의 독성분인 테트로도톡신의 치사량과 치사율로 맞는 것은?

① 20mg, 60%

② 30mg, 40%

③ 2mg, 60%

④ 40mg, 20%

해설 복어독의 치사량은 2mg, 치사율은 60%이다.

03 복어의 식용 가능한 부위는?

① 눈 ② 위장

③ 간장 ④ 껍질

해설 복어의 식용 불가능 부위
눈(안구), 간, 난소, 알, 위장, 아가미, 쓸개(담낭), 비장, 신장, 심장, 부레, 방광

04 복어에 대한 설명으로 바르지 않은 것은?

① 중독 시 위세척을 하고 바로 병원으로 옮긴다.

② 복어는 여름철에 가장 맛이 좋다.

③ 복어독은 효소나 각종 염류, 일광에 분해되지 않는다.

④ 난소, 간장, 내장 순으로 독력이 강하다.

해설 복어는 산란기 직전인 5~7월 가장 독이 많고, 겨울철에 맛이 좋다.

05 다음 중 식용이 불가능한 복어는?

① 밀복 ② 별복

③ 까치복 ④ 황복

해설 자주 사용되는 복어 종류는 밀복, 까치복, 검복, 황복이며, 별복은 식용이 불가능하다.

06 복어의 특징 중 등 부위와 측면이 청홍색의 바탕색으로 배면에서 후방으로 흰 줄무늬가 있거나 일부분은 끊어져서 흰 점 모양으로 되어 있는 복어의 종류는?

① 까치복 ② 밀복

③ 검복 ④ 황복

해설 자주 사용되는 까치복에 대한 설명이다.

정답
01 ① 02 ③ 03 ④ 04 ② 05 ② 06 ①

memo

PART

06

일식 조리

CHAPTER

01 일식 무침 조리

01 무침 재료 준비

(1) 일식 무침 조리의 특징

① 재료와 향신료 등을 조화롭게 섞어서 무친 음식이다.

② 무침의 그릇은 작으면서도 깊은 것이 어울리며 과일, 대나무그릇, 조개껍데기 등을 이용하기도 한다.

③ 신선한 재료를 준비한다.

④ 재료에 따라 가열하거나 밑간을 먼저 한 후 무치는 경우가 있다.

⑤ 가열하여 무칠 때는 충분히 식혀서 사용한다.

⑥ 수분이 생기지 않도록 먹기 직전에 무친다.

⑦ 종류로는 성게알젓무침, 된장무침, 초된장무침, 초참깨무침, 호두무침, 땅콩무침, 흰깨와 두부무침, 명란젓 알무침 등이 있다.

⑧ 무침에 사용하는 양념은 된장, 청주, 소금, 참깨 등이 사용된다.

(2) 재료의 특성

갑오징어	• 여덟 개의 짧은 다리와 두 개의 긴 촉완(촉수)이 있고, 살집이 두꺼워 얇게 채썰어 초회나 무침에 사용 • 피로회복(타우린), 성인병 예방(콜레스테롤을 낮춤), 중풍 환자 효과, 다이어트 음식(고단백, 저칼로리)으로 손꼽힘
명란젓	• 명태의 성수기에 날 명태의 알을 소금에 절였다가 고춧가루와 양념으로 조미한 것 • 노화방지, 비타민 E(참기름 사용 시 참기름의 지방 성분이 비타민 E 흡수를 도움)를 함유 • 찜, 구이, 샐러드, 무침, 탕 등에 이용
두부	응고제의 양, 압착하는 정도에 따라 단단한 두부, 연두부, 순두부, 비단두부 등이 있음
곤약	구약나물의 땅속줄기를 가루를 내어 거기에 석회유를 섞어 끓여서 만든 식품으로, 칼로리가 거의 없어 다이어트에 좋음
흰깨	• 참깨의 품종은 자실의 빛깔에 따라 흰깨, 검정깨, 누런 깨 등으로 구분 • 고소한 향기는 시스틴이며, 고소하므로 무침에 많이 사용
피조개	• 헤모글로빈을 가지고 있어 살이 붉게 보이며 타우린, 비타민, 미네랄이 풍부하며 빈혈 등에도 좋음 • 초밥용 재료, 회, 무침에 사용

도미	• 종류는 참돔, 감성돔, 붉돔, 황돔, 흑돔 등이 있음 • 봄철의 분홍빛을 띤 참도미는 단백질이 많고, 지방은 적어 맛이 뛰어나 일본인이 가장 좋아하는 생선이기도 함 • 도미생선살 무침 등에 사용
시치미	• 시치미(七味) 는 시치미토가라시(しちみとうがらし)의 줄인 말로 고추를 주재료로 한 향신료를 섞어서 만든 일본의 조미료 • 국수종류, 규동(일본식 소고기 덮밥) 등에 양념으로 사용

02 무침 조리하기

(1) 무침 식재료 전처리 및 보관

갑오징어	겉껍질과 속껍질 제거 후 가늘게 썰어 50℃ 청주에 살짝 데쳐(비린내 제거 및 부드러워짐) 준비
명란젓	반으로 갈라 칼등으로 알만 밀어내듯이 긁어내어 청주, 소금을 넣고 젓가락으로 고루 혼합
두부	끓는 물에 데치고 찬물에 헹구어 면보에 싸서 무거운 것으로 눌러 물기를 빼고, 체에 내려 미림, 설탕으로 밑간
곤약	소금을 약간 뿌려 방망이로 가볍게 두들기듯 밀고 데쳐서 식힘
도미살	소금을 뿌린 후 구워서 적당한 크기로 자름
피조개	조갯살은 끓는 물에 소금, 청주를 약간 넣고 질겨지지 않도록 살짝 데쳐서 차게 식힘
채소	차조 잎은 찬물에 씻고, 무순은 끝부분을 다듬은 후 찬물에 물기를 제거하여 젖은 면 보자기에 담아 용기에 담아 보관

03 무침 담기

(1) 무침 담기의 주의점

① 용도에 맞는 기물을 선택하여 제공 직전에 무쳐낸다.

② 색상에 맞게 담아낸다.

(2) 그릇 선택

① 일본요리의 기본 중 계절감에 어울리는 그릇을 선택한다.

② 크거나 화려한 접시보다 작으면서도 깊이가 있는 그릇을 선택한다.

(3) 곁들임 재료

차조기 잎(시소), 무순 등

CHAPTER

01 모의고사

01 일식의 무침그릇으로 적당하지 않은 것은?

① 화려하고 큰 접시 ② 작은 접시
③ 조개껍데기 ④ 보시기

해설 무침은 너무 화려하거나 큰 접시에 담으면 모양이 좋지 않다.

02 일식 무침의 특징으로 적당하지 않은 것은?

① 제공 직전에 무쳐내야 한다.
② 재료에 따라서 가열하거나 밑간을 먼저 한 후에 무치는 경우가 있다.
③ 가열하여 무칠 경우 바로 무쳐서 사용한다.
④ 무침요리에는 된장, 청주, 참깨 등이 많이 사용된다.

해설 무침 시 가열하여 무칠 경우에는 재료를 충분히 식혀서 무친다.

03 명란젓요리 시 함께 사용하면 비타민 E의 흡수를 돕는 것은?

① 참기름 ② 깨소금
③ 소금 ④ 꿀

해설 명란젓에는 비타민 E가 함유되어 있는데, 조리 시 참기름을 사용하면 지방 성분이 비타민 E의 흡수를 돕는다.

04 갑오징어 명란 무침에 갑오징어 손질법으로 틀린 것은?

① 갑오징어는 살집이 두꺼워 얇게 채썬다.
② 속껍질과 겉껍질을 모두 벗겨야 부드럽다.
③ 청주에 살짝 데치는 것은 비린내 제거와 부드러움을 주기 위해서이다.
④ 90℃ 청주에 살짝 데친다.

해설 갑오징어는 50℃에 살짝 데쳐야 부드러움을 줄 수 있다.

05 식재료의 전처리 과정으로 틀린 것은?

① 도미살 : 소금을 뿌린 후 구워서 자름
② 곤약 : 설탕을 뿌려 방망이로 밀고 데쳐서 사용
③ 갑오징어 : 속과 겉껍질을 벗기고, 가늘게 채썰어 청주에 살짝 데쳐서 사용
④ 피조개 : 끓는 물에 살짝 데쳐서 사용

해설 곤약은 소금을 약간 뿌려 방망이로 가볍게 두들기듯 밀고 데쳐서 식힌다.

06 다음 식재료의 설명에 해당하는 것은?

여덟 개의 짧은 다리와 두 개의 긴 촉완(촉수)이 있고 살집이 두꺼워 얇게 채 썰어 사용하며 고단백, 저칼로리로 다이어트 음식으로 손꼽힘

① 해삼 ② 명란젓
③ 갑오징어 ④ 피조개

해설 갑오징어에 대한 설명으로 초회나 무침에 사용된다.

정답

CHAPTER

02 일식 국물 조리

01 국물재료 준비

1 국물요리의 종류와 구성

(1) 국물요리의 종류

국물요리는 주재료와 부재료, 향미재료 등으로 이루어지며 그 종류는 다음 과 같다.

종류	특징
맑은 국물요리	• 일본요리의 코스요리인 회석요리에 주로 사용된다. • 종류 : 조개 맑은국, 도미 맑은국 등
탁한 국물요리	• 식사와 함께 제공된다. • 종류 : 일본된장을 이용한 된장국, 술지게미를 이용한 국물 등

(2) 국물 요리의 구성

구성요소	특징
주재료(완다네)	• 어패류, 육류, 채소류 등을 사용한다. • 어패류를 가장 많이 사용하며, 그 종류는 도미(봄이 제철), 대합(조개류 – 타우린 등의 감칠맛) 등이다.
부재료(쯔마)	• 제철 채소류, 해조류 등을 주재료와 맛, 색, 질감 등이 어울리는 것으로 선택한다. • 맑은국에 어울리는 부재료 : 죽순, 두릅 등 • 된장국에 어울리는 부재료 : 미역 등
향(스이구치)	• 향미를 더해 주는 것으로, 주재료의 맛을 살리는 역할을 하며 계절에 맞는 것을 사용한다. • 종류 : 유자, 산초, 시소, 와사비, 겨자, 생강, 깨, 고춧가루 등 사용 • 봄, 여름 : 산초 새순 / 여름 : 파란유자 / 가을 : 노란 유자껍질 • 맑은국 : 유자껍질, 레몬껍질 / 된장국 : 산초가루

02 국물 우려내기

1 맛국물 재료의 종류와 특성

(1) 가쓰오부시(가다랑어포)

① 일본 국물요리에 다시마와 가다랑어포는 가장 기본적인 중요한 재료이다.

② 가다랑어(참치)를 손질하여 고열로 찐 다음 훈연하여 건조시켜 대패 밥처럼 깎아 놓은 것이다.

③ 중앙 부분이 복숭아 색을 띠는 것이 상품의 가다랑어포이고, 검은색은 피가 많이 섞여 있어 좋지 않다.

④ 하나가쓰오(花鰹節)는 얇게 썬 가다랑어포로 모양이 꽃과 같다 해서 붙여졌고, 이토카키(絲かき)는 실처럼 가늘게 깎은 것을 말한다.

⑤ 통가다랑어는 말린 상태가 좋고 무게감이 있어 두드렸을 때 맑은소리가 나며, 깎아 놓은 가다랑어포는 투명하고 빛깔이 밝은 것이 좋다.

⑥ 가다랑어포의 종류는 큰 가다랑어포[등 쪽을 오부시(雄節)라 하고, 메부시(雌節)는 배 쪽 부위를 말함]와 작은 가다랑어포(일반적으로 다시 국물요리에 많이 사용하는데, 작은 가다랑어를 세장뜨기하여 손질하여 만든 것)가 있다.

⑦ 구입 후 바로 사용하는 것이 좋으며 통가다랑어인 경우는 냉장, 대패로 밀어 놓은 것은 냉동 보관한다.

⑧ 단백질이 분해되어 이노신산이라는 독특한 맛을 낸다.

(2) 다시마

① 산지

㉠ 대부분 추운 곳에서 생산되며, 건조되면 검은색 또는 짙은 녹갈색을 띤다.

㉡ 두껍고 하얀 염분이 묻어 있는 것을 고른다.

㉢ 일본은 90%가 차가운 해수인 홋카이도가 주요 산지이다.

㉣ 다시마의 감칠맛 성분은 글루타민산이다.

② 다시마의 종류

㉠ 참다시마[마곤부(眞昆布, まこんぶ)] – 최상품

㉡ 리시리(지역명)곤부(利尻昆布, りしりこんぶ)

㉢ 라우스(지역명) 곤부(羅臼昆布, らうすこんぶ)

㉣ 미쓰이시(지역명) 곤부(三石昆布, みついしこんぶ)

㉤ 하다카(지역명)곤부(日高昆布, はたかこんぶ)

2 맛국물의 종류

다시마다시	• 찬물에 다시마를 넣고 서서히 끓임 • 물이 끓기 직전(90℃)에 다시마를 건져 내어 완성함 • 다시마를 오래 끓이면 국물이 끈적끈적해짐
일번다시	• 찬물에 다시마를 넣고 서서히 끓임 • 물이 끓기 직전(90℃)에 다시마를 건져냄 • 물이 끓을 때 가쓰오부시를 넣고 불을 끈 후 10~15분 국물을 우려냄 • 너무 오래두면 국물이 탁하고 맛이 떨어짐 • 가다랑어포의 감칠맛은 끓는점 이하의 온도인 80℃ 전후에서 가장 잘 우러나며, 온도가 높아지면 잡냄새가 남 • 면보에 걸러서 가다랑어 국물을 완성하기 • 최고의 맛과 향을 지닌 맛국물로 고급요리에 사용 • 용도 : 맑은 국물요리, 찜요리 등
이번다시	• 일번 다시를 뽑고 남은 가쓰오부시와 다시마를 넣고, 약한 불에서 5분 정도 끓이고 다시마를 건져내어 새로운 가쓰오부시를 넣음 • 표면에 작은 기포가 생기면 불을 끄고, 맛이 들면 10분 정도 후에 면보에 거름 • 용도 : 조림요리, 된장국 등
니보시다시	• 니보시란 쪄서 말린 것을 말하며 멸치, 새우 등 여러 가지 해산물을 이용함 • 멸치의 머리는 그대로 두고 내장(쓴맛)만 제거하고, 물에 멸치와 다시마를 넣고 10시간 정도 상온에서 우려냄 • 처음부터 끓이지 않는 이유는 국물이 탁하지 않고 맑고 산뜻한 국물을 얻기 위해서 임 • 상온에서 우린 후 센 불에서 끓이다가 끓기 직전에 다시마를 건져내고 면보에 거름 • 용도 : 조림, 찜, 된장국 등

03 국물요리 조리하기

(1) 국물요리 조리하기

① 주재료와 부재료, 맛국물을 이용하여 조리한다.

② 향미 재료를 첨가하여 국물요리를 완성한다.

※ 향미재료 : 유자(유즈), 레몬, 산초(산쇼) 등

③ 국물요리의 종류 : 도미머리 맑은국, 조개 맑은국, 된장국 등

(2) 일본된장의 종류와 특징

① 일본 된장은 콩을 주재료로 하여 소금과 누룩을 첨가하여 빠른 시간에 발효시킨 것이다.

② 염분의 양, 원료의 배합비율, 숙성기간 등에 따라 색과 염도가 다르다.

③ 누룩의 종류에 따라 쌀된장, 보리된장, 콩된장으로 구분된다.

④ 색에 따라 흰된장, 적된장 등으로 구분한다.

⑤ 색이 흴수록 단맛이 많고 짠맛이 적으며, 색이 붉을수록 단맛이 적고 짠맛이 많다.

(3) 간장, 맛술, 식초의 종류와 특성

국물요리의 간을 하는데 사용하는 간장, 맛술, 식초 등 은 중요한 조미료이다. 그 특징은 다음과 같다.

<table>
<tr><th>종류</th><th colspan="2">특성</th></tr>
<tr><td rowspan="3">간장
(쇼유)</td><td colspan="2">• 우리나라 간장 : 콩을 주원료로 제조
• 일본간장 : 콩과 밀을 이용(밀에 의해 단맛이 나는 특징이 있음)</td></tr>
<tr><td>진한간장
(고이구치쇼유)</td><td>• 가장 일반적인 간장으로 색이 진하고 향이 좋음
• 염도는 15~18% 정도
• 생선회, 구이 등에 곁들이는 간장으로 사용됨</td></tr>
<tr><td>연한간장
(우스구치쇼유)</td><td>• 색이 진간장보다 옅음
• 맛, 향이 모두 담백하여 재료 고유의 색과 맛, 향을 살리는 데 적합함
• 염분은 진간장보다 약 2% 정도 높음</td></tr>
<tr><td>맛술(미림)</td><td colspan="2">• 미림은 소주(알코올 약 40%)에 찐 찹쌀 또는 멥쌀로 만든 누룩을 넣어 천천히 발효(당화)시켜서 만듦
• 약 15%의 알코올, 45% 전후의 당분, 각종 유기산, 아미노산 등이 함유
• 당분으로 음식에 윤기가 나게 하는 특징이 있음
• 요리에 넣을 경우에는 가열하여 알코올을 증발시킨 후 사용</td></tr>
<tr><td rowspan="3">식초(스)</td><td colspan="2">• 식욕을 돋우고, 입안을 상쾌하게 하는 역할을 함
• 방부 및 살균효과가 있음
• 생선살을 단단하게 하고 비린내를 제거함</td></tr>
<tr><td>양조식초</td><td>곡물을 이용하여 발효시킴</td></tr>
<tr><td>합성식초</td><td>• 인위적으로 합성한 초산(아세트산)에 물을 섞어 만듦
• 강하고 자극적인 냄새와 맛을 가짐
• 떫은맛이 입안에 남음
• 가열하면 향미는 날아가고, 신맛만 남는 특징이 있음</td></tr>
</table>

(4) 국물요리에 사용되는 향신료의 종류와 특성

종류	특 성
유자(유즈)	• 6월경에 작은 녹색 열매로 열리는데, 향신료로 사용됨 • 초가을에 청유자(반달썰기를 하여 통째로 사용함)가 되고, 11월경에 노란색으로 바뀌는데 향신료로 사용됨 • 특히 노란 유자는 껍질과 과육을 따로 모두 향신료로 사용함
산초(산쇼)	• 잎과 열매, 꽃 모두 특유의 매운 향을 가지는 향신료 • 잘 익은 열매를 건조시켜 분말로 만든 것을 "고나잔쇼"라 하여 많이 사용함

CHAPTER

02 모의고사

01 다음 중 국물요리에 대한 설명으로 옳지 않은 것은?

① 맑은 국물요리의 향미 재료로 유자껍질이 많이 사용된다.

② 탁한 국물요리는 회석요리에 주로 사용된다.

③ 주재료로 어패류가 가장 많이 사용된다.

④ 부재료는 주재료와 맛, 색감, 질감 등이 어울리는 것으로 선택한다.

해설 맑은 국물요리는 일본요리의 코스요리인 회석요리에 주로 사용된다.

02 다시마에 대한 설명으로 바르지 않은 것은?

① 감칠맛 성분은 글루타민산이다.

② 온화한 곳에서 생산된다.

③ 두께는 두툼한 것이 좋다.

④ 하얀 염분 같은 것이 묻어 있는 것을 고른다.

해설 다시마는 대부분 추운 곳에서 생산되며, 일본은 해수가 차가운 홋카이도가 주요 산지이다.

03 일식 맛국물 조리에 대한 설명으로 옳지 않은 것은?

① 다시마 맛국물 조리 시 찬물에 넣고 끓기 직전에 다시마를 건진다.

② 다시마를 오래 끓이면 국물이 끈적끈적해진다.

③ 니보시다시는 말린 멸치, 새우 등 여러 가지 해산물을 이용하여 만든다.

④ 가다랑어 맛국물 조리 시 가쓰오부시를 넣고 1시간 이상 우려낸다.

해설 가다랑어 맛국물 조리 시 가쓰오부시를 넣고 10~15분 국물을 우려내 주는데, 너무 오래 두면 국물이 탁하고 맛이 떨어진다.

04 일식 국물요리에 사용하는 향미재료에 대한 설명으로 틀린 것은?

① 주재료의 맛을 살리는 보조적인 역할을 한다.

② 향은 계절에 맞는 것을 사용한다.

③ 맑은 국물요리에는 산초가루를 사용한다.

④ 가을에는 노란 유자껍질을 많이 사용한다.

해설 맑은 국물에는 유자껍질, 레몬껍질 등을 이용하고, 된장국에는 산초를 향신료로 사용한다.

05 가쓰오부시(가다랑어포)의 감칠맛 성분은 무엇인가?

① 이노신산

② 구연산

③ 글루타민산

④ 타우린

해설 단백질이 분해되어 이노신산이라는 독특한 맛을 낸다.

정답
01 ② 02 ② 03 ④ 04 ③ 05 ①

06 다음 설명에 해당하는 맛국물은 무엇인가?

멸치, 새우 등 여러 가지 해산물을 쪄서 말린 것을 이용한 맛국물로 용도는 조림, 찜, 된장국 등에 사용한다.

① 니보시다시
② 일번다시
③ 이번다시
④ 곤부다시

해설 니보시란 쪄서 말린 것을 말하며, 니보시다시는 멸치, 새우 등 여러 가지 해산물을 이용하여 만든다.

07 일본 된장의 특징에 대한 설명으로 틀린 것은?

① 색에 따라 흰된장과 적된장 등으로 구분한다.
② 콩을 주재료로 하여 누룩과 설탕을 첨가하여 발효시킨다.
③ 색이 휠수록 단맛이 많고 짠맛이 적다.
④ 누룩의 종류에 따라 쌀된장, 보리된장, 콩된장으로 구분한다.

해설 일본 된장은 콩을 주재료 하여 소금과 누룩을 첨가하여 빠른 시간에 발효시킨다.

정답
06 ① 07 ②

CHAPTER

03 일식 조림 조리

01 조림 재료 준비

1 조림(煮る, 니루) 조리의 특징

① 재료(생선, 어패류, 육류, 채소 등)와 국물을 함께 끓여 맛이 식품 속으로 스며들게 하는 조리법이다.

② 밥반찬이 되며, 식단(곤다테, こんだて)을 마무리 짓는 역할을 한다.

③ 야채 니모노(조림, 煮物)는 기본다시만 사용하여 야채를 조리는 담백한 요리이다.

생선 조림 시의 변화

- 육류에 비해 결체조직의 함량이 적어 조리시간이 짧다.
- 근원섬유 단백질은 가열에 의해 살이 단단해지고 탈수에 의해 중량은 감소하며, 염에 녹는 성질에 용출, 액틴과 미오신이 결합하여 겔구조를 형성하여 점성을 갖는다.
- 결합조직 단백질은 불용성인 콜라겐이 물속 가열에 의해 수축하였다가 계속 가열하면 팽윤하여 젤라틴으로 용해된다.
- 수용성 단백질이 습열조리 시 용출되므로 육수나 국물을 뜨겁게 한 상태에서 넣어야 맛 성분과 수용성 단백질이 국물에 용출되지 않는다.

2 조림 양념의 종류

종류	조미료
단 조림	맛술, 청주, 설탕을 넣어 조림
짠 조림	주로 간장으로 조림
보통 조림	장국, 설탕, 간장으로 맛의 배합을 생각하며 조림
소금 조림	소금으로 조림
된장 조림	된장으로 조림
초 조림	식품을 조림한 다음 식초를 넣어 조림
흰 조림	색상을 살려 간장을 쓰지 않고 소금을 사용하여 단시간에 조림

3 조림의 종류

종류	특징
미소니(味噌煮)	등푸른생선(고등어, 전갱이 등)에 된장을 넣어 조리는 방법
니스케(煮つけ)	어패류에 정종과 설탕을 먼저 넣어 끓이면서 알코올을 제거시키고 난 후 양념을 넣어 조리는 방법
스니(酢煮)	등푸른생선에 식초를 소량 첨가하여 조리는 방법
시라니(白煮)	소금을 사용하며, 재료 본연의 맛과 색을 살리는 방법
아메니(飴煮)	엿, 조청 등을 사용하여 재료를 달게 하여 윤기 나게 조림
우마니(旨煮)	조금 달고 진한 맛이 들도록 채소류를 조리는 방법
간로니(甘露煮)	민물고기 조림
데리니(照ら煮)	도시락용으로 많이 사용되며, 다시국물이 없어질 때까지 윤기 나고 진하게 조리는 방법
후쿠메니(含め煮)	오랜 시간 다량의 다시 물에 부드럽게 조리는 방법
이로니(旨煮)	재료(머위, 완두콩, 가지 등)의 색이 변하지 않도록 조리하는 방법
시구레니(時雨煮)	간장을 이용하여 재료(조개류, 참치, 소고기류 등)에 색과 맛을 내는 방법
아라니(あら煮)	생선(도미 등)과 채소류에 간장을 이용하여 조리는 방법
야와라카니(柔煮)	닭고기, 장어, 문어 등을 부드럽게 조림
니마메(煮豆)	콩류(검은콩, 금시콩, 완두콩 등)를 부드럽고 윤기 나도록 약불로 장시간 조리는 방법
아게니(揚げ煮)	재료를 먼저 튀긴 후에 조리는 방법
이타메니(炒め煮), 이리니(炒煮)	재료를 먼저 기름에 볶아서 조리는 방법

4 조림재료 준비하기

(1) 도미

① 도미의 선별법

㉠ 전체 색상과 눈의 빛깔이 선명하며, 살이 많이 쪄서 살을 눌렀을 때 배 쪽이 단단하며 탄력이 있고 지느러미를 눌렀을 때 위로 올라와야 한다.

㉡ 자연산의 경우 몸통에 있는 붉은 띠가 선명하지만, 양식은 거무스레한 빛깔을 띤다.

(2) 도미 손질법

① 도미 머리 부분에 칼집을 넣는다.

② 데바칼 끝으로 꼬리 부분을 자른 후 꼬리를 들어 피를 빼낸다.

③ 비늘을 제거한다.

④ 아가미의 연결 부위를 자른 후 배 쪽에 칼집을 넣어 아가미와 내장을 꺼낸다.

⑤ 머리를 자르고, 꼬리를 잘라낸다.

⑥ 중간 뼈 위로 칼을 넣어 위에서 아래로 당겨 살과 뼈를 분리해 두 장 뜨기한다(반대쪽도 위와 같은 요령으로 해서 세 장 뜨기한다).

⑦ 배 쪽의 갈비뼈를 분리한다(용도에 맞게 잘라 사용한다).

(3) 도미머리 손질

① 도미의 입을 벌려 앞니 사이로 데바칼을 넣어 머리 가운데를 자른다.

② 머리 뒤쪽에 칼을 넣어 머리를 잘라 2등분한다.

③ 양쪽의 지느러미를 자른다.

④ 가마살을 분리한 후 머리가 클 경우 입과 눈 부분으로 분리한다.

⑤ 머리를 분리한 후 소금을 뿌린다.

⑥ 끓는 물에 데쳐 얼음물(찬물)에 식힌다(비닐과 불순물을 제거한다).

(4) 도미꼬리 손질하기

① 꼬리지느러미를 V자로 손질한다.

② X자로 칼집을 넣는다.

③ 소금을 뿌린 후 데쳐서 손질한다(비닐과 불순물을 제거한다).

(5) 조림의 곁들임 채소

표고버섯, 우엉, 당근, 꽈리고추, 죽순, 두릅 등 주재료의 맛을 부각시키기 위한 것들이 사용된다.

02 조림 조리하기

(1) 조림 조리 시 유의사항

① 조림의 재료에 따라 알맞은 양념을 만들어 사용한다.

② 식재료의 종류에 따라 불의 세기와 조리시간을 조절한다.

③ 식재료의 색상과 윤기가 살아나도록 조린다.

(2) 조림 시 조미료 넣는 방법

① 소금은 입자가 설탕보다 작아 스며들기 쉬어 처음부터 넣으면 재료가 단단해지고, 다른 조미료들이 스며들기 어려우므로 술, 설탕 등을 먼저 넣어 재료를 부드럽게 해준다.

② 식초, 간장, 된장은 너무 빨리 넣으면 풍미가 날아갈 수 있지만, 식초는 근채류 등을 희게 하거나 냄새 제거를 위해서 빨리 넣어 사용하기도 한다.

(3) 조림 시 불 조절

① 조림 조리 시 불의 세기는 처음에는 강하게 하고, 마지막 단계에는 약하게 불을 낮춰 맛과 깊이를 조절한다.

② 감자류는 약 20분, 엽채류는 5분 이상, 곡류는 20분 이상, 근채류는 30분 이상, 콩류는 2시간 이상 소요된다.

(4) 조림요리의 도구

① 냄비류

㉠ 얇은 냄비는 끓는 시간이 일정하지 않아 재료가 탈 수 있다.

㉡ 동냄비, 두꺼운 알루미늄냄비, 범랑냄비 등은 불의 닿는 부분이 안정적으로 조리시간을 일정하게 유지시켜 준다.

㉢ 생선이나 부서지기 쉬운 재료는 넓적한 냄비가 적합하다.

② 뚜껑[오토시부타(落とし蓋)와 가미부타(紙蓋)]

㉠ 뚜껑보다 작아 냄비 안에 들어갈 수 있는 크기

㉡ 국물이 넘치는 것을 방지

㉢ 재료에 맛과 열을 골고루 전달

㉣ 재료 표면의 건조와 주름을 막음

㉤ 부서지기 쉬운 재료에 사용

㉥ 음식을 식히는 과정에 사용

03 조림 조리 완성하기

(1) 조림 완성

① 곁들임

㉠ 곁들임 채소를 적절히 사용하여 조림의 맛을 한층 올린다.

㉡ 곁들임 채소로는 우엉, 당근, 표고버섯, 꽈리고추, 죽순, 두릅 등을 사용한다.

㉢ 생선조림에는 하리쇼가(하리는 바늘, 쇼가는 생강) : 생강을 바늘 굵기로 채썰어서 물에 씻어 매운맛을 빼고 요리에 곁들이면 냄새를 중화, 입가심 등의 역할을 한다.

(2) 담기

① 곁들임 재료는 주로 세워서 모양내어 담는다.

② 마지막에 조림국물을 살짝 끼얹어 윤기를 더해준다.

CHAPTER

03 모의고사

01 일식 조림 요리 중 단조림에 사용되는 조미료가 아닌 것은?

① 맛술 ② 청주
③ 설탕 ④ 식초

해설 단 조림에는 맛술과 청주, 설탕이 사용된다.

02 일식 조림의 종류 중 등푸른생선에 된장을 넣어 조리하는 방법은?

① 미소니(味噌煮)
② 우마니(旨煮)
③ 스니(酢煮)
④ 시라니(白煮)

해설 • 우마니(旨煮) : 조금 달고 진한 맛이 들도록 채소류를 조리는 방법
• 스니(酢煮) : 등푸른생선에 식초를 소량 참가하여 조리는 방법
• 시라니(白煮) : 소금을 사용하며, 재료 본연의 맛과 색을 살리는 방법

03 일식 조림 조리 시 주의점으로 바르지 않은 것은?

① 불의 세기는 강한 불에서 약한 불로 줄여서 조림한다.
② 양념을 할 때는 소금을 먼저 넣고 술, 설탕을 넣도록 한다.
③ 냄비로는 동냄비, 두꺼운 알루미늄냄비 등이 적당하다.
④ 생선 조림의 곁들임으로 고운 생강채가 어울린다.

해설 소금은 입자가 설탕보다 작아 스며들기 쉬어 처음부터 넣으면 재료가 단단해지고 다른 조미료 들이 스며들기 어려우므로 술, 설탕 등을 먼저 넣어 재료를 부드럽게 해준다.

04 조림요리에 사용하는 도구에 대한 설명으로 옳지 않은 것은?

① 오토시부타와 같은 냄비의 뚜껑보다 작은 것을 사용한다.
② 뚜껑의 크기는 냄비와 딱 맞는 것이 좋다.
③ 얇은 냄비는 재료가 탈 수 있다.
④ 생선살이나 부서지기 쉬운 것은 넓적한 냄비가 적당하다.

해설 조림요리 시 오토시부타(落とし蓋)나 가미부타(紙蓋) 같이 뚜껑보다 작은 냄비 안에 들어갈 수 있는 크기의 뚜껑을 사용하면 국물 넘침 방지, 고른 열전달, 재료의 건조와 주름을 막을 수 있다.

05 도미 선별법으로 바르지 않은 것은?

① 살을 눌렀을 때 탄력이 있어야 한다.
② 눈의 빛깔이 선명해야 한다.
③ 지느러미를 눌렀을 때 살에 붙어 있어야 한다.
④ 자연산은 몸통에 붉은 띠가 선명하다.

해설 지느러미를 눌렀을 때 위로 올라와야 선도가 좋은 도미이다.

정답
01 ④ 02 ① 03 ② 04 ② 05 ③

CHAPTER

04 일식 면류 조리

01 면 재료 준비하기

(1) 면류의 정의

일식 면류 조리의 종류는 메밀국수[蕎麦, そば(소바)], 우동(饂飩, うどん), 라멘(ラーメン), 소면(素麵) 등으로 면에 부재료들을 가미하고 양념과 국물을 함께 제공하는 조리법이다.

(2) 면류의 종류

종류	특징
메밀국수 [蕎麦, そば(소바)]	• 메밀가루가 주원료 • 일본 소바는 초밥, 튀김과 함께 대표적인 일본요리
우동(饂飩, うどん)	• 밀가루반죽을 넓게 펴서 썬 굵은 국수 • 대표적인 일본요리 중 하나
라멘(ラーメン)	• 중국의 국수요리인 남멘을 기원으로 한 면요리 • 면과 국물, 그 위에 돼지고기, 파, 달걀 등을 올린 일본의 대중음식 – 쇼유라멘 : 간장으로 맛을 냄 – 미소라멘 : 일본식 된장으로 맛을 냄 – 돈코츠라멘 : 돼지뼈로 맛을 냄 – 시오라멘 : 소금으로 맛을 냄
소면(素麵)	밀가루로 만든 국수 • 납면(拉麵) : 반죽을 당기고 늘려서 만듦 • 압면(押麵) : 반죽을 구멍에 뚫린 틀에 넣고 밀어 끓는 물에 넣어 끓임 • 절면(切麵) : 반죽을 밀대로 얇게 밀어서 칼로 썰어서 만듦

(3) 밀가루의 분류와 특성

밀가루는 글루텐의 함량에 따라 강력분, 중력분, 박력분으로 나누며, 그 특징은 다음과 같다.

① 강력분 : 글루텐의 질(강인함), 가루의 입경(거칠음), 용도(식빵, 스파게티 등)

② 중력분 : 글루텐의 질(부드러움), 가루의 입경(약간 미세함), 용도(국수, 만두피 등)

③ 박력분 : 글루텐의 질(아주 부드러움), 가루의 입경(미세함), 용도(케이크, 튀김옷 등)

(4) 부재료의 종류

면류의 부재료로는 쑥갓, 팽이버섯, 당근, 오이, 표고버섯, 김, 죽순, 무, 와사비, 대파 채, 실파, 생강 등이 사용된다.

02 면 국물 조리하기

(1) 맛국물 조리하기

chapter 03 일식 국물 조리 02-2 맛국물의 종류(다시마다시, 일번다시, 이번다시, 니보시다시) 참고하기

(2) 향미재료 첨가

① 맛으로 분류한 향신료의 종류

신미료	• 매운맛을 주고 식욕을 촉진시키는 역할을 함 • 고추, 겨자, 고추냉이 등
향미료	• 매운맛은 없으나 향을 가지고 있음 • 유자, 미나리, 파프리카, 파슬리 등
고미료	• 쓴맛을 내는 향신료 • 유자, 샐러리, 파슬리, 세이지, 고수 등

② 원료의 부위로 분류한 향신료

종실 향신료	후추, 겨자 등
근경 향신료	참깨, 생강, 마늘, 고추냉이 등
엽경 향신료	산초 등
과피 향신료	진피(감귤류의 껍질을 말린 것)

③ 곁들임 준비

아게다마	• 밀가루 박력분 1 : 물 5의 비율로 반죽하여 튀긴 후 기름을 제거하고 사용함 • 면류의 완성시간에 맞추어 제공 • 국물이 있는 면류, 차가운 면류, 덮밥용에 이용
시찌미 (7가지 향신료)	• 7가지 향신료[산초, 진피(귤껍질), 고추가루, 삼씨(마자유), 파란김(青海苔), 검은깨, 생강]를 배합하여 혼합한 것임 • 일반적으로 따뜻한 면류에 주로 사용 • 최근에는 지역의 특징이나 개개인의 식성에 맞춰 다양한 배합 비율로 만듦 • 면류에 넣어 제공하는 것은 피하고, 고객의 취향에 따라 따로 제공

03 면 조리하기

1 종류에 따른 맛국물 준비

① 맛국물의 종류

찬 면류 맛국물	• 메밀국수의 맛국물 비율은 다시 7 : 진간장(코이구치쇼유) 1 : 맛술 1의 비율로 끓여서 만들고 식힘 • 취향에 따라 설탕의 양을 조절하여 만들기도 하며, 관동지역이 관서지역보다 맛이 진하고 단맛이 강함 • 찬우동 맛국물은 면발이 탄력이 있고 두꺼워 기본 맛국물을 다시 6~5 : 진간장(코이구치쇼유) 1 : 맛술 1의 비율로 끓여서 만들고 식힘 • 용도 : 메밀국수, 찬우동, 소면 등
볶음류 맛국물	• 간장을 기본으로 양념이 주로 사용되며, 간장 1 : 청주 1 : 맛술 1 : 물 2의 비율에 후추를 첨가하고, 마지막에 간장을 이용하여 전체적인 색과 향을 체크하여 마무리함 • 용도 : 볶음 메밀국수, 볶음 우동 소스 등
따뜻한 면류 맛국물	• 따뜻한 맛국물은 다시 14 : 진간장(코이구치쇼유) 1 : 맛술 1의 비율로 끓여서 만듦 • 업소에 따라 멸치, 가다랑어포, 도우가라시(고춧가루)를 추가하여 진한 맛을 내기도 함 • 용도 : 우동, 메밀국수, 소면 등

2 면 조리

(1) 생면류 면발 형성

① 면발에 대한 이해

㉠ 면대와 면발의 차이 : 반죽을 엷게 편 것을 면대라 하고, 면대를 썰어서 만든 면 가닥을 면발이라 한다.

㉡ 면발의 구분 : 수분 함량과 굵기에 따라 구분한다.

- 수분 함량에 따른 구분 : 다가수 면발, 일반 면발, 반건조 면발, 건조 면발 등
- 면발의 굵기에 따른 구분 : 세면, 소면, 중면, 중화면, 칼국수면, 우동면 등

세면	• 굵기가 가장 가는 면 • 중국이나 일본 등에서 사용
소면	• 세면보다 조금 굵은 면발 • 잔치국수나 비빔면 등에 사용 • 메밀면의 면발은 소면의 면발과 유사하거나 조금 굵은 면발을 사용함
중화면	• 소면보다 조금 굵은 면발 • 일본식 라면, 자장면, 짬뽕 등에 사용 • 일본식 라면에는 상대적으로 더 가는 면발을 사용 • 자장면, 짬뽕 등에는 상대적으로 더 굵은 면발을 사용 • 최근 가는 것을 선호하는 것으로 보임 • 수타로 뽑은 중화면은 굵기가 일정하지 않은 것이 특징임

칼국수면	• 중화면보다 조금 굵은 면발 • 닭, 고기국물 – 넓으면서 두께는 얇은 면 • 해물, 팥칼국수 – 폭은 좁고 두께가 두꺼운 면발
우동면	• 칼국수면보다 조금 굵은 면발 • 우동 등의 요리 재료로 사용함 • 우동 면발의 기준은 일본 사누끼 지방 것을 표준으로 여기는 경우가 일반적임

㉢ 면발의 규격 : 면발의 규격은 면발의 폭과 두께로 정해진다.

면발의 폭	면발번호 의미	면발의 폭은 일반적으로 번호로 정하며, 번호의 의미는 30mm의 길이를 해당 번호로 나눈 값이 그 번호의 면발의 폭을 의미함 예 10번 면의 폭은(30mm÷10=3mm) 3mm임 예 20번 면의 폭은(30mm÷20=1.5mm) 1.5mm임
	번호 표현 방식	# 뒤에 숫자를 표기하는데, 예를 들어 #10이란 10번 면이란 의미이고 면발의 폭은 3mm라는 의미임
면발의 두께		• 면발의 규격은 주로 폭의 길이를 기준으로 하며, 두께의 규격에 대한 번호 매기기 방식이나 기준은 없음 • 우동면의 경우 면발의 폭과 면발 두께의 비율은 4 : 3 정도일 때 선호도가 높음

3 면 삶기

(1) 면 삶기의 고려사항

① 면을 삶을 때

㉠ 면을 삶을 때 소금을 넣는 이유는 글루텐이 형성되어 점도와 끈기가 좋아지며, 삼투압을 이용하여 쫄깃하게 유지할 수 있다.

㉡ 면을 삶을 때 얼음을 넣는 이유는 면의 바깥쪽 부분이 많이 익는 것을 방지하기 위해서 이다.

㉢ 삶는 물을 충분히 잡아야 탄력과 맛을 유지할 수 있다.

② 면을 행굴 때

㉠ 삶은 면은 주무르면서 씻어 표면의 전분 성분을 제거한다.

㉡ 찬물에 신속하게 씻어야 안쪽과 바깥쪽 면의 익힘 정도가 같아지며, 면의 호화를 방지할 수 있다.

㉢ 탄력 있는 면발을 유지하기 위하여 얼음을 준비하여 노화작용을 일으켜 단단함을 유지시킨다.

(2) 면 삶기

우동	• 건우동(사전에 익혀서 사용)은 익히는 시간이 걸려서 주로 냉동 우동면을 사용하며, 끓는 물에 데쳐서 사용함 • 물이 끓을 때 면을 넣고 젓가락으로 잘 풀어 주고, 바깥부분이 푹 익지 않게 중간에 젓가락으로 면을 위로 올려 고르게 익힘 • 찬물을 준비하여 2~3회 씻어 전분과 잡냄새를 제거함 • 보관할 때에는 찬물에 담가 보관하면 면의 탄력을 유지시킴
메밀국수	• 끓는 물에 소금을 넣고 면이 달라붙지 않도록 고르게 펴서 삶음 • 면의 탄력을 위해 얼음 또는 찬물을 준비하여 온도를 낮추는 동작을 3~4번 반복하여 삶아냄 • 찬물에 신속히 2~3회 헹구어 면의 호화를 막고 노화를 상승시켜 탄력을 유지시킴
소면	메밀국수 삶는 방법과 같으며, 면발이 가늘어 제품에 따라 차이는 있지만 2~3회 정도 거품이 올라오면 익으므로 주의함

소금과 면의 관계
- 글루텐에 대한 점탄성을 증가시킨다.
- 맛과 풍미를 향상시킨다.
- 삶는 시간을 단축시켜 준다.
- 보존성을 향상시켜 준다.

04 면 담기

1 면 조리 완성

찬 면류 양념 및 국물		부재료 및 곁들인 양념, 맛국물,곁들임
찬 면류	메밀국수	• 실파, 무즙, 고추냉이, 김 • 찬 메밀 맛국물 • 절임 오이
	찬우동, 찬소면	• 아게다마, 실파, 생강즙, 무즙 • 찬 면류 맛국물 • 절임 오이

따뜻한 면류	냄비우동	• 새우, 대파, 오징어, 유부, 표고, 어묵(찐어묵의 일종인 붉은 어묵은 가마보꼬라고도 함), 팽이버섯, 쑥갓 등 • 맛국물을 부어 끓여냄
	온 메밀국수	• 팽이버섯, 쑥갓 등 • 따뜻한 맛국물
	튀김메밀국수	• 튀김 부재료(튀긴 부재료를 담고 마지막에 푸른색 채소인 쑥갓튀김이나 차조잎 튀김을 올림) • 따뜻한 맛국물
볶음 면류	볶음 우동	• 당근, 양파, 표고, 숙주, 새우, 오징어, 피망 등 • 고명 : 꽃다랑어포, 채썬 실파 • 초절임 채생강, 단무지
	볶음 메밀국수	• 새우, 베이컨, 피망, 숙주, 양파, 양배추 등 • 고명 : 꽃(하나)가다랑어포, 실파 • 일본 김치류, 생강채

02 면 조리 도구 종류 및 용도

① 냄비

㉠ 알루미늄냄비 : 가벼우면서 취급이 쉽고 열전도가 빠르지만, 고온에 약하여 장시간 사용 시 구멍이 나기 쉽다.

㉡ 붉은 구리냄비 : 붉은 냄비 또는 구리냄비라고 하며, 열전달이 균일하고 열전도율이 좋다. 녹청이 발생하므로 관리가 필요하고(취급이 불편하여 수요가 적음), 무거우며 가격이 비쌈

㉢ 요철냄비 : 일반 냄비보다 열흡수율이 높고 붉은 구리와 알루미늄합금을 쇠망치로 성형한 것으로, 요철로 재료가 눌러 붙는 것을 방지해주고 많이 사용된다. 손잡이가 없어 수납할 때 포개어 놓을 수 있고 씻을 때 편리하다.

CHAPTER

04 모의고사

01 일본 라멘의 종류로 연결이 옳지 않은 것은?

① 쇼유 라멘 : 굴소스로 맛을 냄

② 돈코츠 라멘 : 돼지뼈로 맛을 냄

③ 미소 라멘 : 된장으로 맛을 냄

④ 시오 라멘 : 소금으로 맛을 냄

해설 쇼유 라멘은 간장으로 맛을 낸다.

02 면발의 굵기에 따른 다음 설명에 해당하는 면은?

- 세면보다 조금 굵은 면발
- 잔치국수나 비빔면 등에 사용

① 소면 ② 세면

③ 중화면 ④ 우동면

해설 소면은 세면보다 조금 굵은 면발로, 잔치국수나 비빔면 등에 사용한다.

03 소금과 면의 관계로 바르지 않은 것은?

① 맛과 풍미를 향상시킨다.

② 삶는 시간을 단축시켜 준다.

③ 보존성을 향상시켜 준다.

④ 간을 맞출 뿐 면의 탄력과는 관계가 없다.

해설 소금은 글루텐에 대한 점탄성을 증가시킨다.

04 면요리의 고명에 대한 설명으로 틀린 것은?

① 아게다마는 국물이 있는 면류, 차가운 면류, 덮밥용에 사용된다.

② 꽃가다랑어포의 선도를 확인하고 사용한다.

③ 시찌미는 면류에 제공 시 모두 뿌려서 나간다.

④ 튀김류를 얹을 때는 튀김과 면류의 조리가 동일하게 이루어지도록 한다.

해설 시찌미는 면류에 넣어 제공하는 것은 피하고, 고객의 취향에 따라 따로 제공한다.

05 면 삶기에 대한 설명으로 바르지 않은 것은?

① 끓는 물에 소금을 넣으면 글루텐이 형성되어 점도가 좋아진다.

② 삶은 면은 가볍게 헹구어 사용한다.

③ 찬물에 신속히 헹구어 면의 호화를 막고, 노화를 상승시킨다.

④ 면을 삶을 때 얼음이나 찬물을 넣으면 면의 바깥쪽 부분이 많이 익는 것을 방지할 수 있다.

해설 삶은 면은 주무르면서 씻어 표면의 전분과 잡내를 제거한다.

06 맛국물에 대한 설명으로 바르지 않은 것은?

① 찬 메밀국수의 맛국물은 다시, 진간장, 맛술을 비율 맞춰 끓여서 식힌다.

② 볶음류 맛국물은 간장 1 : 청주 1 : 맛술 1 : 물 2의 비율에 후추를 첨가한다.

③ 따뜻한 면류 맛국물은 다시, 진간장, 맛술을 비율 맞춰 끓여서 만든다.

④ 라멘의 육수는 보통 가다랑어포에 조미료를 첨가하여 만든다.

해설 라멘은 돼지뼈를 이용하여 육수를 낸 돈코츠 국물을 보통 사용한다.

정답

01 ① 02 ① 03 ④ 04 ③ 05 ② 06 ④

CHAPTER

05 일식 밥류 조리

01 밥 짓기

1 쌀 씻고 불리기

(1) 쌀의 특징

① 태국과 필리핀 등지의 동남아시아에서 생산되는 인디카 쌀과 한국, 일본 등에서 생산되는 자포니카 쌀로 나눈다.

② 멥쌀은 아밀로오스 20%, 아밀로펙틴 80%로 구성되어 있고, 밥을 지었을 때 끈기가 있고 주식으로 사용한다.

③ 한국이나 일본에서 주식으로 사용하는 밥은 주로 멥쌀이며, 쌀에 광택이 있고 반투명한 것이 특징이다.

③ 찹쌀은 아밀로펙틴 100%로 구성되어 있고, 점성이 매우 강하다.

(2) 쌀 씻기와 불리기

① 저울을 이용하여 쌀을 계량하고 찬물을 부어 두 손으로 쌀이 부서지지 않도록 힘을 주어 비벼준다.

② 따뜻한 물은 쌀이 쉽게 불어 부서질 수 있으니 주의한다.

③ 찬물을 부어주면서 헹구는 과정을 맑은 물이 나올 때까지 반복한다.

④ 씻은 쌀은 체에 밭쳐 내부까지 수분이 들어갈 수 있도록 한다.

⑤ 더운 여름에는 30분, 봄 · 가을에는 45분, 겨울에는 1시간 정도 불린다.

⑥ 쌀을 너무 지나치게 불리게 되면 쌀이 부서지거나 상처가 나서 밥을 지었을 때 품질이 떨어지게 된다.

2 조리법에 따른 물 조절과 밥 짓기

(1) 밥물 조절

종류		물의 양 (중량)	비고
밥		1.2배	–
죽	오카유(粥, おかゆ) : 오래 끓여 부드럽게 먹는 죽	10배	쌀을 씻어 물(또는 다시)을 부어 주어 끓여준다.
	조우스이(雑炊, ぞうすい) : 짧은 시간에 끓여 간편하게 먹는 죽	2배	밥을 씻어 물(또는 다시)을 부어 끓여준다.

(2) 밥 짓기

① 물 조절을 한 쌀을 강한불로 가열하는데, 비등(액체가 끓어오름)까지 10분 정도 시간이 걸릴 수 있도록 불세기를 조절한다.

② 끓으면 불을 줄여 끓는 상태가(호화가 활발하게 진행) 15분 정도 유지될 수 있도록 한다.

③ 불을 끄고 잔열로 뜸을 들이며 10분 정도 유지한다.

02 (녹차) 밥 조리하기

1 맛국물 내기

(1) 차밥[오차즈케(おちゃずけ, お茶漬け, 녹차밥)

① 차밥의 용어설명

㉠ 밥에 녹차 우린 물을 넣어 만든 요리이다.

㉡ 현대에 와서는 녹차 외에도 뜨거운 물, 다시, 수프를 넣는 경우도 이름을 사용한다.

㉢ 본래는 따뜻한 밥 위에 차를 부어서 먹는 요리이나 차가운 차를 뜨거운 밥 위에 부어 주는 히야시챠즈케(冷やし茶漬け)도 있다.

㉣ 차밥에 추가로 사용되는 재료에 따라 "OO오차즈케"라고 하는데, 매실장아찌를 사용하면 우메차즈케, 연어구이를 올린 사케차즈케 등으로 부른다.

(2) 맛국물 내기

종류	특징
녹차만을 사용	• 녹차 자체의 맛이 진하고 향이 강해야 하므로 세작(가장 어린잎)을 이용한다. • 고객에게 제공 직전에 뜨거운 물을 사용(80~90℃)하여 뽑는다. • 녹차를 낮은 온도(5~10℃)에서 우리면 높은 온도에서 우린 녹차보다 구수한 맛은 적지만 오래 지나도 떫은맛이 없고, 높은 온도에서 우린 녹차는 10분 정도 경과하게 되면 떫은맛이 강해진다.
가쓰오부시만을 사용	다시마와 가쓰오부시를 사용하여 일번다시를 만들고 소금, 우수구치(색이 엷고 짠맛이 강한 간장), 맛술로 마실 수 있는 정도로 세지 않게 간을 한다.
녹차와 가쓰오부시 모두를 사용	가쓰오부시 맛국물을 만들고 고객에게 제공 직전에 녹차를 넣고 우려 맛국물을 만든다.

(3) 녹차의 구분

① 채취시기에 따른 분류

명칭	특징
우전	이른 봄에 채취한 것
곡우	우전을 체취 후 입하 전까지 채취한 것
입하차	입하 이후부터 초여름 사이에 채취한 것
하차	한여름에 채취한 것
추차	가을에 채취한 것

② 잎의 크기에 따른 분류

종류	특징
세작	• 가장 어린 잎 • 대부분 우전과 곡우
중작	• 세작보다 큰 잎 • 곡우와 입하차
대작	• 가장 큰 잎 • 하차와 추차

2 기물과 고명의 선택

(1) 기물

① 녹차밥의 기물은 국물을 충분히 담을 수 있도록 깊이가 어느 정도 있고 덮개가 있으며, 아래쪽은 좁고 위쪽은 넓은 형태를 선택한다.

② 녹차밥은 뜨겁게 제공되는 요리로, 식지 않도록 뜨거운 기물을 준비한다.

(2) 고명

① 차밥에는 매실장아찌와 연어를 고명으로 많이 사용하고 그 외에 생와사비, 김 가는 채, 실파, 참깨 등을 사용한다.

② 매실장아찌는 씨를 제거하고 살만 잘게 다진다.

③ 연어는 소금을 뿌려 석쇠에 구워서 식혀 살만 발라 준비한다.

3 녹차밥 완성하기

① 매실장아찌를 올린 녹차밥 : 그릇에 뜨거운 밥을 담고 다진 매실장아찌를 올린 다음 맛국물을 선택하여 붓고 실파, 참깨, 김을 올리고, 와사비는 그릇의 덮개나 별도의 그릇 또는 그릇의 한쪽 부분에 붙여 제공한다.

② 연어를 올린 녹차밥 : 뜨거운 밥을 담고 그 위에 구운 연어를 올린 다음 맛국물을 선택하여 붓고 실파, 참깨, 김을 올리고, 와사비는 그릇의 덮개나 별도의 그릇 또는 그릇의 한쪽 부분에 붙여 제공한다.

③ 녹차밥 완성 시 주의점 : 고명이 잠기지 않도록 밥을 그릇에 담을 때 가운데가 솟아나도록 담아야 맛국물을 충분히 부울 수 있고, 서빙하는 과정에서 고명이 흐트러지는 것을 방지 할 수 있다.

03 덮밥류 조리하기

1 덮밥용 맛국물과 양념간장 만들기

(1) 덮밥(丼物, どんぶりもの, 돈부리모노)의 특징

① 덮밥을 돈부리모노라고 하며, 줄여서 돈부리라고 한다.

② 돈부리는 사발 형태의 깊이가 있는 식기를 가리키는 말로, 여기에 밥과 반찬이 되는 요리를 함께 담아 제공하는 요리이다.

(2) 덮밥의 종류

종류	특징
텐동(天丼)	튀김류를 올린다.
규동 (牛丼)	소고기 조림을 올린다.
카츠동(カツ丼)	돈까스를 올린다.

부타동(豚丼)	돼지고기 구이를 올린다.
우나동(鰻丼)	장어구이를 올린다.
텟카동(鉄火丼)	참치회를 올린다.
카이센동(海鮮丼)	여러 가지 회를 올린다.
오야코동(親子丼)	닭과 달걀조림을 올린다.

(3) 덮밥용 맛국물 만들기

① 일번 다시를 만든다 : 찬물에 다시마를 넣고 약한 불에 올려 끓기까지 10분 정도 지속되도록 한 후 다시가 끓으려고 하면 건져내고, 가쓰오부시를 넣은 후 불에서 내려 일번다시를 만든다.

② 다시 : 간장 : 맛술 : 청주 : 설탕=6 : 1 : 1 : 0.5 : 0.5 비율로 섞어 맛국물을 만든다.

(4) 덮밥에 쓰이는 고명의 특징과 종류

① 고명의 특징

㉠ 식재료가 가지고 있는 맛, 향, 색을 보완하기 위해 사용한다.

㉡ 재료외의 조합과 조리방법과의 조합 등을 고려하여 맛, 향, 아름다움을 주는 역할을 한다.

② 고명의 종류

생선회를 올린 덮밥	• 비린 맛 제거와 매콤함을 주기 위해 사용 • 고추냉이, 양파, 무순, 실파, 김(감칠맛) 등
구워서 올린 덮밥	• 향과 매운맛을 주기 위해 • 초피, 실파, 대파 등
튀겨서 올린 덮밥	주로 색감을 주는 고명 사용
맛국물을 사용하여 익힌 재료를 올린 덮밥	• 향을 주기 위해 • 쑥갓, 실파, 김(감칠맛) 등

(5) 덮밥에 쓰이는 냄비(丼鍋, どんぶりなべ, 돈부리나베)

작은 프라이팬 모양으로 손잡이가 직각으로 되어 있으며, 맛국물이 너무 졸여지는 것을 방지하기 위해 뚜껑이 있고, 밥에 올리는 과정에서 편하게 하기 위해 턱이 낮고 가볍다.

04 죽류 조리하기

1 죽의 종류

죽[오카유(お粥)]은 쌀이나 팥 등의 곡물에 물을 충분히 넣고 부드럽게 끓인 것으로, 쌀뿐만 아니라 밥으로도 가능하다.

종류	특징
시라가유(白粥)	흰쌀로만 만든 것
료쿠도우가유(緑豆粥)	녹두로 만든 것
아즈키가유(小豆粥)	팥으로 만든 것
이모가유(芋粥)	감자나 고구마를 넣어 만든 것
챠가유(茶粥)	차를 넣어 만든 것
조우스이(雑炊)	복어, 샤브샤브 등 냄비나 전골을 먹고 난 후 맛국물에 밥을 넣어 끓여 부드럽게 만든 죽 또는 맛국물에 밥과 재료를 넣어 따로 만들기도 한다.

2 죽의 조리

(1) 쌀을 사용하여 죽[오카유(お粥)]을 조리한다.

① 쌀의 10배 정도의 물을 넣고 강한 불에서 끓인다(오카유는 처음에 강 불에 끓이지 않으면 대류가 일어나지 않아 쌀이 바닥에 붙어 탈 수 있으므로 주의함).

② 끓을 때까지 바닥을 주걱으로 저어주고, 끓으면 불을 약하게 줄여 1시간 정도 유지하고 끓이면 오카유가 되는데 소금으로 약하게 간을 한다.

(2) 밥과 전복을 사용하여 조우스이(雑炊)를 조리한다.

① 밥 양의 2~3배 정도의 맛국물을 넣고 강불에서 끓이면서 채 썬 전복을 넣고 씻어 놓은 밥(밥을 찬물에 씻어 체에 밭쳐둔다)을 넣어 농도가 나오게 끓인다.

② 우수구치(국간장)와 맛술로 감칠맛을 주고 풀어 놓은 달걀을 넣고 불을 끈다.

③ 그릇에 죽을 담고 실파와 김 그리고 물에 갠 고추냉이를 조금 넣어 준다.

CHAPTER

05 모의고사

01 차밥[오차즈케(おちゃずけ, お茶漬け, 녹차 밥)에 대한 설명으로 틀린 것은?

① 녹차는 제공 직전에 뜨거운 물을 사용(80~90℃)하여 뽑는다.

② 녹차 자체의 맛이 진하고 향이 강해야 하므로, 대작을 이용한다.

③ 높은 온도에서 우린 녹차는 10분 정도 경과하게 되면 떫은맛이 강해진다.

④ 현대에 와서는 녹차 외에도 뜨거운 물, 다시, 수프를 넣는 경우도 차밥이라 명칭을 사용한다.

해설 녹차 자체의 맛이 진하고 향이 강해야 하므로, 세작(가장 어린 잎)을 이용한다.

02 녹차의 채취시기에 따른 명칭 중 이른 봄에 채취한 것은?

① 우전 ② 곡우

③ 하차 ④ 추차

해설 우전

녹차를 이른 봄에 채취한 것을 말한다.

03 덮밥(丼物, どんぶりもの, 돈부리모노)의 종류 중 튀김류를 올린 것은?

① 규동(牛丼) ② 카츠동(カツ丼)

③ 덴동(天丼) ④ 부타동(豚丼)

해설 규동은 소고기조림, 카츠동은 돈까스, 부타동은 돼지고기 구이를 올린 것을 말한다.

04 덮밥에 쓰이는 냄비로 손잡이가 직각으로 되어 있으며, 밥에 올리는 과정에서 편하게 턱이 낮고 가벼운 냄비의 종류는?

① 스끼야끼나베 ② 유키히라나베

③ 아게나베 ④ 돈부리나베

해설 스끼야끼나베는 전골냄비, 유키히라나베는 손잡이나 주둥이가 붙어 있는 냄비로, 죽을 끓이기에 적당하다.

※ 아게나베 – 튀김냄비

05 샤브샤브나 복어 냄비 등을 먹고 난 후 생긴 맛국물에 밥을 넣고 만든 죽의 명칭은?

① 시라가유(白粥)

② 아즈키가유(小豆粥)

③ 조우스이(雑炊)

④ 이모가유(芋粥)

해설 시라가유는 흰쌀, 아즈키가유는 팥, 이모가유는 감자나 고구마를 사용한다.

06 죽[오카유(お粥)]의 조리법으로 바르지 않은 것은?

① 쌀의 10배 정도의 물을 붓고 끓인다.

② 처음에는 약한 불로 죽을 끓인다.

③ 간은 소금으로 약하게 한다.

④ 쌀이나 팥 등의 곡물에 물을 충분히 넣고 부드럽게 끓인 것을 말한다.

해설 오카유는 처음에 강한 불에 끓이지 않으면 대류가 일어나지 않아 쌀이 바닥에 붙어 탈 수 있으므로 주의한다.

정답

01 ② 02 ① 03 ③ 04 ④ 05 ③ 06 ②

CHAPTER

06 일식 초회 조리

01 초회 조리 개요

1 일본 초회 조리

(1) 일본 초회조리의 특징

① 맛이 담백하고 적당한 산미가 있어 식욕증진, 입안을 개운하게 한다.

② 미역, 오이, 어패류에 새콤달콤한 혼합초를 곁들여 내는 요리로, 여름철 음식으로 적당하다.

③ 날 것을 그대로 사용할 때는 재료의 신선도가 중요하다.

④ 짙은 조림이나 튀김요리 뒤에 배합하면 쾌감을 줄 수 있다.

(2) 초회의 종류

종류	재료
문어초회	문어, 오이, 미역
해삼초회	해삼, 오이, 미역
모둠초회	새우, 새조개, 문어, 오이, 미역
도미껍질초회	도미, 달걀(지단으로 사용), 생강, 대파

02 초회 조리하기

(1) 식재료 손질 및 조리하기

문어	• 가을이 제철로 타우린이 약 34% 함유되어 있음 • 밀가루와 소금을 한줌 넣어 문질러 끈적끈적한 점액질과 빨판에 해감을 씻어냄 • 무와 청주, 소금을 넣고 끓으면 문어를 삶아 물기를 제거하고 파도썰기(사사나미쓰쿠리)함

해삼	• 바다의 인삼으로 불리며, 단백질과 무기질(칼슘, 철 등)이 풍부함 • 양끝을 잘라내고 배를 갈라 내장을 제거한 후 소금을 뿌려 문질러 씻어 찬물로 헹구고 이물질과 점액을 씻어 적당한 크기로 썰음 • 불린 해삼 사용 시에는 살짝 데쳐서 사용함
새조개	진한 소금물에 새조개를 담가 뚜껑을 덮어 어두운 곳에 두고, 해감을 충분히 토하게 한 후 엷은 소금물에 깨끗이 씻어 끓는 물에 데쳐서 차게 식힘
새우	수염과 잔발을 가위로 잘라내고 등 쪽에 내장을 빼고 꼬리와 몸통 부분을 작은 꼬치로 고정시켜 냄비에 무와 청주, 소금을 넣고 새우를 삶아 꼬치를 빼고 껍질을 벗겨 반으로 가름
도미	도미는 손질하여 3장 뜨기한 후 껍질을 벗겨 살은 얇게 썰고, 껍질은 여분의 살이 없게 칼로 밀어 내고 끓는 물에 소금, 청주를 넣고 껍질을 데쳐 식혀 물기를 제거함
오이	소금으로 문질러 씻고 돌기부분을 제거하고, 자바라규리(뱀의 모양)를 만들어 소금에 절여 두었다가 물기를 제거하고 적당한 크기로 썰음
미역	• 건미역은 물에 불리고, 생미역은 소금으로 문질러 씻어 미끈한 물이 없어질 때까지 헹구어둠 • 끓는 물에 소금을 넣고 데쳐 헹구어 물기를 짜고, 김발에 넓은 것부터 놓고 돌돌 말아 물기를 빼고 적당한 크기로 썰음
가다랑어	맛국물의 재료 중 가장 대표적이며, 감칠맛 성분은 이노신산임
다시마	• 검은색이나 짙은 녹갈색인 것과 두껍고 하얀 염분이 고루 묻어 있는 것이 상품임 • 감칠맛 성분은 글루타민산임
실파	• 5~6월이 제철로 줄기부분이 여러 갈래로 가늘게 나누어지는 것이 좋고, 대파나 쪽파에 비해 쓴맛이 덜해 송송 썰어 양념이나 곁들임에 많이 사용 • 독특한 향을 지니고 있으며, 비린내 등의 냄새를 제거함
대파	육류나 생선요리에 넣으면 비린내나 좋지 못한 냄새를 잡아주며 소화를 돕고, 살균 및 해독효과가 있으며, 성인병과 암 예방에도 효과가 있음
무	매운맛이 적고 단맛이 많은 것이 좋고, 아밀라아제가 들어 있어 소화에 도움을 줌
생강	비린내 제거와 살균작용이 있어 생선요리에 어울리며, 특수성분은 진저롤, 쇼가올, 진저론 등임

(2) 맛국물의 종류

종류	특징
곤부다시	• 끓이지 않고 사용하는 방법 : 다시마는 젖은 면 보자기로 깨끗이 닦아 물에 다시마를 넣어 4~5시간 정도 은근히 우려내서 사용함 • 끓여 사용하는 방법 : 물에 다시마를 2시간 정도 은근히 우려내어 강한 불에 다시 물이 끓으면 불을 끄고, 다시마는 건져 내고 사용함
일번다시(一番出汁)	• 다시마와 가쓰오부시의 조화로 최고의 맛과 향을 지닌 국물 • 초회, 국물 요리, 냄비 요리 등에 사용
이번다시(二番出汁)	• 일번 다시에서 남은 재료에 가쓰오부시를 조금 더 첨가하여 뽑아낸 국물 • 된장국, 진한 맛의 조림요리에 사용
니보시다시	니보시란 쪄서 말린 것으로 멸치, 새우 등 여러 가지 해산물을 이용하여 만든 맛국물임

(3) 초회 종류의 혼합초 비율

문어초회		다시물 300g, 식초 200g, 청주 100g, 간장 100g, 설탕 100g
해삼초회		다시물 200g, 식초 200g, 연간장 200g
모둠초회		가쓰오다시 150g, 식초 100g, 청주 50g, 간장 50g, 설탕 50g
도미껍질 초회		다시물 300g, 식초 200g, 청주 100g, 간장 100g, 설탕 100g
기타	이배초 (니바이즈)	• 다시물 1.3, 식초 1, 간장 1 • 해산물 초무침, 생선 구이
	삼배초 (삼바이스)	• 다시 물 3, 식초 2, 간장 1, 설탕 1 • 익힌 해산물과 채소, 해초류
	폰즈	• 다시 물 1, 간장 1, 식초 1 • 싱싱한 해산물과 채소, 해초류

(4) 곁들임 양념[やくみ, 薬味, 야쿠미] 만들기

야쿠미(양념)는 요리에 첨가하는 향신료나 양념을 말하며 좋은 맛과 향기를 내어 식욕을 증진시키는 역할을 한다.

아카오로시 (빨간 무즙)	• 모미지 오로시는 무즙에 고추즙을 무쳐 빨간색을 띤 무즙을 말하며, 마치 붉은 단풍을 물들인 것처럼 적색을 띠므로 모미지(단풍)라고 함 • 무는 강판에 갈아서 매운맛을 씻어 내고, 물기를 짠 후 고운 고춧가루로 아카오로시(빨간 무즙)를 무침
파	• 실파는 송송 썰어 찬물에 담가 매운맛을 빼고 물기를 뺌 • 대파는 중앙에 심을 빼고, 가늘게 채썰어 찬물에 담가 매운맛을 빼고 물기를 뺌
레몬	반달 모양으로 자름

03 초회 완성하기

1 초회 그릇 준비 및 담기

① 너무 화려하거나 큰 접시그릇에 담으면 모양이 좋지 않다.

② 작고 깊이가 있는 것을 선택한다.

③ 주재료와 부재료, 야쿠미를 색상을 맞춰 담고 차가운 소스를 끼얹어 낸다.

CHAPTER

06 모의고사

01 초회 조리에 대한 설명으로 바르지 않은 것은?

① 적당한 산미가 있어 식욕을 증진시킨다.

② 짙은 조림이나 튀김요리 뒤에 배합하면 쾌감을 줄 수 있다.

③ 겨울철에 어울리는 음식이다

④ 날 것을 그대로 사용 할 때는 신선도가 중요하다.

해설 새콤달콤한 혼합초를 재료에 곁들여 내는 요리로, 여름철 음식으로 적당하다.

02 초회 재료 손질에 대한 설명으로 바르지 않은 것은?

① 문어는 삶아서 씹힘성 있게 도톰하게 썬다.

② 오이는 자바라규리를 만들어 사용한다.

③ 조개류는 해감을 충분히 시키고 사용한다.

④ 미역은 건미역, 생미역 모두 사용가능하다.

해설 문어는 빨판을 살리면서 칼을 어슷하게 넣어 파도 타듯이 엷게 포(사사나미쓰쿠리)를 떠서 부드럽게 먹을 수 있게 준비한다.

03 초회 야쿠미에 대한 설명으로 바르지 않은 것은?

① 모미지 오로시는 붉은 단풍을 물들인 것 같다고 해서 붙여졌다.

② 다른 말로 아카오로시라고도 부른다.

③ 종류로는 파, 레몬, 아카오로시 등이 있다.

④ 맛과 향기를 내어 식욕을 증진시킨다.

해설 아카오로시는 빨간 무즙으로 무를 강판에 갈아서 매운맛을 씻어 내고, 물기를 짠 후 고운 고춧가루로 무친 것이다.

04 초회 완성하기에 대한 설명이다 바르지 않은 것은?

① 화려하고 넓은 접시를 선택한다.

② 주재료와 부재료, 야쿠미를 색 맞추어 담는다.

③ 소스를 차갑게 준비하여 끼얹는다.

④ 너무 빨리 담지 않는다.

해설 너무 화려하거나 큰 접시에 담으면 모양이 좋지 않으므로, 작고 깊이가 있는 것을 선택한다.

05 초회에 사용되는 조미료가 아닌 것은?

① 식초 ② 간장

③ 설탕 ④ 후춧가루

해설 초회에 사용되는 조미료
간장, 식초, 설탕 등

06 초회에 주로 사용하는 재료 중 바다의 인삼으로 불리는 재료는?

① 새조개 ② 해삼

③ 문어 ④ 새우

해설 해삼은 단백질과 무기질이 풍부하여 바다의 인삼으로 불린다.

정답
01 ③ 02 ① 03 ② 04 ① 05 ④ 06 ②

CHAPTER

07 일식 찜 조리

01 찜 재료 준비

1 찜요리의 개요

① 찜 조리는 수증기 속에서 식재료를 가열하는 것으로 수증기의 잠열을 이용한다.

② 골고루 수증기에 의해 가열되므로 효율이 높은 가열방법이다.

2 찜요리의 특징

① 따뜻한 요리로 제공되지만, 여름에는 식혀서(식어도 딱딱하게 변하지 않는 특징) 시원한 맛을 제공하기도 한다.

② 재료의 수분을 잃지 않고, 모양이 흐트러지지 않는다.

③ 재료가 부드러워지고, 성분 손실이 적고, 맛을 유지하는데 좋지만, 때로는 직접 가열하는 조리법에 비하여 가열시간이 길어 맛과 지방 성분이 유출하는 경우가 있다.

④ 식품 전체에 간이 베게 하는 것이 불가능하다는 단점이 있다.

3 찜의 종류

① 조미료에 따른 분류

사카무시(술찜)	도미, 대합, 닭고기 등에 소금을 뿌린 뒤 술을 부어 찐 요리로 폰즈(ポン酢)가 어울림
미소무시(된장찜)	된장을 이용해서 냄새 제거, 향기, 풍미를 살린 찜으로, 빠른 시간 내에 쪄야 함

② 재료에 따른 분류

가부라무시 (무청찜)	무청을 강판에 갈아 재료를 올려서 찐 요리로 매운맛이 적고 싱싱한 것으로 풍미가 달아나지 않게 빨리 쪄냄
신주무시(신주찜)	재료 속에 메밀을 넣고 표면을 감싸서 찐 요리
조요무시	산마를 갈아서 주재료에 감싸서 찐 요리
도묘지무시	찐 찹쌀을 물에 불려서 재료에 올려 찐 요리

③ 형태에 따른 분류

도빙무시	찜 주전자에 송이버섯, 닭고기 등 재료를 넣고 다시국물을 넣어 찐 요리
야와라카무시	문어, 닭고기 재료를 아주 부드럽게 찐 요리
호네무시	다시물에 생선 감칠맛(뼈까지 충분히)이 우러나오게 해야 하고, 강한 불에 찐 요리로 치리무시(ちり蒸し)라고도 함
사쿠라무시	불린 찹쌀을 벚꽃 나뭇잎으로 말아서 다른 재료와 함께 찐 요리

4 찜 재료 손질하기

달걀찜 및 달걀 두부찜	달걀을 잘 풀어서 체에 내려 알끈과 불순물 제거함
대합술찜	• 3%의 바닷물 농도에 대합을 해감시켜 깨끗한 물로 씻고, 껍데기의 불순물 제거 • 대합 두 개를 부딪혀 차돌소리가 나면 살아 있고, 둔탁한 소리가 나면 죽은 것임
도미술찜	비늘을 벗겨 내장을 분리하고 피를 제거한 후 포를 뜨고, 머리를 반으로 갈라 소금을 뿌려 10분 이상 둔 후 거름망과 국자를 이용해 살짝 데쳐 찬물에 헹궈 불순물을 제거

시모후리(しもふり

- [시모후리(しもふり]는 전처리법의 하나인 데쳐내기로, 재료를 데쳐 재빨리 냉수에 담가 씻는 방법이다.
- 어류나 육류 등에 끓는 물을 부어 표면이 하얗게 될 정도로 만들거나 끓는 물에 살짝 데쳐 표면에 서리가 내린 것처럼 하얗게 만드는 방법으로, 가열 후 바로 찬물에 담가 차갑게 식혀 점액질, 비늘, 냄새, 지방, 여분의 수분 등을 제거하고 표면을 응고시켜 본연의 맛을 살리는 데 있다.

4 양념재료 준비

폰즈	짠 즙(감귤류) 1, 간장 1, 그리고 용도에 따라 다시물을 약간 섞는 경우도 있음
야쿠미	• 야쿠미는 요리에 첨가하는 향신료나 양념을 말함 • 향기, 식욕을 증진시키는 역할 • 무즙, 생강즙, 실파, 레몬 등
모미지오로시	모미지오로시는 무즙에 고추즙(고운 고춧가루)을 개어 빨간색을 띤 무즙을 말하며, 아카오로시라고도 함

02 찜 소스 조리하기

1 맛국물 조리

(1) 다시마 다시 맛국물 준비, (2)일번다시 맛국물 준비, (3) 이번다시 맛국물 준비

Chapter 03 일식국물조리 2. 맛국물의 종류 참고하기

(4) 생선뼈 다시 맛국물 준비

① 생선의 머리, 뼈를 적당한 크기로 잘라 소금(단백질이 응고되어 불순물이 잘빠져 나옴)에 잠시 재웠다가 끓는 물에 살짝 데쳐낸 후 찬물에 헹구어 비늘과 불순물을 제거한다.

② 냄비에 찬물, 다시마, 생선뼈를 넣고 중불에서 끓이다가 끓기 직전 다시마는 건지고 거품을 제거하며, 불 조절을 하여 30분 정도 끓여준 후 면보에 맑게 거른다.

03 찜 조리하기

1 찜통 사용의 주의점

① 찜통 속에 물량을 80% 정도 유지하고 불을 올린다.

② 재료는 찜통의 증기가 올라온 후 넣는다.

③ 뚜껑을 덮을 때 면보를 덮어 물방울이 재료에 수직으로 떨어지는 것을 방지한다.

④ 찜통 뚜껑은 몸 앞쪽으로 들어 수증기가 몸 반대쪽으로 나가게 한다.

⑤ 2~3단의 경우 단의 위치를 바꿔줘야 찜요리가 균일하게 익는다.

⑥ 물을 보충할 할 때는 뜨거운 물을 붓는다.

2 재료에 따른 찜 시간 조절방법

흰살생선	생으로 먹을 수도 있으므로, 살짝 데치는 정도, 즉 95% 정도 익힘
등푸른생선	특유의 냄새와 지방이 많아 완전히 익힘
육류	소고기, 오리고기처럼 붉은색은 중심부가 약간 붉은빛이 도는 80%로 익히고, 닭고기나 돼지고기처럼 흰색은 완전히 익힘
조개류	익힐 수로 단단해지므로 대합, 중합은 입을 딱 벌리면 완성된 것으로 봄
채소류	아삭할 정도로만 살짝 익혀 색과 씹히는 맛을 살림

- 생선, 닭고기, 찹쌀 : 날 것일 때 단단한 재료가 쪘을 때 부드러워지는 것은 강한 불로 찐다.
- 달걀, 두부, 산마, 생선살 : 부드러웠던 것은 찌면 딱딱해지는데, 이런 재료는 약한 불로 찐다.
- 청주는 끓여서 알코올을 날려서 사용해야 음식에서 술 냄새가 약해진다.

3 찜의 조리

(1) 요리별 시간조절

달걀찜	냄비에 중탕하거나 찜통에 중불로 12분 정도 찌기
달걀두부찜	• 찜통에 중불로 12분 정도 찌기 • 나가시캉(스테인리스 굳힘틀)은 금속성으로 열을 잘 흡수하는데, 달걀이 끓을 때 나가시캉 주위에 신문지를 두툼하게 물에 적셔서 붙이면 열이 일정하게 전달되어 기포가 발생하지 않는다. 또 바닥에 김발이나 대나무젓가락을 깔면 금속과 금속 사이를 떨어뜨려 일정한 열이 전달됨
대합술찜	냄비에 중탕하여 강불로 15분 정도 찌기
도미술찜	냄비에 중탕하여 강불로 15분 정도 찌기

굳힘틀(나가시캉)은 스테인리스 재질로 사각형 상자인데, 이중으로 되어 있어 안쪽 상자를 들어 올리면 속의 재료를 꺼낼 수 있다.

04 찜 완성하기와 담기

① 그릇은 열전도율이 높고 열효율성, 보온성 좋은 것을 택한다.

② 각 요리별 곁들임을 첨가하여 완성한다.

CHAPTER

07 모의고사

01 찜요리의 특징으로 옳지 않은 것은?

① 재료의 수분을 잃지 않는다.

② 모양이 흐트러지지 않는다.

③ 식히면 딱딱해져서 여름에 제공하기 어렵다.

④ 적당한 가열은 재료가 부드럽고, 성분손실이 적다.

해설 찜은 식어도 딱딱하게 변하지 않는 특징이 있어 식혀서 여름에 제공하기도 한다.

02 다음 중 찜의 조리법에 대한 설명으로 틀린 것은?

① 미소무시(된장찜) – 된장을 이용해서 냄새 제거, 향기, 풍미를 살린 찜

② 사카무시(술찜) – 도미, 대합, 닭고기 등에 소금을 뿌린 뒤 술을 부어 찐 요리로 폰즈(ポソ酢)가 어울림

③ 가브라무시(무청찜) – 무청을 강판에 갈아 재료를 올려서 찐 요리

④ 신주무시(신주찜) – 산마를 갈아서 주재료에 감싸서 찐 요리

해설 • 신주무시(신주찜) : 재료 속에 메밀을 넣고 표면을 감싸서 찐 요리

• 조요무시 : 산마를 갈아서 주재료에 감싸서 찐 요리

03 재료에 따른 찜 시간 조정 방법으로 옳지 않은 것은?

① 흰살생선은 95% 정도 익힌다.

② 소고기, 오리고기는 100% 익힌다.

③ 대합, 중합은 입을 딱 벌리면 완성된 것으로 본다.

④ 생선, 닭고기, 찹쌀은 강한 불로 찐다.

해설 붉은색 육류는 중심부가 약간 붉은빛이 도는 80%로 익힌다.

04 데쳐내기[시모후리, しもふり]에 대한 설명으로 바르지 않은 것은?

① 살짝 데쳐서 차갑게 식힌다.

② 비늘, 냄새, 지방, 여분의 수분 등을 제거하는 데 목적이 있다.

③ 어류에만 사용하는 방법이다.

④ 표면을 응고시켜 본연의 맛을 살리는 데 있다

해설 데쳐내기[시모후리(しもふり]는 재료를 데쳐 재빨리 냉수에 담가 씻는 전처리법의 하나로, 어류나 육류 등에 끓는 물을 부어 표면이 하얗게 될 정도로 만들거나 끓는 물에 살짝 데쳐 표면에 서리가 내린 것처럼 하얗게 만드는 방법이다. 가열 후 바로 찬물에 담가 차갑게 식혀 점액질, 비늘, 냄새, 지방, 여분의 수분 등을 제거하고 표면을 응고시켜 본연의 맛을 살리는 데 있다.

05 초회요리에 사용되는 곁들인 재료로 향신료나 양념을 무엇이라 하는가?

① 야쿠미 ② 폰즈

③ 곤부다시 ④ 쇼유

해설 야쿠미는 요리에 첨가하는 향신료나 양념을 말하며 무즙, 생강즙, 실파, 레몬 등이 있다.

정답
01 ③ 02 ④ 03 ② 04 ③ 05 ①

CHAPTER

08 일식 롤 초밥 조리

01 롤 초밥 재료 준비

1 초밥용 밥 준비

(1) 초밥용 쌀의 특성

초밥용 쌀 품종	• 초밥에 적합한 품종으로 고시히카리계와 사사니시키계가 일반적으로 사용 • 고시히카리 품종이 전분의 구조가 단단하고 끈기가 더 있으며, 풍미가 있고 수분의 흡수성이 좋아 주로 많이 이용됨
초밥용 쌀의 조건	• 밥을 지었을 때 맛과 향기가 있는 것 • 적당한 탄력과 끈기가 있는 것 • 밥에 배합초를 섞어야 하므로 평상시보다 약간 되게 지을 것 • 수분의 흡수성이 좋아야할 것(배합초를 잘 흡수할 수 있어야 함)
초밥용 쌀의 선택 및 보관법	• 햅쌀보다는 묵은쌀이 좋음(햅쌀은 전분이 굳어지지 않고 남아 있어 배합초를 뿌렸을 때 흡수율이 낮고, 겉의 수분으로 인해 밥이 질퍽해짐) • 현미 상태로 서늘한 곳이나 약 12℃ 정도의 온도로 냉장보관하고, 사용 직전에 도정을 하여 사용하는 것이 좋음

(2) 초밥용 밥 짓기

쌀 계량	1인분 쌀은 100g 정도로 밥 양은 230g 정도 됨
쌀 씻기	잡맛이 스며들지 않게 하기 위해 첫물은 재빨리 씻는 것이 중요하고, 깨끗한 물이 될 때까지 씻은 후 체에 밭쳐 물기를 제거하고 랩을 덮어 냉장고에서 30분 정도 건조시킴
물 조절하기	씻어 건조한 쌀 1kg에 물 1.1L
밥 짓기	처음 강한 불에서 끓이기 시작하여 호화온도에 도달하면 약한 불로 줄여 20분 정도 은근히 불 조절을 하고, 수분이 없어지면 불을 끄고 15분 정도 뜸을 들인 다음 내리기 전 불을 3초 정도 강하게 가열하여 풍미를 주어 완성함

2 용도별 초밥 재료 준비

박고지	• 뜨거운 물에 씻어 불린 후 간장, 설탕, 맛술을 넣고 부드럽게 조리기 • 식용박이 여물기 전에 껍질을 벗겨 살을 엷고 길게 썰어 말린 것

달걀	알끈 제거 후 차가운 일번다시, 청주, 소금, 설탕을 넣고 체에 내려 사각 팬에 달걀말이를 하여 김발로 감싸 모양 만들기
오보로	흰살생선을 물에 삶아 수분을 제거하고, 중탕하여 분홍색소를 넣어 색감을 들이고 식혀 설탕, 소금으로 버무리기
오이	소금으로 비벼 씻고 양끝을 자르고 4~6등분 길이로 잘라 씨를 제거하고, 소금에 절인 후 물기를 제거하기
참치	미지근한 물에 소금3%의 식염수를 만들고, 참치를 해동하여 해동지에 싸아 냉장고에 보관하기 **냉동 참치의 식염수 해동법** • 여름철 : 18~25℃의 물에 3~5%의 식염수 • 겨울철 : 30~33℃의 물에 3~4%의 식염수 • 봄, 가을 : 27~30℃의 물에 3%의 식염수
고추냉이	• 생 고추냉이는 강판에 갈아서 사용(매운맛은 중단과 상단에 많이 분포되어 있어 윗부분부터 가는 것이 좋음)하고, 가루 고추냉이는 물에 개어서(1 : 1) 사용 • 매운맛 성분은 시니그린 • 살균작용, 생선의 냄새와 맛을 자극하여 식욕을 돋워 주며, 비린맛을 줄임
생강	초생강 만들기 : 얇게 편으로 썰어 소금에 절였다가 물에 데쳐 식초, 설탕, 소금을 끓여서 다시 물을 넣고 식혀서 데친 생강에 붓기
시소	강한 항균작용으로 식중독 예방에 도움을 줌

02 롤 배합초 조리하기

1 초밥용 배합 초의 준비

기본 배합초 1에 추가로 레몬과 다시마를 넣기도 한다.

배합초 재료 1	식초 6 : 설탕 2 : 소금 1을 혼합하여 은은한 불에서 끓지 않도록 저어서 녹임
배합초 재료 2	식초 6 : 설탕 2 : 소금 1, 레몬, 다시마(체에 걸러서 사용)

2 초밥용 도구

① 초밥 버무리는 통(한기리, はんきり) : 한기리(초밥 식히는 나무 통)는 밥을 해서 배합초를 넣어 식히는 통으로 작게 쪼갠 나무를 여러 개 이어서 만드는데, 사용 시 물로 씻어(마른 통은 밥이 붙어 배합초를 섞기가 불편함) 물기를 닦고 밥이 따뜻할 때 배합초를 버무려 사용한다.

② 김밥용 발(巻きす すだれ, 마끼스 스다래) : 둥근 껍질의 대나무로 만든 것이 좋으며, 사용 후 말려서 보관하고 사용 시 발의 껍질 부분이 위로 오게 해서 사용한다.

3 밥과 배합초의 비율

① 밥 15에 배합초 1 정도의 비율을 기본으로 한다.

② 김초밥은 배합초의 비율을 조금 더 적게 한다.

③ 생선초밥은 배합초의 비율을 조금 높게 하는 경우가 있다.

4 초밥을 고루 섞는 방법

① 한기리에 뜨거운 밥을 옮겨 담고 배합초를 뿌리고 밥알이 깨지지 않도록 나무주걱으로 살살 옆으로 자르듯이 섞고, 동시에 한 번씩 밑과 위를 뒤집어 주면서 배합초가 골고루 섞이도록 한다.

② 밥에 충분히 스며들면 부채질을 하는데, 처음부터 하면 배합초가 잘 스며들지 않는다.

③ 이후 밥통에 물 묻은 면보를 깔고 밥을 옮기고, 면보로 덮고 뚜껑을 덮는다.

03 롤 초밥 조리하기

1 롤 초밥의 종류

굵게 말은 김초밥 (太巻, 후도마끼)	• 굵게 말은 김초밥은 김 한 장을 이용해서 만듦 • 1인분의 양은 한 줄을 8개로 자름 • 한 줄로 담는 경우에는 왼쪽부터 오른쪽으로 담고, 곁들임 재료는 오른쪽 앞쪽에 담음 • 곁들임 : 초생강[시소(깻잎)를 깔고 초생강을 담음], 단무지 등
가늘게 말은 김초밥 (細巻, 호소마끼)	• 가늘게 말은 김초밥(細巻, 호소마끼)은 김 1/2장을 이용해서 만듦 • 참치를 넣어 만든 데카마키와 오이를 넣어 만든 캅파마키가 있고, 2개를 12개로 잘라 4개씩 놓는 방법이 있고, 12개를 반듯하게 담는 방법이 있음 • 곁들임 : 초생강(데카마키), 야마고보(산우엉), 락교, 단무지 등

2 좋은 김 선택 및 사용법

김은 두께가 일정하며 약간 두께가 있고 검은 광택이 나며 매끄럽고 감촉이 좋으면서 좋은 냄새가 나는 것을 고른다. 조리하기 직전에 약한 불에 살짝 구워서 사용하며, 2장을 겹쳐서 바삭하게 굽는 것이 좋다.

3 롤 초밥 만들 때 유의점

① 속재료를 모두 준비해 놓고 시작한다.

② 김은 사용 직전에 꺼내어 바삭하게 구워 수분이 묻지 않도록 준비한다.

③ 쌀알이 깨지지 않도록 살살 펴고 떡밥이 되지 않도록 말아야 한다.

④ 말이를 하고 나서 말이 한 부분이 밑으로 오게 놓아 잘 붙게 한 다음 자른다.

⑤ 자를 때 행주에 물을 묻혀 칼을 닦으면서 일정한 간격으로 자른다.

04 롤 초밥 담기

1 기물의 선택

① 기물은 사각형, 둥근 것, 타원형 모두 이용가능하다.

② 롤 초밥을 담았을 때 8부 안에 들어가는 것이 좋다.

③ 국물이 없으므로 높이가 높지 않고 낮은 접시가 먹기 편하고 보기에도 좋다.

④ 너무 어둡거나 화려한 그릇은 식욕을 떨어뜨리므로 피한다.

⑤ 김의 검은색과 속재료를 고려하여 깔끔한 느낌을 주는 것을 선택한다.

2 롤 초밥 담기

① 한쪽 방향으로 일정하게 담아야 보기에 좋고 깔끔하며, 정교해 보이고 먹기에도 편하다.

② 오른손 젓가락으로 먹기에 편하게 담는다.

3 곁들임 담기

① 초생강, 단무지, 야마고보(산우엉), 시소(깻잎) 등을 사용한다.

② 롤 초밥의 곁들임은 젓가락질을 하기 편하도록 오른쪽 앞부분에 놓는다.

③ 곁들임과 간장을 적절히 조절하여 너무 많은 양을 올리지 않도록 한다.

CHAPTER

08 모의고사

01 초밥용 쌀의 특성으로 옳지 않은 것은?

① 백미 상태로 냉장 보관한 쌀을 사용한다.

② 햅쌀보다는 묵은쌀이 좋다.

③ 적합한 품종으로 고시히카리계와 사사니시키계가 있다.

④ 밥에 배합초를 섞어야 하므로 평상시보다 약간 되게 밥을 짓는다.

해설 현미 상태로 12℃ 정도의 온도에 보관하다가 사용 직전에 도정을 하여 사용하는 것이 좋다.

02 냉동 참치의 식염수 해동법으로 바르지 않은 것은?

① 가을 : 20~25℃의 물에 3%의 식염수

② 봄 : 27~30℃의 물에 3%의 식염수

③ 여름 : 18~25℃의 물에 3~5%의 식염수

④ 겨울 : 30~33℃의 물에 3~4%의 식염수

해설 봄, 가을 : 27~30℃의 물에 3%의 식염수

03 롤 초밥 밥 짓기와 배합초 섞기에 대한 설명으로 틀린 것은?

① 밥알이 깨지지 않도록 섞는다.

② 배합초가 스며들면 부채질을 한다.

③ 잡맛이 스며들지 않게 하기 위해 첫물은 재빨리 씻어낸다.

④ 한기리(초밥 버무리는 통)가 마른 상태에서 밥을 옮겨 담고 배합초를 섞는다.

해설 한기리가 마른 상태에서 밥을 넣으면 달라붙어서 배합초를 섞기가 불편하므로 물에 씻어서 물기를 닦고 사용한다.

04 롤 초밥 중 굵게 말은 후도마끼에 대한 설명으로 바르지 않은 것은?

① 굵게 말은 김초밥은 김 한 장으로 만든다.

② 곁들임은 오른쪽 앞쪽에 담는다.

③ 1인분의 양은 1줄을 12개로 자른다.

④ 한 줄로 담는 경우는 왼쪽에서 오른쪽으로 담는다.

해설 1인분의 양은 한 줄을 8개로 자른다.

05 일식 초밥의 밥과 배합초의 일반적인 비율은?

① 3 : 1　　② 7 : 1

③ 10 : 1　　④ 15 : 1

해설 밥과 배합초의 비율은 밥 15에 배합초 1 정도의 비율을 기본으로, 김초밥은 배합초의 비율을 조금 더 적게 하고 생선초밥은 조금 높게 하는 경우가 있다.

06 롤 초밥 담기에 대한 설명으로 틀린 것은?

① 높이가 높지 않은 것을 선택한다.

② 곁들임은 왼쪽 앞쪽에 놓는다.

③ 너무 어둡거나 화려한 그릇은 식욕을 떨어뜨리므로 피한다.

④ 사각형, 둥근 것, 타원형 모두 이용가능하다.

해설 곁들임은 먹기 편하도록 오른쪽 앞부분에 놓는다.

정답

01 ① 02 ① 03 ④ 04 ③ 05 ④ 06 ②

CHAPTER

09 일식 구이 조리

01 구이 재료 준비

(1) 구이의 특징

① 가열 조리방법 중 가장 오래된 조리법으로 직화구이와 간접구이가 있다.

※ 간접구이인 오븐은 대류나 재료를 싸서 직접 열을 차단하여 조리한다.

② 식재료의 표면이 열에 의해 굳어 감칠맛이 새어 나오지 않아 맛이 좋다.

③ 생선류, 육류, 가금류, 조개류 등의 다양한 재료를 활용할 수 있다.

(2) 일식 구이의 종류

조미 양념에 따른 분류	시오야끼(소금구이)	소금으로 밑간을 하여 굽는 구이
	데리야끼(양념간장구이)	양념간장을 발라 굽는 구이
	미소야끼(된장구이)	미소(된장)에 재료를 재웠다가 굽는 구이
조리기구에 따른 분류	스미야끼(숯불구이)	숯불에 굽는 구이
	데판야끼(철판구이)	철판에 위에서 굽는 구이
	쿠시야끼(꼬치구이)	꼬치에 꽂아 굽는 구이

(3) 식재료의 손질과 특징

① 재료별 손질법

어류(해산물)	• 비늘과 내장, 껍질은 그대로 두기(보통 껍질째 구워서) • 작은 것은 그대로, 큰 생선은 1인분 잘라 칼집을 넣어줌 • 신선도 유지를 위해 신속하고 위생적으로 손질 • 어취를 제거한 후 밑간을 함 어취제거방법 ① 물에 씻기 : 비린내 성분인 트리메틸아민은 수용성으로 여러 번 씻기 ② 식초 : 레몬, 식초를 뿌려 주면 어취가 제거되고, 생선 단백질이 응고되어 균의 발생을 억제 ③ 맛술 : 휘발성 있는 알코올은 어취와 함께 날아가며, 맛술의 감칠맛을 더해줌 ④ 우유 : 우유단백질이 어취에 흡착함 ⑤ 향신채소 : 향이 강한 마늘, 양파, 생강 등과 함황채소인 샐러리, 무, 파슬리는 어취를 약화시킴

육류	기름과 힘줄을 제거하고, 열전도가 쉽도록 두께를 조절하여 손질하고 밑간함
가금류	힘줄을 제거하고, 껍질이 있는 상태로 밑간을 함
야채	주로 단단한 재료를 많이 사용하며, 굽는 도중 간이 약해지기 쉽기 때문에 강하게 하는 경우가 많음

(4) 구이양념

소금구이(소금)	소금은 감미의 역할과 열전도가 좋음
간장양념구이(데리야끼)	간장 1 : 청주 1 : 미림(맛술) 1의 비율에 기호에 따라 설탕을 가미함
된장절임구이(미소쯔게야끼)	미소 50g, 미림 1/4컵, 청주 1/4컵을 섞어 재료에 재워둠
유안야끼	유안지 – 유안은 데리소스에 유자를 넣어 재료를 재워 사용함

(5) 곁들임(아시라이)

구이에서 곁들임은 구이를 돋보이게 하는 요리이다.

(6) 구이 종류별 기물과 특징

샐러맨더	• 열원이 위에 있어 생선의 기름이나 육류의 기름이 떨어져 연기나 불이 나지 않아 작업이 용이함 • 레버를 위 · 아래로 조절하여 구이 재료가 움직여 불의 강약을 조절하거나 가스 밸브로 조절함 • 가스와 전기를 사용하므로 시설이 갖추어져야 함
오븐	• 오븐용 팬에 재료를 담아 요리해야 육즙이 흐르지 않음 • 열원에 의한 가열된 공기로 균일하게 가열됨
철판	• 철판용 헤라를 이용하여 눌어붙지 않게 저어 주면서 조리함 • 다양한 식재료를 조리할 수 있음 • 가스 밸브로 불의 강약을 조절함
숯불화구	높은 직화로 굽는 방법으로 타지 않게 거리를 조절하며, 숯의 향미와 풍미가 베어 맛이 좋아짐

(7) 꼬치구이(쿠시야끼)의 조리방법

노보리 쿠시	작은 생선을 통으로 구울 때 쇠꼬챙이를 꽂는 방법으로, 생선이 헤엄쳐서 물살을 가로 질러 올라가는 모양으로 꽂음
오우기 쿠시	자른 생선살을 꽂을 때 사용하는 방법
가타즈마 오레, 료우즈마 오레 쿠시	• 가타즈마 오레 : 생선 껍질 쪽을 도마 위에 놓고 앞쪽 한쪽만 말아 꽂는 방법 • 료우즈마 오레 : 양쪽을 말아 꽂는 방법
누이 쿠시	구울 때 많이 휘는 생선에 사용하는 방법(예 오징어)으로, 살 사이에 바느질하듯이 꼬치를 꽂고 꼬치와 살 사이에 다시 꼬치를 꽂아 휘는 것을 방지하는 방법

02 구이 굽기

(1) 재료에 따른 구이 방법

재료	조미방법	구이방법	종류	사용기물과 특징
작은 생선	소금	소금구이	• 작은 생선은 통구이가 많음 • 은어소금구이, 전갱이소금구이	숯불화로, 샐러맨더
흰살생선 (손질된 것)	된장절임, 소금	미소야끼, 소금구이	도미소금구이	샐러맨더, 오븐
붉은살생선	데리, 유안지	데리야끼, 유안야끼	삼치유안야끼, 꽁치 내장 소스구이	철판, 샐러맨더
육류	된장절임, 소금, 데리	미소야끼, 데리야끼, 소금구이	돼지고기 된장구이, 소고기 우엉말이(데리소스 사용)	샐러맨더, 오븐, 숯불화로
가금류	데리, 소금	데리야끼, 소금구이	닭고기 데리야끼, 오리고기 철판구이(데리소스 사용)	샐러맨더, 숯불화로, 철판

(2) 재료별 구이 주의점

① 작은 생선구이

㉠ 쇠꼬챙이를 끼울 때 가운데 뼈를 중심으로 엇갈리게 끼어야 구울 때 재료가 떨어지지 않는다.

㉡ 지느러미는 타지 않도록 소금을 발라 굽는다.

㉢ 쇠꼬챙이 제거 시 재료가 식어 꼬챙이에 들러붙지 않도록 뜨거울 때 돌려가며 뺀다.

② 흰살생선

㉠ 조직이 단단해서 열원의 침투가 어려워 칼집을 넣고 쇠꼬챙이를 끼운다.

㉡ 쇠꼬챙이는 생선살이 돌아가지 않도록 오우기쿠시 방법으로 끼운다.

㉢ 쇠꼬챙이 제거 시 들러붙지 않도록 뜨거울 때 돌려가며 뺀다.

③ 붉은살생선

㉠ 철판(번철)을 많이 사용하며, 생선살이 부서지지 않도록 자주 뒤집지 않도록 한다.

㉡ 사용 전 충분히 코팅시켜야 눌러 붙음을 방지할 수 있다.

④ 육류 : 열의 전도가 원활하지 않아 겉은 타고 속은 익지 않는 경우가 있으므로 불 조절이 중요하다.

⑤ 가금류 : 껍질이 있는 상태로 조리하며, 껍질의 지방이 고기 안으로 스며들어 재료의 지방이 흐르지 않도록 돌려가며 굽는다.

구이요리의 굽는 방법

- 여러 번 뒤집지 않고 껍질부분을 60% 정도 한 번에 잘 굽고, 뒷면도 40% 정도 한번만 돌려구우면 부서지지 않고 잘 구워진다.
- 흰살생선은 90% 정도 익으면 맛있고, 등푸른생선은 비린내가 강하고 알레르기 반응을 일으킬 수 있기 때문에 완전히 익힌다.
- 민물생선은 비늘을 제거하지 않고 구우면 풍미를 즐길 수 있고, 특유의 비린내가 있으므로 중불에서 천천히 굽는다.

(3) 곁들임 음식(아시라이)

구이요리에 제공하는 곁들임으로 입안의 비린 맛을 제거하여 헹구어주는 역할을 하며, 다양한 아시라이는 계절감을 나타낸다.

초절임	• 연근, 무, 햇생강(하지카미) 등이 사용되며, 단촛물에 재워 사용 • 단촛물 : 설탕 20g, 식초 50cc, 물 50cc
단조림	밤, 고구마, 금귤 등이 사용되며, 설탕에 조려서 사용
간장양념조림	머위, 우엉, 꽈리고추 등이 사용되며, 데쳐서 오시다시(간장양념절임 – 진하지 않은 연간장, 다랑어포 육수, 청주를 끓여서 식힌 것)에 재워 사용
감귤류	레몬이나 영귤 등이 사용되며, 구이에 뿌려 먹거나 먹고 난 후 입을 헹굴 때 사용한다.

03 구이 담기

곁들임 요리(아시라이), 양념장을 함께 제공하는데, 본 요리와 곁들임 요리, 양념장이 놓이는 위치와 구도가 정해져 있다.

① 통생선 : 머리는 왼쪽, 배는 앞쪽, 곁들임은 오른쪽, 양념장은 접시 오른쪽에 둔다.

② 조각생선 : 껍질이 위를 보고, 넓은 부위가 왼쪽, 곁들임은 오른쪽 앞쪽, 양념장은 접시 오른쪽에 둔다.

③ 육류와 가금류 : 껍질이 위를 향하게 하여 쌓아 올리듯 담는다.

CHAPTER

09 모의고사

01 일식 구이의 종류에 대한 설명으로 바르지 않은 것은?

① 스미야끼 – 숯불구이

② 데판야끼 – 철판구이

③ 시오야끼 – 고추장구이

④ 쿠시야끼 – 꼬치구이

해설 시오야끼 – 소금구이

02 구이에 사용되는 기물로 열원이 위에 있어 재료의 기름이 떨어져 연기나 불이 나지 않아 작업이 용이한 기물은?

① 샐러맨더 ② 오븐

③ 철판 ④ 숯불화구

해설 샐러맨더
열원이 위에 있어 생선의 기름이나 육류의 기름이 떨어져 연기나 불이 나지 않아 작업이 용이하다.

03 꼬치구이의 조리방법 중 작은 생선을 통으로 쇠꼬챙이에 꽂아 헤엄쳐서 물살을 가로 질러 올라가는 모양으로 꽂는 방법은?

① 오우기쿠시

② 가타즈마오레

③ 누이쿠시

④ 노보리쿠시

해설 노보리쿠시
작은 생선을 통으로 쇠꼬챙이를 이용하여 꽂아서 굽는 방법이다.

04 구이요리의 굽는 방법으로 옳지 않은 것은?

① 흰살생선은 90% 정도 익으면 맛있다.

② 등푸른생선은 비린내가 강하고, 알레르기 반응을 일으킬 수 있어 완전히 익힌다.

③ 쇠꼬챙이 제거 시 재료가 식어 꼬챙이에 들러붙지 않도록 뜨거울 때 돌려가며 뺀다.

④ 겉면을 80%, 뒷면을 20%로 굽는다.

해설 여러 번 뒤집지 않고 껍질부분을 60% 정도 한 번에 잘 굽고, 뒷면도 40% 정도 한번만 돌려구우면 부서지지 않고 잘 구워진다.

05 구이의 곁들임 음식(아시라이)에 대한 설명으로 옳지 않은 것은?

① 입안의 비린 맛을 제거한다.

② 입안을 헹구어주는 역할을 한다.

③ 계절과 상관없이 사용한다.

④ 초절임, 단조림, 간장양념조림 등이 이용된다.

해설 다양한 아시라이는 계절감을 잘 나타낸다.

정답
01 ③ 02 ① 03 ④ 04 ④ 05 ③

PART

07

복어 조리

| 일식 · 복어조리기능사 필기 |

CHAPTER

01 복어 부재료 손질

01 부재료의 종류 및 썰기

(1) 부재료의 종류

배추 (白菜, 하쿠사이)	흰 줄기부분에 윤기가 나고 바깥 잎은 녹색이 선명하며, 누렇게 변한 부분이나 반점이 없고 잎사귀가 확실하게 말려 있으며 묵직한 것을 선택함
당근 (人参, 닌징)	녹황색 채소 중에서 카로틴의 함유량이 가장 많으며, 색상이 균일하고 탄력이 있으며 단단한 것을 선택함
미나리 (芹, 세리)	녹색이 선명하고 줄기가 너무 굵지 않고 잎 길이가 가지런한 것을 선택함
파 (葱, 네기)	잎이 진한 녹색이고, 흰 부분과의 차이가 확실하고 흰 부분이 길고 단단하며 윤이 나고 무거운 것을 선택함
무 (大根, 다이콘)	머리 부분이 밝은 녹색이고, 탄력 있고 손으로 들었을 때 묵직한 것을 선택함
표고버섯 (椎茸, 시타케)	주름살이 노란색이고 주름에 상처나 검은 얼룩이 없어야 하며, 갓이 너무 피지 않고 육질이 두껍고 대가 굵고 짧은 것을 선택함

채소 보관법

① 구입 후 원래 포장지를 벗기고 새로 포장해서 입고된 날짜를 기록하여 보관한다.
② 엽채류는 물기 없이 보관한다.
③ 신문지나 종이 박스에 담아 마르지 않도록 보관한다.
④ 껍질을 벗기거나 씻은 채소는 되도록 빨리 사용하고 밀폐용기에 담아서 보관한다.

(2) 부재료 썰기

미나리	• 복어 회에 곁들일 용도는 마디가 없고 깨끗한 부분으로 5cm 길이로 자름 • 복어 지리나 탕에 사용할 용도면 거머리 등 이물질이 없는지 주의 깊게 살펴보고 7cm 정도로 자름 • 복 껍질 무침에 사용할 용도라면 깨끗하게 손질해서 5cm 정도의 길이로 자름
당근	• 주로 지리에 사용하는데, 살짝 삶아서 벚꽃 모양으로 모양을 내서 자름 • 70% 정도 익도록 삶아서 찬물에 식힌 후 정오각형으로 잘라서 각 변의 가운데에 홈을 파고 둥글게 다듬어서 벚꽃 모양을 냄

무	• 지리나 탕에 사용할 경우 삶아서 반달 모양으로 자른 다음 은행잎 모양으로 자름 • 회에 곁들이는 폰즈소스의 야쿠미로 사용할 무는 강판에 갈아서 빨간 고춧물을 들여 빨간 무즙(아카오로시)을 만듦
대파	복어살의 크기 등을 고려하여 5~8cm 정도로 어슷썰어 지리에 사용함
표고버섯	갓의 중앙 부위에 칼집을 내서 별표 모양을 내줌
실파	• 송송 썰어 물에 헹구어 키친타월이나 거즈로 감싸 지그시 짜내어 파의 진액을 제거 • 주로 폰즈의 야쿠미로 사용하거나 튀김(가라아게)에 사용함
팽이버섯	밑동을 잘라내고 가닥가닥 찢어서 지리 등에 사용함
죽순	• 대부분 통조림을 사용하는데, 쌀뜨물에 삶아서 사용 • 죽순에 하얀 결정은 젓가락 같은 것으로 긁어내고, 빗살무늬를 잘 살려서 자름

(3) 복 떡 굽기

떡을 굽지 않고 그대로 사용하면 형태의 변형이 생기고, 노화가 빠르기 때문에 가열해서 사용한다.

① 복 떡을 3cm 크기로 잘라 쇠꼬챙이에 꼽는다.

② 골고루 굽는다(쇠꼬챙이를 살짝 돌려주면 구워진 뒤 빼내기가 수월함).

③ 준비된 찬물에 담가 형태가 변하지 않게 한다(얼음물을 준비해 두면 복 떡을 식히기가 수월하며, 복 떡의 식감을 더욱 쫄깃하게 할 수 있음).

구이요리의 특징

구이요리의 특징	• 식재료 고유의 맛이 밖으로 빠져 나가지 않음 • 적당히 수분이 감소하여 고유의 맛이 함축됨 • 노랗게 구운 시각적인 맛과 냄새가 풍미를 더해주는 특징이 있음 • 맑은국, 회와 함께 구이요리는 일본 요리의 메뉴 중 중요한 요리에 속함 • 쇠꼬챙이를 이용하여 굽는 직접구이가 주종을 이룸	
구이 조리방법	직접구이	직접 열원을 이용하여 석쇠나 쇠꼬챙이에 굽는 방법
	간접구이	재료와 열원 사이에 금속이나 돌 등을 이용하거나 타지 않는 요리용 종이, 알루미늄에 싸서 간접적으로 가열하여 굽는 방법
구이용 쇠꼬챙이(가네구시)의 굵기에 따른 사용용도	가느다란 꼬챙이(호소구시)	은어나 빙어 등의 작은 생선구이용
	평행 꼬챙이(나라비구시)	보통 크기의 생선에 사용
	납작한 꼬챙이(히라구시)	조개나 새우 등 살이 부서지기 쉬운 것을 여러 개 연결해 꽂아 구울 때 사용

01 모의고사

01 복어요리에 사용되는 부재료 보관법으로 바르지 않은 것은?

① 신문지나 종이 박스에 담아 마르지 않도록 보관한다.

② 엽채류는 씻어서 물에 담가 싱싱하게 보관한다.

③ 구입 후 새로 포장해서 입고된 날짜를 기록하여 보관한다.

④ 껍질을 벗기거나 씻은 채소는 되도록 빨리 사용하고 밀폐용기에 담아서 보관한다.

해설 엽채류는 물러지므로 물기 없이 보관한다.

02 복어 지리와 회에 사용되는 부재료가 아닌 것은?

① 홍고추, 목이버섯

② 배추, 당근

③ 미나리, 표고버섯

④ 무, 파

해설 복어 지리와 회에 사용되는 부재료는 배추, 무, 당근, 팽이버섯, 파, 표고버섯, 미나리이며, 홍고추와 목이버섯은 사용하지 않는다.

03 복어요리 부재료에 대한 설명으로 틀린 것은?

① 무는 은행잎으로 모양내어 사용한다.

② 떡이 부드러우면 굽지 않고 사용한다.

③ 당근은 벚꽃 모양을 내어 사용한다.

④ 대파는 5~8cm로 어슷썰어 사용한다.

해설 떡을 굽지 않고 그대로 사용하면 형태의 변형이 생기고, 노화가 빠르기 때문에 가열해서 사용한다.

04 구이용 쇠꼬챙이 중 은어나 빙어 등의 작은 생선구이용은 무엇인가?

① 나라비구시

② 히라구시

③ 호소구시

④ 석쇠

해설 호소구시는 가느다란 꼬챙이 작은 생선구이용으로 사용된다.

05 일본 구이요리의 특징으로 틀린 것은?

① 노랗게 구워진 부분은 풍미를 준다.

② 수분이 감소하며, 고유의 맛이 함축된다.

③ 맑은국, 회와 함께 중요한 요리에 속한다.

④ 간접구이가 주종을 이룬다.

해설 쇠꼬챙이를 이용한 직접구이가 주종을 이룬다.

정답
01 ② **02** ① **03** ③ **04** ③ **05** ④

CHAPTER

02 복어 양념장 준비

01 초간장 만들기

(1) 초간장 구성 재료

초간장은 "폰즈"라고도 한다. 감귤류를 가미한 일식 조미료로 초산을 가미하여 맛을 더하며, 냄비요리인 지리나 샤브샤브, 백숙, 생선회, 냉 샤브샤브, 두부요리, 생선구이, 찜, 초무침 등에 사용된다.

가다랑어 포 (가쓰오부시)	• 가쓰오부시는 가다랑어를 포 뜨기 해서 증기로 한 번 찐 후 말려서 단단해진 것을 대패로 얇게 깎은 것을 말함 • 가다랑어 포를 사용하여 다시를 뽑는데, 그 방법과 재료에 따라 맛이 결정됨 • 맛 주성분은 이노신산임	
	혼부시	큰 가다랑어를 3장 뜨기 하여 한쪽 살을 세로로 자른 것
	가메 부시	작은 가다랑어의 한쪽 살로 만든 것
	오부시	혼부시의 등 부분을 말하며, 오부시는 지방이 적어 좋은 다시를 낼 수 있기 때문에 일반적으로 많이 사용함
	메부시	혼부시의 배 부분을 말하며, 메부시는 감칠맛이 나는 다시를 뽑을 수 있고 생선 등 쪽의 검푸른 부분(지아이)을 제거하면 더욱 질 좋고 고급스러운 맛의 다시를 뽑을 수 있음
그 외의 포 (자츠부시)	고등어포(사바 부시), 정어리포(이와시 부시), 참치포 (소우다 부시) 등이 있음	
다시마(곤부)	• 대부분 추운 곳에서 생산 • 불순물이 없고 잘 건조되어야 하며, 검은색 또는 짙은 녹갈색 • 두껍고 하얀 염분이 묻어 있는 것을 고르기 • 일본은 90%가 차가운 해수의 홋카이도가 주요 산지 • 다시마의 감칠맛을 내는 아미노산은 글루타민산임	
진간장 (고이구치쇼유)	진간장	• 일반적으로 간장이라고 하면 진간장을 말함 • 염분은 18% 정도로 색이 진하고 향이 좋음
	연간장 (우스구치쇼유)	염분은 진간장보다 2% 정도 높지만, 색이 옅고 맛과 향기 모두 담백하므로 재료 본연의 색과 맛을 살리는 요리에 적합함

	다마리 간장 (다마리쇼유)	• 콩을 주원료로 사용하며, 다른 간장과 달리 밀은 사용하지 않음 • 숙성한 진한 액체의 추출액은 끓이지 않고 그대로 제품화함 • 맛과 색이 진하고 약간의 단맛이 있음
	그 외의 간장	백간장(시로쇼유), 생선간장(우오죠유), 감로간장(간로쇼유) 등이 있음
식초(酢, 스)	• 쌀 등의 곡물을 발효시켜 만듦 • 초산을 주성분으로 한 조미료 • 생선에 식초를 뿌리면 단백질을 응고, 세균도 동시에 변화시켜 보존성이 있음	
	양조식초	곡물, 과실류 등을 초산균을 이용하여 발효시킨 식초
	합성식초	빙초산을 물로 희석하여 여러 가지 식품첨가물을 넣어 만든 식초
	천연식초	다이다이, 가보스, 스다치, 레몬 등의 과즙도 향기가 좋아 식초의 일종으로, 요리에 사용함
유자	비타민 C, 크립토잔틴, 시트르산이 풍부하여 감기 예방에 좋음	
레몬	• 예로부터 비타민 C의 귀중한 보급원으로 이용 • 비타민 C의 함유량이 감귤류 중에서 가장 많음 • 향과 신맛을 살려 요리나 음료에 향을 내거나 요리를 장식할 때 사용함	
카보스	• 유자의 일종으로 일본 오오이타현의 특산품 • 칼륨, 비타민 C가 풍부 • 일본 요리에 잘 어울림 • 과즙은 국물요리, 복어요리 등에 넣고, 껍질은 말려서 향신료 재료로 사용함	
영귤(스다치)	• 비타민 C가 풍부한 알갱이가 작은 열매 • 감기 예방, 피부 미용에 좋음 • 생선회, 생선구이, 국물요리에 즙을 짜서 뿌려먹음	

(2) 1번다시 만들기

최고의 맛과 향을 지닌 맛국물로 고급요리에 사용한다.

순서	조리 내용
1	물수건으로 다시마 양면에 묻어 있는 모래나 지저분한 것을 깨끗이 닦아냄
2	• 냄비에 물과 다시마를 넣고 불에 올려 약하게 해놓음 • 적은 양의 다시를 뽑을 때는 다시마를 물에 불린 후 불에 올려줌
3	• 끓기 직전의 물 온도가 90℃가 되었을 때 다시마를 건져냄 • 손끝으로 다시마를 눌러 보아서 자국이 나면 맛이 우러나온 것임 • 다시마를 건지고 1분간 끓여냄
4	끓여낸 육수에 가쓰오부시를 덩어리가 지지 않도록 잘 털어서 넣어줌
5	15분 정도 지난 다음 가쓰오부시가 가라앉으면 면보에 거름

3 초간장 만들기

다시와 식초, 간장, 레몬을 혼합하여 초간장을 만들고 가쓰오부시를 넣고 하루 정도 숙성시킨 뒤 면보를 이용하여 맑게 걸러 사용한다.

조리방법	조리내용
계량하기	사용 비율에 맞게 원재료와 부재료를 계량하기
다시 국물 만들기	다시마 손질 후 물과 가쓰오부시를 넣고 다시 국물을 만들기
혼합하기	다시와 식초, 간장, 레몬을 혼합하기
숙성하기	혼합한 초간장에 가쓰오부시를 넣고 숙성하기
초간장 걸러내기	하루정도 숙성한 뒤 면보를 이용하여 맑게 걸러 내기
초간장 완성하기	그릇에 초간장과 양념을 담아내기

02 양념 만들기

양념[やく(薬味), 야쿠미]은 요리에 첨가하는 향신료나 양념을 말하며, 좋은 맛과 향기를 내어 식욕을 증진시키는 역할을 한다.

(1) 양념 재료

무(大根, 다이콘)	• 뿌리에는 소화효소를 비롯하여 암을 예방하는 비타민 C, 고혈압 예방에 효과적인 칼륨이 풍부함 • 껍질에는 모세혈관을 튼튼하게 만드는 루틴(비타민 P)도 들어 있음 • 잎은 훌륭한 녹황색 채소로 β-카로틴과 칼슘이 풍부함 • 뿌리에 들어 있는 소화효소 아밀라아제는 위장활동을 조절하는 효과가 있는데, 위장약 등에도 들어 있는 성분임 • 무를 강판에 갈아서 매운맛을 씻어 내고, 물기를 짠 후 고운 고춧가루로 아카오로시(빨간 무즙)를 무침 • 마치 붉은 단풍을 물들인 것처럼 적색을 띠므로 모미지(단풍)라고 함
실파(ワケギ, 와케기)	• 파의 품종으로, 실처럼 가늘고 부드러우며 선명한 녹색이 특징임 • 보조 재료로 널리 쓰이며, 잘 활용하면 요리의 맛이 한결 좋아짐
고춧가루(唐辛子粉, 도카라시)	고추를 말려 빻은 가루로 매운맛과 붉은 색깔을 내기 위해 쓰는 향신료

> **오로시의 뜻과 기능**
> 일본 요리에서는 생선에 따라서 무로 만든 즙(다이콘오로시)이나 생강즙(쇼가오로시), 고추냉이를 강판에 갈아서 만든 즙(와사비)을 함께 낸다. 이들을 총칭해서 "오로시"라고 하는데, 생선 특유의 냄새를 제거, 해독작용, 풍미증강 등의 역할을 한다.

(2) 양념 만들기

조리방법	조리내용
계량하기	사용 비율에 맞게 원재료와 부재료를 계량하기
강판에 무 갈기	씻은 무를 강판에 곱게 갈기
무 매운맛 제거하기	물을 이용하여 무의 향과 매운맛을 제거하기(갈은 무를 물에 담갔다가 물기를 제거하는 작업을 2~3회 가량해야 무 특유의 향기와 매운 향이 제거됨)
고춧가루 버무리기	무 오로시와 고춧가루를 섞어 주기
실파 썰기	실파의 파란 부분을 송송 썰기(실파는 썰어서 물에 한 번 헹구어서 특유의 점액질이 제거되도록 하기)
양념 완성하기	그릇에 초간장과 양념을 담아내기

03 조리별 양념장 만들기

(1) 참깨소스(ゴマのソース, 고마다래) 재료와 도구

① 볶은 깨를 갈아서 간장, 미림 등의 양념을 넣어서 맛을 낸 일본 요리의 대표적인 양념장으로, 향이 좋고 농후한 소스로 담백한 재료를 구워먹을 때와 냄비요리 등에 찍어 먹는 소스류로 쓰인다.

② 재료

참깨 (ゴマ, 고마)	• 항산화 효과가 우수함 • 검은깨의 우수한 영양성분은 뛰어나 혈중 콜레스테롤 수치를 낮추어 동맥경화를 예방함 • 세사민이 풍부하여 강한 항산화 작용으로 간 기능을 회복시킴
간장 (醬油, 쇼유)	• 콩과 밀을 원료로 해 누룩을 만든 후 식염수를 넣어 진한 액체를 만들어 발효와 숙성 과정을 거쳐 건더기는 짜내고, 남은 국물은 불에 올려 달인 것이 간장임 • 발효와 숙성 과정에서 독특한 색과 맛, 그리고 향이 생기게 됨 • 재료에 감칠맛을 더 할뿐만 아니라, 소재가 갖는 풍미(향기)를 끌어내고 재료가 갖는 불필요한 냄새 등을 없애는 역할을 함
미림(みりん, 미림)	• 일본 특유의 술 조미료 • 고급스러운 단맛이 있고 음식에 윤기를 냄 • 요리에 넣을 때는 알코올을 증발시킨 후 사용하는 게 좋음

③ 참깨소스 조리도구(절구) : 절구는 재료를 곱게 갈아 으깨거나 끈기를 낼 때 사용하며, 아타리바치 또는 스리바치라고도 부른다.

(2) 참깨소스 만들기

조리방법	조리내용
계량하기	사용 비율에 맞게 원재료와 부재료를 계량하기
깨 볶아내기	화력 조절을 하여 깨를 볶아내기
깨 갈기	아타리바치(절구)를 이용하여 갈아주기
간장 투입하기	간장 향과 간을 더해줌
미림 투입하기	윤기와 단맛을 더해줌
참깨소스 완성하기	그릇에 참깨소스를 담아냄

CHAPTER

02 모의고사

01 초간장을 만드는 재료로 적당하지 않은 것은?

① 식초, 레몬

② 다시마, 식초

③ 가다랑어포, 간장

④ 영귤(스다치), 소금

해설 초간장의 구성 재료
가다랑어포, 다시마, 간장, 식초, 유자, 레몬, 영귤(스다치), 카보스(유자의 일종)

02 양념(야쿠미) 재료에 사용되지 않는 재료는?

① 고춧가루

② 무

③ 당근

④ 실파

해설 양념(야쿠미) 재료에는 무, 고춧가루, 실파가 사용된다.

03 복어요리에 곁들이는 초간장의 이름은 무엇인가?

① 폰즈

② 참깨소스

③ 야쿠미

④ 우스구치쇼유

해설 초간장은 "폰즈"라고도 하며, 감귤류를 가미한 일식 조미료로 초산을 가미하여 맛을 더한다.

04 채소를 강판에 간 즙인 오로시의 기능으로 바르지 않은 것은?

① 매운맛 부여

② 생선 비린내 제거

③ 풍미증가

④ 해독작용

해설 오로시의 기능
생선 특유의 냄새제거, 해독작용, 풍미증강

05 참깨소스를 만들 때 참깨를 곱게 갈기 위해 사용되며, "아타리바치"라고도 부르는 도구는 무엇인가?

① 강판 ② 맷돌

③ 절구 ④ 믹서

해설 절구는 재료를 곱게 갈아 으깨거나 끈기를 낼 때 사용하며, 아타리바치 또는 스리바치라고도 부른다.

06 일본 간장 중 염분은 진간장보다 높지만, 색이 옅고 맛과 향기가 담백하여 재료 본연의 색과 맛을 살리는 요리에 적합한 것은?

① 다마리간장

② 연간장

③ 백간장

④ 생선간장

해설 연간장(우스구치쇼유)에 대한 설명으로 재료 본연의 색과 맛을 살리는 요리에 적합하다.

정답
01 ④ 02 ③ 03 ① 04 ① 05 ③ 06 ②

CHAPTER

03 복어 껍질초회 조리

01 복어 껍질 준비

(1) 복어 껍질

복어 껍질	검은 껍질	구로가와 또는 세가와
	흰 껍질	시로가와 또는 히라가와
복어 껍질 벗기는 방법	관동지방 방식	두 장으로 잘라 펼치는 법
	관서지방 방식	한 장으로 통째로 벗기는 방법
복어 껍질의 특징	• 속껍질 쪽에는 젤라틴이 풍부하여 별미 • 사시미, 아에모노, 굳힘요리(니코고리) 등에 사용	

(2) 복어 껍질[河豚皮(ふぐかわ), 후구가와] 손질하기

복어 껍질 분리하기	• 복어의 껍질에는 미끈미끈한 점액질이 많고 냄새가 많이 나기 때문에 굵은 소금으로 잘 문질러 씻음 • 데바칼을 이용하여 복어 껍질을 제거한 후 겉껍질과 속껍질을 분리하여 준비
복어 껍질의 가시 제거	• 겉껍질은 도마에 밀착시켜 생선회 칼로 밀었다 당겼다 하면서 가시를 완전히 제거함 • 속껍질은 끈적끈적한 점액과 핏줄을 제거함
복어 껍질 데치기	• 복어 껍질을 데치면서 엄지와 검지로 눌러 보았을 때 무른 느낌이 들 정도로 부드럽게 데침 • 끓는 물에 소금을 넣고, 두께가 있는 꼬리 쪽 껍질은 다른 껍질보다 먼저 넣고 익혀야 나중에 균등하게 삶아지게 됨
복어 껍질 건조	• 복어 껍질은 얼음물에 차게 식힌 후 물기를 제거하여 최대한 반듯하게 만들어 냉장고에 넣어 건조함 • 복어 껍질을 좀 더 편평하게 굳히려면 껍질보다 크고 평면이 고른 곳에 랩을 이용하여 반듯하게 고정시켜 냉장 보관 후 꺼내어 랩을 제거하면 되는데, 이렇게 하면 모양도 좋고 썰기에 편리함
복어 껍질 채 썰기	복어 껍질을 초회용으로 만들 때에는 씹히는 질감이 좋도록 데바칼을 이용하여 두껍지 않게 약 4cm 간격으로 가늘게 채를 썰음

(3) 부재료 준비

미나리는 흐르는 물에 거머리나 이물질이 없도록 씻어 좋은 식감을 위해 얇고 여린 쪽으로 복어 껍질의 길이에 맞춰 4cm 가량으로 자른다.

02 복어 초회 양념 만들기

(1) 초간장

① 초간장(폰즈) 만들기 : 초간장은 일번다시 200cc, 진간장 270cc, 식초 360cc, 레몬즙 0.2개, 미림 30cc, 설탕 30mg을 고루 섞어 소스를 만들고, 초가 날아가지 않게 밀폐용기에 담아 필요 시 사용한다.

② 양념(야쿠미) 만들기 : 무를 강판에 갈아 고운 고춧가루와 아카로시(빨간 무즙)를 만들고, 실파를 썰어 양념을 만든다.

03 복어 껍질 무치기

(1) 복어 껍질 무침

① 채썬 껍질, 미나리, 폰즈(초간장), 양념(야쿠미)을 준비한다.

② 겉껍질과 속껍질의 사용비율은 9:1 정도가 좋다.

③ 먹기 직전에 볼에 채 썬 껍질과 미나리, 폰즈소스, 양념(야쿠미)을 넣고 골고루 잘 섞어 완성한다.

④ 작으면서 깊이가 있는 그릇에 차조잎을 깔고 소복이 담고 레몬으로 장식한다. 기호에 따라 깨를 뿌린다.

⑤ 초회는 물이 생기기 때문에 먹기 직전에 무친다.

⑥ 그릇으로 무, 감, 귤, 유자, 대나무 그릇, 대합 껍데기 등을 이용하기도 한다.

양념의 종류별 특징

아와세스[合せ酢(あわせず)]	니바이스 (이배초)	• 청주, 간장, 미림이 주재료로 재료 전체를 잘 혼합하여 초회 등에 사용 • 생선과 야채의 혼합요리에 사용
아와세스[合せ酢(あわせず)]	삼바이스 (삼배초)	• 술, 국간장, 설탕으로 재료 전체를 잘 혼합하여 사용 • 일반적으로 폭넓게 많이 사용됨(야채 등의 초회에 사용)
아와세스[合せ酢(あわせず)]	도사스	• 삼바이스에 가쓰오부시, 미림을 넣어 한 번 끓인 다음 식혀서 사용 • 삼바이스보다 고급요리에 사용
아와세스[合せ酢(あわせず)]	아마스(단초)	청주, 설탕, 미림을 주재료로 사용
모듬 초 응용	• 니바이스와 삼바이스에 조미료 이외의 재료를 혼합하여 야채, 어패류 등 고급 재료에서 가정의 반찬에 까지 폭 넓게 사용 • 폰즈 : 등자나무즙과 니다시지루, 간장을 섞어 사용	
모듬 간장	깨 간장	곱게 갈은 흰깨, 설탕, 간장을 섞어 사용(야채류 무침에 사용)
	고추 간장	발효겨자, 간장, 미림을 섞어 사용
	땅콩 간장	칼로 다진 후 절구에 부드럽게 간 땅콩, 설탕, 간장을 섞어서 사용(야채류에 사용)

CHAPTER

03 모의고사

01 복어 껍질 손질법으로 틀린 것은?

① 데치기는 눌러 보았을 때 무른 느낌이 들 정도로 부드럽게 데친다.

② 데친 껍질은 얼음물에 차게 식힌다.

③ 복어 껍질은 속껍질과 겉껍질을 따로 분리하지 않고 사용한다.

④ 데친 껍질은 반듯하게 만들어 냉장고에 넣어 건조한다.

해설 복어의 껍질은 겉껍질과 속껍질을 따로 분리하여 겉껍질은 가시를 제거하고 사용한다.

02 복어 초회에 사용되는 초간장의 재료로 적당한 것은?

① 간장, 식초, 와사비

② 식초, 설탕, 고춧가루

③ 설탕, 미림, 연겨자

④ 간장, 식초, 설탕

해설 초간장은 일번다시, 진간장, 식초, 레몬즙, 미림, 설탕을 고루 섞어 소스를 만들고, 초가 날아가지 않게 밀폐용기에 담아 필요 시 사용한다.

03 조리용 칼에 대한 설명으로 틀린 것은?

① 복어 껍질의 가시는 데바칼로 제거한다.

② 생선회 칼은 생선회를 썰거나 요리를 가르는 데 사용한다.

③ 야채칼은 주로 채소를 취급하는 칼이다.

④ 데바칼은 뼈를 자르는 데 사용한다.

해설 복어 껍질의 가시는 생선회 칼을 사용하여 제거한다.

04 복어 껍질 무침에 대한 설명으로 틀린 것은?

① 겉껍질과 속껍질은 6 : 4의 비율로 사용한다.

② 먹기 직전에 무쳐야 물이 안 생긴다.

③ 그릇은 작으면서 깊이가 있는 것을 선택한다.

④ 미나리는 얇고 여린 쪽을 사용한다.

해설 겉껍질과 속껍질의 사용 비율은 9 : 1 정도가 좋다.

05 복어 초회양념 중 다음의 설명에 해당하는 것은?

술, 국간장, 설탕으로 재료 전체를 잘 혼합하여 사용하고, 일반적으로 폭넓게 사용됨

① 니바이스(이배초)

② 삼바이스(삼배초)

③ 아마스(단초)

④ 도사스

해설 삼바이스(삼배초)에 대한 설명으로 일반적으로 폭넓게 사용된다.

정답
01 ③ 02 ④ 03 ① 04 ① 05 ②

CHAPTER

04 복어 죽 조리

01 복어 죽의 개요

① 복어 죽은 맛국물에 밥, 복어 살, 달걀 등을 넣어 만든 죽이다.

② 간단히 복어 냄비를 먹고 난 후 남은 국물에 밥을 넣고 끓인 후 달걀을 풀어 넣고 김 채를 올린다.

③ 죽의 종류는 밥알의 형태가 있는 조우스이와 밥알의 형태가 없는 오카유가 있다.

④ 조우스이는 밥을 씻어 해물과 야채를 넣어 다시로 끓인 것으로, 쌀을 절약하는 목적으로 시작된 후에 여러 가지 재료를 넣어 만들었으며 야채죽, 전복죽, 굴죽, 버섯죽, 알죽 등이 있다.

⑤ 오카유는 불린 쌀이나 밥으로 만들 수 있으며 불린 쌀을 사용할 경우 쌀을 반만 갈아서 맛국물을 넣고 끓이고, 밥을 이용할 경우에는 밥에 물을 넣고 밥알을 국자로 으깨어가면서 끓인다.

02 맛국물 만들기

(1) 다시마 [昆布(こんぶ), 곤부]의 종류 및 성분

① 다시마의 종류

종류	특징
참 다시마	• 한국 동해안, 일본 등에 분포 • 한국 토종은 길이가 약 1m, 일본 유입종은 길이가 약 2m로 토종은 알긴산 및 각종 영양소의 함량이 높음 • 모양은 전체적으로 댓잎(대나무의 잎)처럼 생김
애기 다시마	• 한국 동해, 중국, 일본 등에 분포 • 잎은 밑 부분이 좀 넓은 긴 띠 모양으로 길이 0.6~2m, 너비 5~9cm로 황갈색 또는 밤색임
개 다시마	• 한국, 일본, 사할린섬, 쿠릴열도 등에 분포 • 길이 1~2m, 너비 20~30cm

② 다시마의 성분

㉠ 건 다시마는 단백질 7%, 지방 0.5%, 탄수화물 44%, 무기질 28%(칼슘과 철이 풍부) 등이 들어 있다.

㉡ 요오드가 풍부하여 갑상선호르몬 합성에 도움을 주고, 비타민 C가 많고 단백질의 주 성분인 글루탐산은 감칠맛을 준다.

㉢ 혈압을 내리는 작용, 장의 연동운동을 도와 변비에 좋다.

㉣ 다시마 표면의 백색 분말은 만니톨로 단맛을 띠고, 다시마를 국물의 재료로 사용하는 것은 글루탐산과 엑스분이 많이 함유되어 있기 때문이다.

(2) 복어 맛국물 만들기

① 다시마의 불순물을 면보로 제거한다.

② 물과 다시마를 넣고 불에 올려 끓기 직전에 다시마를 건져낸다(강한 불에서 빨리 끓이면 맛과 향이 없어지므로 약한 불에서 끓인다).

③ 맑게 거른다.

(3) 복어 뼈 맛국물 만들기

① 복어의 껍질을 제거하고 세장 뜨기 한다.

② 살을 제외한 남은 머리뼈, 중간 뼈, 아가미 뼈를 손질하고 흐르는 물에 담가 핏물과 이물질을 제거한다.

③ 냄비에 물, 다시마를 넣고 중불로 올려 끓기 시작하면 다시마를 건져낸다.

④ 다시마 육수에 손질한 복어 뼈를 넣고 거품과 이물질을 걷어가며 감칠맛이 우러나오도록 끓인다.

⑤ 국물이 탁한 색에서 맑은 색이 나면 고운체에 거른다.

03 복어 죽 재료 준비하기

1 재료와 부재료 준비 및 전 처리

(1) 밥 준비하기

① 밥을 물에 씻어 복어 죽 용도로 만들기(밥알의 형태가 보이는 죽의 밥 씻기) : 새로 한 밥이나 사용하던 밥이 있으면 흐르는 물에 밥알의 형태가 잘 풀리게 씻은 후 채반에 밭쳐 물기를 제거한다.

② 쌀을 씻어 불려서 복어 죽 용도로 만들기

> **밥 짓기 물 조절**
> - 불린 쌀로 죽을 끓일 때 : 불린 쌀과 물의 비율을 1 : 8의 비율로 하여 죽을 끓인다.
> - 고슬고슬한 밥(초밥용 밥) : 씻은 쌀과 물의 비율을 1 : 1로 한다.
> - 일반 밥 짓기 : 씻은 쌀 과 물의 비율을 1 : 1.2로 한다.

㉠ 여름에는 30분, 겨울에는 1시간 전에 3회 정도 가볍게 씻어 채반에 받쳐 물기를 제거한다.

㉡ 강하게 문질러 씻으면 전분이 깎이고 쌀알이 부서진다.

㉢ 물의 비율 : 불리기 전 쌀 1kg에 물 1.1L을 넣고 밥을 짓거나, 쌀 1kg에 물 1L를 넣고 밥을 짓다가 청주 100cc(풍미가 좋은 밥을 지을 수 있음)를 넣고 뜸을 들인다.

(2) 부재료 준비

① 실파와 미나리는 곱게 썰어 흐르는 물에 씻어 물기를 제거한다.

② 김은 살짝 구워 잘게 부수거나 곱게 채썬다.

③ 달걀은 모두 풀어 놓는다(기호에 따라 노른자만 사용하기도 한다).

(3) 복어 살 손질하기

세장 뜨기 한 복어 살은 작은 토막으로 썰어 준비한다.

(4) 복어 정소[河豚白子(ふぐしらこ)] 손질하기

복어의 정소는 소금으로 씻어 흐르는 물에 담가 실핏줄과 핏물을 제거하고, 한입 크기로 잘라 고운체에 거른다.

04 복어 죽 끓이기

복어 조우스이 [河豚の雑炊(ふぐのぞうすい)] 만들기	조우스이는 밥알의 형체가 있게 끓이는 죽이다. **조리법** ① 다시마 맛국물과 복어 뼈 맛국물 만들기 : 냄비에 물, 다시마를 넣고 중불로 올려 끓기 시작하면 다시마를 건져내고, 손질한 복어 뼈를 넣고 거품과 이물질을 걷어가며 감칠맛이 우러나오도록 끓여 국물이 탁한 색에서 맑은 색이 나면 뼈만 체로 건져낸다. 뼈의 살이 부족하면 복어 살을 썰어 넣기도 한다. ② 다시에 밥 넣고 끓여서 간하기 : 맛국물에 물에 씻어 물기를 제거한 밥과 복어 살을 넣고 중불에서 한소끔 끓인 후 소금과 국간장으로 가볍게 밑간을 한다. ③ 계란 풀기 : 끓기 시작하면 불을 끄고, 풀어 둔 계란을 넣고 송송 썬 실파를 넣고 3~4분가량 뜸을 들인다. ④ 담기 : 그릇에 담고 취향에 따라 폰즈를 넣어 먹는다.
복어 오카유 [河豚のお粥(ふぐのおかゆ)] 만들기	오카유는 밥알의 형체가 없는 일반적인 죽이다. **조리법** ① 복어 살과 참나물 손질하기 : 복어 살은 얇게 포를 떠 가늘게 썰고, 참나물(미쓰바) 줄기는 끓는 물에 데쳐 흐르는 물에 씻어 1cm 길이로 썬다. ② 김과 실파 손질하기 : 김은 불에 살짝 구어 손으로 부수거나 잘게 자르고, 실파는 곱게 썰어 흐르는 물에 2~3회 씻어 체에 건져 수분을 제거한다. ③ 죽 끓이기 : 냄비에 다시마 맛국물과 밥을 넣고 중불로 끓이다가 표면에 떠오르는 거품을 걷어내고, 어느 정도 죽이 되면 손질해 둔 복을 넣고 천천히 끓인다. ④ 담기 : 소금과 국간장으로 간을 하고, 계란(노른자만 사용할 경우 색이 곱다)을 풀어 넣어 걸쭉하게 되면 기호에 따라 참나물 줄기, 참기름, 깨 등을 첨가하고, 그릇에 복어 죽을 담고 실파와 김을 올린다.
복어 정소(이리)죽 오카유[白子お粥(しらこおかゆ)], 조우스이[白子雑炊(しらこぞうすい)] 만들기	시라코는 복어 수컷의 정소, 이리를 뜻한다. **조리법** ① 정소의 핏물 제거 : 복어의 정소는 실핏줄을 제거하고, 흐르는 물에 담가 핏물을 제거한다. ② 정소 준비하기 : 핏물이 제거된 복어의 정소는 적당히 잘라 넣거나 고운체에 곱게 걸러 준비한다. ③ 정소 죽 끓이기 : 복어 조우스이 만들기와 오카유 만들기의 죽 끓이기와 동일한 방법으로, 복어 살 대신 적당히 자른 정소나 체에 걸러 둔 복어의 정소를 넣고 중불로 끓인다. ④ 담기 : 소금과 국간장으로 밑간을 하고, 계란을 풀어 넣고 그릇에 담아 실파와 김을 올려낸다.

CHAPTER

04 모의고사

01 복어 죽에 대한 설명으로 바르지 않은 것은?

① 불린 쌀로 죽을 끓일 때는 불린 쌀과 물의 비율을 1 : 8로 한다.

② 조우스이는 밥을 씻어 해물, 야채를 넣어 끓인 죽이다.

③ 오카이는 밥알의 형태가 있는 죽이다.

④ 여름에는 30분 전에 쌀을 씻어 준비한다.

해설 오카이는 밥알의 형태가 없는 죽이다.

02 복어 뼈 맛국물을 만들 때 사용되는 재료가 아닌 것은?

① 다시마

② 복어 껍질

③ 복어 뼈

④ 물

해설 복어 뼈 맛국물 재료
물, 다시마, 복어 뼈

03 복어 오카유(밥알의 형체가 없는 일반적인 죽)을 만들 때 사용하는 재료가 아닌 것은?

① 쑥갓 ② 참나물

③ 쌀 ④ 김

해설 오카유는 밥알의 형체가 없는 일반 죽으로 복어 살, 맛국물, 밥으로 죽을 끓이고 기호에 따라 참나물, 참기름, 깨 등을 첨가하고 실파와 김을 올린다.

04 복어 죽 조리의 최종 간은 무엇으로 맞추는가?

① 맛소금, 국간장

② 소금, 국간장

③ 시찌미, 설탕

④ 소금, 시찌미

해설 복어 죽의 간은 소금과 국간장으로 맞춘다.

05 복어 죽 조리 방법에 대한 설명으로 틀린 것은?

① 맛국물 조리 시 탁한 색에서 맑은 색이 나도록 끓이고 뼈는 건져낸다.

② 밥을 지을 때 물의 양을 조절하고 청주를 넣으면 잡냄새가 제거된다.

③ 완성된 죽에 취향에 따라 폰즈를 넣어 먹는다.

④ 계란을 풀어 넣고는 강한 불로 끓여준다.

해설 불을 끄고 풀어둔 계란을 넣어준다. 끓이면 부드럽지 못하다.

정답
01 ③ 02 ② 03 ① 04 ② 05 ④

CHAPTER

05 복어 튀김 조리

01 복어 튀김의 개요

(1) 복어 튀김의 특징

① 복어 튀김은 가라아게로, 전분을 묻혀서 튀긴다.

② 일반적인 튀김의 온도는 180℃로 알려져 있지만, 가라아게는 160℃에서 튀긴다.

(2) 튀김의 종류

스아게	식재료 그 자체를 아무 것도 묻히지 않은 상태에서 튀겨내 재료가 가진 색과 형태를 그대로 살릴 수 있는 튀김
고로모아게	박력분이나 전분으로 튀김옷(고로모)에 물을 넣어서 만들어 재료에 묻혀 튀겨내는 튀김
가라아게	양념한 재료를 그대로 튀기거나 박력분이나 전분만을 묻혀 튀긴 튀김

(3) 기본 조리 용어

아게다시	• 조미한 조림 국물을 튀긴 재료 위에 부어 먹는 요리 • 비율 – 다시 7 : 연간장 1 : 미림 1
덴다시	• 튀김을 찍어 먹는 간장 소스 • 비율 – 다시 4 : 진간장 1 : 미림 1
고로모	튀김을 튀기기 위한 반죽으로 박력분이나 전분으로 만듦
야쿠미	요리의 풍미를 증가시키거나 식욕을 자극하기 위해 첨가하는 야채나 향신료(예 파, 와사비, 생강, 간 무, 고춧가루 등)
덴가츠	고로모(튀김옷)를 방울지게 튀긴 것으로, 튀길 때 재료에서 떨어져 나온 여분의 튀김

(4) 가라아게의 종류

① 지역별 가라아게 : 일본의 각 지역별 다양한 종류의 가라아게는 다음과 같다.

지역	특징
나라현 다츠타아게(竜田揚げ)	• 닭고기를 미림, 간장으로 양념한 후 녹말가루를 입혀 튀겨냄 • '타츠타'라는 이름은 나라현 북서부를 따라 흐르는 타츠타 강의 이름으로부터 유래

미야자키현 치킨 남방(チキン南蛮)	치킨 가라아게를 설탕, 미림 등으로 단맛을 더한 식초에 담가 적신 후 타르타르소스(Tartar Sauce)를 뿌려 먹음
기후현 세키가라아게(関からあげ)	• 닭고기를 톳과 표고버섯을 빻은 가루에 묻혀 튀겨냄 • 완성된 가라아게는 검은색을 띠는 것이 특징이며, '쿠로(黒, 검은색) 가라아게'라고도 불림
에히메현 센잔키(せんざんき)	• 닭을 뼈째 튀긴 중국의 루안자지[軟炸鶏(Ruan zha ji)]에서 유래한 가라아게라는 설이 있음 • 닭 뼈에서 우러난 감칠맛과 양념된 고기의 맛이 잘 어우러지는 것이 특징
니이가타현 한바아게(半羽揚げ)	닭고기를 뼈째 반으로 가르고 밀가루를 얇게 묻혀 튀김
아이치현 데바사끼가라아게(手羽先から揚げ)	닭 날개를 사용하며, 튀긴 후에는 달콤한 소스와 소금, 후추, 산초, 참깨 등을 뿌려 먹음
나가노현 산조쿠 야끼(山賊焼き)	닭고기의 다리살 부분을 통째로 마늘, 간장 등으로 양념해 녹말가루를 묻혀 튀김
홋카이도 잔기(ザンギ)	• 중국의 炸鶏(zha ji)로부터 유래한 가라아게의 한 종류 • 홋카이도에서는 가라아게를 보통 '잔기'라고 함

② 식재료별 가라아게 : 닭고기와 해산물을 이용한 가라아게로 크게 나누며, 가장 일반적으로 먹는 가라아게는 닭고기 사용 부위에 따라 다양한 종류가 있다.

토리노 가라아게	치킨 가라아게
모모니쿠노 가라아게	• 닭고기의 다리살 부위를 사용한 가라아게 • 다리살은 치킨 가라아게에 많이 쓰이는 부위임
무네니쿠노 가라아게	• 닭고기의 넓적다리 부위를 사용한 가라아게 • 육질이 부드럽고 담백한 것이 특징
난코츠노 가라아게	• 닭의 날개 혹은 다리 부분의 연골을 사용한 가라아게 • 이자카야에서 안주로 제공되는 대표적인 메뉴

02 복어 튀김 재료 준비하기

(1) 복어 튀김의 재료 준비

① 손질한 복어 살이 잘 익을 수 있도록 칼집을 넣어준다.

② 복어 살은 다른 생선에 비해 단단하므로 너무 두껍지 않게 도톰하게 썰어 준비한다.

③ 소스를 만들어준다(국간장 1T, 미림 1T, 정종 1T, 참기름 약간).

④ 복어 살을 소스에 1분간 절여 채에 받쳐둔다.

④ 유자 껍질을 다져서 복어 살에 묻힌다(잡내와 느끼함 제거효과).

(2) 튀김 옷 준비하기

① 밀가루(박력분)와 전분 가루를 1 : 1로 섞는다.

② 채에 받쳐 두었던 복어를 그릇으로 옮겨 밀가루와 전분이 살짝 묻힐 정도로만 넣고 잘 섞이게 저어준다.

03 복어 튀김 조리와 완성하기

(1) 복어 튀김하기

① 양념장에 담갔다가 체에 밭쳐 밀가루(박력분)와 전분을 살짝 묻힌 복어 살을 하나씩 노릇하게 튀긴다.

② 가라아게는 160℃에서 튀기며(일반 튀김온도는 180℃), 재료의 종류, 크기, 조리방법에 따라 온도와 시간의 차이가 있다.

③ 튀겨낸 복어는 채에 받혀서 기름을 제거한다.

04 복어 튀김 담기

① 계절감 있는 그릇을 선정한다.

② 튀김이 눅눅해지지 않도록 종이나 한지를 깐다.

③ 튀긴 복어 살을 담는다.

④ 튀김요리는 튀긴 즉시 먹는 것이 가장 맛이 있게 먹는 방법이다.

⑤ 자기가 좋아하는 양념(야쿠미)과 튀김 다시국물을 곁들여서 먹는다.

⑥ 양념과 튀김 다시국물은 튀김요리를 입에 당기게 하는 역할, 뜨거운 튀김요리의 열을 조금 낮추어 주는 역할을 한다.

CHAPTER

05 모의고사

01 튀김의 종류 중 밑간을 하여 그대로 또는 밀가루나 전분을 묻혀 튀기는 것은?

① 스아게
② 고로모아게
③ 고로모
④ 가라아게

해설 가라아게
양념한 재료를 그대로 튀기거나 박력분이나 전분만을 묻혀 튀긴다.

02 가라아게의 튀김온도로 맞는 것은?

① 140℃ ② 160℃
③ 170℃ ④ 180℃

해설 일반적인 튀김의 온도는 180℃이지만, 재료에 양념을 하여 튀기는 가라아게와 같은 경우는 타지 않도록 160℃가 적정 온도이다.

03 복어 튀김의 조리법에 대한 설명으로 바르지 않은 것은?

① 복어 살이 잘 익도록 칼집을 넣어준다.
② 소스에 1분 정도 재웠다가 사용한다.
③ 박력분과 전분을 섞어 물을 넣고 가볍게 반죽한다.
④ 160℃의 온도에 타지 않도록 노릇하게 튀긴다.

해설 소스에 재웠다가 체에 밭쳐 둔 복어 살을 밀가루(박력분)와 전분가루를 묻혀 바로 튀긴다. 물은 사용하지 않는다.

04 튀김을 찍어 먹는 소스의 명칭은?

① 덴다시
② 아게다시
③ 고로모
④ 야쿠미

해설 덴다시는 튀김을 찍어 먹는 간장소스이다.

05 다음 중 야쿠미에 사용되는 재료가 아닌 것은?

① 파 ② 무
③ 당근 ④ 와사비

해설 야쿠미는 요리의 풍미를 증가시키거나 식욕을 자극하기 위해 첨가하는 야채나 향신료로 파, 와사비, 생강, 간 무, 고춧가루 등이 사용된다.

06 다음 설명에 해당하는 가라아게는 일본의 어느 지역의 특징인가?

치킨 가라아게를 설탕, 미림 등으로 단맛을 더한 식초에 담가 적신 후 타르타르소스(Tartar Sauce)를 뿌려 먹음

① 니이가타현
② 미야자키현
③ 나라현
④ 홋카이도

해설 미야자키현 가라아게의 특징이다.

정답
01 ④ **02** ② **03** ③ **04** ① **05** ③ **06** ②

CHAPTER

06 복어 회 국화모양 조리

01 복어 살 전처리 작업하기

1 복어 살 전처리

(1) 생선 포 뜨기(오로시)의 종류와 특징

두 장 뜨기 [니마이오로시(にまいおろし)]	머리를 자르고 난 후 씻어서 살을 포를 떠서 중간 뼈가 붙어 있지 않게 살이 2장이 되게 하는 방법
세 장 뜨기 [삼마이오로시(さんまいおろし)]	기본적인 생선 포 뜨기의 한 가지 방법으로 생선을 위쪽 살, 아래쪽 살, 중앙 뼈의 3장으로 나누는 것을 말하며, 중앙 뼈에 붙어 있는 살의 뼈를 아래에 두고, 뼈를 따라서 칼을 넣어 살을 분리함
다섯 장 뜨기 [고마이오로시(ごまいおろし)]	생선의 중앙 뼈를 따라서 칼집을 넣어 일차적으로 뱃살을 떼어 내고, 등 쪽의 살도 떼어 배 쪽 2장, 등 쪽 2장, 중앙 뼈로 다섯 장 뜨기라고 하며, 광어와 가자미처럼 평평한 생선에 주로 이용함
다이묘 포 뜨기 [다이묘오로시(だいみょおろし)]	다이묘 포 뜨기는 세 장 뜨기의 한 가지로 생선의 머리 쪽에서 중앙 뼈에 칼을 넣고 꼬리 쪽으로 단번에 오로시하는 방법으로, 중앙 뼈에 살이 남아 있기 쉽기 때문에 붙여진 이름으로 전어, 학꽁치 등 작은 생선에 주로 이용된다.

생선 비린내 제거 방법

① 물로 씻기 : 생선 비린내 주성분인 트리메틸아민은 수용성으로 생선을 물로 씻으면 많이 제거된다.

② 산 첨가 : 식초, 레몬, 유자즙 등 산을 사용하면 트리메틸아민과 결합하여 줄일 수 있다.

③ 간장 첨가 : 생선살 단백질의 응고를 촉진시키고 단단하게 하며, 단백질 중 글로불린을 용출시키고 동시에 비린내를 용출시킨다.

④ 된장 첨가 : 콜로이드상의 조미료로, 흡착성이 강하여 비린내 성분을 흡착하여 비린 맛을 약하게 한다.

(2) 복어 세 장 뜨기 및 전처리

복어 위치잡기	껍질을 제거한 복어는 물기를 제거하고 꼬리는 왼쪽, 머리는 오른쪽 방향으로 놓고 중앙 뼈의 윗부분에 최초 칼집을 넣어 포를 뜨기 시작함
칼집 넣기	윗부분에 전체적인 칼집을 넣고 표면이 매끄러워 보이게 뼈와 살을 분리함
등 쪽에 칼집 넣기	등 쪽에도 칼집을 넣고 포를 뜨며, 중앙 뼈까지 칼집을 넣음
살 도려내기	살을 잡고 중앙 뼈에 붙어 있는 살을 도려냄
반대편으로 돌리기	남은 한쪽은 뒤집어 꼬리를 왼쪽, 머리 부분을 오른쪽으로 향해 포를 뜸
중앙 뼈 위로 칼집 넣기	중앙 뼈를 기준으로 등 쪽을 시작으로 포를 뜸
완성된 복어 세 장 뜨기	살과 뼈를 분리하고 뼈는 4~5cm 크기로 잘라서 잔 칼집을 내고, 흐르는 물에 담가 핏물을 뺌

(3) 복어살 전처리

복어 살 준비하기	복어 표면의 엷은 막은 질겨서 횟감용으로 부적절하므로 제거할 준비를 함
꼬리 부분부터 칼집 넣기	복어 살의 얇은 막을 제거하기 위하여 꼬리 부분을 시작으로 칼집을 넣음
꼬리 부분 얇은 막 제거하기	꼬리 쪽에 비스듬하게 칼집을 넣어 얇은 막을 제거하기
복어 살 위치 이동하기	껍질 쪽의 얇은 막을 제거하기 위하여 복어 살의 위치를 머리는 왼쪽, 꼬리는 오른쪽으로 이동시킴
엷은 막 제거하기	껍질 부분의 얇은 막을 제거하기 위해 꼬리(오른쪽)에서 머리(왼쪽) 방향으로 바닥에 칼을 눕혀 위, 아래로 칼을 이동하여 제거하고 깔끔하게 제거가 되었는지 확인
배꼽 부분 막 제거하기	배꼽 부분의 빨간 살 부분을 제거하면서 주변의 주름막도 제거하기
뼈 쪽 살 엷은 막 제거하기	마지막으로 뼈에 붙어 있는 복어 살 부분의 엷은 막을 제거하기
부위별 엷은 막 제거 완성하기	부위별 막을 확인하고, 제거되지 않은 막이 있는지 확인하기
소금물에 담가 어취 등 제거	전처리한 살은 소금물에 담가 어취와 수분을 제거함
횟감 분리하기	횟감을 효율적으로 사용하기 위하여 두 개로 분리하는데, 복어 회의 국화모양을 나타내기 위해 횟감용 살을 한쪽은 바깥쪽 국화모양(복어 살의 폭이 넓은 부분)으로, 다른 한쪽은 안쪽 국화모양(복어살이 작은 부분)을 위해 3 : 2의 비율로 약간 칼을 기울여 두 개로 나누어 마른 행주에 말아 숙성시킴
복어 살의 숙성	복어 횟감은 온도 4℃에서 24~36시간, 12℃는 12~20시간으로 숙성 보관함

복어 살의 얇은 막을 제거할 때는 칼날의 각도를 낮추며, 다른 손으로 복어 살 부위를 살짝 눌러 주면서 칼 동작을 반복한다.

(4) 복어 껍질 준비하기

① 복어 속껍질과 겉껍질을 분리하여 겉껍질을 도마에 밀착시키고 평평하게 펼쳐준 후 칼을 위, 아래로 밀고 당기며 전진해서 가시를 제거한다.

② 냄비에 물이 끓으면 복어 껍질이 부드러워질 때까지 삶는다.

③ 찬물에 담가 열기를 식히고 물기를 닦은 후 랩을 사용하여 복어 껍질을 고루 펼친다.

④ 도마 등의 무게가 나가는 물건을 올려 복어 껍질을 굳혀준다.

⑤ 굳힌 복어 껍질을 랩에서 풀어 손과 칼에 달라붙지 않도록 물을 묻힌 상태에서 일정하게 썬다.

02 복어 회 뜨기

① 도마 표면에 이물질이 묻었는지 확인하고 젖은 행주를 준비하여 칼을 청결히 할 수 있도록 준비하고, 손의 온도를 차갑게 하여 복어 회가 달라붙지 않도록 한다.

② 큰 폭의 복어 살을 먼저 사용하고 복어 살을 왼쪽 집게손가락으로 살짝 눌러 고정시키면서 칼날 전체를 사용하여 비스듬하게 위에서 아래로 당기는 기분으로 잘라낸다.

③ 복어는 결의 반대 방향으로 폭 2~3cm, 길이 6~7cm가 되도록 길이와 너비를 조절하여 일정한 모양과 크기를 나타내기 위해 복어 살의 폭이 좁아지면 칼을 눕히고, 길이가 짧아지면 칼을 세워 모양과 크기에 맞춰 접시 바닥이 보일 정도로 얇게 회를 뜬다.

④ 복어의 끝선은 반듯하고 동일한 크기와 두께로 접으며, 복어 회를 국화모양으로 표현하기 위해 삼각모양으로 접는다(접시의 바깥쪽 국화모양 부위보다 안쪽 국화모양 부위를 작게 잘라 표현한다).

⑤ 복어 회를 자를 때 물기가 많으면 행주로 닦아주고, 칼에 묻은 복어 살의 찌꺼기들도 젖은 행주로 닦으면서 회를 잘라 내고 손에 묻은 끈적끈적한 점액 성분도 닦으면서 청결을 유지한다.

03 복어 회 국화모양 담기

(1) 그릇 준비

① 둥근 접시를 준비, 회를 얇고 길게 잘라 담는 기술을 기쿠모리라고 한다.

② 사각이나 투명 유리접시는 복어회의 얇은 특징을 나타내기 부적합하다.

(2) 복어 회 국화모양 담기

① 복어 회는 오른쪽에서 왼쪽으로 담는 것이 기본이고, 그릇의 바깥쪽에서 앞쪽으로 담는다.

② 복어 회는 꼬리 쪽부터 머리 쪽으로 당겨썰어 시계 반대 방향으로 원을 그리듯이 일정한 간격으로 겹쳐 담는다.

③ 안쪽은 바깥쪽보다 작은 크기의 국화모양으로 원을 그리듯이 시계 반대 방향으로 겹쳐 담는다.

④ 중앙에는 복어 회를 말아 꽃 모양으로 만들어 올려준다.

⑤ 복어 살에서 제거한 얇은 막은 끓는 물에 데쳐서 말린 복어 지느러미와 함께 나비 모양으로 장식해준다.

> **복어 그릇담기의 모양의 종류**
> 국화모양, 모란꽃모양, 학모양, 공작모양 등이 있다.

(3) 곁들임 재료 준비

① 폰즈(ポン酢) 소스를 만든다 : 냄비에 찬물과 청주, 다시마를 넣어 한 번 끓으면 다시마를 건져 내고 식혀서 다시, 진간장, 식초를 1 : 1 : 1로 섞어 완성한다.

② 야쿠미(薬味, 양념)를 준비한다.

㉠ 실파는 잘게 썰어 찬물에 진액을 씻고, 마른 면보를 이용하여 물기를 제거한다.

㉡ 무는 강판에 곱게 갈아 흐르는 물에 매운맛을 빼고 고운 고춧가루로 빨간 무즙을 [모미지오로시(紅葉下ろし)] 만든다.

㉢ 레몬을 반달 모양으로 잘라준다.

(4) 완성하기

① 미나리 길이는 4cm 정도의 길이로 잘라 사용한다.

② 빨간 무즙, 실파, 레몬을 그릇에 가지런히 담고, 초간장(폰즈)과 같이 완성한다.

생선 회 자르는 법

① 평썰기 : 칼 손잡이 부분에서 자르기 시작하여 그대로 잡아당기듯이 자름, 참치회 썰기에 이용
② 잡아당겨 썰기 : 칼을 비스듬히 눕혀서 써는 방식으로, 손잡이 부분에서 시작하여 칼끝까지 당기면서 오른쪽으로 보내지 않고 칼을 빼며, 부드러운 뱃살 부분을 썰 때 좋은 방법
③ 깎아썰기 : 포 뜬 생선 살의 얇은 쪽을 앞쪽으로 하여 칼을 오른쪽으로 45°눕혀서 깎아내듯이 써는 방법으로, 얼음물에 씻는 회(사시미 아라이)나 모양이 좋지 않은 회를 자를 때 이용
④ 얇게 썰기 : 복어처럼 탄력이 있는 흰살생선을 얇게 써는 방법으로, 선도가 좋지 않은 생선은 안되며 살아 있는 생선을 이용하고 학모양, 장미모양, 나비모양 들을 만들 때 사용
⑤ 가늘게 썰기 : 칼끝을 도마에 대고 손잡이가 있는 부분을 띄어 위에서 아래로 긁어 내려가며 써는 방법으로 광어, 도미, 한치 등에 사용
⑥ 각썰기 : 붉은살생선(참치, 방어 등)을 직사각형 또는 삼각으로 써는 방법으로, 산마를 갈아 그 위에 얹어주는 야마카케(山掛)가 대표적이며, 썬 생선을 김에 말기도 하고 겹쳐서 담기도 함
⑦ 실 굵기 썰기 : 실처럼 가늘게 써는 방법으로 광어, 도미, 오징어 등에 사용되고, 서로 다른 젓갈을 무칠 때 사용하거나 작은 용기에 담을 때 써는 방법이지만, 찢어지기 쉽고 씹는 맛이 없어 싱싱하지 않으면 이 방법은 사용하지 않는 것이 좋음
⑧ 뼈째썰기 : 작은 생선을 손질 후 뼈째 썰어 얼음물에 씻어 수분을 빼고 회로 먹는 방법으로, 뼈와 함께 섭취하기 때문에 고소함을 한층 즐길 수 있으며 전어, 전갱이, 병어, 은어 등에 사용

CHAPTER

06 모의고사

01 복어 회의 전처리 과정으로 바르지 않은 것은?

① 복어 껍질은 손질 후 데쳐서 상온에서 식힌다.
② 복어 살은 횟감으로 손질해서 마른 행주에 말아서 숙성시킨다.
③ 횟감을 효율적으로 사용하기 위해 두 개로 분리하기도 한다.
④ 부위별 제거되지 않은 막이 있는지 확인하다.

해설 복어 껍질은 데쳐서 찬물이나 얼음물에 열기를 식혀 랩을 사용하여 고루 펼쳐서 냉장고에 넣어 건조한 후 썰어야 탄력이 있고, 채썰기에 좋다.

02 복어 회 국화모양 접시 담기에 대한 설명으로 바르지 않은 것은?

① 그릇의 바깥쪽에서 안쪽으로 담는다.
② 복어 회는 꼬리 쪽에서 머리 쪽으로 당겨썬다.
③ 바깥쪽 국화 모양은 복어 살의 폭이 넓은 부분을 사용한다.
④ 복어 회는 왼쪽에서 오른쪽으로 담는 것이 기본이다.

해설 복어 회는 오른쪽에서 왼쪽으로 담는 것이 기본이다.

03 복어 회 국화모양 담기에 대한 설명으로 바르지 않은 것은?

① 회를 얇고 길게 잘라 담는 기술을 기쿠모리라고 한다.
② 접시는 투명한 유리 접시가 깔끔하고 좋다.
③ 국화모양을 표현하기 위해 복어 살을 삼각 모양으로 접는다.
④ 폰즈와 야쿠미를 곁들여낸다.

해설 투명 유리접시나 사각형접시는 복어회의 얇은 특징을 나타내기에 부적합하다.

04 생선회 자르는 방법으로 틀린 것은?

① 평썰기 : 칼 손잡이 부분에서 자르기 시작하여 그대로 잡아당기듯이 자르는 방법
② 깎아썰기: 포 뜬 생선 살의 얇은 쪽을 앞쪽으로 하여 칼을 오른쪽으로 15°눕혀서 깎아내듯이 써는 방법
③ 실 굵기 썰기: 실처럼 가늘게 써는 방법
④ 뼈째썰기: 작은 생선을 손질 후 뼈째 써는 방법

해설 깎아썰기
포 뜬 생선 살의 얇은 쪽을 앞쪽으로 하여 칼을 오른쪽으로 45° 눕혀서 깎아내듯이 써는 방법이다.

05 복어처럼 탄력 있는 흰살생선을 얇게 써는 생선회 자르는 방법의 명칭은?

① 소기즈쿠리 ② 호소즈쿠리
③ 우스즈쿠리 ④ 세고시

해설 소기즈쿠리 – 깎아썰기, 호소즈쿠리 – 가늘게 썰기, 우스즈쿠리 – 얇게 썰기, 세고시 – 뼈째썰기

정답
01 ① 02 ④ 03 ② 04 ② 05 ③

07 복어 선별 · 손질관리

1 복어 선별 · 손질관리

	손질 순서	방법
1. 복어 기초 손질하기	복어 세척하기	흐르는 물에 복어의 외부 몸통을 깨끗이 씻기
	지느러미 제거하기	– 지느러미 제거 순서는 일의 능률과 손에서 오는 체온을 덜 받게 하도록 복어의 머리 쪽을 왼쪽으로 놓고 배꼽 지느러미, 등쪽 지느러미, 왼쪽 가슴지느러미, 오른쪽 지느러미 순으로 잘라내기 –떼어낸 지느러미는 소금으로 문질러 씻어 펴서 말려서 사용하기
	주둥이 손질하기	주둥이는 입 부위와 눈 사이에 칼을 넣어 혀가 잘리지 않도록 주의하여 잘라내며, 잘라낸 주둥이는 위 이빨 사이에 칼을 넣어 자른 다음 소금으로 깨끗이 손질하기
	껍질 벗기기	– 주둥이를 자른 몸체는 머리 쪽을 자신 쪽(조리인)으로 놓고 머리 쪽의 왼쪽 눈과 배 껍질과 살 사이에 칼을 넣어 껍질의 위, 아래를 분리하여 꼬리까지 자르고, 오른쪽도 왼쪽과 같은 방법으로 껍질을 자른 다음 등 쪽을 위로하고 꼬리 쪽의 껍질과 살 사이에 칼을 넣어 껍질을 자르기 – 꼬리 쪽의 껍질을 잡고 머리 쪽으로 당기면서 붙어 있는 곳은 칼을 넣어 껍질을 벗기고 반대쪽도 같은 방법으로 껍질을 벗겨 몸체와 껍질을 완전히 분리하기
	내장 분리하고 배꼽살 떼기	– 턱 밑 협골 쪽으로 양쪽에 칼집 넣어 아가미와 내장을 들어 올려 내장을 분리하기 –배꼽살을 떼어내기
	머리 손질하기, 눈알 제거하기	머리와 몸통을 분리한 후 머리를 반으로 갈라 눈알을 제거하기(눈알이 터지지 않도록 주의)
	내장과 옆구리뼈 (갈비뼈) 분리하기	– 아가미 제거하기 – 옆구리 뼈(갈비뼈)와 내장 분리하기 – 갈비뼈 손질하기(잔뼈 제거)
	배꼽살 정리하기	배꼽살 좌, 우로 칼집 넣기 –배꼽살 떼어낸 몸통 부분 핏기 제거하기
	복어살 세장뜨기	– 내장을 제거한 복어는 칼을 사선으로 하여 포 떠내기 – 세장뜨기(삼마이오로시):몸통 2쪽, 뼈 1쪽

2. 복어 식용부위 손질하기	복어 살 손질하기	세장뜨기한 살은 혈압육 제거 및 내장에 붙어 있던 막을 제거하고 꼬리 부분 흰색막 분리 및 복어살에 붙은 막을 제거하기
	복어 뼈 손질하기	뼈 전체에 잔 칼집을 내준 후 적당한 길이로 자르기
	머리 손질하기	눈알을 빼고 난 머리는 골수와 점막을 깨끗이 제거하기
	옆구리뼈(갈비뼈)	검은 막 제거하기
	배꼽살	배꼽살 양옆에 칼집을 넣어 펴주기
3. 복어 제독 처리하기	복어 살	손질한 복어 살은 연한 소금물에 담갔다가 수분을 제거하고 회용, 지리 냄비용, 튀김용으로 사용하기
	가식부위	머리뼈 2쪽, 갈빗살 2쪽, 입, 토막 낸 뼈, 배꼽살은 흐르는 물에 담가 핏물을 빼는 제독 작업하기
4. 복어 껍질 작업하기	껍질 손질 및 가시 제거하기	– 등 껍질막(속껍질) 긁어내기, 배쪽 껍질막(속껍질) 긁어내기 – 대발 칼을 이용하여 안쪽 막을 말끔하게 긁어내야 도마에 밀착이 잘 되어 가시를 제거하기 수월함 – 속껍질을 제거한 등껍질과 배쪽 껍질을 도마에 밀착시키고 사시미 칼을 이용하여 꼬리에서 머리 쪽으로 가시를 밀어나가기 – 가시를 제거한 껍질은 끓는 물에 소금을 넣고 데쳐서 찬물에 식힌 후 겉껍질과 속껍질 모두 사용하기
5. 복어 독성부위 폐기하기	복어 내장은 독성 때문에 사료로 재활용하기에 적합하지 않기 때문에 음식물쓰레기가 아닌 소각용 종량제 봉투로 배출함	

CHAPTER

07 모의고사

01 복어 껍질 손질법으로 옳지 않은 것은?

① 끓는 물에 살짝 데쳐서 차게 식혀서 사용한다.

② 가시 제거는 대바칼을 사용한다.

③ 속껍질과 겉껍질을 분리하고 가시를 제거한다.

④ 점액질을 소금으로 잘 씻는다.

해설 가시제거는 사시미칼을 이용한다.

02 다음 중 복어의 가식부위에 들지 않는 것은?

① 머리뼈

② 입

③ 갈비살

④ 아가미

해설 식용가능부위: 입, 혀, 껍질, 지느러미, 살, 머리뼈, 갈비뼈 부분, 정소(이리)

03 다음의 복어 손질법으로 옳지 않은 것은?

① 껍질은 가시를 제거하고 10분 정도 데쳐서 사용한다.

② 머리에서 눈알 제거 시 눈알이 터지지 않도록 한다.

③ 복어살은 세장뜨기하여 사용한다.

④ 복어의 속껍질도 사용하도록 한다.

해설 복어의 껍질을 오래 데쳐서 사용하면 형태가 없이 물러질 수 있으므로 적당히 살짝 데쳐서 차게 식힌 후 형태를 잡아 사용한다.

04 다음의 복어 기본 손질법으로 옳지 않은 것은?

① 복어회를 하기 위해 살은 세장뜨기한다.

② 머리뼈는 반으로 갈라 골수와 점막을 제거한다.

③ 복어의 위장과 간은 식용이 불가능하다.

④ 복어 뼈는 제독 없이 사용하여도 무방하다.

해설 복어뼈는 전체 잔 칼집을 낸 후 4~5cm로 토막을 내서 흐르는 물에 제독 작업을 한 후 사용한다.

05 다음 복어의 선별 · 손질관리로 옳지 않은 것은?

① 눈알을 제거하는데 대바칼을 사용한다.

② 복어 독성부위는 음식물 쓰레기와 함께 처리한다.

③ 옆구리뼈(갈비뼈)는 잔뼈와 점막을 제거하고 사용한다.

④ 복어의 선도를 유지하기 위해 신속하게 복어를 잡는다.

해설 복어 내장은 독성 때문에 사료로 재활용하기에 적합하지 않기 때문에 음식물쓰레기가 아닌 소각용 종량제 봉투로 배출함

정답
01 ② 02 ④ 03 ① 04 ④ 05 ②

PART

08

일식 · 복어 모의고사

| 일 식 · 복 어 조 리 기 능 사 |

CHAPTER

01 일식 실전모의고사 제1회

01 독미나리에 함유된 유독성분은?

① 무스카린(Muscarine)

② 솔라닌(Solanine)

③ 아트로핀(Atropine)

④ 시큐톡신(Cicutoxin)

해설 식품 중의 유독성분
독버섯 – 무스카린, 감자 – 솔라닌, 미치광이 풀 – 아트로핀, 독미나리 – 시큐톡신

02 화학물질에 의한 식중독으로 일반 중독 증상과 시신경의 염증으로 실명의 원인이 되는 물질은?

① 납

② 수은

③ 메틸알코올

④ 청산

해설 메틸알코올(에탄올)
과실주나 정제가 불충분한 에탄올이나 증류주에 다량 함유되어 두통 · 현기증 · 구토가 생기고, 심할 경우 시신경에 염증을 일으켜 실명하거나 사망에 이르게 된다.

03 다음 중 중금속에 관한 설명으로 옳은 것은?

① 해독에 사용되는 약을 중금속 길항약이라고 한다.

② 중금속과 결합하기 쉽고 체외로 배설하는 약은 없다.

③ 중독 증상으로 대부분 두통, 설사, 고열을 동반한다.

④ 무기중금속은 지질과 결합하여 불용성 화합물을 만들고, 산화작용을 나타낸다.

해설 중금속 중독은 각종 중금속 화합물의 섭취로 발생하는 중독으로 소화기장애, 순환장애, 호흡마비, 말초중추신경장애 등의 현상을 보이는데, 중금속 길항약제 투여로 해독이 가능하다.

04 식품의 제조공정 중에 발생하는 거품을 제거하기 위해 사용되는 식품첨가물은?

① 소포제

② 발색제

③ 살균제

④ 표백제

해설 소포제
식품공업에 있어 농축 또는 발효시킬 때 거품이 생겨 작업상 여러 가지 지장을 가져오는데, 이를 저지시키기 위하여 소포제를 사용한다.

05 장염비브리오 식중독균(V.parahaemolyticus)의 특징으로 틀린 것은?

① 해수에 존재하는 세균이다.

② 3~4%의 식염농도에서 잘 발육한다.

③ 특정조건에서 사람의 혈구를 용혈시킨다.

④ 그람 양성균이며, 아포를 생성하는 구균이다.

해설 장염비브리오 식중독은 그람 음성 무아포의 간균이다.

정답
01 ④ 02 ③ 03 ① 04 ① 05 ④

06 식품위생법상 조리사를 두어야 할 영업이 아닌 것은?

① 지방자치단체가 운영하는 집단급식소
② 복어 조리 판매업소
③ 식품첨가물 제조업소
④ 병원이 운영하는 집단급식소

해설 조리사를 두어야할 영업
- 식품접객업 중 복어를 조리 · 판매하는 영업
- 집단급식소(국가 및 지방자치단체, 학교, 병원 및 사회복지시설, 지방공사 및 지방공단, 특별법에 따라 설립된 법인이 운영하는 급식소)

07 식품 등의 표시기준상 열량표시에서 몇 kcal 미만을 "0"으로 표시할 수 있는가?

① 2kcal ② 5kcal
③ 7kcal ④ 10kcal

해설 영양 성분별 세부 표시방법에서 열량의 단위는 킬로칼로리(kcal)로 표시하되, 그 값을 그대로 표시하거나 그 값에 가장 가까운 5kcal 단위로 표시하여야 한다. 이 경우 5kcal 미만은 "0"으로 표시할 수 있다.

08 식품위생법상 소비자식품위생감시원의 직무가 아닌 것은?

① 식품접객업을 하는 자에 대한 위생관리 상태 점검
② 유통 중인 식품 등의 허위표시 또는 과대광고 금지 위반행위에 관한 관할 행정관청에의 신고 또는 자료 제공
③ 식품위생감시원이 행하는 식품 등에 대한 수거 및 검사 지원
④ 영업장소에 대한 위생관리 상태를 점검하고, 개선사항에 대한 권고 및 불이행 시 위축기관에 보고

해설 소비자식품위생감시원의 직무는 ①, ②, ③ 외에 그 밖의 식품위생에 관한 사항으로 대통령령으로 정하는 사항이다.

09 조리장의 위생관리로 틀린 것은?

① 주방시설 및 도구의 위생관리를 철저히 한다.
② 주방의 출입구에 신발을 소독할 수 있는 시설을 갖추도록 한다.
③ 조리장의 위생해충은 약제 사용 1회만으로 완벽히 박멸된다.
④ 주방시설 방역을 위한 약품은 내성을 고려해서 반기별로 교체한다.

해설 조리장의 위생해충은 방충, 방서, 살충제 등을 사용하여 1회만이 아니라 계속적으로 관리해야한다.

10 식품안전관리 인증기준(HACCP) 7원칙 중 원칙 5에 해당하는 것은?

① 위해요소 분석
② 감시절차 확립
③ 개선 조치절차 확립
④ 기록 유지방법 설정

해설 HACCP 7원칙 중 원칙 5는 한계기준 이탈 시 개선조치(Corrective Action)절차 확립이다.
※ HACCP 수행의 7원칙
HACCP 관리의 기본단계인 7개의 원칙에 따라 관리체계를 구축한다.
① 원칙 1 : 위해요소 분석(Hazard Analysis)
② 원칙 2 : 중요관리점(Critical Control Point ,CCP) 결정
③ 원칙 3 : 중요관리점에 대한 한계기준(Critical Limits, CL) 설정
④ 원칙 4 : 중요관리점에 대한 감시(Monitoring)절차 확립
⑤ 원칙 5 : 한계기준 이탈 시 개선조치(Corrective Action)절차 확립
⑥ 원칙 6 : HACCP 시스템의 검증(Verification)절차 확립
⑦ 원칙 7 : HACCP 체계를 문서화하는 기록(Record) 유지방법 설정

정답
06 ③ 07 ② 08 ④ 09 ③ 10 ③

11 재해에 대한 설명으로 틀린 것은?

① 부적합한 지식이나 불안전한 행동으로 발생할 수 있다.

② 구성요소의 연쇄반응으로 일어날 수 있다.

③ 작업환경이나 작업조건으로 인해 타인에게만 상처를 입혔을 때를 재해라고 한다.

④ 재해발생의 원인으로 부적절한 태도의 습관이 포함된다.

해설 재해
작업환경이나 조건으로 인해서 자신이나 타인에게 상해를 입히는 것을 말하며, 재해발생의 원인은 부적합한 지식, 부적절한 태도와 습관, 불안전한 행동, 불충분한 기술, 위험한 환경이 있다.

12 조리장비 · 도구의 관리 원칙으로 바르지 않은 것은?

① 장비나 도구에 무리가 가지 않도록 유의한다.

② 장비의 사용용도 이외의 사용을 금지한다.

③ 전기를 사용하는 장비나 도구는 전기의 사용량과 사용법을 확인한다.

④ 사용 도중 모터에 물이나 이물질 등이 들어가도 무방하다.

해설 조리실 등에서 전기기계 · 기구의 사용 시 모터에 물이나 이물질 등이 들어가면 감전사고가 일어날 수 있는데, 예방을 위해 안전한 전기기계 · 기구의 사용이 필요하다.

13 식품구매 방법으로 바르지 못한 것은?

① 위생적이고 안전한 제철식품을 구입한다.

② 육류는 중량과 부위, 과일은 산지와 상자당 개수, 품종을 고려하여 구입한다.

③ 생선 · 과채류 등은 1주일분을 구입한다.

④ 폐기율을 고려하여 구매한다.

해설 생선과 과채류는 신선도가 중요하므로 필요시마다 수시로 구입한다.

14 단체급식에서 식품 구매 시 식품 단가를 최소한 1개월에 어느 정도 점검해야 하는가?

① 1회 ② 2회

③ 3회 ④ 4회

해설 단체급식에서 식품 구매 시 식품의 단가를 최소한 1개월에 2회 정도 점검한다.

15 수의계약의 장점이 아닌 것은?

① 경비와 인원감소가 가능하다.

② 저렴한 가격으로 구매할 수 있다.

③ 절차가 간편하다.

④ 경쟁이나 입찰의 번거로움이 없다.

해설 수의계약은 경쟁 없이 계약을 이행할 자격을 가진 특정 업체와 계약을 체결하기 때문에 구매자의 구매력이 제한될 수 있고, 불리한 가격으로 계약하기 쉽다.

16 구매를 위한 시장조사의 종류로 다음은 무엇에 대한 설명인가?

구매정책을 결정하기 위해 시행하며, 전반적인 경제계와 관련업계의 동향, 기초자재의 시가, 관련업체의 수급변동 상황, 구입처의 대금결제조건 등을 조사한다.

① 품목별 시장조사

② 일반 기본 시장조사

③ 구매거래처의 업태조사

④ 유통경로의 조사

해설 구매를 위한 시장조사의 종류

- 일반기본 시장조사 : 구매정책을 결정하기 위해서 시행하며, 전반적인 경제계와 관련업계의 동향, 구입처의 대금결제조건, 관련업체의 수급변동 상황, 기초자재의 시가 등 조사
- 품목별 시장조사 : 현재 구매하고 있는 물품의 수급 및 가격 변동에 대한 조사로 구매물품의 가격산정을 위한 기초자료와 구매수량 결정을 위한 자료로 활용
- 구매거래처의 업태조사 : 계속 거래인 경우 안정적인 거래를 유지하기 위해서 주거래 업체의 개괄적 상황, 기업의 특색,

정답
11 ③ 12 ④ 13 ③ 14 ② 15 ② 16 ②

금융상황, 판매상황, 노무상황, 생산상황, 품질관리, 제조원가 등의 업무조사를 실시
- 유통경로의 조사 : 구매가격에 직접적인 영향을 미치는 유통경로를 조사

17 효소에 의한 갈변을 억제하는 방법으로 옳은 것은?

① 환원성 물질 첨가

② 기질 첨가

③ 산소 접촉

④ 금속이온 첨가

해설 효소적 갈변의 방지법 중 환원제에 의한 방지법으로는 Ascorbic acid와 같은 환원제를 사용하여 식품조직 속에 용해되어 있는 산소를 급속히 환원시켜 갈변을 억제한다.

18 현미는 벼의 어느 부위를 벗겨낸 것인가?

① 과피와 종피

② 겨층

③ 겨층과 배아

④ 왕겨층

해설 현미는 벼의 왕겨를 벗겨낸 것이다. 백미는 8%의 쌀겨(과피, 종피, 외배유, 호분층, 배아)를 제거한 쌀로 정백률이 92%이다.

19 다음 중 조리장비와 도구의 위험요소로부터의 예방법으로 바르지 않은 것은?

① 야채절단기는 재료투입 시 손으로 재료를 눌러 이용한다.

② 조리용 칼의 방향은 몸 반대쪽으로 한다.

③ 가스레인지는 사용 후 즉시 밸브를 잠근다.

④ 튀김기 세척 시 물기를 완전히 제거한다.

해설 야채절단기의 재료 투입 시 누름봉을 이용하여 안전하게 사용한다.

20 생선의 자가소화 원인은?

① 세균의 작용

② 단백질 분해효소

③ 염류

④ 질소

해설 생선은 어느 정도 사후경직이 지속된 후에 연화하기 시작하는데, 이는 근육 중의 단백질 분해효소의 작용에 의한 변화로 세포조직이 체내의 효소작용에 의해 자체의 성분을 분해해 가는 자가소화 과정이기도 하다.

21 강화식품에 대한 설명으로 틀린 것은?

① 식품에 원래 적게 들어 있는 영양소를 보충한다.

② 식품의 가공 중 손실되기 쉬운 영양소를 보충한다.

③ 강화영양소로 비타민 A, 비타민 B, 칼슘(Ca) 등을 이용한다.

④ α화 쌀은 대표적인 강화식품이다.

해설 알파미

밥을 지은 후 감압으로 급속하게 탈수하여 수분을 5% 정도로 건조하여 쌀 속의 전분을 호화 상태로 유지하는 것으로 물 또는 뜨거운 물을 가하면 밥이 되는데, 강화식품이라기보다는 인스턴트 밥, 휴대식 등에 이용된다.

22 일반적으로 꽃 부분을 주요 식용부위로 하는 화채류는?

① 죽순(Bamboo Shoot)

② 파슬리(Parsley)

③ 콜리플라워(Cauliflower)

④ 아스파라거스(Asparagus)

해설 화채류 중 꽃 부분을 식용하는 채소로는 콜리플라워, 브로콜리, 원추리꽃(향화) 등이 있다.

정답

17 ① 18 ④ 19 ① 20 ② 21 ④ 22 ③

23 하루 동안에 섭취한 음식 중에 단백질 70g, 지질 35g, 당질 400g이 있었다면, 이때 얻을 수 있는 열량은?

① 1,885kcal

② 2,195kcal

③ 2,295kcal

④ 2,095kcal

해설 열량소 1g당 탄수화물 4kcal, 단백질 4kcal, 지방 9kcal의 열량을 내므로, (70×4)+(35×9)+(400×4)=2,195kcal이다.

24 식품과 대표적인 맛성분(유기산)을 연결한 것 중 틀린 것은?

① 포도 – 주석산

② 감귤 – 구연산

③ 사과 – 사과산

④ 요구르트 – 호박산

해설 호박산(Succinic acid)은 양조식품, 패류, 사과, 딸기 등에 있으며, 감칠맛도 있다.

25 육류의 연화작용에 관여하지 않는 것은?

① 파파야　② 파인애플

③ 레닌　④ 무화과

해설 파파야에는 파파인, 파인애플에는 브로멜린, 무화과에는 피신이란 효소가 들어 있어서 육류의 가수분해에 의한 연육작용을 한다.

26 유화(Emulsion)에 의해 형성된 식품이 아닌 것은?

① 우유

② 마요네즈

③ 주스

④ 잣죽

해설 • 유화액의 형성에는 자연유화액과 인공유화액이 있다.
• 자연 유화액에는 우유나 크림, 버터, 난황 등을 들 수 있고, 인공 유화액은 인공적으로 젓거나 거품을 내거나 액체와 기름을 흔들거나 하여 유화액을 형성하는 것으로 잣죽, 마요네즈, 크림수프 등이 있다.

27 달걀의 보존 중 품질변화에 대한 설명으로 틀린 것은?

① 수분의 증발

② 농후난백의 수양화

③ 난황막의 약화

④ 산도(pH)의 감소

해설 달걀의 저장 중 난백의 pH가 7.6 정도이나 시간이 지남에 따라 CO_2의 증발로 2~3일 내에 pH가 9~9.7이 된다.

28 다음 중 알칼리성 식품에 해당하는 것은?

① 육류

② 곡류

③ 해조류

④ 어류

해설 무기질의 종류에 따른 산성 식품과 알칼리성 식품
• 산성식품 : P(인), S(황), Cl(염소) 등을 함유하고 있는 식품으로 곡류, 어류, 육류 등이 있다.
• 알칼리성식품 : Na(나트륨), K(칼륨), Fe(철분), 칼슘(Ca) 등을 함유하고 있는 식품으로 해조류, 과일, 채소류 등이 있다.

29 다당류와 거리가 먼 것은?

① 젤라틴(Gelatin)

② 글리코겐(Glycogen)

③ 펙틴(Pectin)

④ 글루코만난(Glucomannan)

해설 젤라틴은 유도단백질의 일종으로, 콜라겐(피부, 힘줄, 뼈, 연골)을 물과 함께 장시간 끓이면 뜨거운 물에는 녹고 찬물에 녹지 않는 젤라틴이 얻어진다.

정답
23 ② 24 ④ 25 ③ 26 ③ 27 ④ 28 ③ 29 ①

30 자유수의 성질에 대한 설명으로 틀린 것은?

① 수용성 물질의 용매로 사용된다.

② 미생물 번식과 성장에 이용되지 못한다.

③ 비중은 4℃에서 최고이다.

④ 건조로 쉽게 제거 가능하다.

해설 자유수(유리수)는 식품 중에 유리 상태로 존재하는 물로 미생물 생육이 가능하다.

31 단백질 함량이 14% 정도인 밀가루로 만드는 것이 가장 좋은 식품은?

① 버터케이크

② 튀김

③ 마카로니

④ 과자류

해설 밀가루의 종류와 용도

종류	글루텐 함량	용도
강력분	13% 이상	식빵, 마카로니, 스파게티
중력분	10~13%	국수, 만두피
박력분	10% 이하	케이크, 튀김옷

32 고등어구이를 하려고 한다. 정미중량 70g을 조리하고자 할 때 1인당 발주량은 약 얼마인가?(단, 고등어 폐기율은 35%)

① 43g

② 91g

③ 108g

④ 110g

해설 $총발주량 = \frac{(정미중량)}{(100-폐기율)} \times 100 \times 인원수$

$= \frac{70}{(100-35)} \times 100 \times 1 = 107.6$

∴ 1인당 발주량은 108g이다.

33 냄새 제거를 위한 향신료가 아닌 것은?

① 육두구(Nutmeg)

② 월계수잎(Bay Leaf)

③ 마늘(Garlic)

④ 세이지(Sage)

해설 육두구(넛맥)는 말려서 방향성 건위제 · 강장제 등으로 쓰이며, 서양에서는 향미료로 사용한다.

34 식혜를 당화시켜 끓일 때 설탕과 함께 소금을 조금 넣어 단맛이 강하게 느껴지는 현상은?

① 미맹현상

② 소실현상

③ 대비현상

④ 변조현상

해설 맛의 대비현상(강화현상)
서로 다른 두 가지 맛이 작용하면 주된 맛 성분이 강해지는 현상으로, 설탕 용액에 약간의 소금을 첨가하면 단맛이 증가된다.

35 조리방법에 대한 설명으로 옳은 것은?

① 채소를 잘게 썰어 국을 끓이면 빨리 익으므로 수용성 영양소의 손실이 적어진다.

② 전자레인지는 자외선에 의해 음식이 조리된다.

③ 콩나물국의 색을 맑게 만들기 위해 소금으로 간을 한다.

④ 푸른색을 최대한 유지하기 위해 소량의 물에 채소를 넣고 데친다.

해설

① 채소를 잘게 썰어 국을 끓이면 수용성 영양소의 손실이 크다.
② 전자레인지는 초단파(전자파)를 이용하여 음식이 조리된다.
④ 푸른색을 유지하며 채소를 데치기 위해서는 물의 양이 5배 정도가 적당하다.

정답
30 ② 31 ③ 32 ③ 33 ① 34 ③ 35 ③

36 물품의 검수와 저장하는 곳에서 꼭 필요한 집기류는?

① 칼과 도마

② 대형그릇

③ 저울과 온도계

④ 계량컵과 계량스푼

해설 물품의 검수 시 올바른 계량을 위해 저울이 필요하며, 저장을 위해서는 온도계가 필수 집기류이다.

37 두부를 만드는 과정은 콩 단백질의 어떠한 성질을 이용한 것인가?

① 건조에 의한 변성

② 동결에 의한 변성

③ 효소에 의한 변성

④ 무기염류에 의한 변성

해설 두부의 제조
콩단백질(글리시닌)에 무기염류(응고제)를 첨가하여 응고시키는 원리를 이용한다.

38 다음 조리 중 습열조리법이 아닌 것은?

① 설렁탕

② 갈비찜

③ 불고기

④ 버섯전골

해설 습열에 의한 조리는 삶기, 찌기, 끓이기 등이며, 불고기는 건열조리에 속한다.

39 노화가 잘 일어나는 전분은 다음 중 어느 성분의 함량이 높은가?

① 아밀로오스(Amylose)

② 아밀로펙틴(Amylopectin)

③ 글리코겐(Glycogen)

④ 한천(Agar)

해설 아밀로오스의 함량이 높은 전분은 아밀로펙틴이 많은 전분보다 노화가 잘 일어난다.

40 소금의 종류 중 불순물이 가장 많이 함유되어 있고, 가정에서 배추를 절이거나 젓갈을 담글 때 주로 사용하는 것은?

① 호렴

② 제재염

③ 식탁염

④ 정제염

해설

- 호렴(천일염, 굵은소금) : 염전에서 긁어모은 1차 제품으로 색이 검고, 불순물이 섞여있으며 오이지, 젓갈, 배추절임에 사용한다.
- 제재염(고운소금, 꽃소금) : 호렴을 다시 물에 녹여 재결정한 것으로 음식의 간을 맞출 때 사용한다.
- 정제염 : 바닷물을 파이프로 직접 끓어 들여 나트륨과 염소만을 걸러낸 것으로 불순물이 거의 없는 소금이다.
- 식탁염 : NaCl(염화나트륨) 농도가 95% 이상인 정제염을 사용한다.

41 생선 조리방법에 대한 설명으로 틀린 것은?

① 생강과 술은 비린내를 없애는 용도로 사용한다.

② 처음 가열할 때 수분 간은 뚜껑을 약간 열어 비린내를 휘발시킨다.

③ 모양을 유지하고 맛 성분이 밖으로 유출되지 않도록 양념간장이 끓을 때 생선을 넣기도 한다.

④ 선도가 약간 저하된 생선은 조미를 비교적 약하게 하여 뚜껑을 덮고 짧은 시간 내에 끓인다.

해설 신선도가 떨어진 생선을 조리할 때는 조미를 비교적 강하게 하여 뚜껑을 열고 양념이 배이도록 끓인다.

정답
36 ③ 37 ④ 38 ③ 39 ① 40 ① 41 ④

42 육류를 가열할 때 일어나는 변화 중 틀린 것은?

① 중량 증가

② 풍미의 생성

③ 비타민의 손실

④ 단백질의 응고

해설 육류 가열 시 온도가 높을수록, 그리고 가열시간이 길수록 근육섬유는 수축되고 수분이 많이 유출되어 중량은 감소한다.

43 구매한 식품의 재고관리 시 적용되는 방법 중 최근에 구입한 식품부터 사용하는 것으로 가장 오래된 물품이 재고로 남게 되는 것은?

① 선입선출법

② 후입선출법

③ 총 평균법

④ 최소-최대관리법

해설 후입선출법

선입선출법과 정반대로 최근에 구입한 재료부터 먼저 사용하는 방법이다.

44 일반적인 식품의 구매방법으로 가장 옳은 것은?

① 고등어는 2주일분을 한꺼번에 구입한다.

② 느타리버섯을 3일에 한 번씩 구입한다.

③ 쌀은 1개월분을 한꺼번에 구입한다.

④ 소고기는 1개월분을 한꺼번에 구입한다.

해설 생선이나 과채류는 필요에 따라 수시 구입하고, 소고기는 냉장시설이 갖추어져 있으면 1주일분을 한꺼번에 구입한다.

45 손익분기점이란 무엇인가?

① 이익을 발생시킨 점

② 수익과 총비용이 일치하는 점

③ 손실을 발생시킨 점

④ 판매량, 생산량을 알리는 도표

해설 손익분기점

수익과 총비용(고정비+변동비)이 일치하는 점으로, 이점에서는 이익도 손실도 발생하지 않는다.

46 간디스토마는 제2중간숙주인 민물고기 내에서 어떤 형태로 존재하다가 인체에 감염을 일으키는가?

① 피낭유충(Metacercaria)

② 레디아(Redia)

③ 유모유충(Miracidium)

④ 포자유충(Sporocyst)

해설 간디스토마의 생활사 및 전파

충체에 의해 산란된 충란은 분변으로 배출된 뒤 수중으로 흘러 들어가서 제1중간숙주인 왜우렁이에게 섭취되어 유미유충이 되고, 유미유충은 물속으로 나와 제2중간숙주인 붕어와 잉어 등의 비늘에 붙은 다음 꼬리는 떨어지고 몸통 안 근육 내로 침입하여 피낭 유충이 된다.

47 실내공기의 오염지표로 사용하는 기체와 그 서한량이 바르게 짝지어진 것은?

① CO – 0.1%

② SO_2 – 0.01%

③ CO_2 – 0.1%

④ NO_2 – 0.01%

해설 이산화탄소(CO_2)는 실내공기오염의 지표로 이용되며, 위생학적 허용한계는 0.1%이다.

48 채소류를 매개로 감염될 수 있는 기생충이 아닌 것은?

① 회충 ② 유구조충

③ 구충 ④ 편충

해설 유구조충(갈고리촌충)은 유구낭미충이 감염된 돼지고기를 섭취하면 감염되는데, 돼지고기를 생식하지 말고 충분히 익혀서 먹어야 감염되지 않는다.

정답

42 ① 43 ② 44 ③ 45 ② 46 ① 47 ③ 48 ②

49 일반적인 인수공통감염병에 속하지 않는 것은?

① 탄저

② 고병원성 조류인플루엔자

③ 홍역

④ 광견병

해설 인수공통감염병
동물과 사람 간에 서로 전파되는 병원체에 의하여 발생되는 감염병이다[장출혈성대장균감염증, 일본뇌염, 브루셀라증, 탄저, 공수병(광견병), AI인체감염증(조류인플루엔자), SARS, vCJD, Q열, 결핵].

50 칼슘(Ca)과 인(P)이 소변 중으로 유출되는 골연화증 현상을 유발하는 유해 중금속은?

① 납

② 카드뮴

③ 수은

④ 주석

해설 카드뮴(Cd)은 독성이 강한 중금속으로 근위 세뇨관에 병변이 생겨 그 기능의 장애로 칼슘과 인이 손실되게 하여 골연화증을 일으킨다.

51 다음 설명에 해당하는 조미료는 무엇인가?

성분은 포도당, 수분, 알코올로 이루어져 있으며, 조리에 단맛과 매끄러움, 좋지 않은 냄새 등을 휘발시켜 준다.

① 설탕

② 올리고당

③ 된장

④ 미림

해설 미림에 함유된 포도당은 단맛을 형성하고, 아미노산이나 펩티드는 매끄러움을, 알코올은 좋지 않은 냄새를 휘발시키는 효과가 있다.

52 일식무침 그릇으로 적당하지 않은 것은?

① 화려하고 큰 접시 ② 작은 접시

③ 조개껍데기 ④ 보시기

해설 무침은 너무 화려하거나 큰 접시에 담으면 모양이 좋지 않다.

53 일식 맛국물 조리에 대한 설명으로 옳지 않은 것은?

① 다시마 맛국물 조리 시 찬물에 넣고 끓기 직전에 다시마를 건진다.

② 다시마를 오래 끓이면 국물이 끈적끈적해진다.

③ 니보시다시는 말린 멸치, 새우 등 여러 가지 해산물을 이용하여 만든다.

④ 가다랑어 맛국물 조리 시 가쓰오부시를 넣고 1시간 이상 우려낸다.

해설 가다랑어 맛국물 조리 시 가쓰오부시를 넣고 10~15분 국물을 우려내주는데, 너무 오래 두면 국물이 탁하고 맛이 떨어진다.

54 조림요리에 사용하는 도구에 대한 설명으로 옳지 않은 것은?

① 오토시부타와 같은 냄비의 뚜껑보다 작은 것을 사용한다.

② 뚜껑의 크기는 냄비와 딱 맞는 것이 좋다.

③ 얇은 냄비는 재료가 탈 수 있다.

④ 생선살이나 부서지기 쉬운 것은 넓적한 냄비가 적당하다.

해설 조림요리 시 오토시부타(落とし蓋)나 가미부타(紙蓋)와 같이 뚜껑보다 작아 냄비 안에 들어갈 수 있는 크기의 뚜껑을 사용하면 국물의 넘침 방지, 고른 열전달, 재료의 건조와 주름을 막을 수 있다.

정답
49 ③ 50 ② 51 ④ 52 ① 53 ④ 54 ②

55 면 요리의 고명에 대한 설명으로 틀린 것은?

① 아게다마는 국물이 있는 면류, 차가운 면류, 덮밥용에 사용된다.

② 꽃가다랑어 포의 선도를 확인하고 사용한다.

③ 시찌미는 면류에 제공 시 모두 뿌려서 나간다.

④ 튀김류를 얹을 때는 튀김과 면류의 조리가 동일하게 이루어지도록 한다.

해설 시찌미는 면류에 넣어 제공하는 것은 피하고 고객의 취향에 따라 따로 제공한다.

56 덮밥에 쓰이는 냄비로 손잡이가 직각으로 되어 있으며, 밥에 올리는 과정에서 편하게 턱이 낮고 가벼운 냄비의 종류는?

① 스끼야끼나베

② 유키히라나베

③ 아게나베

④ 돈부리나베

해설

- 스끼야끼나베 : 전골냄비
- 유키히라나베 : 손잡이, 주둥이가 붙어 있는 냄비로 죽을 끓이기에 적당함
- 아게나베 : 튀김냄비

57 초회 조리에 대한 설명으로 바르지 않은 것은?

① 적당한 산미가 있어 식욕을 증진시킨다.

② 짙은 조림이나 튀김요리 뒤에 배합하면 쾌감을 줄 수 있다.

③ 겨울철에 어울리는 음식이다

④ 날것을 그대로 사용 할 때는 신선도가 중요하다.

해설 초회는 새콤달콤한 혼합초를 재료에 곁들여내는 요리로, 여름철 음식으로 적당하다.

58 초밥용 쌀의 특성으로 옳지 않은 것은?

① 백미 상태로 냉장 보관한 쌀을 사용한다.

② 햅쌀보다는 묵은 쌀이 좋다.

③ 적합한 품종으로 고시히카리계와 사사니시키계가 있다.

④ 밥에 배합초를 섞어야 하므로 평상시보다 약간 되게 밥을 짓는다.

해설 현미 상태로 12℃ 정도의 온도에 보관하다가 사용 직전에 도정을 하여 사용하는 것이 좋다.

59 구이에 사용되는 기물로 열원이 위에 있어 재료의 기름이 떨어져 연기나 불이 나지 않아 작업이 용이한 기물은?

① 샐러맨더

② 오븐

③ 철판

④ 숯불화구

해설 샐러맨더
열원이 위에 있어 생선의 기름이나 육류의 기름이 떨어져 연기나 불이 나지 않아 작업이 용이하다.

60 일본 간장의 종류 중 짙은 흑색으로 독특한 향기와 맛을 갖고 있는 것은?

① 다마리간장

② 연한간장

③ 진간장

④ 백간장

해설 다마리간장
짙은 흑색으로 농후한 맛과 단맛을 내고 윤기를 더해주며, 조림요리에 사용한다.

정답
55 ③ 56 ④ 57 ③ 58 ① 59 ① 60 ①

CHAPTER

02 일식 실전모의고사 제2회

01 식품에 존재하는 유기물질을 고온으로 가열할 때 지방이 분해되어 생기는 유해물질은?

① 에틸카바메이트(Ethylcarbamate)

② 다환방향족탄화수소(Polycyclic aromatic hydrocarbon)

③ 앤-니트로소아민(N-nitrosoamine)

④ 메탄올(Methanol)

해설 고기를 구울 때 생기는 벤조피렌과 같은 다환방향족탄화수소와 같은 발암물질은 식품 등 유기물의 불완전연소 과정에서 생성되는 물질로, 식품의 조리 · 가공 시 식품의 주성분인 탄수화물, 단백질, 지방 등이 분해되어 생성되기도 한다.

02 식품의 위생과 관련된 곰팡이의 특징이 아닌 것은?

① 건조식품을 잘 변질시킨다.

② 대부분 생육에 산소를 요구하는 절대 호기성미생물이다.

③ 곰팡이 독을 생성하는 것도 있다.

④ 일반적으로 생육속도가 세균에 비하여 빠르다.

해설 세균의 번식력은 이분법으로 한 개체가 두 마리로 분할하여 두 개체가 되는 번식력을 가지고 있지만, 곰팡이는 포자로 번식을 하는데 세균보다 강하진 않지만 질긴 성질을 가지고 있다.

03 다음 중 대장균의 최적증식온도 범위는?

① 0~5℃ ② 5~10℃

③ 30~40℃ ④ 55~75℃

해설 대장균의 최적증식온도는 37℃ 전후이다.

04 식품을 취급하는 종사자의 손 씻기로 바르지 않은 것은?

① 보통비누로 먼저 손을 씻어낸 후 역성비누를 사용한다.

② 살균효과를 높이기 위해 보통비누와 역성비누액을 섞어 사용한다.

③ 팔에서 손으로 씻어 내려온다.

④ 핸드타월이나 자동 손 건조기를 사용하는 것이 바람직하다.

해설 보통비누는 더러운 먼지 등을 제거하는 작용이 있고, 역성비누는 세척력은 약하나 살균력이 강하여 보통비누로 먼저 먼지를 제거한 후 역성비누를 사용하는 것이 바람직하다.

05 60℃에서 30분간 가열하면 식품 안전에 위해가 되지 않는 세균은?

① 살모넬라균

② 클로스트리디움 보툴리늄균

③ 황색 포도상구균

④ 장구균

해설 살모넬라균은 60℃에서 30분간 가열하면 사멸되므로 가열 섭취하면 예방할 수 있다.

정답
01 ② 02 ④ 03 ③ 04 ② 05 ①

06 도마와 식칼에 대한 위생관리로 잘못된 것은?

① 뜨거운 물로 씻고, 세제를 묻힌 스펀지로 더러움을 제거한다.

② 흐르는 물로 세제를 씻는다.

③ 80℃의 뜨거운 물에 5분간 담근 후 세척하거나 차아염소산나트륨 용액에 담갔다가 세척한다.

④ 세척, 소독 후에는 건조할 필요 없다.

해설 도마와 식칼은 세척 과정을 끝내면 완전히 건조시킨 후 사용한다.

07 다음 중 직업병의 연결이 옳지 않은 것은?

① 조명불량 – 안정피로, 안구진탕증

② 수은중독 – 미나마타병

③ 고압환경 – 고산병

④ 고열환경 – 열경련, 열사병

해설 고압환경 – 잠함병, 저압환경 – 고산병

08 식품과 자연독의 연결이 맞는 것은?

① 독버섯 – 솔라닌(Solanine)

② 감자 – 무스카린(Muscarine)

③ 살구씨 – 파세오루나틴(Phaceolunatin)

④ 목화씨 – 고시폴(Gossypol)

해설 식품 중의 유독성분
- 독버섯 – 무스카린
- 감자 – 솔라닌, 살구씨, 청매
- 복숭아씨–아미그달린
- 목화씨 – 고시폴

09 식품첨가물 중 보존료의 목적을 가장 잘 표현한 것은?

① 산도 조절

② 미생물에 의한 부패방지

③ 산화에 의한 변패방지

④ 가공과정에서 파괴되는 영양소 보충

해설
- 산미료 : 산도 조절
- 보존료 : 미생물에 의한 부패방지
- 산화방지제 : 산화에 의한 산패방지
- 강화제 : 부족한 영양소를 식품에 첨가하여 영양소를 보충

10 알레르기성 식중독을 유발하는 세균은?

① 병원성 대장균(E.coli O157:H7)

② 모르가넬라 모르가니(Morganella morganii)

③ 엔터로박터 사카자키(Enterobacter sakazakii)

④ 비브리오 콜레라(Vibrio cholerae)

해설 모르가넬라 모르가니균은 장내세균과 Morganella속에 속하는 균으로, 꽁치나 고등어 같은 붉은살 어류의 가공품을 섭취했을 때 몸에 두드러기가 나고, 열이 나는 증상을 일으킨다. 이와 같은 식중독을 알레르기성 식중독이라 한다.

11 식품위생법상 식품위생수준의 향상을 위하여 필요한 경우 조리사에게 교육을 받을 것을 명할 수 있는 자는?

① 관할시장

② 보건복지부장관

③ 식품의약품안전처장

④ 관할 경찰서장

해설 식품의약품안전처장은 식품위생수준 및 자질의 향상을 위하여 필요한 경우 조리사와 영양사에게 교육받을 것을 명할 수 있다.

정답
06 ④ **07** ③ **08** ④ **09** ② **10** ② **11** ③

12 식품위생법의 정의에 따른 "기구"에 해당하지 않는 것은?

① 식품 섭취에 사용되는 기구
② 식품 또는 식품첨가물에 직접 닿는 기구
③ 농산품 채취에 사용되는 기구
④ 식품 운반에 사용되는 기구

해설 식품위생법의 정의에 따른 "기구"란 음식물을 먹을 때 사용하거나 담는 것, 식품 또는 식품첨가물을 채취 · 제조 · 가공 · 조리 · 저장 · 소분 · 운반 · 진열할 때 사용하는 것으로서 식품 또는 식품첨가물에 직접 닿는 기계 · 기구나 그 밖의 물건을 말한다. 단, 농업과 수산업에서 식품을 채취하는 데에 쓰이는 기계 · 기구나 그 밖의 물건은 제외한다.

13 즉석판매제조 · 가공업소 내에서 소비자에게 원하는 만큼 덜어서 직접 최종 소비자에게 판매하는 대상 식품이 아닌 것은?

① 벌꿀 ② 식빵
③ 우동 ④ 어육제품

해설 어육제품, 특수용도식품(체중조절용 조제식품은 제외), 통 · 병조림 제품, 레토르트식품, 전분, 장류 및 식초는 소분 · 판매하여서는 아니 된다.

14 식품위생법상 조리사가 식중독이나 그밖에 위생과 관련한 중대한 사고 발생의 직무상 책임에 대한 1차 위반 시 행정처분기준은?

① 시정명령 ② 업무정지 1개월
③ 업무정지 2개월 ④ 면허취소

해설 조리사

위반사항	행정처분기준		
	1차 위반	2차 위반	3차 위반
식중독이나 그밖에 위생과 관련하여 중대한 사고발생에 직무상의 책임이 있는 경우	업무정지 1개월	업무정지 2개월	면허취소

15 위험도 경감을 위한 3가지 시스템 구성요소가 아닌 것은?

① 사람
② 조직
③ 절차
④ 장비

해설 위험도 경감의 원칙 중 위험도 경감은 사람, 절차, 장비의 3가지 시스템 구성요소를 고려하여 다양한 위험도 경감 접근법을 검토한다.

16 카제인(Casein)은 어떤 단백질에 속하는가?

① 당단백질
② 지단백질
③ 유도단백질
④ 인단백질

해설 인단백질이란 단백질에 인산이 공유결합을 한 복합단백질을 통틀어 일컫는 말로, 젖에 함유된 카제인과 달걀노른자에 있는 비텔린 등이 대표적이다.

17 전분식품의 노화를 억제하는 방법으로 적합하지 않은 것은?

① 설탕을 첨가한다.
② 식품을 냉장 보관한다.
③ 식품의 수분 함량을 15% 이하로 한다.
④ 유화제를 사용한다.

해설 식품을 냉장 보관하면 전분의 노화가 쉽게 온다. 전분을 80℃ 이상에서 급속히 건조시키거나 0℃ 이하에서 급속 냉동하여 수분 함량을 15% 이하로 하면 노화를 억제할 수 있다.

18 과실 저장고의 온도, 습도, 기체 조성 등을 조절하여 장기간 동안 과실을 저장하는 방법은?

① 산 저장 ② 자외선 저장
③ 무균포장 저장 ④ CA 저장

정답
12 ③ 13 ④ 14 ② 15 ② 16 ④ 17 ② 18 ④

해설 CA 저장
저장고 속의 대기가스를 인공적으로 조절해 과일 등을 원형 가깝게 저장하는 방법으로, 이산화탄소와 질소를 증가시키고 산소를 줄여 최적의 환경을 만들어 저장하는 방법이다.

19 유지를 가열할 때 생기는 변화에 대한 설명으로 틀린 것은?

① 유리지방산의 함량이 높아지므로 발연점이 낮아진다.
② 연기성분으로 알데히드(Aldehyde), 케톤(Ketone) 등이 생성된다.
③ 요오드값이 높아진다.
④ 중합반응에 의해 점도가 증가된다.

해설 요오드 값(Iodine value)은 유지 100g 중에 흡수되는 요오드의 g수로, 지방산 중에 이중결합이 많을수록 요오드가가 높아지며 유지의 불포화도를 나타내는 척도가 되는데, 유지를 오래 가열하면 이중결합이 중합되어 요오드가 감소된다.

20 조리 작업 시 유해 · 위험요인과 원인의 연결로 바르지 않은 것은?

① 화상, 데임 – 뜨거운 기름이나 스팀, 오븐 등의 기구와 접촉 시
② 근골격계 질환 – 장시간 한 자리에서 작업 시
③ 미끄러짐, 넘어짐 – 정리정돈 미흡과 부적절한 조명 사용 시
④ 전기감전과 누전 – 연결코드 제거 후 전자제품 청소 시

21 신맛 성분과 주요 소재식품의 연결이 틀린 것은?

① 구연산(Citric acid) – 감귤류
② 젖산(Lactic acid) – 김치류
③ 호박산(Succinic acid) – 늙은 호박
④ 주석산(Tartaric acid) – 포도

해설 호박산은 양조식품, 패류, 사과, 딸기 등에 있고, 감칠맛도 있다.

22 소화기 설치 및 관리 요령으로 바르지 않은 것은?

① 소화기는 습기가 적고 건조하며, 서늘한 곳에 설치한다.
② 분말 소화기는 흔들거나 움직이지 않고 계속 비치한다.
③ 사용한 소화기는 다시 사용할 수 있도록 재충전하여 보관한다.
④ 유사시에 대비하여 수시로 점검한다.

해설 분말소화기는 소화약제가 굳거나 가라앉지 않도록 한 달에 한 번 정도 위아래로 흔들어 주는 것이 좋다.

23 달걀 100g 중에 당질 5g, 단백질 8g, 지질 4.4g이 함유되어 있다면 달걀 5개의 열량은 얼마인가?(단, 달걀 1개의 무게는 50g이다)

① 91.6kcal
② 229kcal
③ 274kcal
④ 458kcal

해설
- 식품은 당질 1g당 4kcal, 단백질 1g당 4kcal, 지방 1g당 9kcal의 열량이 발생한다.
  $(5\times4)+(8\times4)+(4.4\times9)=20+32+39.6=91.6$
  그러므로 달걀 100g 중 식품의 열량은 91.6kcal이다.
- 달걀 1개의 무게가 50g이고, 달걀 5개의 열량을 구하라고 했으므로 총 250g(50g×5개)의 열량을 구하면 된다.
  $100 : 91.6 = 250 : x$
  $100x = 91.6\times250$
  $x=\frac{91.6\times250}{100}=\frac{22,900}{100}=229$
  ∴ 달걀 5개의 열량은 229kcal이다.

정답
19 ③ 20 ④ 21 ③ 22 ② 23 ②

24 근채류 중 생식하는 것보다 기름에 볶는 조리법을 적용하는 것이 좋은 식품은?

① 무 ② 고구마

③ 토란 ④ 당근

해설
- 지용성 비타민에는 비타민 A, D, E, K, F 등이 있다.
- 식물(당근, 파프리카, 노란 호박 등)에는 비타민 A의 전구물질인 카로틴이 존재하는데, 인체 내에 들어왔을 때 비타민 A로의 효력을 갖게 된다.
- 지용성 비타민은 기름에 용해되나 물에는 용해되지 않으므로 생식하는 것보다 기름을 활용한 요리법을 쓰는 것이 좋다.

25 다음 중 단백가가 가장 높은 것은?

① 소고기

② 달걀

③ 대두

④ 버터

해설 단백가

식품에 함유된 필수 아미노산의 양을 표준단백질의 필수아미노산 조성과 비교한 수치로 단백질을 점수로 환산한 수치를 의미하는데, 달걀에 함유된 아미노산 조성은 체조직 합성에 가장 효율성이 높다.

26 구매를 위한 시장조사의 원칙으로 바르지 않은 것은?

① 조사 적시성의 원칙

② 조사 계획성의 원칙

③ 조사 정확성의 원칙

④ 비용 소비성의 원칙

해설 시장조사의 원칙
- 비용 경제성의 원칙 : 최소의 비용으로 시장조사를 한다.
- 조사 적시성의 원칙 : 시장조사는 본 구매를 해야 하는 기간 내에 끝낸다.
- 조사 탄력성의 원칙 : 시장의 가격변동이나 수급상황 변동에 대한 탄력적으로 대응하는 조사여야 한다.
- 조사 계획성의 원칙 : 사전에 시장조사 계획을 철저하게 세워서 실시한다.
- 조사 정확성의 원칙 : 세운 계획의 내용을 정확하게 조사한다.

27 산성식품에 해당하는 것은?

① 곡류

② 사과

③ 감자

④ 시금치

해설

산성 식품	알칼리성 식품
• 인(P), 황(S), 염소(Cl) 등을 함유하고 있는 식품 • 곡류, 어류, 육류 등	• 나트륨(Na), 칼륨(K), 칼슘(Ca), 철분(Fe) 등을 함유하고 있는 식품 • 해조류, 과일, 채소류, 고구마, 감자, 우유 등

28 아미노산, 단백질 등이 당류와 반응하여 갈색물질을 생성하는 반응은?

① 폴리페놀옥시다아제(Polyphenol oxidase) 반응

② 마이야르(Maillard) 반응

③ 캐러멜화(Caramelization) 반응

④ 티로시나아제(Tyrosinase) 반응

해설 마이얄 반응

비효소적 갈변의 하나로 아미노산, 단백질 등이 당류와 반응하여 갈색 채소인 멜라노이딘(Melanoidin) 색소를 형성한다.

29 제조 과정 중 단백질 변성에 의한 응고작용이 일어나지 않는 것은?

① 치즈 가공

② 두부 제조

③ 달걀 삶기

④ 딸기잼 제조

해설 치즈 가공, 두부 제조, 달걀 삶기는 단백질 변성에 의한 응고작용이 일어난 것이며, 딸기잼은 펙틴, 설탕, 산에 의해 겔화가 일어나는 원리에 의한 제조이다.

정답

24 ④ 25 ② 26 ④ 27 ① 28 ② 29 ④

30 검수업무를 위한 구비요건으로 바르지 않은 것은?

① 검수지식이 풍부한 검수담당자가 진행한다.

② 검수구역은 배달구역과 가까워야한다.

③ 물품저장소와의 거리는 가까울 필요는 없다.

④ 물품의 저장관리 및 특성을 숙지한다.

해설 노동력 절감을 위해서 검수구역은 배달구역입구, 물품저장소와 가까운 거리여야 한다.

31 튀김옷의 재료에 관한 설명으로 틀린 것은?

① 중조를 넣으면 탄산가스가 발생하면서 수분도 증발되어 바삭하게 된다.

② 달걀을 넣으면 달걀 단백질의 응고로 수분흡수가 방해되어 바삭하게 된다.

③ 글루텐 함량이 높은 밀가루가 오랫동안 바삭한 상태를 유지한다.

④ 얼음물에 반죽을 하면 점도를 낮게 유지하여 바삭하게 된다.

해설 튀김옷에 사용하는 밀가루로 글루텐 함량이 낮은 박력분을 사용해야 바삭한 튀김을 만들 수 있다.

32 식품 구매 시 폐기율을 고려한 총발주량을 구하는 식은?

① 총발주량=(100−폐기율)×100×인원수

② $총발주량=\dfrac{정미중량-폐기율}{(100-가식률)}\times100$

③ 총발주량=(1인당 사용량−폐기율)×인원수

④ $총발주량=\dfrac{정미중량}{(100-폐기율)}\times100\times인원수$

해설 $총발주량=\dfrac{정미중량}{(100-폐기율)}\times100\times인원수$

33 달걀의 기능을 이용한 음식의 연결이 잘못된 것은?

① 응고성 – 달걀찜

② 팽창제 – 시폰케이크

③ 간섭제 – 맑은장국

④ 유화성 – 마요네즈

해설 간섭제

식품 조리에서 달걀의 기능 중 하나로, 거품을 낸 난백은 결정체 형성을 방해하여 매끈하고 부드러운 질감을 준다.

예 셔벗이나 캔디 제조 시 거품을 낸 난백을 넣어주면 용질부착 방지로 작은 미세결정이 생겨 매끈하고 부드러운 질감을 준다.

34 냉장고 사용 방법으로 틀린 것은?

① 뜨거운 음식은 식혀서 냉장고에 보관한다.

② 문을 여닫는 횟수를 가능한 한 줄인다.

③ 온도가 낮으므로 식품을 장기간 보관해도 안전하다.

④ 식품의 수분이 건조되므로 밀봉하여 보관한다.

해설 냉장고에 보관 가능한 식품의 시간은 다음과 같은데 달걀 3~5주, 마요네즈 개봉 후 2개월 내, 조리된 식육 및 어패류 3~5일, 익히지 않은 식육 및 어패류 1~2일로 냉장고 온도가 낮다고 해서 식품을 장기간 보관하는 것은 안전하지 못하다.

35 소고기가 값이 비싸 돼지고기로 대체하려고 할 때 소고기 300g을 돼지고기 몇 g으로 대체하면 되는가?(단, 식품분석표상 단백질 함량은 소고기 20g, 돼지고기 15g이다)

① 200g ② 360g

③ 400g ④ 460g

해설

$$대체식품량=\dfrac{원래식품의\ 양\times원래식품의\ 해당성분수치}{대치하고자\ 하는\ 식품의\ 해당성분수치}=\dfrac{300\times20}{15}=\dfrac{6,000}{15}=400$$

따라서 소고기 300g은 돼지고기 400g으로 대체해서 사용하면 된다.

정답

30 ③ 31 ③ 32 ④ 33 ③ 34 ③ 35 ③

36 조리장 설비에 대한 설명 중 부적합한 것은?

① 조리장의 내벽은 바닥으로부터 5cm까지 수성자재로 한다.

② 충분한 내구력이 있는 구조이어야 한다.

③ 조리장에는 식품 및 식기류의 세척을 위한 위생적인 세척시설을 갖춘다.

④ 조리장 전용의 위생적 수세시설을 갖춘다.

해설 조리장의 내벽은 바닥으로부터 1m까지 타일 등의 내수성 자재를 사용한 구조이어야 한다.

37 조리용 칼 사용 시 위험요소로부터 예방하는 방법으로 바르지 않은 것은?

① 용도에 맞는 칼을 사용한다.

② 작업 전 충분한 스트레칭을 한다.

③ 칼의 방향은 몸 안쪽으로 사용한다.

④ 조리용 칼 운반 시 칼집이나 칼꽂이에 넣어 운반한다.

해설 칼 사용 시 방향은 몸의 반대쪽으로 놓고 사용해야 안전하다.

38 다음 원가의 구성에 해당하는 것은?

직접원가+제조간접비

① 판매가격　　② 간접원가

③ 제조원가　　④ 총원가

해설 원가구성도

			이익
		판매비와 관리비	총원가 (판매원가)
	제조간접비	제조원가 (공장원가)	
직접재료비	직접원가 (기초원가)		
직접노무비			
직접경비			
직접원가	제조원가	총원가	판매가격

39 조리 시 일어나는 현상과 그 원인으로 연결이 틀린 것은?

① 장조림 고기가 단단하고 잘 찢어지지 않음 – 물에 먼저 삶은 후 간장을 넣어 약한 불로 서서히 졸였기 때문

② 튀긴 도넛에 기름 흡수가 많음 – 낮은 온도에서 튀겼기 때문

③ 오이무침의 색이 누렇게 변함 – 식초를 미리 넣었기 때문

④ 생선을 굽는데 석쇠에 붙어 잘 떨어지지 않음 – 석쇠를 달구지 않았기 때문

해설 장조림이 질긴 이유는 간장을 처음부터 넣고 끓였기 때문이다. 고기는 염분에 의해서 수축작용을 하므로 고기가 어느 정도 물러진 다음에 간장을 넣어야 장조림이 질겨지지 않는다.

40 아메바에 의해서 발생되는 질병은?

① 장티푸스

② 콜레라

③ 유행성간염

④ 이질

해설 이질 아메바증은 대표적인 감염성 대장염의 일종으로, 이질 아메바라고 불리는 기생충이 장에 염증을 일으켜서 생기는 설사병이다.

41 탈수가 일어나지 않으면서 간이 맞도록 생선을 구우려면 일반적으로 생선 중량 대비 소금의 양은 얼마가 가장 적당한가?

① 0.1%

② 2%

③ 16%

④ 20%

해설 생선구이 시 소금구이의 경우 소금을 생선 중량의 2~3% 뿌리면 탈수도 일어나지 않고 간도 적절하다.

정답 36 ① 37 ③ 38 ③ 39 ① 40 ④ 41 ②

42 한국인 영양섭취와 비율로 맞는 것은?

① 당질 65%, 지질 20%, 단백질 15%

② 당질 50%, 지질 35%, 단백질 15%

③ 당질 40%, 지질 45%, 단백질 15%

④ 당질 85%, 지질 10%, 단백질 5%

해설 식단 작성 시 총 열량권장량 중 당질 65%, 지질 20%, 단백질 15%로 한다.

43 고기를 연하게 하기 위해 사용하는 과일에 들어있는 단백질 분해 효소가 아닌 것은?

① 피신(Ficin)

② 브로멜린(Bromelin)

③ 파파인(Papain)

④ 아밀라아제(Amylase)

해설 과일의 단백질 분해효소
무화과 – 피신, 파인애플 – 브로멜린, 파파야 – 파파인
※ 아밀라아제는 침에 들어있는 탄수화물을 분해하는 효소이다.

44 육류 조리에 대한 설명으로 옳은 것은?

① 육류를 오래 끓이면 질긴 지방조직인 콜라겐이 젤라틴화 되어 국물이 맛있게 된다.

② 목살, 양지, 사태는 건열조리에 적당하다.

③ 편육을 만들 때 고기는 처음부터 찬물에서 끓인다.

④ 육류를 찬물에 넣어 끓이면 맛 성분 용출이 용이해져 국물 맛이 좋아진다.

해설 육류를 오래 끓이면 결합조직인 콜라겐이 젤라틴으로 용해되어 고기가 연해진다. 양지와 사태처럼 질긴 부위는 습열조리가 적당하며, 편육을 만들 때 물이 끓은 후에 고기를 넣어야 맛 성분이 많이 유출되지 않는다.

45 단체 급식에서 식품의 재고관리에 대한 설명으로 틀린 것은?

① 각 식품에 적당한 재고기간을 파악하여 이용하도록 한다.

② 식품의 특성이나 사용빈도 등을 고려하여 저장 장소를 정한다.

③ 비상시를 대비하여 가능한 많은 재고량을 확보할 필요가 있다.

④ 먼저 구입한 것은 먼저 소비한다.

해설 계절별 구매단가가 폭등하거나 상황에 따라 구매제품을 찾을 수 없을 때 전략적으로 재고를 일정부분 가져가거나 대체품목을 고려해본다.

46 식혜에 대한 설명으로 틀린 것은?

① 전분이 아밀라아제에 의해 가수분해 되어 맥아당과 포도당을 생성한다.

② 밥을 지은 후 엿기름을 부어 효소반응이 잘 일어나도록 한다.

③ 80℃ 온도가 유지되어야 효소반응이 잘 일어나 밥알이 뜨기 시작한다.

④ 식혜 물에 뜨기 시작한 밥알은 건져내어 냉수에 헹구어 놓았다가 차게 식힌 식혜에 띄워 낸다.

해설 식혜는 60~65℃(전기밥통 보온 온도 정도)에서 효소반응이 잘 일어난다.

47 중조를 넣어 콩을 삶을 때 가장 문제가 되는 것은?

① 비타민 B_1의 파괴가 촉진됨

② 콩이 잘 무르지 않음

③ 조리수가 많이 필요함

④ 조리시간이 길어짐

해설 콩을 삶을 때 중조를 넣으면 콩이 잘 무르고 조리시간이 단축되지만, 비타민 B_1의 파괴가 촉진된다.

정답
42 ① 43 ④ 44 ④ 45 ③ 46 ③ 47 ①

48 다음 중 가장 강한 살균력을 갖는 것은?

① 적외선

② 자외선

③ 가시광선

④ 근적외선

해설 일광의 살균력은 대체로 자외선 때문이며, 2,500~2,800Å(옴스트롱) 범위의 것이 살균력이 가장 강하다.

49 감각온도의 3요소가 아닌 것은?

① 기온 ② 기습

③ 기류 ④ 기압

해설 감각온도의 3요소
기온, 기습, 기류

50 디.피.티(DPT)와 관계없는 질병은?

① 파상풍

② 디프테리아

③ 페스트

④ 백일해

해설 디.피.티(DPT)
D는 디프테리아(Diphtheria), P는 백일해(Pertussis), T는 파상풍(Tetani)을 의미한다.

51 일본 조리도 중 생선을 손질하거나 굵은뼈를 자를 때 사용하는 칼의 명칭은?

① 우나기보쵸

② 우스바보쵸

③ 데바보쵸

④ 사시미보쵸

해설 우나기보쵸 – 장어칼, 우스바보쵸 – 채소칼, 사시미보쵸 – 생선회칼

52 향신료로 뿌리를 강판에 갈아서 생선회 등에 사용하며 고추냉이라고 부르는 것은?

① 산초

② 와사비

③ 겨자

④ 고추

해설 와사비는 우리말로 고추냉이라고도 하며 뿌리를 강판에 갈아서 생선회 등에 사용하는데, 매운맛과 향기가 좋다.

53 일본 음식의 특징으로 바르지 않은 것은?

① 양념을 골고루 많이 사용함

② 주식과 부식의 구분이 있음

③ 색감과 조화를 중시함

④ 다시를 기본으로 많이 사용함

해설 재료 자체의 맛을 살리기 위해 조미료 사용을 적게 한다.

54 일식 무침의 특징으로 적당하지 않은 것은?

① 제공 직전에 무쳐내야 한다.

② 재료에 따라서 가열하거나 밑간을 먼저 한 후에 무치는 경우가 있다.

③ 가열하여 무칠 경우 바로 무쳐서 사용한다.

④ 무침요리에는 된장, 청주, 참깨 등이 많이 사용된다.

해설 무침 시 가열하여 무칠 경우에는 재료를 충분히 식혀서 무친다.

55 다음 중 국물요리에 대한 설명으로 옳지 않은 것은?

① 맑은 국물요리의 향미 재료로 유자껍질이 많이 사용된다.

② 탁한 국물요리는 회석요리에 주로 사용된다.

정답 48 ② 49 ④ 50 ③ 51 ③ 52 ② 53 ① 54 ③ 55 ②

③ 주재료로 어패류가 가장 많이 사용된다.

④ 부재료는 주재료와 맛, 색감, 질감 등이 어울리는 것으로 선택한다.

해설 맑은 국물요리는 일본요리의 코스요리인 회석요리에 주로 사용된다.

56 일식 조림요리 중 단조림에 사용되는 조미료가 아닌 것은?

① 맛술 ② 청주

③ 설탕 ④ 식초

해설 단 조림에는 맛술과 청주, 설탕이 사용된다.

57 일본 라멘의 종류로 연결이 옳지 않은 것은?

① 쇼유 라멘 : 굴소스로 맛을 냄

② 돈코츠라멘 : 돼지뼈로 맛을 냄

③ 미소라멘 : 된장으로 맛을 냄

④ 시오라멘 : 소금으로 맛을 냄

해설 쇼유라멘
간장으로 맛을 낸다.

58 차밥[오차즈케(おちゃずけ, お茶漬け, 녹차밥)에 대한 설명으로 틀린 것은?

① 녹차는 제공 직전에 뜨거운 물을 사용(80~90℃)하여 뽑는다.

② 녹차 자체의 맛이 진하고 향이 강해야 하므로 대작을 이용한다.

③ 높은 온도에서 우린 녹차는 10분 정도 경과하게 되면 떫은맛이 강해진다.

④ 현대에 와서는 녹차 외에도 뜨거운 물, 다시, 수프를 넣는 경우도 차밥이라 명칭을 사용한다.

해설 녹차 자체의 맛이 진하고 향이 강해야 하므로, 세작(가장 어린잎)을 이용한다.

59 초회 조리에 대한 설명으로 바르지 않은 것은?

① 적당한 산미가 있어 식욕을 증진시킨다.

② 짙은 조림이나 튀김요리 뒤에 배합하면 쾌감을 줄 수 있다.

③ 겨울철에 어울리는 음식이다

④ 날 것을 그대로 사용 할 때는 신선도가 중요하다.

해설 새콤달콤한 혼합초를 재료에 곁들여 내는 요리로, 여름철 음식으로 적당하다.

60 찜요리의 특징으로 옳지 않은 것은?

① 재료의 수분을 잃지 않는다.

② 모양이 흐트러지지 않는다.

③ 식히면 딱딱해져서 여름에 제공하기 어렵다.

④ 적당한 가열은 재료가 부드럽고, 성분손실이 적다.

해설 찜은 식어도 딱딱하게 변하지 않는 특징이 있어 식혀서 여름에 제공하기도 한다.

정답
56 ④ 57 ① 58 ② 59 ③ 60 ③

CHAPTER

03 일식 실전모의고사 제3회

01 황색 포도상구균의 특징이 아닌 것은?

① 균체가 열에 강함

② 독소형 식중독 유발

③ 화농성 질환의 원인균

④ 엔테로톡신(Enterotoxin) 생성

해설 황색 포도상구균

독소형 식중독으로, 균체와 달리 원인독소인 엔테로톡신은 내열성을 갖기 때문에 120℃에서 20분간의 가열에서도 완전히 파괴되지 않는다.

02 섭조개 섭취 시 문제를 일으킬 수 있는 독소 성분은?

① 테트로도톡신(Tetrodotoxin)

② 셉신(Sepsine)

③ 베네루핀(Venerupin)

④ 삭시톡신(Saxitoxin)

해설 식중독과 원인식품

- 테트로도톡신 – 복어
- 셉신 – 부패한 감자
- 베네루핀 – 모시조개, 굴, 바지락, 고동 등
- 삭시톡신 – 섭조개(홍합), 대합

03 위생복 착용 시 다음의 목적으로 반드시 착용해야 하는 것은?

머리카락과 머리의 분비물들로 인한 음식오염을 방지하고 위생적인 작업을 진행할 수 있도록 하기 위해 착용한다.

① 머플러

② 위생모

③ 위생화(작업화)

④ 위생복

해설 위생복 착용의 목적

- 머플러 : 주방에서 발생할 수 있는 상해의 응급조치 등
- 위생모 : 머리카락과 머리의 분비물로 인한 음식오염 방지
- 위생화 : 미끄러운 주방바닥에서의 미끄러짐 방지 등
- 위생복 : 열, 가스, 전기, 설비 등으로부터 보호 등

04 식품에서 자연적으로 발생하는 유독물질을 통해 식중독을 일으킬 수 있는 식품과 가장 거리가 먼 것은?

① 피마자 ② 표고버섯

③ 미숙한 매실 ④ 모시조개

해설 식품과 독소명

- 피마자 – 리신(Ricin)
- 미숙한 매실 – 아미그달린(Amygdalin)
- 모시조개 – 베네루핀(Venerupin)

05 과거 일본 미나마타병의 집단발병 원인이 된 중금속은?

① 카드뮴 ② 납

③ 수은 ④ 비소

해설 1953년 일본의 미나마타현 공장에서 사용한 유기수은(건전지, 제지공업 및 농약 등에 사용됨)의 일부가 폐수와 함께 흘러나와 하천, 해수, 해산물 순서로 더욱 높은 농도로 농축되어 이것을 다량 섭취한 어민들에게서 미나마타병을 일으켰다.

정답

01 ① 02 ④ 03 ② 04 ② 05 ③

06 소시지 등 가공육 제품의 육색을 고정하기 위해 사용하는 식품첨가물은?

① 발색제　② 착색제
③ 강화제　④ 보존제

해설 발색제
그 자체에는 색이 없으나 식품 중의 색소와 작용해서 색을 안정시키거나 발색을 촉진시키는 식품첨가물로, 소시지 등 가공육의 육류발색제로 사용한다.

07 소독의 지표가 되는 소독제는?

① 석탄산　② 크레졸
③ 과산화수소　④ 포르말린

해설 석탄산
화장실, 하수도, 진개 등의 오물 소독에 사용하며, 각종 소독약의 소독력을 나타내는 기준이 된다.

08 식품의 변화현상에 대한 설명으로 틀린 것은?

① 산패 : 유지식품의 지방질 산화
② 발효 : 화학물질에 의한 유기화합물의 분해
③ 변질 : 식품의 품질 저하
④ 부패 : 단백질과 유기물이 부패미생물에 의해 분해

해설 발효
탄수화물이 미생물의 작용을 받아 유기산, 알코올 등을 생성하게 되는 현상이다.

09 교차오염 예방을 위한 주방의 작업구역 중 청결작업구역이 아닌 것은?

① 세정구역
② 조리구역
③ 배선구역
④ 식기보관구역

해설 교차오염 예방을 위해 주방의 작업구역을 일반작업구역(검수구역, 전처리구역, 식재료 저장구역, 세정구역)과 청결작업구역(조리구역, 배선구역, 식기보관구역)으로 설정하여 전처리와 조리, 기구세척 등을 나누어 이행한다.

10 식품첨가물의 주요 용도 연결이 옳은 것은?

① 삼이산화철 – 표백제
② 이산화티타늄 – 발색제
③ 명반 – 보존료
④ 호박산 – 산도조절제

해설 삼이산화철과 이산화티타늄은 착색료이며, 명반은 팽창제로 사용된다.

11 식품위생법상 식중독 환자를 진단한 의사는 누구에게 이 사실을 제일 먼저 보고하여야 하는가?

① 보건복지부장관
② 경찰서장
③ 보건소장
④ 관할 시장, 군수, 구청장

해설 식중독 발생 시 보고순서
(한)의사 → 관할 시장 · 군수 · 구청장 → 식품의약품안전처장 및 시 · 도지사

12 조리사 면허 취소에 해당되지 않는 것은?

① 식중독이나 그밖에 위생과 관련한 중대한 사고 발생에 직무상의 책임이 있는 경우
② 면허를 타인에게 대여하여 사용하게 한 경우
③ 조리사가 마약이나 그 밖의 약물에 중독이 된 경우
④ 조리사 면허의 취소처분을 받고 그 취소된 날부터 2년이 지나지 아니한 경우

해설 조리사 면허의 취소처분을 받고 그 취소된 날부터 1년이 지나지 아니한 자는 조리사 면허를 받을 수 없다.

정답
06 ① **07** ① **08** ② **09** ① **10** ④ **11** ④ **12** ④

13 식품위생법상 식품 등의 위생적인 취급에 관한 기준이 아닌 것은?

① 식품 등을 취급하는 원료보관실, 제조가공실, 조리실, 포장실 등의 내부는 항상 청결하게 관리하여야 한다.

② 식품 등의 원료 및 제품 중 부패, 변질되기 쉬운 것은 냉동 · 냉장시설에 보관 · 관리하여야 한다.

③ 유통기한이 경과된 식품 등을 판매하거나 판매의 목적으로 진열 · 보관하여서는 아니 된다

④ 모든 식품 및 원료는 냉장 · 냉동시설에 보관 · 관리하여야 한다.

해설 식품 등의 보관, 운반, 진열 시에는 식품 등의 기준 및 규격이 정하고 있는 보존 및 유통기준에 적합하도록 관리하여야 한다.

14 식품위생법상 허위표시, 과대광고, 비방광고 및 과대포장의 범위에 해당하지 않는 것은?

① 허가 · 신고 또는 보고한 사항이나 수입신고한 사항과 다른 내용의 표시 · 광고

② 제조방법에 관하여 연구하거나 발견한 사실로서 식품학, 영양학 등의 분야에서 공인된 사항의 표시

③ 제품의 원재료 또는 성분과 다른 내용의 표시 · 광고

④ 제조연월일 또는 유통기한을 표시함에 있어서 사실과 다른 내용의 표시 · 광고

해설 식품영양학적으로 공인된 사항은 위 범위에 해당되지 않는다.

15 개인 안전사고 예방을 위한 안전교육의 목적으로 바르지 않은 것은?

① 안전한 생활을 할 수 있는 습관을 형성시킨다.

② 인간생명의 존엄성을 인식시킨다.

③ 개인과 집단의 안정성을 최고로 발달시킨다.

④ 불의의 사고를 완전히 제거할 수 있다.

해설 안전교육

불의의 사고로 인한 상해, 사망 등으로부터 재해를 사전에 예방하기 위한 방법이다.

16 β–전분이 가열에 의해 α–전분으로 되는 현상은?

① 호화　　② 호정화

③ 산화　　④ 노화

해설 날전분(β–전분)에 물을 넣고 가열하면 익은 전분(α–전분)이 되는데, 이 현상을 호화(알파화)라 한다.

17 중성지방의 구성성분은?

① 탄소와 질소

② 아미노산

③ 지방산과 글리세롤

④ 포도당과 지방산

해설 중성지방은 지방산과 글리세롤의 에스테르결합이다.

18 젓갈의 숙성에 대한 설명으로 틀린 것은?

① 농도가 묽으면 부패하기 쉽다.

② 새우젓의 소금 사용량은 60%가 정도가 적당하다.

③ 자기소화 효소작용에 의한 것이다.

④ 호염균의 작용이 일어날 수 있다.

해설 젓갈류는 10~20%의 식염만을 가하여 발효한다.

정답 13 ④ 14 ② 15 ④ 16 ① 17 ③ 18 ②

19 결합수의 특징이 아닌 것은?

① 전해질을 잘 녹여 용매로 작용한다.

② 자유수보다 밀도가 크다.

③ 식품에서 미생물의 번식과 발아에 이용되지 못한다.

④ 동 · 식물의 조직에 존재할 때 그 조직에 큰 압력을 가하여 압착해도 제거되지 않는다.

해설 자유수(유리수)는 식품 중에 유리상태로 존재하는 물(보통물)을 말하며, 결합수는 식품 중의 탄수화물이나 단백질 분자의 일부분을 형성하는 물을 말한다. 결합수는 당류와 같은 용질(Solutes)에 대해서 용매로서 작용하지 않는다.

20 주방 내 미끄럼 사고의 원인이 아닌 것은?

① 노출된 전선

② 매트가 주름진 경우

③ 바닥에 기름이 있는 경우

④ 적당한 조도보다 높을 경우

해설 조리실의 조도는 220Lux 이상으로 관리가 되어야 하며, 낮은 조도로 인해 어두운 경우에는 미끄럼사고의 원인이 될 수 있다.

21 알칼리성 식품에 대한 설명으로 옳은 것은?

① Na, K, Ca, Mg이 많이 함유되어 있는 식품

② S, P, Cl이 많이 함유되어 있는 식품

③ 당질, 지질, 단백질 등이 많이 함유되어 있는 식품

④ 곡류, 육류, 치즈 등의 식품

해설 무기질의 종류에 따라 알칼리성 식품과 산성 식품으로 나눈다.

- 알칼리성 식품 : Na(나트륨), K(칼륨), Ca(칼슘), Mg(마그네슘) 등을 함유하고 있는 식품으로 해조류, 과일류, 채소류 등
- 산성 식품 : S(황) P(인), Cl(염소) 등을 함유하고 있는 식품으로 곡류, 어류, 육류 등

22 우유의 균질화(Homogenization)에 대한 설명이 아닌 것은?

① 지방구의 크기를 0.1~2.2㎛ 정도로 균일하게 만들 수 있다.

② 탈지유를 첨가하여 지방의 함량을 맞춘다.

③ 큰 지방구의 크림층 형성을 방지한다.

④ 지방의 소화를 용이하게 한다.

해설 우유 균질처리의 목적은 지방구가 시간이 지남에 따라 뭉쳐서 크림층을 형성하는 것을 방지하기 위함이며, 균질화에 의해서 우유의 색은 더욱 희게 되고 부드러운 맛이 증진된다. 지방구의 크기를 0.1~2.44㎛(마이크로미터) 정도로 작고 균일하게 만들어 지방의 소화 · 흡수가 좋아진다.

23 한국인 영양섭취기준의 구성요소로 틀린 것은?

① 평균필요량

② 권장섭취량

③ 충분섭취량

④ 하한섭취량

해설 한국인 영양섭취기준은 건강을 최적의 상태로 유지할 수 있는 영양소 섭취기준으로 평균필요량, 권장섭취량, 충분섭취량, 상한섭취량(인체 건강에 유해한 현상이 나타나지 않는 최대 영양소 섭취기준)이 있다.

24 섬유소와 한천에 대한 설명 중 틀린 것은?

① 산을 첨가하여 가열하면 분해되지 않는다.

② 체내에서 소화되지 않는다.

③ 변비를 예방한다.

④ 모두 다당류이다.

해설 채소에 포함되어 있는 섬유소는 알칼리와 산에 영향을 받는데, 조리수에 중탄산소다와 같은 알칼리를 첨가하면 섬유소가 연해지지만 산을 첨가하면 섬유소는 질기게 되며, 한천에 산을 첨가하면 한천을 소분자 물질로 분해하여서 망상구조를 만드는 힘이 약해지므로 겔의 형성능력이 저하된다.

정답 **19** ① **20** ④ **21** ① **22** ② **23** ④ **24** ①

25 과실의 젤리화 3요소와 관계없는 것은?

① 젤라틴 ② 당

③ 펙틴 ④ 산

해설 과일을 이용한 젤리, 잼이나 마멀레이드를 만들 때 펙틴의 농도가 0.5~1.5%, pH가 3~3.4, 설탕의 농도가 60~65%일 때 적당한 강도를 지닌 제품을 만들 수 있다.

26 탄수화물의 분류 중 5탄당이 아닌 것은?

① 갈락토오스(Galactose)

② 자일로스(Xylose)

③ 아라비노스(Arabinose)

④ 리보오스(Ribose)

해설 탄수화물의 분류와 종류

단당류	더 이상 가수분해 되지 않는 당류	• 1탄당(글리세르알데히드, 디히드록시아세톤) • 4탄당(에리트로오스, 트레오스) • 5탄당(리보오스, 데옥시리보오스, 자일로스, 아라비노스) • 6탄당(포도당, 과당, 갈락토오스, 만노오스)
소당류	단당류가 2~8개 결합된 것	• 2당류(자당, 맥아당, 유당, 겐티오비오스, 셀로비오스, 루티노오스, 트레할로오스, 멜리비오스) • 3당류(라피노오스, 멜레아토오스, 겐티아노오스) • 4당류(스타키오스)
다당류	단당류가 수백 또는 수천 개 축합된 것	• 단순다당류(전분, 텍스트린, 셀루로오스, 이눌린, 글리코겐) • 복합다당류(펙틴, 헤미셀룰로오스, 콘드로이틴황산염)

27 CA저장에 가장 적합한 식품은?

① 육류 ② 과일류

③ 우유 ④ 생선류

해설 • CA저장(Controlled atmosphere storage)에 적합한 식품은 과일이다.

• CA저장은 저장실 내부 온도를 0~4℃로 낮추고 산소는 2~3%로 줄이며, 이산화탄소의 비율은 2~5% 높여 숙성을 지연시키고 부패와 손상을 방지하는 기술이다.

• 사과, 배, 바나나, 망고, 토마토, 감귤류, 아보카도 등과 같이 수확 후 호흡이 급상승하는 과일을 호흡상승기 이전에 수확하여 CA저장에 의해 숙성시킨 후 판매하는 데 사용하면 과일의 저장기간이 연장된다.

28 황 함유 아미노산이 아닌 것은?

① 트레오닌(Threonine)

② 시스틴(Cystine)

③ 메티오닌(Methionine)

④ 시스테인(Cysteine)

해설 식품 중의 단백질은 체내에서 가수분해 되어 아미노산으로 흡수되어 체조직 형성에 필요한 단백질로 다시 합성된다.

아미노산의 종류	중성 아미노산	글리신, 알라닌, 발린, 루신, 이소루신, 세린, 트레오닌
	산성 아미노산	아스파라긴, 아스파르트산, 글루탐산, 글루타민
	염기성 아미노산	아르기닌, 히스티딘, 리신
	함황 아미노산	시스테인, 시스틴, 메티오닌
	방향족 아미노산	페닐알라닌, 티로신
	기타 아미노산	히드록시프롤린, 프롤린, 트립토판
	필수 아미노산	발린, 루신, 이소루신, 트레오닌, 메티오닌, 리신, 페닐알라닌, 트립토판

29 하루 필요 열량이 2,500kcal일 경우 이중의 18%에 해당하는 열량을 단백질에서 얻으려 한다면 필요한 단백질의 양은 무엇인가?

① 50.0g

② 112.5g

③ 121.5g

④ 171.3g

해설 하루 필요 열량 2,500kcal 중 18%(2,500×0.18=450)에 해당하는 열량은 450kcal이며, 이를 단백질로 얻으려 한다고 했다. 단백질은 1g당 4kcal의 열량을 내므로 450÷4=112.5로 112.5g의 단백질이 필요하다. 즉 단백질 112.5g은 450kcal(112.5×4=450)로 하루 필요 열량 2,500kcal 중 18%에 해당한다.

정답
25 ① 26 ① 27 ② 28 ① 29 ②

30 조리와 가공 중 천연색소의 변색요인과 거리가 먼 것은?

① 산소

② 효소

③ 질소

④ 금속

해설 천연색소는 조리와 가공 중 pH, 금속이온, 산소, 효소 등에 의해 변색된다.

31 조리에 사용하는 냉동식품의 특성이 아닌 것은?

① 완만동결하여 조직이 좋다.

② 미생물 발육을 저지하여 장기간 보존이 가능하다.

③ 저장 중 영양가 손실이 적다.

④ 산화를 억제하여 품질저하를 막는다.

해설 식품은 완만냉동이 아닌 급속냉동을 시키는 것이 바람직하다. 급속냉동은 얼음을 미세하게 결정시키기 때문으로, 단백질의 변패가 적고 식품 조직의 파괴가 적어 식품 자체의 상태를 유지할 수 있기 때문이다.

32 조리기구의 재질 중 열전도율이 커서 열을 전달하기 쉬운 것은?

① 유리

② 도자기

③ 알루미늄

④ 석면

해설 알루미늄은 금속 중에서도 열전도율이 높고 냄비류 등 조리기구의 소재로 가장 많이 사용되는 금속이다.

33 식품재고 관리의 중요성에 들지 않는 것은?

① 물품의 갑작스러운 부족에 대처할 수 있다.

② 부주의로 인한 손실을 최소화 할 수 있다.

③ 원가절감의 효과를 볼 수 있다.

④ 구매비용의 절감은 기대할 수 없다.

해설 식품재고를 파악하고 관리함으로써 적정주문량 결정을 통해서 구매비용이 절감된다.

34 소금 절임 시 저장성이 좋아지는 이유는?

① pH가 낮아져 미생물이 살아갈 수 없는 환경이 조성된다.

② pH가 높아져 미생물이 살아갈 수 없는 환경이 조성된다.

③ 고삼투성에 의한 탈수효과로 미생물의 생육이 억제된다.

④ 저삼투성에 의한 탈수효과로 미생물의 생육이 억제된다.

해설 삼투압 현상

농도가 다른 두 용액 사이에 서로 균형을 맞추기 위해 농도가 낮은 곳에서 높은 곳으로(고삼투성) 물 따위의 용매가 이동하는 현상을 말한다. 예를 들어 김치를 만들기 위해 배추를 소금에 절일 때 배추에 소금을 뿌려 절이면 배추 안의 수분보다 배추 바깥의 농도가 높아져서 배추 안쪽의 물이 배추 바깥으로 빨려 나가는 현상이 일어나는데, 이것이 삼투압 현상이다. 삼투압 현상이 일어난 절인 배추 속의 수분은 줄어들게 되어 많은 유해한 미생물이 억제된다.

35 밀가루의 용도별 분류는 어느 성분을 기준으로 하는가?

① 글리아딘　② 글로불린

③ 글루타민　④ 글루텐

해설 밀가루는 글루텐의 함량에 따라 13% 이상은 강력분(식빵, 마카로니, 스파게티 등), 10~13%는 중력분(국수, 만두피 등), 10% 이하는 박력분(케이크, 튀김옷, 카스텔라 등)으로 구분한다.

정답

30 ③ 31 ① 32 ③ 33 ④ 34 ③ 35 ④

36 소고기의 부위별 용도와 조리법 연결이 다른 것은?

① 앞다리 : 불고기, 육회, 장조림

② 설도 : 탕, 샤브샤브, 육회

③ 목심 : 불고기, 국거리

④ 우둔 : 산적, 장조림, 육포

해설 설도

엉덩잇살 아래쪽 넓적다리살로, 엉덩이 부분 중 바깥쪽 부분으로 결이 다소 거칠고 질긴 편이며, 식육은 우둔과 비슷하다. 조리법은 산적, 편육, 불고기, 육회, 구이, 전골, 스테이크 등이다.

37 젤라틴의 응고에 관한 설명으로 틀린 것은?

① 젤라틴의 농도가 높을수록 빨리 응고된다.

② 설탕의 농도가 높을수록 응고가 방해된다.

③ 염류는 젤라틴의 응고를 방해한다.

④ 단백질 분해효소를 사용하면 응고력이 약해진다.

해설 염류는 젤라틴의 단단한 응고물을 형성하는데, NaCl(염화나트륨, 소금)은 물의 흡수를 막아 젤의 강도를 높인다. 단백질 분해효소인 파인애플의 브로멜린은 젤라틴을 분해하여 응고를 방해하므로 2분가량 가열하여 사용한다.

38 과일의 일반적인 특성과는 다르게 지방 함량이 가장 높은 과일은?

① 아보카도

② 수박

③ 바나나

④ 감

해설 과일의 지방 함량

과일명	지방 함량(가식부 100g당)
아보카도	18.7
수박	0.4
바나나	0.2
감	0.0

39 전자레인지의 주된 조리 원리는?

① 복사

② 전도

③ 대류

④ 초단파

해설 전자레인지는 초단파(전자파)가 식품에 투과될 때 식품 등의 수분이 진동에 의한 마찰열을 발생시켜 가열되도록 하는 조리기구이다.

40 닭고기 20kg으로 닭강정 100인분을 판매한 매출액이 1,000,000원이다. 닭고기의 1kg당 단가를 12,000원에 구입하였고, 총 양념 비용으로 80,000원이 들었다면 식재료의 원가비율은?

① 24%

② 28%

③ 32%

④ 40%

해설 식재료 원가율(%) = (식재료 사용금액 ÷ 총매출액) × 100
= (320,000 ÷ 1,000,000) × 100
= 0.32 × 100 = 32

그러므로 식재료 원가율은 32%이다.

※ 식재료 사용금액은 1kg당 단가 12,000원인 닭고기를 20kg 구입하였으므로 240,000원이며, 총 양념비용인 80,000원을 더하여 320,000원이다.

41 생선에 레몬즙을 뿌렸을 때 나타나는 현상이 아닌 것은?

① 신맛이 가해져서 생선이 부드러워진다.

② 생선의 비린내가 감소한다.

③ pH가 산성이 되어 미생물의 증식이 억제된다.

④ 단백질이 응고된다.

해설 생선에 레몬즙을 뿌리게 되면 생선살의 pH가 단백질의 등전점에 가까워지며 살이 단단해진다. 그러나 오래 뿌려 놓으면 조직이 변화되므로 먹기 직전에 뿌리는 것이 좋다.

정답

36 ② 37 ③ 38 ① 39 ④ 40 ③ 41 ①

42 튀김의 특징이 아닌 것은?

① 고온단시간 가열로 영양소의 손실이 적다.

② 기름의 맛이 더해져 맛이 좋아진다.

③ 표면이 바삭바삭해 입안에서의 촉감이 좋아진다.

④ 불미성분이 제거된다.

해설 데치기나 삶기와 같은 습열조리는 채소 특유의 불쾌한 냄새나 불순물 등을 제거할 수 있으며(시금치나 무청 데치기, 토마토껍질 벗기기 등), 불필요한 지방 및 맛 성분 제거 등에도 효과적인 조리법이다.

43 생선의 조리방법에 관한 설명으로 옳은 것은?

① 생선은 결체조직의 함량이 많으므로 습열조리법을 많이 이용한다.

② 지방함량이 낮은 생선보다는 높은 생선으로 구이를 하는 것이 풍미가 더 좋다.

③ 생선찌개를 할 때 생선 자체의 맛을 살리기 위해서 찬물에 넣고 은근히 끓인다.

④ 선도가 낮은 생선은 조림국물의 양념을 담백하게 하여 뚜껑을 닫고 끓인다.

해설 생선은 육류에 비하여 근섬유의 길이는 짧고 콜라겐 등 유기질 단백질이 적어 연하므로 건열조리법을 많이 이용하며, 생선으로 찌개를 끓일 때는 끓는 물에 생선을 넣고 끓여야 생선살이 단단하게 익고 국물맛이 좋다. 선도가 낮은 생선은 양념을 진하게 하여 뚜껑을 열고 끓인다.

44 설비에 대한 설명으로 바르지 않은 것은?

① 검수공간 : 들어오는 식재료를 신속하고 용이하게 취급할 수 있도록 설계한다.

② 저장공간 : 노동력 절감을 위해 검수공간과 가깝게 둔다.

③ 전처리공간 : 교차오염이 일어나지 않도록 육류와 어패류, 채소의 전처리 공간을 구분하여 사용한다.

④ 전처리공간 : 물은 많이 사용하지 않으므로 배수는 크게 신경을 안 써도 괜찮다.

해설 전처리공간은 물을 많이 사용하므로 청소가 쉽고 배수가 잘되며, 건조가 쉬운 바닥으로 한다.

45 직접재료비, 직접노무비, 직접경비의 3가지를 합한 원가를 무엇이라 하는가?

① 직접원가

② 제조원가

③ 총원가

④ 판매원가

해설 직접원가
직접재료비 + 직접노무비 + 직접경비

46 대상집단의 조직체가 급식운영을 직접 하는 형태는?

① 준위탁급식

② 위탁급식

③ 직영급식

④ 협동조합급식

해설 직영급식이란 대상집단이 자체적으로 구내식당을 직접 운영하는 방법을 말한다.

47 사람이 예방접종을 통하여 얻는 면역은?

① 선천면역

② 자연수동면역

③ 자연능동면역

④ 인공능동면역

해설

- 선천면역 : 종속면역, 인종면역, 개개인의 특성
- 자연수동면역 : 모체로부터 얻은 면역
- 자연능동면역 : 질병 감염 후 획득한 면역
- 인공능동면역 : 예방접종으로 획득한 면역

정답
42 ④ 43 ② 44 ④ 45 ① 46 ③ 47 ④

48 실내공기 오탁을 나타내는 대표적인 지표로 삼는 기체는?

① N_2 ② CO_2

③ O_2 ④ CO

해설 이산화탄소(CO_2)는 실내 공기 오탁의 지표로 쓰이고, 대기 공기의 오탁을 나타내는 대표적인 지표로 삼는 기체는 아황산가스(SO_2)이다.

49 국가의 보건 수준 평가를 위하여 가장 많이 사용하고 있는 지표는?

① 조사망률

② 성인병 발생률

③ 결핵 이환율

④ 영아 사망률

해설 영아는 환경악화나 비위생적인 환경에서 가장 예민한 시기이므로, 국가의 보건 수준을 나타내는 지표로서 큰 의미를 지니고 있다.

50 눈 보호를 위해 가장 좋은 인공조명 방식은?

① 직접조명

② 간접조명

③ 반직접조명

④ 전반확산조명

해설 간접조명은 눈을 보호할 수 있는 가장 좋은 인공조명 방식이다.

51 일본요리의 기본 조리법 중 오법(五法)에 해당하지 않는 것은?

① 생 것 ② 구이

③ 덮밥 ④ 튀김

해설 일본요리의 기본 조리법의 5가지 오법은 생 것, 구이, 튀김, 조림, 찜이다.

52 냉동 참치의 식염수 해동법으로 바르지 않은 것은?

① 가을 : 20~25℃의 물에 3%의 식염수

② 봄 : 27~30℃의 물에 3%의 식염수

③ 여름 : 18~25℃의 물에 3~5%의 식염수

④ 겨울 : 30~33℃의 물에 3~4%의 식염수

해설 봄, 가을 : 27~30℃의 물에 3%의 식염수

53 일식 구이 종류에 대한 설명으로 바르지 않은 것은?

① 스미야끼 – 숯불구이

② 데판야끼 – 철판구이

③ 시오야끼 – 고추장 구이

④ 쿠시야끼 – 꼬치구이

해설 시오야끼 – 소금구이

54 다음 설명에 해당하는 모양 썰기의 명칭은?

> 오이를 비스듬히 절반 정도만 칼집을 넣고, 뒤집어 반대쪽도 칼집을 잘게 넣어 소금물에 담가 두었다가 펼치면 뱀과 닮은 모양으로 초회 등에 사용함

① 마쓰바기리

② 자바라큐리기리

③ 긱카기리

④ 멘토리기리

해설 자바라큐리기리(자바라 모양 썰기)에 대한 설명으로 초회 등에 사용한다.

정답 48 ② 49 ④ 50 ② 51 ③ 52 ① 53 ③ 54 ②

55 일식 곁들임에 많이 사용되는 재료가 아닌 것은?

① 대파 가는 채

② 김 가는 채

③ 생강 가는 채

④ 마늘 가는 채

해설 일식 곁들임의 종류로는 다음과 같은 것들이 사용된다.

- 시라가네기(しらがねぎ, 대파 가는 채)
- 하리노리(はりのり, 김 가는 채)
- 하리쇼가(はりしょうが, 생강 가는 채)
- 레몬오리발

56 명란젓요리 시 함께 사용하면 비타민 E의 흡수를 돕는 것은?

① 참기름 ② 깨소금

③ 소금 ④ 꿀

해설 명란젓에는 비타민 E가 함유되어 있는데, 조리 시 참기름을 사용하면 지방성분이 비타민 E의 흡수를 돕는다.

57 일식 맛국물 조리에 대한 설명으로 옳지 않은 것은?

① 다시마 맛국물 조리 시 찬물에 넣고 끓기 직전에 다시마를 건진다.

② 다시마를 오래 끓이면 국물이 끈적끈적해진다.

③ 니보시다시는 말린 멸치, 새우 등 여러 가지 해산물을 이용하여 만든다.

④ 가다랑어 맛국물 조리 시 가쓰오부시를 넣고 1시간 이상 우려낸다.

해설 가다랑어 맛국물 조리 시 가쓰오부시를 넣고 10~15분 국물을 우려내주는데, 너무 오래 두면 국물이 탁하고 맛이 떨어진다.

58 도미 선별법으로 바르지 않은 것은?

① 살을 눌렀을 때 탄력이 있어야 한다.

② 눈의 빛깔이 선명해야 한다.

③ 지느러미를 눌렀을 때 살에 붙어 있어야 한다.

④ 자연산은 몸통에 붉은 띠가 선명하다.

해설 지느러미를 눌렀을 때 위로 올라와야 선도가 좋은 도미이다.

59 맛국물에 대한 설명으로 바르지 않은 것은?

① 찬 메밀국수의 맛국물 다시, 진간장, 맛술을 끓여서 식힌다.

② 볶음류 맛국물은 간장, 청주, 맛술, 물, 후추를 첨가한다.

③ 따뜻한 면류 맛국물은 다시, 진간장, 맛술을 끓여서 만든다.

④ 라멘의 육수는 보통 가다랑어포에 조미료를 첨가하여 만든다.

해설 라멘은 돼지뼈를 이용하여 육수를 낸 돈코츠 국물을 보통 사용한다.

60 죽[오카유(お粥)]의 조리법으로 바르지 않은 것은?

① 쌀의 10배 정도의 물을 붓고 끓인다.

② 처음에는 약불로 죽을 끓인다.

③ 간은 소금으로 약하게 한다.

④ 쌀이나 팥 등의 곡물에 물을 충분히 넣고 부드럽게 끓인 것을 말한다.

해설 오카유는 처음에 강한 불에 끓이지 않으면 대류가 일어나지 않아 쌀이 바닥에 붙어 탈 수 있으므로 주의한다.

정답

55 ④ 56 ① 57 ④ 58 ③ 59 ④ 60 ②

CHAPTER

04 일식 실전모의고사 제4회

01 경구감염병과 세균성 식중독의 주요 차이점에 대한 설명으로 옳은 것은?

① 경구감염병은 다량의 균으로, 세균성 식중독은 소량의 균으로 발병한다.

② 세균성 식중독은 2차 감염이 많고, 경구감염병은 거의 없다.

③ 경구감염병은 면역성이 없고, 세균성 식중독은 있는 경우가 많다.

④ 세균성 식중독은 잠복기가 짧고, 경구감염병은 일반적으로 길다.

해설 경구감염병과 세균성 식중독의 차이

경구감염병	세균성 식중독
소량의 균으로도 발병한다.	대량의 균 또는 독소에 의해 발병된다.
2차 감염이 된다.	살모넬라 외에는 2차 감염이 없다.
면역이 된다.	면역이 되지 않는다.
잠복기가 비교적 길다.	잠복기가 비교적 짧다.

02 미생물학적으로 식품의 초기부패를 판정할 때 식품 중 생균수가 몇 개 이상일 때를 기준으로 하는가?

① 10^2　② 10^5

③ 10^8　④ 10^{10}

해설 식품의 신선도 판정

생균수 검사로 확인 : 식품 1g당 생균수가 10^7~10^8마리일 때 초기부패로 판정한다.

03 살모넬라균의 식품 오염원으로 가장 중요시되는 것은?

① 사상충　② 곰팡이

③ 오염된 가금류　④ 선모충

해설 살모넬라 식중독에 연루되었던 식품은 가금류, 닭고기 샐러드, 육류와 육류제품, 유제품, 달걀 등으로, 동물성 식품(육류, 가금류, 달걀 등)이 살모넬라 식중독의 위험성이 높다.

04 인공감미료에 대한 설명으로 틀린 것은?

① 사카린나트륨은 사용이 금지되었다.

② 식품에 감미를 부여할 목적으로 첨가된다.

③ 화학적 합성품에 해당된다.

④ 천연물유도체도 포함되어 있다.

해설 사카린나트륨은 사용이 허가된 감미료이며 사용이 금지된 감미료는 둘신, 에틸렌글리콜, 니트로아닐린, 페릴라틴, 사이클라메이트 등이 있다.

05 다음 식품첨가물 중 유지의 산화방지제는?

① 소르빈산칼륨

② 차아염소산나트륨

③ 비타민 E

④ 아질산나트륨

해설 식품첨가물의 사용용도

- 소르빈산칼륨 : 보존료
- 차아염소산나트륨 : 살균제
- 비타민 E : 산화방지제
- 아질산나트륨 : 발색제

정답

01 ④ 02 ③ 03 ③ 04 ① 05 ③

06 식품과 그 식품에서 유래될 수 있는 독성물질의 연결이 틀린 것은?

① 복어 – 테트로도톡신

② 모시조개 – 베네루핀

③ 맥각 – 에르고톡신

④ 은행 – 말토리진

해설 청산배당체인 아미그달린(Amygdalin)은 효소에 의하여 분해되어 청산이 나옴으로써 중독을 일으키는데, 식물로는 청매, 살구씨, 복숭아씨, 은행 등이 알려져 있다.

07 육류의 직화구이나 훈연 중에 발생하는 발암물질은?

① 아크릴아마이드(Acrylamide)

② 니트로사민(N–nitrosamine)

③ 에틸카바메이트(Ethylcarbamate)

④ 벤조피렌(Benzopyrene)

해설 벤조피렌

화석연료 등의 불완전연소 과정에서 발생하는 다환방향족탄화수소의 한 종류로, 인체에 축적될 경우 각종 암을 유발하고 돌연변이를 일으키는 환경호르몬이다. 숯불에 구운 소고기 등 가열로 검게 탄 식품, 담배연기, 자동차 배기가스, 쓰레기소각장 연기 등에 벤조피렌이 포함되어 있다.

08 식중독을 일으킬 수 있는 화학물질로 보기 어려운 것은?

① 포르말린(Formalin)

② 만니톨(Mannitol)

③ 붕산(Boric acid)

④ 승홍

해설

- 포르말린 : 포름알데히드(HCHO)를 37%(±0.5%) 함유한 수용액의 상품명으로, 무색투명하고 강한 자극적인 냄새가 있다. 용도는 살균, 소독제, 페놀수지, 요소수지 등의 원료가 된다. 유독하며 발암성이 지적되고 있다.
- 만니톨 : 널리 식물계에 분포하며, 자연계에 가장 많은 당알코올로 만나나무(물푸레나무과)를 비롯해 각종 식물의 만나의 주성분을 이룬다.
- 붕산 : 붕규산유리, 도자기의 유약, 법랑(琺瑯) 등의 원료가 되며, 비타민 B_2나 루틴 등의 주사제에 가하여 용해를 촉진시키기도 한다. 많이 마시면 위험하며, 치사량은 성인 약 20g, 어린이 약 5g이다.
- 승홍 : 염화수은(II)의 의약품명이다. 맹독성이며, 분석시약 또는 촉매로 사용된다.

09 과실류나 채소류 등 식품의 살균 목적 이외에 사용하여서는 아니 되는 살균소독제는?(단, 참깨에는 사용금지)

① 차아염소산나트륨

② 양성비누

③ 과산화수소수

④ 에틸알코올

해설 차아염소산나트륨

주로 소독, 방취, 표백 등의 목적으로 사용되며 음료수, 채소 및 과일, 용기 · 기구 · 식기 등에 사용한다. 차아염소산나트륨 및 이를 함유하는 제재는 참깨에 절대로 사용하지 않는다.

10 세균성 식중독 중 마비성 증상(신경증상)을 나타내는 것은?

① 황색 포도상구균 식중독

② 클로스트리디움 보툴리늄 식중독

③ 장염비브리오 식중독

④ 웰치균 식중독

해설 클로스트리디움 보툴리늄 식중독

- 증상 : 신경마비 증상
- 원인식품 : 통조림가공품
- 원인독소 : 뉴로톡신
- 잠복기 : 12~36시간(가장 길다)

11 식품공전에 규정되어 있는 표준온도는?

① 10℃ ② 15℃

③ 20℃ ④ 25℃

해설 식품의 기준 및 규격

표준온도는 20℃, 상온은 15~25℃, 실온은 1~35℃, 미온은 30~40℃로 한다.

정답

06 ④ **07** ④ **08** ② **09** ① **10** ② **11** ③

12 개인 위생관리 중 바르지 않은 것은?

① 화장은 진하게 하지 않지만, 향이 강한 향수는 사용하여도 좋다.

② 인조 속눈썹을 착용해서는 안 된다.

③ 손톱에 매니큐어나 광택제를 칠해서는 안 된다.

④ 조리실(주방) 종사자는 시계, 반지, 목걸이, 귀걸이, 팔찌 등 장신구를 착용해서는 안 된다.

해설 화장은 진하게 하지 않으며, 향이 강한 향수는 사용하지 않는다.

13 식품 등의 표시기준에 명시된 표시사항이 아닌 것은?

① 업소명 및 소재지

② 판매자 성명

③ 성분명 및 함량

④ 유통기한

해설 식품 등의 표시사항

제품명, 식품의 유형, 업소명 및 소재지, 제조연월일, 유통기한 또는 품질유지기한, 내용량, 원재료명 및 함량, 성분명 및 함량, 영양성분, 기타 식품 등의 세부 표시기준에서 정하는 사항

14 식품위생법상 집단급식소 운영자의 준수사항으로 틀린 것은?

① 실험 등의 용도로 사용하고 남은 동물을 처리하여 조리해서는 안 된다.

② 지하수를 먹는 물로 사용하는 경우 수질검사의 모든 항목 검사는 1년마다 하여야 한다.

③ 식중독이 발생한 경우 원인규명을 위한 행위를 방해하여서는 아니 된다.

④ 동일 건물에서 동일 수원을 사용하는 경우 타 업소의 수질검사결과로 갈음할 수 있다.

해설 집단급식소의 설치, 운영자의 준수사항 중 지하수를 먹는 물로 사용하는 경우 일부 항목 검사는 1년마다 하며, 모든 항목 검사는 2년마다 하여야 한다.

15 교차오염을 예방하는 방법으로 바르지 못한 것은?

① 도마와 칼은 용도별로 색을 구분하여 사용한다.

② 날 음식과 익은 음식은 함께 보관하여도 무방하다.

③ 식품을 조리하다가 식품에 기침을 하지 않는다.

④ 육류 해동은 냉장고의 아래 칸에서 한다.

해설 교차오염을 막기 위해 용도별 도마와 칼을 사용하고, 날 음식과 익은 음식은 분리하여 보관하며, 육류는 해동 시 핏물이 떨어질 수 있기 때문에 냉장고 하단에 보관한다.

16 훈연 시 발생하는 연기 성분에 해당되지 않는 것은?

① 페놀(Phenol)

② 포름알데히드(Formaldehyd)

③ 개미산(Formic acid)

④ 사포닌(Saponin)

해설 훈연 성분의 기능적인 작용은 살균작용, 항산화작용, 훈연취부여 등이며, 훈연 중의 성분에는 포름알데히드, 페놀, 개미산, 고급유기산, 케톤류 등이 연기 성분에 함유되어 있다.

17 알칼리성 식품에 해당하는 것은?

① 송이버섯　② 달걀

③ 보리　④ 소고기

해설 산성 식품과 알칼리성 식품의 구별은 그 식품을 연소시켰을 때 최종적으로 남는 무기질에 따라 결정된다.

- 산성 식품(곡류, 육류, 어류, 난 등) : P(인), S(황), Cl(염소) 등 함유
- 알칼리성 식품(채소, 과일류, 해조류, 우유 등) : Na(나트륨), K(칼륨), Mg(마그네슘), Fe(철분), Ca(칼슘) 등 함유

정답

12 ① 13 ② 14 ② 15 ② 16 ④ 17 ①

18 수확 후 호흡작용이 상승되어 미리 수확하여 저장하면서 호흡작용을 인공적으로 조절할 수 있는 과일류와 가장 거리가 먼 것은?

① 아보카도

② 망고

③ 바나나

④ 레몬

해설

- 수확 후 호흡이 급상승하는 과일 : 호흡상승기 이전에 미리 수확하여 CA저장에 의해 숙성시킨 후 판매하면 좋은데 사과, 배, 망고, 바나나, 감귤류, 아보카도, 토마토 등이 이에 속한다.
- 호흡상승률이 낮은 과일 : 숙성 후 수확하여 판매하는 것이 좋은데 레몬, 파인애플, 딸기, 포도가 이에 속한다.

19 작업 시 근골격계 질환을 예방하기 위한 방법으로 맞는 것은?

① 안전장갑을 착용한다.

② 안전화를 신는다.

③ 조리기구의 올바른 사용방법을 숙지한다.

④ 작업 전과 후에 간단한 스트레칭을 적절히 실시한다.

해설 근골격계 질환(목, 어깨, 허리, 손목 등) 예방

부적절한 자세는 중립자세를 유지하고 정적인 동작을 없애며, 반복적인 작업을 줄이고, 무리한 힘을 가하지 않는다. 전동기구 사용 시에는 진동강도가 낮은 것을 사용하고, 근골격계 부담을 줄이기 위해 작업 전과 후에 스트레칭을 적절하게 해준다.

20 지방을 지방산과 글리세롤로 분해하는 것은?

① 레닌

② 말타아제

③ 아밀라아제

④ 리파아제

해설 리파아제

지방 → 지방산, 글리세롤

21 다음 중 조리장비와 도구의 위험요소로부터의 예방법으로 바르지 않은 것은?

① 야채절단기는 재료 투입 시 손으로 재료를 눌러 이용한다.

② 조리용 칼의 방향은 몸 반대쪽으로 한다.

③ 가스레인지는 사용 후 즉시 밸브를 잠근다.

④ 튀김기 세척 시 물기를 완전히 제거한다.

해설 야채절단기의 재료 투입 시 누름봉을 이용하여 안전하게 사용한다.

22 지방에 대한 설명으로 틀린 것은?

① 동 · 식물에 널리 분포되어 있으며, 일반적으로 물에 잘 녹지 않고 유기용매에 녹는다.

② 에너지원으로서 1g당 9kcal의 열량을 공급한다.

③ 포화지방산은 이중결합을 가지고 있는 지방산이다.

④ 포화 정도에 따라 융점이 달라진다.

해설 지방산은 분자 내에 이중결합을 가지지 않는 지방산을 포화지방산이라 하고, 이중결합을 가지고 있는 지방산을 불포화지방산이라 한다.

23 탄수화물 식품의 노화를 억제하는 방법과 가장 거리가 먼 것은?

① 항산화제의 사용 ② 수분 함량 조절

③ 설탕의 첨가 ④ 유화제의 사용

해설 노화억제 방법

- 호화(=알파화)한 전분을 80℃ 이상에서 급속히 건조시키거나 0℃ 이하에서 급속 냉동하여 수분 함량을 15% 이하로 하면 노화를 방지할 수 있다.
- 설탕을 다량 함유(첨가)한다.
- 환원제나 유화제를 첨가하면 막을 수 있다.

정답

18 ④ 19 ④ 20 ④ 21 ① 22 ③ 23 ①

24 카로티노이드(Carotenoid) 색소와 소재식품의 연결이 틀린 것은?

① 베타카로틴(β-carotene) – 당근, 녹황색 채소
② 라이코펜(Lycopene) – 토마토, 수박
③ 아스타잔틴(Astaxanthin) – 감, 옥수수, 난황
④ 푸코크잔틴 (Fucoxanthin) – 다시마, 미역

해설 아스타잔틴 – 새우, 게 등의 갑각류

25 육류 조리 시 향미 성분과 관계가 먼 것은?

① 질소함유물 ② 유기산
③ 유리아미노산 ④ 아밀로오스

해설 육류는 조리 시 특유한 향기를 가지는데, 주로 아미노산 및 질소화합물들이 당과 반응하는 마이얄(갈색화) 반응의 결과로 형성된 휘발성 카아보닐 화합물과 유기산, 알코올류 등이 육류의 냄새 성분으로 알려져 있다.

26 다음 중 구매를 위한 시장조사에서 행해지는 조사내용이 아닌 것은?

① 품목 ② 수량
③ 가격 ④ 판매처

해설 시장조사의 내용
품목, 품질, 수량, 가격, 시기, 구매처, 거래조건(인수, 지불조건)

27 우유의 가공에 관한 설명으로 틀린 것은?

① 크림의 주성분은 우유의 지방성분이다.
② 분유는 전지유, 탈지유 등을 건조시켜 분말화한 것이다.
③ 저온살균법은 63~65℃에서 30분간 가열하는 것이다.
④ 무당연유는 살균과정을 거치지 않고, 가당연유만 살균과정을 거친다.

해설 연유는 우유의 성분 중 수분을 증발시켜 농축시킨 것으로, 무당연유와 설탕을 첨가한 가당연유가 있다.
- 무당연유 : 고열(115℃에서 15~20분)로 가열 · 살균했으므로 신선한 영양분을 기대하기 어렵고, 영양소가 파괴되어 비타민 D를 강화한다.
- 가당연유 : 우유에 당을 첨가하여 원액의 1/3 정도로 농축시킨 것으로, 당의 함량이 많아 저장성이 높다.

28 설탕을 포도당과 과당으로 분해하여 전화당을 만드는 효소는?

① 아밀라아제(Amylase)
② 인버타아제(Invertase)
③ 리파아제(Lipase)
④ 피티아제(Phytase)

해설 설탕은 인버타아제의 작용에 의해 포도당과 과당으로 가수분해 된다. 설탕은 가수분해 되어 포도당과 과당(포도당 : 과당이 1 : 1인 당)의 등량 혼합물이 되며, 이를 전화당이라고 한다. 그 대표적인 예는 벌꿀로 벌의 타액 효소 인버타아제에 의해 설탕이 분해되어 전화당을 이루고 있다.

29 체내에서 열량원보다 여러 가지 생리적 기능에 관여하는 것은?

① 탄수화물, 단백질
② 지방, 비타민
③ 비타민, 무기질
④ 탄수화물, 무기질

해설 영양소의 역할에 따른 분류

분류	역할	영양소
열량소	인체활동에 필요한 에너지를 공급	탄수화물, 단백질, 지방
구성소	몸의 발육을 위하여 몸의 조직을 만드는 성분을 공급	단백질, 무기질
조절소	체내 각 기관이 순조롭게 활동하고 섭취된 것이 몸에 유효하게 사용되기 위해 보조적인 역할	비타민, 무기질

정답
24 ③ 25 ④ 26 ④ 27 ④ 28 ② 29 ③

30 단맛을 가지고 있어 감미료로도 사용되며, 포도당과 이성체(Isomer) 관계인 것은?

① 한천

② 펙틴

③ 과당

④ 전분

해설 포도당과 과당은 단당류로 α형과 β형의 두 이성체(다른 성질체)로 존재하는 환원당이다.

31 전분의 호정화에 대한 설명으로 틀린 것은?

① 색과 풍미가 바뀌어 비효소적 갈변이 일어난다.

② 호화된 전분보다 물에 녹기 쉽다.

③ 전분을 150~190℃에서 물을 붓고 가열할 때 나타나는 변화이다.

④ 호정화되면 덱스트린이 생성된다.

해설 전분에 물을 가하지 않고 160℃ 이상으로 가열하면 여러 단계의 가용성 전분을 거쳐 덱스트린(호정)으로 분해되는데, 이것을 전분의 호정화라 한다. 호화된 전분보다 물에 녹기 쉽고, 효소작용도 받기 쉽다[예 미숫가루, 튀밥(뻥튀기)].

32 다음 중 단체급식 식단에서 가장 우선적으로 고려해야 할 사항은?

① 영양성, 위생성

② 기호도 충족

③ 경비절감

④ 합리적인 작업관리

해설 급식을 받는 사람들의 건강을 유지 · 증진하기 위해서 영양관리, 위생관리 등을 가장 우선적으로 고려해야 한다.

33 육류의 가열 조리 시 나타나는 현상이 아닌 것은?

① 색의 변화

② 수축 및 중량 감소

③ 풍미의 증진

④ 부피의 증가

해설 육류 가열 시 고기단백질의 응고로 고기가 수축하여 부피가 감소한다.

34 조리 작업별 주요 작업기기로 틀린 것은?

① 검수 : 계량기, 검수대

② 저장공간 : 냉장고, 일반저장고

③ 전처리 : 탈피기, 절단기

④ 세척 : 식기세척기, 혼합기

해설 조리작업별 작업기기

- 검수공간 : 검수대, 손 소독기, 계량기, 운반차, 온도계 등
- 저장공간 : 쌀 저장고, 냉장고, 냉동고, 일반저장고(조미료, 마른식품) 등
- 전처리공간 : 싱크, 탈피기, 혼합기, 절단기 등
- 조리공간 : 저울, 세미기, 취반기, 레인지, 오븐, 튀김기, 번철, 브로일러, 증기솥 등
- 배식 : 보온고, 냉장고, 이동운반차, 제빙기, 온 · 냉 식수기 등
- 세척공간 : 세척용 선반, 식기세척기, 식기소독고, 칼 · 도마 소독고, 손소독기, 잔반처리기 등
- 보관 : 선반, 식기소독 보관고 등

35 연화작용이 가장 적은 것은?

① 버터

② 마가린

③ 쇼트닝

④ 라드

해설 버터, 라드, 쇼트닝 등의 고체 지방은 외부에서 가해지는 힘에 의해서 어느 한도 내에서 자유롭게 변하는 가소성이 있어 제과 반죽에서 다채로운 모양을 만들 수 있다. 마가린도 같은 작용을 하나 다른 3가지보다는 연화작용이 적다.

정답

30 ③ 31 ③ 32 ① 33 ④ 34 ④ 35 ②

36 과일의 과육 전부를 이용하여 점성을 띠게 농축한 잼(Jam) 제조 조건과 관계없는 것은?

① 펙틴과 산이 적당량 함유된 과일이 좋다.

② 펙틴의 함량이 0.1%일 때 잘 형성된다.

③ 최적의 산(pH)은 3.0~3.3 정도이다.

④ 60~65%의 설탕이 필요하다.

해설 펙틴은 1~1.5%일 때 잘 형성된다.

37 조미료는 분자량이 큰 것부터 넣어야 침투가 잘 되어 맛이 좋아지는데, 분자량이 큰 순서대로 넣는 순서가 맞는 것은?

① 소금 → 설탕 → 식초

② 소금 → 식초 → 설탕

③ 설탕 → 소금 → 식초

④ 설탕 → 식초 → 소금

해설 조미료는 분자량이 적을수록 빨리 침투하므로 분자량이 큰 것을 먼저 넣어야 제대로 조미료가 침투된다. 설탕 → 소금(간장) → 식초 순으로 분자량이 큰 것부터 넣어준다.

38 육류의 연화방법으로 바람직하지 않은 것은?

① 근섬유와 결합조직을 두들겨 주거나 잘라준다.

② 배즙음료, 파인애플 통조림으로 고기를 재워놓는다.

③ 간장이나 소금(1.3~1.5%)을 적당량 사용하여 단백질의 수화를 증가시킨다.

④ 토마토, 식초, 포도주 등으로 수분 보유율을 높인다.

해설 고기에 단백질분해 효소를 가해 주어 고기의 연화를 증가시키는 것에는 파파야의 파파인, 파인애플의 브로멜린, 무화과의 피신, 배의 프로타아제, 키위의 액티니딘 등이 있다. 그러나 배즙음료는 단백실 분해효소의 연화능력이 매우 낮다.

39 영양소의 손실이 가장 큰 조리법은?

① 바삭바삭한 튀김을 위해 튀김옷에 중조를 첨가한다.

② 푸른색 채소를 데칠 때 약간의 소금을 첨가한다.

③ 감자를 껍질째 삶은 후 절단한다.

④ 쌀을 담가놓았던 물을 밥물로 사용한다.

해설 밀가루 무게의 0.01~0.2% 정도의 중조(식소다)를 넣으면 가열 중 이산화탄소가 발생하면서 수분이 증발하여 습기가 차지 않고 가볍게 튀겨지지만, 비타민 B_1, B_2의 손실을 가져온다.

40 생선 비린내를 제거하는 방법으로 틀린 것은?

① 우유에 담가두거나 물로 씻는다.

② 식초로 씻거나 술을 넣는다.

③ 소다를 넣는다.

④ 간장, 된장을 사용한다.

해설 생선 비린내 제거방법

- 우유에 담가두었다가 조리한다.
- 식초, 레몬즙 등의 산을 첨가한다.
- 간장, 된장, 고추장 등의 장류를 첨가한다.
- 생강, 파, 마늘, 겨자, 고추냉이, 술 등의 향신료를 사용한다.
- 물에 여러 번 씻어낸 후 조리한다.
- 뚜껑을 열어 비린내를 휘발시킨다.

41 식품 계량에 대한 설명 중 맞는 방법으로만 묶여진 것은?

㉠ 밀가루는 계량컵으로 직접 떠서 계량한다.
㉡ 꿀 등 점성이 높은 것은 할편 계량컵을 사용한다.
㉢ 흑설탕은 가볍게 흔들어 담아 계량한다.
㉣ 마가린은 실온일 때 꼭꼭 눌러 담아 계량한다.

① ㉠, ㉡　　② ㉠, ㉢

③ ㉡, ㉣　　④ ㉢, ㉣

해설 밀가루는 측정 직전에 체로 쳐서 누르지 않고 수저를 이용해 가만히 수북하게 담아 직선주걱으로 깎아 측정하고 흑설탕은 꼭꼭 눌러 잰다.

정답
36 ② 37 ③ 38 ② 39 ① 40 ③ 41 ③

42 전분 호화에 영향을 미치는 인자와 가장 거리가 먼 것은?

① 전분의 종류　② 가열온도
③ 수분　④ 회분

해설 전분의 호화에 영향을 미치는 인자
- 아밀로펙틴이 아밀로오스보다 호화되기 어려운데, 일반적으로 찹쌀을 이용한 음식이 조리시간이 길다.
- 가열온도가 높을수록 호화속도가 빨라진다.
- 전분에 첨가하는 물의 양이 많으면 호화되기 쉽다.
- 산이나 설탕은 호화가 방해되므로 전분을 먼저 호화시킨 다음에 첨가한다.

43 식품접객업 중 음식류를 조리 · 판매하는 영업으로, 식사와 함께 부수적으로 음주행위가 허용되는 영업은?

① 단란주점 영업
② 유흥주점 영업
③ 휴게음식점 영업
④ 일반음식점 영업

해설 식품접객업의 범위
① 단란주점 영업 : 주로 주류를 조리 · 판매하는 영업으로, 손님이 노래를 부르는 행위가 허용되는 영업
② 유흥주점 영업 : 주로 주류를 조리 · 판매하는 영업으로, 유흥종사자를 두거나 유흥시설을 설치할 수 있고 손님이 노래를 부르거나 춤을 추는 행위가 허용되는 영업
③ 휴게음식점 영업 : 음식물을 조리 · 판매하는 영업으로, 음주행위가 허용되지 아니하는 영업
④ 일반음식점 영업 : 음식류를 조리 · 판매하는 영업으로, 식사와 함께 부수적으로 음주행위가 허용되는 영업

44 식품의 원료관리, 제조, 가공 및 유통의 전 과정에서 유해한 물질이 해당 식품에 혼입 또는 오염되는 것을 방지하기 위하여 각 과정을 중점 관리하는 기준을 정한 것은?

① 위생등급제도
② 식품안전관리인증기준(HACCP)
③ 영업시설기준
④ 식품기준 및 규격

해설 식품안전관리인증기준(HACCP)
식품의 원료관리, 제조, 가공 및 유통의 전 과정에서 위해물질이 해당 식품에 혼입되거나 오염되는 것을 사전에 방지하기 위하여 각 과정을 중점적으로 관리하는 기준

45 다음 중 원가계산의 원칙이 아닌 것은?

① 진실성의 원칙　② 현금기준의 원칙
③ 확실성의 원칙　④ 정상성의 원칙

해설 원가계산의 원칙
진실성의 원칙, 발생기준의 원칙, 계산경제성의 원칙, 확실성의 원칙, 정상성의 원칙, 비교성의 원칙, 상호관리의 원칙

46 다음 재료를 가지고 재고조사법에 의하여 재료의 소비량을 산출하면 얼마인가?

• 전월이월량 : 200kg	• 당월매입량 : 800kg
• 장부잔액 : 420kg	• 실지재고량 : 300kg

① 120kg　② 420kg
③ 700kg　④ 880kg

해설 당기소비량 = (전기이월량+당기구입량)−기말재고량
= (200kg+800kg)−300kg=700kg

47 식품감별법 중 옳은 것은?

① 오이는 가시가 있고 가벼운 느낌이 나며, 절단했을 때 성숙한 씨가 있는 것이 좋다.
② 양배추는 무겁고 광택이 있는 것이 좋다.
③ 우엉은 굽고 수염뿌리가 있는 것으로 외피가 딱딱한 것이 좋다.
④ 토란은 겉이 마르지 않고 잘랐을 때 점액질이 없는 것이 좋다.

해설 오이는 묵직한 느낌이 나고 절단했을 때 성숙한 씨가 없는 것이 좋으며, 우엉은 굽지 않고 수염뿌리가 없는 것이, 토란은 잘랐을 때 점액질이 있는 것이 좋다.

정답
42 ④ 43 ④ 44 ② 45 ② 46 ③ 47 ②

48 기생충과 중간숙주와의 연결이 틀린 것은?

① 구충 - 오리

② 간디스토마 - 민물고기

③ 무구조충 - 소

④ 유구조충 - 돼지

해설 구충은 중간숙주가 없이 채소에 묻어 있던 감염형 유충의 구강점막 침입으로 경구감염이 되며, 유충이 부착된 채소 취급과 맨발 또는 흙 묻은 손에 의해 피부로 침입, 폐를 거쳐 소장에서 성장하여 산란하는 경피감염을 일으킨다.

49 하수의 생물학적 처리방법 중 호기성 처리에 속하지 않는 것은?

① 부패조처리

② 살수여과법

③ 활성오니법

④ 산화지법

해설 하수처리 과정 중 본처리 과정

- 호기성 처리 : 활성오니법, 살수여과법, 산화지법, 회전원판법
- 혐기성 처리 : 부패조처리법, 임호프탱크법, 혐기성소화

50 환기효과를 높이기 위한 중성대(Neutral zone)의 위치로 가장 적합한 것은?

① 방바닥 가까이

② 방바닥과 천장의 중간

③ 방바닥과 천장 사이의 1/3 정도의 높이

④ 천장 가까이

해설 실내공기는 실내외의 온도차, 기체의 확산력, 외기의 풍력에 의해 이루어져서 중성대가 천장 가까이에 형성되도록 하는 것이 환기효과가 크다.

51 일본요리의 기본 양념인 조미료의 사용 순서로 맞는 것은?

① 설탕 → 소금 → 간장 → 식초 → 조미료 → 청주

② 청주 → 설탕 → 소금 → 식초 → 간장 → 조미료

③ 청주 → 간장 → 소금 → 식초 → 조미료 → 설탕

④ 설탕 → 조미료 → 간장 → 식초 → 소금 → 조미료

해설 일본 기본 양념의 순서
청주 → 설탕 → 소금 → 식초 → 간장 → 조미료

52 구이요리의 굽는 방법으로 옳지 않은 것은?

① 흰살생선은 90% 정도 익으면 맛있다.

② 등푸른생선은 비린내가 강하고, 알레르기 반응을 일으킬 수 있어 완전히 익힌다.

③ 쇠꼬챙이 제거 시 재료가 식어 꼬챙이에 들러붙지 않도록 뜨거울 때 돌려가며 뺀다.

④ 겉면을 80%, 뒷면을 20%로 굽는다.

해설 여러 번 뒤집지 않고 겉질부분을 60% 정도로 한 번에 잘 굽고, 뒷면도 40% 정도 한번만 돌려구우면 부서지지 않고 잘 구워진다.

53 롤 초밥 밥 짓기와 배합초 섞기에 대한 설명으로 틀린 것은?

① 밥알이 깨지지 않도록 나무주걱으로 살살 옆으로 자르듯이 섞는다.

② 배합초가 밥에 충분히 스며들면 부채질을 한다.

③ 잡맛이 스며들지 않게 하기 위해 첫물은 재빨리 씻어낸다.

정답 48 ① 49 ① 50 ④ 51 ② 52 ④ 53 ④

④ 한기리(초밥 버무리는 통)가 마른 상태에서 밥을 옮겨 담고 배합초를 섞는다.

해설 한기리가 마른 상태에서 밥을 넣으면 달라붙어서 배합초를 섞기가 불편하므로 물에 씻어서 물기를 닦고 사용한다.

54 데쳐내기[시모후리(しもふり)]에 대한 설명으로 바르지 않은 것은?

① 살짝 데쳐서 차갑게 식힌다.

② 비늘, 냄새, 지방, 여분의 수분 등을 제거하는 데 목적이 있다.

③ 어류에만 사용하는 방법이다.

④ 표면을 응고시켜 본연의 맛을 살리는 데 있다.

해설 데쳐내기[시모후리(しもふり)

재료를 데쳐 재빨리 냉수에 담가 씻는 전처리법의 하나로, 어류나 육류 등에 끓는 물을 부어 표면이 하얗게 될 정도로 만들거나 끓는 물에 살짝 데쳐 표면에 서리가 내린 것처럼 하얗게 만드는 방법이다. 가열 후 바로 찬물에 담가 차갑게 식혀 점액질, 비늘, 냄새, 지방, 여분의 수분 등을 제거하고 표면을 응고시켜 본연의 맛을 살리는 데 있다.

55 초회 야쿠미에 대한 설명으로 바르지 않은 것은?

① 모미지 오로시는 붉은 단풍을 물들인 것 같다고 해서 붙여졌다.

② 다른 말로 아카오로시라고도 부른다.

③ 종류로는 파, 레몬, 아카오로시 등이 있다.

④ 맛과 향기를 내어 식욕을 증진시킨다.

해설 아카오로시는 빨간 무즙으로 무를 강판에 갈아서 매운맛을 씻어 내고, 물기를 짠 후 고운 고춧가루로 무친 것이다.

56 녹차의 채취시기에 따른 명 칭 중 이른 봄에 채취한 것은?

① 우전

② 곡우

③ 하차

④ 추차

해설 우전

녹차를 이른 봄에 채취한 것을 말한다.

57 덮밥(丼物, どんぶりもの, 돈부리모노)의 종류 중 튀김류를 올린 것은?

① 규동(牛丼)

② 카츠동(カツ丼)

③ 텐동(天丼)

④부타동(豚丼)

해설 규동 – 소고기조림, 카츠동 – 돈까스, 부타동 – 돼지고기 구이를 올린 것을 말한다.

58 면 삶기에 대한 설명으로 바르지 않은 것은?

① 끓는 물에 소금을 넣으면 글루텐이 형성되어 점도가 좋아진다.

② 삶은 면은 가볍게 행궈 사용한다.

③ 찬물에 신속히 헹구어 면의 호화를 막고 노화를 상승시킨다.

④ 면을 삶을 때 얼음이나 찬물을 넣으면 면의 바깥쪽 부분이 많이 익는 것을 방지할 수 있다.

해설 삶은 면은 주무르면서 씻어 표면의 전분과 잡내를 제거한다.

정답

54 ③ 55 ② 56 ① 57 ③ 58 ②

59 **일식 조림 조리 시 주의점으로 바르지 않은 것은?**

① 불의 세기는 강한 불에서 약한 불로 줄여서 조림한다.

② 양념을 할 때는 소금을 먼저 넣고 술, 설탕을 넣도록 한다.

③ 냄비로는 동냄비, 두꺼운 알루미늄냄비 등이 적당하다.

④ 생선조림의 곁들임으로 고운 생강채가 어울린다.

해설 소금은 입자가 설탕보다 작아 스며들기 쉬어 처음부터 넣으면 재료가 단단해지고 다른 조미료 들이 스며들기 어려우므로 술, 설탕 등을 먼저 넣어 재료를 부드럽게 해준다.

60 **구이에 사용되는 기물로 열원이 위에 있어 재료의 기름이 떨어져 연기나 불이 나지 않아 작업이 용이한 기물은?**

① 샐러맨더

② 오븐

③ 철판

④ 숯불화구

해설 샐러맨더

열원이 위에 있어 생선의 기름이나 육류의 기름이 떨어져 연기나 불이 나지 않아 작업이 용이하다.

정답

59 ② **60** ①

CHAPTER

05 복어 실전모의고사 제1회

01 도마의 사용방법에 관한 설명 중 잘못된 것은?

① 합성세제를 사용하여 43~45℃의 물로 씻는다.

② 염소소독, 열탕살균, 자외선살균 등을 실시한다.

③ 식재료 종류별로 전용의 도마를 사용한다.

④ 세척, 소독 후에는 건조시킬 필요가 없다.

해설 도마는 세척이나 소독 후에도 반드시 건조시켜서 세균의 번식이 쉬운 온도 혹은 습도에 노출되지 않도록 한다.

02 과채, 식육가공 등에 사용하여 식품 중 색소와 결합하여 식품 본래의 색을 유지하게 하는 식품첨가물은?

① 식용타르색소

② 천연색소

③ 발색제

④ 표백제

해설 발색제

그 자체는 색이 없으나 식품 중의 색소와 작용해서 색을 안정시키거나 발색을 촉진시킨다.

03 카드뮴이나 수은 등의 중금속 오염 가능성이 가장 큰 식품은?

① 육류

② 어패류

③ 식용유

④ 통조림

해설 공장폐수와 생활오수를 정화하지 않고 내버린 결과 등으로 카드뮴이나 수은 등과 같은 중금속에 어패류가 오염될 가능성이 크다.

04 곰팡이독소와 독성을 나타내는 곳을 잘못 연결한 것은?

① 오크라톡신(Ochratoxin) – 간장독

② 아플라톡신(Aflatoxin) – 신경독

③ 시트리닌(Citrinin) – 신장독

④ 스테리그마토시스틴(Sterigmatocystin) – 간장독

해설 아플라톡신은 아스퍼질러스 곰팡이가 쌀, 보리 등의 탄수화물이 풍부한 곡류와 땅콩 등의 콩류에 침입하여 아플라톡신 독소를 생성하여 인체에 간장독을 일으킨다.

05 식품에 오염된 미생물이 증식하여 생성한 독소에 의해 유발되는 대표적인 식중독은?

① 황색 포도상구균 식중독

② 살모넬라균 식중독

③ 장염 비브리오 식중독

④ 리스테리아 식중독

해설 독소형은 식품 내에 병원체가 증식하여 생성한 독소에 의해 생기는 식중독으로, 포도상구균 식중독과 클로스티리디움 보툴리늄 식중독이 이에 해당된다.

정답

01 ④ 02 ③ 03 ② 04 ② 05 ①

06 식품위생법상 판매를 목적으로 하거나 영업상 사용하는 식품 및 영업시설 등 검사에 필요한 최소량의 식품 등을 무상으로 수거할 수 없는 자는?

① 식품의약품안전처장

② 시 · 도지사

③ 시장 · 군수 · 구청장

④ 국립의료원장

해설 식품의약품안전처장, 시 · 도지사 또는 시장 · 군수 · 구청장은 식품 등의 관리와 영업질서유지를 위해 출입 · 검사 · 수거 등의 조치를 취할 수 있다.

07 식품접객업소의 조리판매 등에 대한 기준 및 규격에 의한 조리용 칼 · 도마 · 식기류의 미생물 규격은?(단, 사용 중의 것은 제외한다)

① 살모넬라 음성, 대장균 양성

② 살모넬라 음성, 대장균 음성

③ 황색포도상구균 양성, 대장균 음성

④ 황색포도상구균 음성, 대장균 양성

해설 식품접객업소의 조리용 칼 · 도마 및 식기류(사용 중인 것은 제외)는 살모넬라 음성, 대장균 음성이어야 하며, 행주(사용 중인 것은 제외)도 대장균 음성이어야 한다.

08 식품위생법상 식품영업에 종사하지 못하는 질병의 종류가 아닌 것은?

① 장티푸스

② 피부병 및 기타 화농성 질환

③ 홍역

④ 결핵(비전염성인 경우는 제외)

해설 식품영업에 종사하지 못하는 질병의 종류
콜레라, 장티푸스, 파라티푸스, 세균성이질, 장출혈성대장균감염증, A형간염, 결핵(비전염성인 경우는 제외), 피부병 및 기타 화농성 질환, 후천성면역결핍증(「감염병의 예방 및 관리에 관한 법률」에 의하여 성병에 관한 건강진단을 받아야 하는 영업에 종사하는 자에 한함)

09 위생복 착용 시 다음의 목적으로 반드시 착용해야 하는 것은?

머리카락과 머리의 분비물들로 인한 음식오염을 방지하고, 위생적인 작업을 진행할 수 있도록 하기 위해 착용한다.

① 머플러 ② 위생모

③ 위생화(작업화) ④ 위생복

해설 위생복 착용의 목적
- 머플러 : 주방에서 발생할 수 있는 상해의 응급조치 등
- 위생모 : 머리카락과 머리의 분비물로 인한 음식오염 방지
- 위생화 : 미끄러운 주방바닥에서의 미끄러짐 방지 등
- 위생복 : 열, 가스, 전기, 설비 등으로부터 보호 등

10 교차오염 예방을 위한 주방의 작업구역 중 청결작업구역이 아닌 것은?

① 세정구역

② 조리구역

③ 배선구역

④ 식기보관구역

해설 교차오염 예방을 위해 주방의 작업구역을 일반작업구역(검수구역, 전처리구역, 식재료 저장구역, 세정구역)과 청결작업구역(조리구역, 배선구역, 식기보관구역)으로 설정하여 전처리와 조리, 기구세척 등을 나누어 이행한다.

11 시장조사의 원칙 중 다음에 해당되는 것은 무엇인가?

시장수급상황이나 가격변동과 같은 시장상황 변동에 탄력적으로 대응할 수 있는 조사가 되어야 한다.

① 비용 경제성의 원칙

② 조사 탄력성의 원칙

③ 조사 계획성의 원칙

④ 조사 적시성의 원칙

해설 시장조사의 원칙 중 조사 탄력성의 원칙에 대한 설명이다.

정답
06 ④ 07 ② 08 ③ 09 ② 10 ① 11 ②

12 검수를 위한 설비조건으로 바르지 않은 것은?

① 조도는 80Lux 이상을 갖추어야 한다.

② 사람과 물건이 이용할 수 있는 공간을 확보한다.

③ 전처리장과 가까워야 한다.

④ 위생적이고 안전해야 한다.

해설 물품을 검사하기에 적절한 조명시설을 갖추어야 하는데, 조도 540Lux 이상이어야 한다.

13 식품 재고조사 실시 시 바르지 않은 것은?

① 효율적인 재고조사를 위해 저장 창고별로 품목의 위치를 순서대로 정렬한다.

② 재고조사표 작성 시 품목별 재고수량만 파악하고 중량은 확인하지 않아도 된다.

③ 재고조사의 결과를 구매명세서에 작성한다.

④ 구매에 필요한 양은 현재의 재고량을 고려하여 결정한다.

해설 재고조사표 작성 시 품목별 재고수량 및 중량 등을 확인한 후 정확히 작성한다.

14 안전사고 예방 과정에 들지 않는 것은?

① 재발방지를 위한 대응은 필요하나 개선조치는 안 해도 된다.

② 위험요인을 제거한다.

③ 인적, 기술적, 조직적 오류를 교정한다.

④ 위험요인을 차단한다.

해설 안전사고 예방 과정

- 위험요인 제거 : 위험요인의 근원을 제거
- 위험요인 차단 : 안전방벽을 설치하여 위험요인을 차단
- 예방(오류) : 위험사건을 초래할 수 있는 인적, 기술적, 조직적 오류를 예방
- 교정(오류) : 위험사건을 초래할 수 있는 인적, 기술적, 조직적 오류를 교정
- 제한(심각도) : 위험사건 발생 이후 재발방지를 위하여 대응 및 개선조치

15 조리용 칼 사용 시 위험요소로부터 예방하는 방법으로 바르지 않은 것은?

① 용도에 맞는 칼을 사용한다.

② 작업 전 충분한 스트레칭을 한다.

③ 칼의 방향은 몸 안쪽으로 사용한다.

④ 조리용 칼 운반 시 칼집이나 칼꽂이에 넣어 운반한다.

해설 칼 사용 시 방향은 몸의 반대쪽으로 놓고 사용해야 안전하다.

16 인산을 함유하는 복합지방질로, 유화제로 사용되는 것은?

① 레시틴 ② 글리세롤

③ 스테롤 ④ 글리콜

해설 레시틴

난황에 다량 존재하는 복합지방질로 한쪽에는 친유성이 강한 지방산 기를 가지고 있고, 다른 한쪽에는 친수성이 강한 인산을 가지고 있어 물과 유지의 혼합물을 안정시켜 주는 유화제로 널리 사용된다.

17 달걀 저장 중에 일어나는 변화로 옳은 것은?

① pH 저하 ② 중량 감소

③ 난황계수 증가 ④ 수양난백 감소

해설 달걀의 저장 중 변화

달걀의 저장기간이 길어지면 탄산가스가 증발해 버리면서 pH가 상승(알칼리화)되며, 농후난백이 수양난백으로 변화된다.

18 전분의 호정화를 이용한 식품은?

① 식혜 ② 치즈

③ 맥주 ④ 뻥튀기

해설 전분의 호정화(텍스트린화)

전분에 물을 가하지 않고 160℃ 이상으로 가열하면 여러 단계의 가용성 전분을 거쳐 텍스트린(호정)으로 분해되는데, 이것을 호정화라 한다. 뻥튀기(튀밥), 미숫가루가 호정화를 이용한 식품으로 물에 녹기 쉽고, 효소작용도 받기 쉽다.

정답

12 ① 13 ② 14 ① 15 ③ 16 ① 17 ② 18 ④

19 생식기능 유지와 노화방지의 효과가 있고 화학명이 토코페롤(Tocopherol)인 비타민은?

① 비타민 A ② 비타민 C

③ 비타민 D ④ 비타민 E

해설 비타민 E(토코페롤)
인체 내에서 생식기능 유지와 노화방지의 효과가 있다. 결핍 시 사람에게는 노화촉진, 동물에게는 불임증이 올 수 있다.

20 두류 가공품 중 발효과정을 거치는 것은?

① 두유 ② 피넛 버터

③ 유부 ④ 된장

해설 두류가공품 중 장류(된장, 고추장, 간장, 청국장)는 발효, 숙성 과정을 거쳐 완성된다.

21 다음 중 레토르트식품의 가공과 관계없는 것은?

① 통조림

② 파우치

③ 플라스틱 필름

④ 고압솥

해설 레토르트식품
단층 플라스틱필름이나 금속박 또는 이를 여러 층으로 접착하여 파우치와 기타모양으로 성형하여 제조 · 가공 또는 식품을 충전하고 밀봉하여 고압살균한 것으로, 금속 용기를 사용하는 통조림과는 다르다.

22 젤라틴의 원료가 되는 식품은?

① 한천

② 과일

③ 동물의 연골

④ 쌀

해설 젤라틴
동물의 뼈, 가죽, 힘줄, 연골 등을 구성하는 천연 고분자 단백질인 콜라겐을 가수분해하여 얻어지는 유도단백질의 일종이다.

23 어묵의 탄력과 가장 관계 깊은 것은?

① 수용성 단백질 – 미오겐

② 염용성 단백질 – 미오신

③ 결합 단백질 – 콜라겐

④ 색소 단백질 – 미오글로빈

해설 생선에 2~6% 정도의 중염도를 가하면 단백질 중 염용성 미오신과 액틴이 용액으로 용출되는 양이 증가하고 액토미오신을 형성하여 점성이 있는 용액을 만드는데, 어묵은 이 원리를 이용하여 만든다.

24 영양소와 급원식품의 연결이 옳은 것은?

① 동물성 단백질 – 두부, 쇠고기

② 비타민 A – 당근, 미역

③ 필수지방산 – 대두유, 버터

④ 칼슘 – 우유, 치즈

해설 영양소와 급원식품
- 동물성 단백질 : 소고기, 돼지고기, 닭고기, 오리고기, 생선 등
- 비타민 A : 당근, 소간, 호박, 시금치, 파래, 김 등
- 필수지방산 : 옥수수기름, 낙화생 기름 등

25 사과를 깎아 방치했을 때 나타나는 갈변현상과 관계없는 것은?

① 산화효소

② 산소

③ 페놀류

④ 섬유소

해설 사과의 갈변은 효소적으로 상처받은 조직이 공기 중에 노출되면 산화효소에 의해 페놀화합물이 산소의 존재하에 산화되어 갈색 색소인 멜라닌으로 전환되기 때문이다.

정답
19 ④ 20 ④ 21 ① 22 ③ 23 ② 24 ④ 25 ④

26 하루 필요 열량이 2,700kcal일 때 이중 14%에 해당하는 열량을 지방에서 얻으려 할 때 필요한 지방의 양은?

① 36g ② 42g

③ 81g ④ 94g

해설

- 1일 필요량 2,700kcal 중 14%의 열량을 지방에서 얻으려 한다고 했으므로, 2,700×0.14=378kcal에 해당된다.
- 1일 378kcal를 지방에서 얻으려면 지방은 1g당 9kcal의 열량을 내므로 378÷9=42이다. 그러므로 1일 42g의 지방이 필요하다.

27 다음 당류 중 케톤기를 가진 것은?

① 플락토오스(Fructose)

② 만노오스(Mannose)

③ 갈락토오스(Galactose)

④ 글루코오스(Glucose)

해설 단당류

- 케토오스 : 단당류 중에서 케톤기를 갖는 당, 과당(플락토오스, Fructose)
- 알도오스 : 단당류 중에서 알데히드기를 갖는 당, 과당을 제외한 모든 단당류

28 다음 중 알리신(Allicin)이 가장 많이 함유된 식품은?

① 마늘 ② 사과

③ 고추 ④ 무

해설 알리신

마늘에 들어 있는 성분으로, 마늘의 독특한 냄새와 약효의 주된 성분이다.

29 염지에 의해서 원료육의 미오글로빈으로부터 생성되며, 비가열 식육제품인 햄 등의 고정된 육색을 나타내는 것은?

① 니트로소헤모글로빈(Nitrosohemoglobin)

② 옥시미오글로빈(Oxymyoglobin)

③ 니트로소미오글로빈(Nitrosomyoglobin)

④ 메트미오글로빈(Metmyoglobin)

해설 육가공품의 발색 과정

원료육을 질산칼륨용액에 담가 저장하면 세균의 작용을 받아 아질산칼륨으로 환원되고, 사후 젖산이 쌓여 아질산을 형성하고 산성 조건에서 환원되어 일산화질소가 되며, 이는 환원형의 미오글로빈과 결합하여 분홍색의 니트로소미오글로빈(염절임 육색)을 형성한다.

30 다음 중 과일, 채소의 호흡작용을 조절하여 저장하는 방법은?

① 건조법 ② 냉장법

③ 통조림법 ④ 가스저장법

해설 과일과 채소는 수확 후에도 호흡작용을 하여 성분의 변화를 일으키므로, 호흡을 억제하기 위한 가스저장법(CA저장)이 필요하다.

31 검수에 필요한 측량도구가 아닌 것은?

① 저울 ② 계량컵

③ 온도계 ④ 운반차

해설 검수에 필요한 측량도구는 저울, 계량컵, 온도계, 계산기 등이 있다.

32 달걀의 열응고성에 대한 설명 중 옳은 것은?

① 식초는 응고를 지연시킨다.

② 소금은 응고온도를 낮추어준다.

③ 설탕은 응고온도를 내려주어 응고물을 연하게 한다.

④ 온도가 높을수록 가열시간이 단축되고 응고물은 연해진다.

해설 달걀의 응고성

달걀 조리 시 식초는 응고를 단축시켜 주고 설탕은 응고온도를 높여주며, 응고물을 연하게 한다. 온도가 높을수록 가열시간이 단축되어 응고물은 단단해진다.

정답

26 ② 27 ① 28 ① 29 ③ 30 ④ 31 ④ 32 ②

33 육류의 가열 변화에 의한 설명으로 틀린 것은?

① 생식할 때보다 풍미와 소화성이 향상된다.

② 근섬유와 콜라겐은 45℃에서 수축하기 시작한다.

③ 가열한 고기의 색은 메트미오글로빈(Met-myoglobin)이다.

④ 고기의 지방은 근수축과 수분손실을 적게 한다.

해설 고기의 열에 대한 변성은 대개 80℃ 부근에서 이루어지는데, 그 이상으로 온도를 가열하면 콜라겐이 젤라틴으로 용해되면서 근육섬유를 한 가닥씩 풀어주므로 고기가 연해진다.

34 고기를 연화시키려고 생강, 키위, 무화과 등을 사용할 때 관련된 설명으로 틀린 것은?

① 단백질의 분해를 촉진시킴으로써 연화시키는 방법이다.

② 두꺼운 로스트용 고기에 적당하다.

③ 즙을 뿌린 후 포크로 찔러주고 일정시간 둔다.

④ 가열 온도가 85℃ 이상이 되면 효과가 없다.

해설 고기 연화 시 사용하는 키위, 생강, 무화과 등은 고기에 단백질 분해효소를 촉진시킴으로써 연화시키는 방법으로, 얇게 썬 고기에 뿌려야 효과적이고 덩어리로 썬 고기의 경우 단백질 분해효소를 뿌려주고 포크를 이용하여 고기의 내부에 찔러 넣는 방법이 이용된다. 가열온도가 85℃ 이상이 되면 불활성화된다.

35 자색 양배추, 가지 등 적색채소를 조리할 때 색을 보존하기 위한 가장 바람직한 방법은?

① 뚜껑을 열고 다량의 조리수를 사용한다.

② 뚜껑을 열고 소량의 조리수를 사용한다.

③ 뚜껑을 덮고 다량의 조리수를 사용한다.

④ 뚜껑을 덮고 소량의 조리수를 사용한다.

해설 적색채소는 물에 쉽게 용해되는 성질을 가지고 있기 때문에 뚜껑을 덮고 소량의 조리수를 사용하여 색을 보존하는 것이 바람직하다.

36 조리용 기기의 사용법이 틀린 것은?

① 필러(Peeler) : 채소 다지기

② 슬라이서(Slicer) : 일정한 두께로 썰기

③ 세미기 : 쌀 세척하기

④ 블랜더(Blenader) : 액체 교반하기

해설 필러는 채소의 껍질을 벗기는 데 사용한다.

37 호화와 노화의 대한 설명으로 옳은 것은?

① 쌀과 보리는 물이 없어도 호화가 잘된다.

② 떡의 노화는 냉장고보다 냉동고에서 더 잘 일어난다.

③ 호화된 전분을 80℃ 이상에서 급속히 건조하면 노화가 촉진된다.

④ 설탕의 첨가는 노화를 지연시킨다.

해설 쌀과 보리는 물이 있어야 호화가 일어나며, 떡의 노화는 냉동고가 아닌 냉장고에서 잘 일어난다. 호화된 전분을 80℃ 이상에서 급속히 건조시키면 노화를 방지할 수 있다.

38 생선을 씻을 때 주의사항으로 틀린 것은?

① 물에 소금을 10% 정도 타서 씻는다.

② 냉수를 사용한다.

③ 체표면에 점액을 잘 씻도록 한다.

④ 어체에 칼집을 낸 후에는 씻지 않는다.

해설 생선을 씻을 때 소금의 농도가 높아질수록 단백질 용출의 양이 증가하므로, 냉수에 손으로 살살 문지르면서 씻는다.

정답
33 ② 34 ② 35 ④ 36 ① 37 ④ 38 ①

39 녹색채소를 데칠 때 소다를 넣을 경우 나타나는 현상이 아닌 것은?

① 채소의 질감이 유지된다.

② 채소의 색을 푸르게 고정시킨다.

③ 비타민 C가 파괴된다.

④ 채소의 섬유질을 연화시킨다.

해설 녹색채소 데치기에 소다를 사용하면 섬유소가 알칼리에 의해 연화되어 뭉그러질 우려가 있다.

40 전분의 가수분해에 해당되지 않는 것은?

① 식혜, 엿 등이 전분의 가수분해의 결과이다.

② 전분의 당화이다.

③ 효소를 넣어 최적온도를 유지시키면 탈수 축합 반응에 의해 당이 된다.

④ 전분을 산과 함께 가열하면 가수분해 되어 당이 된다.

해설 전분에 효소를 넣어 최적온도를 유지시키면 탈수축합 반응이 아닌 가수분해 되어 당이 된다.

41 식단 작성 시 고려할 사항으로 틀린 것은?

① 피급식자의 영양 소요량을 충족시켜야 한다.

② 좋은 식품의 선택을 위해서 식재료 구매는 예산의 1.5배 정도로 계획한다.

③ 급식인원수와 형태(단일식단, 복수식단)를 고려해야 한다.

④ 기호에 따른 양과 질, 변화, 계절을 고려해야 한다.

42 감자의 효소적 갈변 억제 방법이 아닌 것은?

① 아스코르빈산 첨가

② 아황산 첨가

③ 질소 첨가

④ 물에 침지

해설 감자의 효소적 갈변 억제방법으로 물에 담가둠으로써 산소와의 접촉을 막거나 아스코르빈산 첨가와 0.25%의 아황산 등 환원성물질을 첨가한다.

43 조리 시 나타나는 현상과 그 원인 색소의 연결이 옳은 것은?

① 산성성분이 많은 물로 지은 밥의 색이 누렇다. – 클로로필계

② 식초를 가한 양배추의 색이 짙은 갈색이다. – 플라보노이드계

③ 커피를 정수로 끓여 그 표면이 갈색이다. – 탄닌계

④ 데친 시금치나물이 누렇게 되었다. – 안토시안계

해설 커피는 경수를 사용하면 물의 칼슘과 마그네슘 성분 때문에 커피의 맛을 내는 카페인과 탄닌의 침출이 나빠져 커피의 맛이 좋지 않다.

44 쌀 전분을 빨리 α–화 하려고 할 때 조치사항은?

① 아밀로펙틴 함량이 많은 전분을 사용한다.

② 수침시간을 짧게 한다.

③ 가열온도를 높인다.

④ 산성의 물을 사용한다.

해설 전분의 호화에 영향을 미치는 인자

- 가열온도가 높을수록 호화속도가 빨라진다.
- 전분의 입자가 클수록 빨리 호화된다.
- 전분에 산을 가하면 호화가 잘 안 된다.

정답
39 ① 40 ③ 41 ② 42 ③ 43 ③ 44 ③

45 단체급식소에서 식수인원 400명의 풋고추 조림을 할 때 풋고추의 총 발주량은 약 얼마인가?(단, 풋고추 1인분 30g, 풋고추의 폐기율 6%)

① 12kg

② 13kg

③ 15kg

④ 16kg

해설

$$총\ 발주량 = \frac{정미중량}{100-폐기율} \times 100 \times 인원수$$

$$= \frac{30 \times 100}{100-6} \times 400 = \frac{3,000 \times 400}{94}$$

$$= \frac{1,200,000}{94} = 12,756g$$

그러므로 풋고추의 총 발주량은 13kg이다.

46 쥐와 관계가 가장 적은 감염병은?

① 발진티푸스

② 신증후군출혈열(유행성출혈열)

③ 페스트

④ 렙토스피라증

해설 발진티푸스는 이로 인하여 매개되어 발열, 근육통, 발진 등을 나타내는 급성 감염병이다.

47 하수오염도 측정 시 생화학적 산소요구량(BOD)을 결정하는 가장 중요한 인자는?

① 물의 경도

② 수중의 유기물량

③ 하수량

④ 수중의 광물질량

해설 생화학적 산소요구량

분해 가능한 유기물질이 호기성 세균의 작용에 의해서 분해되고 산화되어 안정된 무기물질과 가스체로 되는 데 사용되는 용존산소의 손실량을 측정함으로 하수의 오염도를 나타내는 방법이다.

48 다수인이 밀집한 장소에서 발생하며, 화학적 조성이나 물리적 조성의 큰 변화를 일으켜 불쾌감, 두통, 권태, 현기증, 구토 등의 생리적 이상을 일으키는 현상은?

① 빈혈

② 일산화탄소 중독

③ 분압 현상

④ 군집독

해설 군집독

다수인이 밀집한 곳의 실내공기는 화학적 조성이나 물리적 조성의 변화로 인하여 불쾌감, 두통, 권태, 현기증, 구토 등의 생리적 이상을 일으키는 것을 말하는데, 그 원인은 산소 부족, 이산화탄소 증가, 고온, 고습 등 유해가스 및 취기 등에 의해 복합적으로 발생한다.

49 음식물로 매개될 수 있는 감염병이 아닌 것은?

① 유행성감염 ② 폴리오

③ 일본뇌염 ④ 콜레라

해설 일본뇌염은 모기에 의해 매개되는데, 뇌에 염증을 일으키는 질환이다.

50 먹는 물에서 다른 미생물이나 분변오염을 추측할 수 있는 지표는?

① 대장균 ② 탁도

③ 경도 ④ 증발잔류량

해설 먹는 물에서 다른 미생물이나 분변오염을 추측할 수 있는 지표는 대장균으로, 50ml에서 검출되지 아니해야 한다.

51 다음 중 복어의 독소명은?

① 테트로도톡신 ② 솔라닌

③ 시큐톡신 ④ 아미그달린

해설 독성분

솔라닌 – 감자싹, 시큐톡신 – 독미나리, 아미그달린 – 청매

정답

45 ② 46 ① 47 ② 48 ④ 49 ③ 50 ① 51 ①

52 복어의 식용 가능한 부위는?

① 눈 ② 위장

③ 간장 ④ 껍질

해설 복어의 식용 불가능 부위
눈, 아가미, 심장, 신장, 비장, 위장, 간장, 부레, 담낭(쓸개), 방광, 난소

53 복어 지리와 복어 회에 사용되는 부재료가 아닌 것은?

① 홍고추, 목이버섯

② 배추, 당근

③ 미나리, 표고버섯

④ 무, 파

해설 복어 지리와 복어 회에 사용되는 부재료는 배추, 무, 당근, 팽이버섯, 파, 표고버섯, 미나리이며, 홍고추와 목이버섯은 사용하지 않는다.

54 복어요리에 곁들이는 초간장의 이름은 무엇인가?

① 폰즈

② 참깨소스

③ 야쿠미

④ 우스구치쇼유

해설 초간장은 폰즈라고도 하며, 감귤류를 가미한 일식 조미료로 초산을 가미하여 맛을 더한다.

55 복어 껍질 무침에 대한 설명으로 틀린 것은?

① 겉껍질과 속껍질은 6 : 4의 비율로 사용한다.

② 먹기 직전에 무쳐야 물이 안 생긴다.

③ 그릇은 작으면서 깊이가 있는 것을 선택한다.

④ 미나리는 얇고 여린 쪽을 사용한다.

해설 겉껍질과 속껍질의 사용 비율은 9 : 1 정도가 좋다.

56 복어 죽에 대한 설명으로 바르지 않은 것은?

① 불린 쌀로 죽을 끓일 때는 불린 쌀과 물의 비율을 1 : 8로 한다.

② 조우스이는 밥을 씻어 해물, 야채를 넣어 끓인 죽이다.

③ 오카이는 밥알의 형태가 있는 죽이다.

④ 여름에는 30분 전에 쌀을 씻어 준비한다.

해설 오카이는 밥알의 형태가 없는 죽이다.

57 튀김의 종류 중 밑간을 하여 그대로 또는 밀가루나 전분을 묻혀 튀기는 것은?

① 스아게

② 고로모아게

③ 고로모

④ 가라아게

해설 가라아게
양념한 재료를 그대로 튀기거나 박력분이나 전분만을 묻혀 튀긴다.

58 복어 회 국화모양 접시 담기에 대한 설명으로 바르지 않은 것은?

① 그릇의 바깥쪽에서 안쪽으로 담는다.

② 복어 회는 꼬리 쪽에서 머리 쪽으로 당겨 썬다.

③ 바깥쪽 국화 모양은 복어 살의 폭이 넓은 부분을 사용한다.

④ 복어 회는 왼쪽에서 오른쪽으로 담는 것이 기본이다.

해설 복어 회는 오른쪽에서 왼쪽으로 담는 것이 기본이다.

정답
52 ④ 53 ① 54 ① 55 ① 56 ③ 57 ④ 58 ④

59 복어 뼈 맛국물을 만들 때 사용되는 재료가 아닌 것은?

① 다시마

② 복어 껍질

③ 복어 뼈

④ 물

해설 복어 뼈 맛국물 재료
물, 다시마, 복어 뼈

60 조리용 칼에 대한 설명으로 틀린 것은?

① 복어 껍질의 가시는 데바칼로 제거한다.

② 생선회 칼은 생선회를 썰거나 요리를 가르는 데 사용한다.

③ 야채칼은 주로 채소를 취급하는 칼이다.

④ 데바칼은 뼈를 자르는데 사용한다.

해설 복어 껍질의 가시는 생선회 칼을 사용하여 제거한다.

정답
59 ② 60 ①

CHAPTER

06 복어 실전모의고사 제2회

01 식품과 독성분의 연결이 틀린 것은?

① 복어 - 테트로도톡신

② 미나리 – 시큐톡신

③ 섭조개 - 베네루핀

④ 청매 – 아미그달린

해설 섭조개의 독성물질은 삭시톡신(Saxitoxin)이다.

02 식품의 부패 과정에서 생성되는 불쾌한 냄새 물질과 거리가 먼 것은?

① 암모니아

② 포르말린

③ 황화수소

④ 인돌

해설 포르말린은 식품의 부패 과정에서 생성되는 물질이 아니고, 독성을 지닌 무색의 자극적 냄새가 나는 유해화학물질이다.

03 과일이나 과채류를 채취 후 선도유지를 위해 표면에 막을 만들어 호흡조절 및 수분증발 방지의 목적에 사용되는 것은?

① 품질개량제

② 이형제

③ 피막제

④ 강화제

해설 피막제

생과일, 야채류의 호흡작용을 제한하고, 수분증발방지, 외상예방, 부패균의 침입을 어느 정도 방지하여 장기간 보존하게 하기 위하여 표면에 피막을 만드는 것이다.

04 클로스트리디움 보툴리늄균이 생산하는 독소와 관계있는 것은?

① 엔테로톡신(Enterotoxin)

② 뉴로톡신(Neurotoxin)

③ 삭시톡신(Saxitoxin)

④ 에르고톡신(Ergotoxin)

해설

독소형 식중독의 독소	자연독 식중독의 독소
• 포도상구균 식중독 : 엔테로톡신 • 클로스트리디움 보툴리늄 식중독 : 뉴로톡신	• 복어 : 테트로도톡신 • 섭조개 : 삭시톡신 • 바지락 : 베네루핀 • 곰팡이 : 에르고톡신

05 다음 중 국내에서 허가된 인공감미료는?

① 둘신(Dulcin)

② 사카린나트륨(Sodium Saccharin)

③ 사이클라민산나트륨(Sodium Cyclamate)

④ 에틸렌글리콜(Ethylene Glycol)

해설 사카린나트륨은 허가된 감미료이며, 나머지는 독성이 강하여 사용이 금지된 감미료이다.

정답
01 ③ 02 ② 03 ③ 04 ② 05 ②

06 위생관리의 필요성으로 바르지 못한 것은?

① 대외적 브랜드 이미지 관리
② 점포의 이미지 개선(청결한 이미지)
③ 식중독 위생사고 예방
④ 질병의 치료 및 예방

해설 위생관리의 필요성
식중독 위생사고 예방, 식품위생법 및 행정처분 강화, 상품의 가치 상승(안전한 먹거리), 점포의 이미지 개선(청결한 이미지), 고객 만족(매출증진), 대외적 브랜드이미지 관리

07 식품안전관리인증기준(HACCP)에 대한 설명으로 틀린 것은?

① 식품의 원료, 관리, 제조, 조리, 유통의 모든 과정을 포함한다.
② 위해한 물질이 식품에 섞이거나 식품이 오염되는 것을 방지하기 위하여 실시한다.
③ HACCP 수행의 7원칙 중 원칙 1은 중요관리점에 대한 감시절차 확립이다.
④ 각 과정을 중점적으로 관리하는 기준이다.

해설 HACCP 수행의 7원칙 중 원칙1은 위해요소를 분석하는 것이다.

※ HACCP 수행의 7원칙
HACCP관리의 기본단계인 7개의 원칙에 따라 관리체계를 구축한다.
① 원칙 1 : 위해요소분석(Hazard Analysis)
② 원칙 2 : 중요관리점(Critical Control Point ,CCP) 결정
③ 원칙 3 : 중요관리점에 대한 한계기준(Critical Limits, CL) 설정
④ 원칙 4 : 중요관리점에 대한 감시(Monitoring)절차 확립
⑤ 원칙 5 : 한계기준 이탈 시 개선조치(Corrective Action)절차 확립
⑥ 원칙 6 : HACCP 시스템의 검증(Verification)절차 확립
⑦ 원칙 7 : HACCP 체계를 문서화하는 기록(Record)유지방법 설정

08 생육이 가능한 최저수분활성도가 가장 높은 것은?

① 내건성 포자 ② 세균
③ 곰팡이 ④ 효모

해설 생육에 필요한 수분량의 순서
세균>효모>곰팡이

09 호염성의 성질을 가지고 있는 식중독 세균은?

① 황색포도상구균(Staphylococcus Aureus)
② 병원성 대장균(E.coli O157:H7)
③ 장염비브리오(Vibrio Parahaemolyticus)
④ 리스테리아 모노사이토제네스(Listeria Monocytoge-nes)

해설 장염비브리오는 3~4%의 식염농도에서도 잘 자라는 호염성 세균이다.

10 발아한 감자와 청색 감자에 많이 함유된 독성분은?

① 리신 ② 엔테로톡신
③ 무스카린 ④ 솔라닌

해설 솔라닌은 감자의 발아한 부분 또는 녹색 부분에 함유된 유독성 물질이다.

11 식품을 취급하는 종사자의 손 씻기로 바르지 않은 것은?

① 보통비누로 먼저 손을 씻어낸 후 역성비누를 사용한다.
② 살균효과를 높이기 위해 보통비누와 역성비누액을 섞어 사용한다.
③ 팔에서 손으로 씻어 내려온다.
④ 핸드타월이나 자동 손 건조기를 사용하는 것이 바람직하다.

정답 06 ④ 07 ③ 08 ② 09 ③ 10 ④ 11 ②

해설 보통비누는 더러운 먼지 등을 제거하는 작용이 있고, 역성비누는 세척력은 약하나 살균력이 강하여 보통비누로 먼저 먼지를 제거한 후 역성비누를 사용하는 것이 바람직하다.

12 식품 등의 표시기준상 영양 성분에 대한 설명으로 틀린 것은?

① 한 번에 먹을 수 있도록 포장 · 판매되는 제품은 총 내용량을 1회 제공량으로 한다.

② 영양 성분 함량은 식물의 씨앗, 동물의 뼈와 같은 비가식부위도 포함하여 산출한다.

③ 열량의 단위는 킬로칼로리(kcal)로 표시한다.

④ 탄수화물에는 당류를 구분하여 표시하여야 한다.

해설 영양 성분 함량은 비가식부위는 제외하고 실제 섭취하는 가식부위를 기준으로 산출한다.

13 식품위생법상 영업신고를 하여야 하는 업종은?

① 유흥주점영업

② 즉석판매제조 · 가공업

③ 식품조사처리업

④ 단란주점영업

해설 영업의 허가와 신고
- 영업허가를 받아야 할 업종 : 식품조사처리업, 단란주점영업, 유흥주점영업
- 영업신고를 하여야 하는 업종 : 식품 등 수입판매업, 일반음식점영업, 위탁급식영업, 제과점영업, 식품냉동 · 냉장업, 휴게음식점영업, 즉석판매제조 · 가공업, 식품운반업, 식품소분 · 판매업, 용기 · 포장류제조업, 식품제조가공업, 식품첨가물제조업

14 식품위생법상에 명시된 식품위생감시원의 직무가 아닌 것은?

① 과대광고 금지의 위반 여부에 관한 단속

② 조리사 및 영양사의 법령 준수사항 이행 여부 확인 · 지도

③ 생산 및 품질관리일지의 작성 및 비치

④ 시설기준의 적합 여부의 확인 · 검사

해설 식품위생감시원의 직무

식품 등의 위생적 취급기준의 이행지도, 수입 · 판매 또는 사용 등의 금지된 식품 등의 취급여부에 관한 단속, 표시기준 또는 과대광고금지의 위반여부에 관한 단속, 출입 · 검사 및 검사에 필요한 식품 등의 수거, 시설기준의 적합여부의 확인 · 검사, 영업자 및 종업원의 건강진단 및 위생교육의 이행여부의 확인 · 지도, 조리사 · 영양사의 법령 준수사항 이행여부의 확인 · 지도, 행정처분의 이행여부 확인, 식품 등의 압류 · 폐기 등, 영업소의 폐쇄를 위한 간판제거 등의 조치, 그밖에 영업자의 법령 이행여부에 관한 확인 · 지도

15 위험도 경감을 위한 3가지 시스템 구성요소가 아닌 것은?

① 사람 ② 조직

③ 절차 ④ 장비

해설 위험도 경감의 원칙 중 위험도 경감은 사람, 절차, 장비의 3가지 시스템 구성요소를 고려하여 다양한 위험도 경감 접근법을 검토한다.

16 식품의 갈변현상 중 성질이 다른 것은?

① 고구마 절단면의 갈색

② 홍차의 적색

③ 간장의 갈색

④ 다진 양송이의 갈색

해설 식품의 갈변
- 효소적 갈변 : 채소류나 과일류를 파쇄하거나 껍질을 벗길 때 일어나는 현상(홍차 제조 시 적색색소는 Polyphenol Oxidase에 의한 효소적 갈변)
- 비효소적 갈변
  - 마이얄 반응 : 환원당과 아미노화합물들에 의한 갈변반응으로 쿠키, 간장, 된장 등의 색깔, 풍미, 방향 등은 이 반응에 의해 생성된다.
  - 캐러멜화 반응 : 당류의 가열로 인한 산화 및 분해산물에 의한 중합 · 축합으로 갈색물질을 생성하는 갈변반응으로 장류(간장, 된장), 양주, 청량 음료수 등의 착색료로 이용된다.
  - 아스코르브산 산화에 의한 갈변반응 : 감귤류의 가공품인 오렌지주스나 농축 물 등에서 일어나는 갈변이다.

정답

12 ② 13 ② 14 ③ 15 ② 16 ③

17 우유에 함유된 단백질이 아닌 것은?

① 락토오스(Lactose)

② 카제인(Casein)

③ 락토알부민(Lactoalbumin)

④ 락토글로불린(Lactoglobulin)

해설 우유의 주 단백질은 카제인이고, 락토알부민과 락토글로불린 등이 있다.

※ 락토오스(유당)는 2당류로 탄수화물에 해당된다.

18 탄수화물이 아닌 것은?

① 젤라틴 ② 펙틴

③ 섬유소 ④ 글리코겐

해설 펙틴, 섬유소, 글리코겐은 다당류에 속하며, 젤라틴은 동물의 가죽이나 뼈에 다량 존재하는 단백질인 콜라겐의 가수분해로 생긴 물질이다.

19 비타민 E에 대한 설명으로 틀린 것은?

① 물에 용해되지 않는다.

② 항산화작용이 있어 비타민 A나 유지 등의 산화를 억제해준다.

③ 버섯 등에 에르고스테롤(Ergosterol)로 존재한다.

④ 알파 토코페롤(α-tocopherol)이 가장 효력이 강하다.

해설 ③은 비타민 D_2에 대한 설명이다.

20 조리 작업 시 유해·위험요인과 원인의 연결로 바르지 않은 것은?

① 화상, 데임 – 뜨거운 기름이나 스팀, 오븐 등의 기구와 접촉 시

② 근골격계 질환 – 장시간 한자리에서 작업 시

③ 미끄러짐, 넘어짐 – 정리정돈 미흡과 부적절한 조명 사용 시

④ 전기감전과 누전 – 연결코드 제거 후 전자제품 청소 시

해설 조리실은 물을 많이 사용하는 장소로 감전의 위험이 높으므로 전기제품 청소 시에는 전원 연결코드를 빼고 청소를 하도록 한다.

21 청과물의 저장 시 변화에 대하여 옳게 설명한 것은?

① 청과물은 저장 중이거나 유통과정 중에도 탄산가스와 열이 발생한다.

② 신선한 과일의 보존기간을 연장시키는데 저장이 큰 역할을 하지 못한다.

③ 과일이나 채소는 수확하면 더 이상 숙성하지 않는다.

④ 감의 떫은맛은 저장에 의해서 감소되지 않는다.

해설 과일이나 채소는 수확 후에도 숙성되므로 CA저장을 통하여 조직변화와 숙성을 지연시킨다. 감은 성숙되는 과정에서 탄닌물질이 불용성으로 변화되기 때문에 떫은맛이 감소된다.

22 소화기 설치 및 관리요령으로 바르지 않은 것은?

① 소화기는 습기가 적고 건조하며 서늘한 곳에 설치한다.

② 분말소화기는 흔들거나 움직이지 않고 계속 비치한다.

③ 사용한 소화기는 다시 사용할 수 있도록 재충전하여 보관한다.

④ 유사시에 대비하여 수시로 점검한다.

해설 분말소화기는 소화약제가 굳거나 가라앉지 않도록 한 달에 한번 정도 위아래로 흔들어 주는 것이 좋다.

정답

17 ① 18 ① 19 ③ 20 ④ 21 ① 22 ②

23 우유를 높은 온도로 가열하면 마이얄(Maillard) 반응이 일어난다. 이때 가장 많이 손실되는 성분은?

① 리신(Lysine)

② 아르지닌(Arginine)

③ 자당(Sucrose)

④ 칼슘(Ca)

해설 우유에는 단백질과 유당이 들어있는데, 가열하면 마이야르 반응이 가속화되어 리신(α-아미노산의 하나로 동물성 단백질에 많이 존재함)이 손실되고 멜라노이딘이라는 갈색화 물질이 형성된다.

24 글루텐을 형성하는 단백질을 가장 많이 함유하는 것은?

① 밀

② 쌀

③ 보리

④ 옥수수

해설 밀의 주요 단백질은 글리아딘과 글루테닌의 일종인 글루텐으로, 물을 가하여 반죽하면 글루텐을 형성한다.

25 클로로필(Chlorophyll)에 관한 설명으로 틀린 것은?

① 포르피린 환(Porphyrin Ring)에 구리(Cu)가 결합되어 있다.

② 김치의 녹색이 갈변하는 것은 발효 중 생성되는 젖산 때문이다.

③ 산성 식품과 같이 끓이면 갈색이 된다.

④ 알칼리 용액에서는 청록색을 유지한다.

해설 클로로필은 포르피린 환(고리)의 중심에 마그네슘(Mg)을 가지고 있다.

26 구매를 위한 시장조사의 원칙으로 바르지 않은 것은?

① 조사 적시성의 원칙

② 조사 계획성의 원칙

③ 조사 정확성의 원칙

④ 비용 소비성의 원칙

해설 시장조사의 원칙
- 비용경제성의 원칙 : 최소의 비용으로 시장조사를 한다.
- 조사 적시성의 원칙 : 시장조사는 본 구매를 해야 하는 기간 내에 끝낸다.
- 조사 탄력성의 원칙 : 시장의 가격변동이나 수급상황 변동에 대한 탄력적으로 대응하는 조사여야 한다.
- 조사 계획성의 원칙 : 사전에 시장조사 계획을 철저하게 세워서 실시한다.
- 조사 정확성의 원칙 : 세운 계획의 내용을 정확하게 조사한다.

27 소시지 100g당 단백질 13g, 지방 21g, 당질 5.5g이 함유되어 있을 경우 소시지 150g의 열량은?

① 158kcal ② 263kcal

③ 322kcal ④ 395kcal

해설 탄수화물 1g당 4kcal, 단백질 1g당 4kcal, 지방 1g당 9kcal의 열량을 내므로 소시지 100g의 칼로리는 다음과 같다.
(단백질 13g×4kcal)+(지방 21g×9kcal)+(당질 5.5g×4kcal)=
52+189+22=263kcal
즉, 소시지 150g의 열량은
$100 : 263 = 150 : x$
$100x = 263 \times 150$
$x = \frac{263 \times 150}{100} = \frac{39,450}{10} = 394.5$
=394.5kcal

28 유지의 산패도를 나타내는 값으로 짝지어진 것은?

① 비누화가, 요오드가

② 요오드가, 아세틸가

③ 과산화물가, 비누화가

④ 산가, 과산화물가

해설 유지의 산패를 나타내는 값은 산가, 과산화물가, 카르보닐가, TBA 등이 있다.

정답
23 ① 24 ① 25 ① 26 ④ 27 ④ 28 ④

29 참기름이 다른 유지류보다 산패에 대하여 비교적 안정성이 큰 이유는 어떤 성분 때문인가?

① 레시틴(Lecithin)

② 세사몰(Sesamol)

③ 고시폴(Gossypol)

④ 인지질(Phospholipid)

해설 세사몰
깨에 존재하는 리그난(Lignan)류의 하나인 세사몰린(Sesamoline)이 가수분해 되어 얻어지는 항산화성 물질로 산패에 대하여 비교적 안정성이 크다.

30 검수업무를 위한 구비요건으로 바르지 않은 것은?

① 검수지식이 풍부한 검수담당자가 진행한다.

② 검수구역은 배달구역과 가까워야한다.

③ 물품저장소와의 거리는 가까울 필요는 없다.

④ 물품의 저장관리 및 특성을 숙지한다.

해설 노동력 절감을 위해서 검수구역은 배달구역입구, 물품저장소와 가까운 거리여야 한다.

31 돼지고기 편육을 할 때 고기를 삶는 방법으로 가장 적합한 것은?

① 한 번 삶아서 찬물에 식혔다가 다시 삶는다.

② 물이 끓으면 고기를 넣어서 삶는다.

③ 찬물에 고기를 넣어서 삶는다.

④ 생강은 처음부터 같이 넣어야 탈취효과가 크다.

해설 편육을 삶을 때 고기를 끓는 물에 넣어야 근육표면의 단백질을 먼저 응고시켜서 수용성 단백질과 추출물이 고기의 국물로 용출되는 것을 방지할 수 있다.

32 달걀의 기포성을 이용한 것은?

① 달걀찜

② 푸딩(Pudding)

③ 머랭(Meringue)

④ 마요네즈(Mayonnaise)

해설 난백의 기포성을 이용한 조리에는 머랭, 각종 케이크류, 프리터(Fritter) 반죽, 수플레(Souffle) 등이 있다.

33 생선 조리 시 식초를 적당량 넣었을 때 장점이 아닌 것은?

① 생선의 가시를 연하게 해준다.

② 어취를 제거한다.

③ 살을 연하게 하여 맛을 좋게 한다.

④ 살균효과가 있다.

해설 생선 조림요리 시 레몬이나 식초를 넣으면 뼈의 칼슘은 산에 용해하는 성질이 있기 때문에 가시가 많은 생선의 가시를 연하게 해준다.

34 음식의 온도와 맛의 관계에 대한 설명으로 틀린 것은?

① 국은 식을수록 짜게 느껴진다.

② 커피는 식을수록 쓰게 느껴진다.

③ 차게 먹을수록 신맛이 강하게 느껴진다.

④ 녹은 아이스크림보다 얼어 있는 것의 단맛이 약하게 느껴진다.

해설 신맛은 온도가 상승하면 증가한다.

35 재고회전율이 표준치보다 낮은 경우에 대한 설명으로 틀린 것은?

① 긴급구매로 비용 발생이 우려된다.

② 종업원들이 심리적으로 부주의하게 식품을 사용하여 낭비가 심해진다.

정답
29 ② 30 ③ 31 ② 32 ③ 33 ③ 34 ③ 35 ①

③ 부정유출이 우려된다.

④ 저장기간이 길어지고 식품손실이 커지는 등 많은 자본이 들어가 이익이 줄어든다.

해설 재고회전율

적정재고수준을 유지하면서 원활하게 진행되어야 하는데, 과다 재고 보유 시 물품의 손실을 초래, 투자비가 재고에 묶여 자금 운용상 불리(현금화가 안 됨), 유지 · 관리비용의 과다, 필요이상의 과다공간 확보 등의 문제점을 나타낸다.

36 식단 작성 시 단백질을 공급하려면 다음 중 어떤 식품으로 구성하는 것이 좋은가?

① 곡류와 감자류

② 고기, 생선, 알류 및 두류

③ 아이스크림, 유지류

④ 채소 및 과실류

해설 주요영양소와 식품군

주요영양소	식품군
탄수화물	곡류(잡곡), 감자류
단백질	고기, 생선, 알류 및 두류
지방	유지류
무기질 및 비타민	채소 및 과실류

37 채소 조리 시 색의 변화로 맞는 것은?

① 시금치는 산을 넣으면 녹황색으로 변한다.

② 당근은 산을 넣으면 퇴색된다.

③ 양파는 알칼리를 넣으면 백색으로 된다.

④ 가지는 산에 의해 청색으로 된다.

해설 시금치처럼 클로로필(엽록소)을 가지고 있는 채소는 조리 시 산성 용액에 클로로필에 존재하는 피톨이 제거되어 갈색의 페오포비드가 형성되어 푸른색을 잃게 된다.

38 고기를 요리할 때 사용되는 연화제는?

① 소금 ② 참기름

③ 파파인(Papain) ④ 염화칼슘

해설 파파야의 파파인, 파인애플의 브로멜린, 무화과의 피신, 배와 무의 프로테아제, 키위의 액티니딘은 고기 연화에 도움을 준다.

39 사과나 딸기 등이 잼에 이용되는 가장 중요한 이유는?

① 과숙이 잘되어 좋은 질감을 형성하므로

② 펙틴과 유기산이 함유되어 잼 제조에 적합하므로

③ 색이 아름다워 잼의 상품가치를 높이므로

④ 새콤한 맛 성분이 잼 맛에 적합하므로

해설 잼을 만들기에 적당한 과일의 조건은 충분한 양의 펙틴과 산(과일에 함유된 유기산)을 가지고 있어야 하는데 사과, 딸기, 포도, 자두, 머루 등은 잼 이용에 적당한 과일이다.

40 토마토 크림수프를 만들 때 일어나는 우유의 응고현상을 바르게 설명한 것은?

① 산에 의한 응고

② 당에 의한 응고

③ 효소에 의한 응고

④ 염에 의한 응고

해설 과일과 채소를 우유와 함께 조리할 때 과일과 채소의 유기산이 우유의 응고를 촉진시킨다. 깨끗한 수프를 만들려면 토마토를 가열하여 산을 휘발시킨 후 데운 우유를 넣고 만든다.

41 당근 등의 녹황색 채소를 조리할 경우 기름을 첨가하는 조리방법을 선택하는 주된 이유는?

① 색깔을 좋게 하기 위하여

② 부드러운 맛을 위하여

③ 비타민 C의 파괴를 방지하기 위하여

④ 지용성 비타민의 흡수를 촉진하기 위하여

해설 당근은 β-카로틴을 함유하고 있는데 이는 비타민 A로 전환되는 프로비타민 A로, 지용성이다. 당근을 생으로 섭취하면 소화흡수율이 10%에 불과하지만, 기름을 이용한 요리를 하여 섭취하면 30~50%로 증가한다.

정답

36 ② 37 ① 38 ③ 39 ② 40 ① 41 ④

42 조리식품이나 반조리식품의 해동방법으로 가장 적합한 방법은?

① 상온에서의 자연 해동

② 냉장고를 이용한 저온 해동

③ 흐르는 물에 담그는 청수 해동

④ 전자레인지를 이용한 해동

해설 해동방법은 급속해동과 완만해동이 있다.

- 급속해동 : 반조리 또는 조리된 상태에서 전자레인지를 이용하거나 가열조리를 하여 해동하는 방법이다.
- 완만해동 : 냉장고나 물, 실온의 서늘한 곳에서 천천히 해동하는 방법으로, 어육류에 이용된다.

43 손익분기점이란 무엇인가?

① 이익을 발생시킨 점

② 수익과 총비용이 일치하는 점

③ 손실을 발생시킨 점

④ 판매량, 생산량을 알리는 도표

해설 손익분기점

수익과 총비용(고정비+변동비)이 일치하는 점으로, 이점에서는 이익도 손실도 발생하지 않는다.

44 직접재료비, 직접노무비, 직접경비의 3가지를 합한 원가를 무엇이라 하는가?

① 직접원가 ② 제조원가

③ 총원가 ④ 판매원가

해설 직접원가

직접재료비+직접노무비+직접경비

45 다음 중 원가계산의 원칙이 아닌 것은?

① 진실성의 원칙

② 현금기준의 원칙

③ 확실성의 원칙

④ 정상성의 원칙

해설 원가계산의 원칙

진실성의 원칙, 발생기준의 원칙, 계산경제성의 원칙, 확실성의 원칙, 정상성의 원칙, 비교성의 원칙, 상호관리의 원칙

46 잠함병의 발생과 가장 밀접한 관계를 갖고 있는 환경요소는?

① 고압과 질소

② 저압과 산소

③ 고온과 이산화탄소

④ 저온과 일산화탄소

해설 잠함병은 높은 기압에서 감압하는 과정에서 발생하는 장애로 혈액과 조직에 용해되어 있는 질소가 기포를 형성하여 일으키는데, 순환장애와 조직손상을 일으킨다.

47 국가의 보건수준이나 생활수준을 나타내는데 가장 많이 이용되는 지표는?

① 병상이용률

② 의료보험 수혜자수

③ 영아사망률

④ 조출생률

해설 영아는 환경악화나 비위생적인 환경에 가장 예민한 시기이므로 국가의 보건수준을 나타내는 지표로 큰 의미를 지니고 있다.

48 동물과 관련된 감염병의 연결이 틀린 것은?

① 소 – 결핵

② 고양이 – 디프테리아

③ 개 – 광견병

④ 쥐 – 페스트

해설 • 디프테리아 : 인간이 병원소이며 환자나 보균자의 콧물, 인후 분비물, 기침에 의해 직접 전파된다.

- 공수병 : 공수병에 전염된 개, 고양이 등 포유동물이 병원소인데, 그 전염동물의 침이 전염원이 된다.

정답

42 ④ 43 ② 44 ① 45 ② 46 ① 47 ③ 48 ②

49 기생충과 인체감염원인 식품의 연결이 틀린 것은?

① 유구조충 – 돼지고기

② 무구조충 – 민물고기

③ 동양모양선충 – 채소류

④ 아니사키스 – 바다생선

해설 무구조충(민촌충) – 소

50 소음으로 인한 피해와 거리가 먼 것은?

① 불쾌감 및 수면장애

② 작업능률 저하

③ 위장기능 저하

④ 맥박과 혈압의 저하

해설 소음은 교감신경에 작용하여 맥박과 혈압이 상승한다.

51 복어의 독성분인 테트로도톡신의 치사량과 치사율로 맞는 것은?

① 20mg, 60%

② 30mg, 40%

③ 2mg, 60%

④ 40mg, 20%

해설 복어독의 치사량은 2mg, 치사율은 60%이다.

52 복어요리 부재료에 대한 설명으로 틀린 것은?

① 무는 은행잎으로 모양을 내어 사용한다.

② 떡이 부드러우면 굽지 않고 사용한다.

③ 당근은 벚꽃 모양을 내어 사용한다.

④ 대파는 5~8cm로 어슷썰어 사용한다.

해설 떡을 굽지 않고 그대로 사용하면 형태의 변형이 생기고, 노화가 빠르기 때문에 가열해서 사용한다.

53 채소를 강판에 간 즙인 오로시의 기능으로 바르지 않은 것은?

① 매운맛 부여

② 생선 비린내 제거

③ 풍미증가

④ 해독작용

해설 오로시의 기능
생선 특유의 냄새제거, 해독작용, 풍미증강

54 복어 죽 조리의 최종 간은 무엇으로 맞추는가?

① 맛소금, 국간장

② 소금, 국간장

③ 시찌미, 설탕

④ 소금, 시찌미

해설 복어죽의 간은 소금과 국간장으로 맞춘다.

55 튀김의 종류 중 밑간을 하여 그대로 또는 밀가루나 전분을 묻혀 튀기는 것은?

① 스아게

② 고로모아게

③ 고로모

④ 가라아게

해설 가라아게는 양념한 재료를 그대로 튀기거나 박력분이나 전분만을 묻혀 튀긴다.

56 다음 중 야쿠미에 사용되는 재료가 아닌 것은?

① 파　② 무

③ 당근　④ 와사비

해설 야쿠미
요리의 풍미를 증가시키거나 식욕을 자극하기 위해 첨가하는 야채나 향신료로 파, 와사비, 생강, 간 무, 고춧가루 등이 사용된다.

정답
49 ② 50 ④ 51 ③ 52 ② 53 ① 54 ② 55 ④ 56 ③

57 복어처럼 탄력 있는 흰살생선을 얇게 써는 생선회 자르는 방법의 명칭은?

① 소기즈쿠리

② 호소즈쿠리

③ 우스즈쿠리

④ 세고시

해설 소기즈쿠리 – 깎아썰기, 호소즈쿠리 – 가늘게 썰기, 우스즈쿠리 – 얇게 썰기, 세고시 – 뼈째썰기

58 생선회 자르는 방법으로 틀린 것은?

① 평썰기 : 칼 손잡이 부분에서 자르기 시작하여 그대로 잡아당기듯이 자르는 방법

② 깎아썰기 : 포 뜬 생선살의 얇은 쪽을 앞쪽으로 하여 칼을 오른쪽으로 15°눕혀서 깎아내듯이 써는 방법

③ 실 굵기 썰기 : 실처럼 가늘게 써는 방법

④ 뼈째썰기 : 작은 생선을 손질 후 뼈째써는 방법

해설 깎아썰기

포 뜬 생선살의 얇은 쪽을 앞쪽으로 하여 칼을 오른쪽으로 45° 눕혀서 깎아내듯이 써는 방법이다.

59 칼날이 뭉뚝하고 이가 나갔거나 새 칼을 갈 때 사용하는 숫돌의 종류는?

① 400#

② 1000#

③ 4000#

④ 6000#

해설 숫돌의 입자의 크기를 나타내는 단위를 입도하고 하며 기호는 #로 표기하는데, 숫자가 클수록 입자가 작고 미세하다.

숫돌의 종류	숫돌의 입자	특징
400#	굵은숫돌 (거친숫돌)	굵은숫돌로 칼날이 뭉뚝하고 이가 나갔거나 새 칼을 갈 때 사용하며, 계속 거친숫돌로 갈면 칼에 요철이 생길 수 있으므로 중간숫돌과 마무리숫돌을 중간에 함께 사용하는 것이 좋다.
1000#	고운숫돌 (중간숫돌)	일반적인 칼을 갈 때 많이 사용하며, 굵은숫돌로 갈고 난 후에 칼날을 부드럽게 정돈하기 위해 사용한다.
4000~ 6000#	마무리숫돌	마무리 단계에 사용하는 숫돌로 앞 단계를 거쳐서 부드러워진 칼날을 더욱 매끄럽고 광이 나게 하기 위해 사용한다.

60 다음 중 칼 사용 안전수칙으로 바르지 않은 것은?

① 사용한 칼은 보관함에 보관한다.

② 칼을 떨어 떨어뜨렸을 경우 잡으려하지 않고 물러서서 피한다.

③ 칼이 무디면 안전하다.

④ 칼을 물이 든 개수대에 담아두지 않는다.

해설 칼이 무디면 더 안전하지 못하다.

정답

57 ③ 58 ② 59 ① 60 ③

CHAPTER

07 복어 실전 모의고사 제3회

01 식품의 부패 또는 변질과 관련이 적은 것은?

① 수분

② 온도

③ 압력

④ 효소

해설 식품의 부패와 변질에 관여하는 미생물은 적당한 수분과 온도, 영양소가 있어야 증식한다.

02 화학성 식중독의 원인이 아닌 것은?

① 설사성 패류 중독

② 환경오염에 기인하는 식품 유독성분 중독

③ 중금속에 의한 중독

④ 유해성 식품첨가물에 의한 중독

해설 화학성 식중독의 원인은 유해첨가물이나 중금속, 농약, 환경오염에 기인한 식품 유독성분 등이며, 설사성 패류 중독은 장염비브리오 식중독으로 세균성 식중독 중 감염형 식중독에 해당한다.

03 안식향산(Benzoic acid)의 사용 목적은?

① 식품의 산미를 내기 위하여

② 식품의 부패를 방지하기 위하여

③ 유지의 산화를 방지하기 위하여

④ 식품의 향을 내기 위하여

해설 ① 산미료 – 구연산, 글루코산액 등
② 보존제(방부제) – 안식향산, 데히드로초산 등
③ 산화방지제 – 아스코르빈산, 부틸히드록시아니졸 등
④ 착향료 – 에스테르류 등

04 과일통조림으로부터 용출되어 구토, 설사, 복통의 중독 증상을 유발할 가능성이 있는 물질은?

① 안티몬 ② 주석

③ 크롬 ④ 구리

해설 통조림의 주원료인 주석은 금속을 보호하기 위한 코팅에 사용되는데, 철판에 주석 코팅을 너무 얇게 하거나 본질적으로 통조림 내용물이 부식을 잘 일으키는 경우에는 통조림 캔으로부터 주석이 용출될 수 있다.

05 식품을 조리 또는 가공할 때 생성되는 유해물질과 그 생성 원인을 잘못 짝지은 것은?

① 엔–니트로소아민(N–Nitrosoamine) – 육가공품의 발색제 사용으로 인한 아질산과 아민과의 반응 생성물

② 다환방향족탄화수소(Polycyclic Aromatic Hydrocarbon) – 유기물질을 고온으로 가열할 때 생성되는 단백질이나 지방의 분해 생성물

③ 아크릴아미드(Acrylamide) – 전분식품 가열 시 아미노산과 당의 열에 의한 결합반응 생성물

④ 헤테로고리아민(Heterocyclic Amine) – 주류 제조 시 에탄올과 카바밀기의 반응에 의한 생성물

해설 헤테로고리아민은 헤테로싸이클릭아민류(Hcas)라고도 하는데, 육류나 생선을 고온으로 조리할 때 육류나 생선 중에 존재하는 아미노산과 크레아틴이라는 물질이 반응하여 고리형태로 생성되는 물질로 약 20여종이 있다. 그 중 7여종이 인체 발암가능물질로 분류되고 있다.

정답 01 ③ 02 ① 03 ② 04 ② 05 ④

06 **식중독 중 해산어류를 통해 많이 발생하는 식중독은?**

① 살모넬라균 식중독

② 클로스트리디움 보툴리늄균 식중독

③ 황색포도상구균 식중독

④ 장염 비브리오균 식중독

해설 식중독 발생원인식

- 살모넬라균 식중독 – 육류 및 가공품 등
- 클로스트리디움 보툴리늄균 식중독 – 살균이 불충분한 통조림 등
- 황색포도상구균 식중독 – 유가공품 등
- 장염비브리오균 식중독 – 어패류 등

07 **판매의 목적으로 식품 등을 제조 · 가공 · 소분 · 수입 또는 판매한 영업자는 해당 식품이 식품 등의 위해와 관련이 있는 규정을 위반하여 유통 중인 당해 식품 등을 회수하고자 할 때 회수계획을 보고해야 하는 대상이 아닌 것은?**

① 시 · 도지사

② 식품의약품안전처장

③ 보건소장

④ 시장 · 군수 · 구청장

해설 이 경우 영업자는 회수계획을 식품의약품안전처장, 시 · 도지사 또는 시장 · 군수 · 구청장에게 미리 보고하여야 한다.

08 **HACCP 인증 집단급식업소(집단급식소, 식품접객업소, 도시락류 포함)에서 조리한 식품은 소독된 보존식 전용 용기 또는 멸균 비닐봉지에 매회 1인분 분량을 담아 몇 ℃ 이하에서 얼마 이상의 시간 동안 보관하여야 하는가?**

① 4℃ 이하, 48시간 이상

② 0℃ 이하, 100시간 이상

③ −10℃ 이하, 200시간 이상

④ −18℃ 이하, 144시간 이상

해설 매회 1인분 분량을 섭씨 −18℃ 이하로 144시간 이상 보관하여야 한다.

09 **조리장의 위생관리로 틀린 것은?**

① 주방시설 및 도구의 위생관리를 철저히 한다.

② 주방의 출입구에 신발을 소독할 수 있는 시설을 갖추도록 한다.

③ 조리장의 위생해충은 약제사용 1회만으로 완벽히 박멸된다.

④ 주방시설 방역을 위한 약품은 내성을 고려해서 반기별로 교체한다.

해설 조리장의 위생해충은 방충, 방서, 살충제 등을 사용하여 1회만이 아니라 계속적으로 관리해야 한다.

10 **주방 내 교차오염의 원인파악으로 적당하지 않은 것은?**

① 배식코너

② 많은 양의 식품을 원재료 상태로 들여와 준비하는 과정

③ 행주, 바닥, 생선취급 코너

④ 나무재질의 도마, 주방바닥, 트렌치, 생선과 채소, 과일 준비코너

해설 주방 내 교차오염의 원인 파악 시 집중적인 위생관리가 요구되는 것은 나무재질의 도마, 주방바닥, 트렌치, 생선과 채소, 과일 준비코너, 행주, 생선취급 코너이다.

11 **위험도 경감의 원칙에서 해당되지 않는 것은?**

① 사고발생 예방과 피해 심각도의 억제에 있다.

② 위험도 경감전략의 핵심요소로는 위험요인 제거, 위험발생 경감, 사고피해 경감을 염두에 두고 있다.

정답

06 ④ 07 ③ 08 ④ 09 ③ 10 ① 11 ④

③ 위험도 경감은 사람, 절차, 장비의 3가지 시스템 구성요소를 고려하여 검토한다.

④ 사고피해 치료를 염두에 두고 있다.

해설 위험도 경감의 원칙은 사고피해 치료가 아닌 사람, 절차, 장비의 3가지 시스템 구성요소를 고려하여 위험요인제거, 위험 발생 경감, 사고피해 경감을 염두에 두고 있다.

12 배수구의 청소로 옳지 않은 것은?

① 배수구에 거름망 이물질을 제거 후 세척할 필요는 없다.

② 배수로 덮개를 걷어내서 세척하고 물로 씻은 후 살균소독제로 소독한다.

③ 청소주기는 1일 1회이다.

④ 배수로 내부는 솔을 이용하여 닦은 후 물로 씻는다.

해설 배수로 거름망은 꺼내어 이물질을 제거하고 세척제로 세척 후 물로 헹구고 소독하여 준다.

13 주방 내 조리기기를 선정할 때 고려할 사항이 아닌 것은?

① 성능, 동력, 크기와 용량이 기존 설치 공간보다 커야 한다.

② 성능은 다양하고 사용이 간편해야 한다.

③ 사후관리가 쉬워야 한다.

④ 위생, 안전, 능률, 내구성, 경제성을 확보해야 한다.

해설 조리기구 설치 시 디자인은 단순하지만 성능은 다양하고, 성능과 동력, 크기와 용량은 기존 설치공간에 적합해야 하고, 사후관리가 쉬운 것이어야 한다.

14 식품감별능력에서 가장 중요한 것은?

① 식품검사기술

② 감별자의 풍부한 경험

③ 경험자의 의견

④ 문헌상의 지식

해설 관능검사는 오랜 경험에서 얻어지는 지식을 바탕으로 한다.

15 다음 중 썰기의 목적으로 바르지 않은 것은?

① 불필요한 부분을 제거할 수 있다.

② 표면적이 커져서 열전도율이 높아진다.

③ 조미료의 침투속도가 빨라진다.

④ 조리시간의 단축에는 도움이 안 된다.

해설 썰기를 통해서 조리 작업 시간이 단축된다.

16 찹쌀의 아밀로오스와 아밀로펙틴에 대한 설명 중 맞는 것은?

① 아밀로오스 함량이 더 많다.

② 아밀로오스 함량과 아밀로펙틴의 함량이 거의 같다.

③ 아밀로펙틴으로 이루어져 있다.

④ 아밀로펙틴은 존재하지 않는다.

해설 찹쌀은 대부분이 아밀로펙틴으로 이루어져 있어서 멥쌀로 만든 떡보다 노화가 더디게 온다.

17 일반적으로 포테이토칩 등 스낵류에 질소충전 포장을 실시할 때 얻어지는 효과로 가장 거리가 먼 것은?

① 유지의 산화 방지

② 스낵의 파손 방지

③ 세균의 발육 억제

④ 제품의 투명성 유지

해설 질소충전을 함으로써 부서짐을 방지할 수 있고, 남은 공기를 질소로 대치하여 줌으로써 산패 및 미생물 번식을 억제할 수 있다.

정답
12 ① 13 ① 14 ② 15 ④ 16 ③ 17 ④

18 다음 냄새 성분 중 어류와 관계가 먼 것은?

① 트리메틸아민(Trimethylamine)

② 암모니아(Ammonia)

③ 피페리딘(Piperidine)

④ 디아세틸(Diacetyl)

해설 트리메틸아민은 선도가 저하된 어류의 특유한 비린 냄새의 본체이며, 피페리딘은 민물고기의 냄새, 암모니아는 선도가 저하되었을 때 발생하는 자극적인 냄새이다. 디아세틸은 버터의 향기 성분이다.

19 식품에 존재하는 물의 형태 중 자유수에 대한 설명으로 틀린 것은?

① 식품에서 미생물의 번식에 이용된다.

② −20℃에서도 얼지 않는다.

③ 100℃에서 증발하여 수증기가 된다.

④ 식품을 건조시킬 때 쉽게 제거된다.

해설 자유수

식품 중에 유리 상태로 존재하는 보통의 물이며, 결합수는 식품 중의 탄수화물이나 단백질의 일부분을 형성하는 물로 다음의 특징을 갖고 있다.

자유수	결합수
• 식품의 미생물 번식에 이용 • 0℃ 이하에서 동결 • 건조로 쉽게 제거 가능	• 미생물 번식이 불가능 • 0℃ 이하에서 동결되지 않음 • 100℃ 이상으로 가열하여도 제거되지 않음 • 쉽게 건조되지 않음

20 불건성유에 속하는 것은?

① 들기름　② 땅콩기름

③ 대두유　④ 옥수수기름

해설 요오드가란 지방산의 불포화도를 나타내는 값으로, 요오드가가 높을수록 불포화지방산을 많이 포함하고 있다.

- 건성유(요오드가 130 이상) : 들깨기름, 아마인유, 호두, 잣 등
- 반건성유(요오드가 100~130) : 대두유(콩기름), 면실유, 유채기름(채종유), 해바라기씨 기름, 참기름 등
- 불건성유(요오드가 100 이하) : 땅콩기름, 동백기름, 올리브유 등

21 효소의 주된 구성성분은?

① 지방　② 탄수화물

③ 단백질　④ 비타민

해설 단백질은 효소를 구성하는 중요한 성분이다.

22 우유 가공품이 아닌 것은?

① 치즈　② 버터

③ 마시멜로　④ 액상발효유

해설 우유의 가공품으로는 발효유(액상, 농후), 연유, 분유, 크림, 버터, 아이스크림, 치즈 등이 있다.

23 달걀흰자로 거품을 낼 때 식초를 약간 첨가하는 것은 다음 중 어떤 것과 가장 관계가 깊은가?

① 난백의 등전점

② 용해도 증가

③ 향 형성

④ 표백효과

해설 달걀흰자의 주성분인 오브알부민의 등전점(양이온의 농도와 음이온의 농도가 같아지는 상태)은 pH 4.6~4.7인데, 소량의 산을 첨가하여 pH를 등전점 부근으로 해주면 기포 형성에 도움이 된다.

24 전분의 노화를 억제하는 방법으로 적합하지 않은 것은?

① 수분 함량 조절

② 냉동

③ 설탕의 첨가

④ 산의 첨가

해설 전분의 노화 억제방법

- 설탕의 첨가
- 환원제나 유화제를 첨가
- 80℃ 이상에서 급속히 건조
- 0℃ 이하에서 급속 냉동하여 수분 함량을 15% 이하로 처리

정답

18 ④　19 ②　20 ②　21 ③　22 ③　23 ①　24 ④

25 채소의 가공 시 가장 손실되기 쉬운 비타민은?

① 비타민 A

② 비타민 D

③ 비타민 C

④ 비타민 E

해설 채소의 조리 과정 중의 비타민 손실은 비타민 C가 가장 크다.

26 우유 100ml에 칼슘이 180mg 정도 들어있다면 우유 250ml에는 칼슘이 약 몇 mg 정도 들어 있는가?

① 450mg

② 540mg

③ 595mg

④ 650mg

해설 $100 : 180 = 250 : x$

$100x = 180 \times 250$

$x = \frac{45,000}{100} = 450$

∴ 우유 100ml에 칼슘이 180mg 정도 들어있다면, 우유 250ml에는 450mg의 칼슘이 들어있다.

27 붉은 양배추를 조리할 때 식초나 레몬즙을 조금 넣으면 어떤 변화가 일어나는가?

① 안토시아닌계 색소가 선명하게 유지된다.

② 카로티노이드계 색소가 변색되어 녹색으로 된다.

③ 클로로필계 색소가 선명하게 유지된다.

④ 플라보노이드계 색소가 변색되어 청색으로 된다.

해설 적색, 자색 등의 채소(붉은 양배추, 가지, 비트 등)에 있는 안토시아닌은 산에 안정하여 pH 4 이하에서는 적색을 나타내거나 색 자체가 더 선명하게 유지된다.

28 육류의 사후경직을 설명한 것 중 틀린 것은?

① 근육에서 호기성 해당과정에 의해 산이 증가된다.

② 카로티노이드계 색소가 변색되어 녹색으로 된다.

③ 클로로필계 색소가 선명하게 유지된다.

④ 플라보노이드계 색소가 변색되어 청색으로 된다.

해설 동물이 도살된 후 근육이 단단하게 굳는 현상을 사후경직이라고 하는데, 산소의 공급이 끊기면 근육조직의 글리코겐이 혐기적 해당과정을 거쳐 젖산을 생성하고 젖산에 의해 근육의 pH가 6.5 이하 정도로 저하된다.

29 과일향기의 주성분을 이루는 냄새 성분은?

① 알데히드(Aldehyde)류

② 함 유황 화합물

③ 테르펜(Terpene)류

④ 에스테르(Ester)류

해설 과일의 향기 성분으로는 여러 종류의 에스테르 · 알코올 · 알데히드 등이 있는데, 에스테르류는 분자량이 커지면 향기도 강해지는 특성이 있다.

30 단맛을 갖는 대표적인 식품과 가장 거리가 먼 것은?

① 사탕무

② 감초

③ 벌꿀

④ 곤약

해설 구약감자가 주원료인 곤약은 수분이 약 95%, 당질이 약 3%인 저칼로리식품이다.

정답 25 ③ 26 ① 27 ① 28 ① 29 ④ 30 ④

31 **다음 급식시설 중 1인1식 사용 급수량이 가장 많이 필요한 시설은?**

① 학교급식

② 보통급식

③ 산업체급식

④ 병원급식

해설 병원급식은 개별식기로 사용하는 물의 양이 가장 많다.

32 **김치 저장 중 김치조직의 연부현상이 일어나는 이유에 대한 설명으로 가장 거리가 먼 것은?**

① 조직을 구성하고 있는 펙틴질이 분해되기 때문에

② 미생물이 펙틴 분해효소를 생성하기 때문에

③ 용기에 꼭 눌러 담지 않아 내부에 공기가 존재하여 호기성 미생물이 성장 · 번식하기 때문에

④ 김치가 국물에 잠겨 수분을 흡수하기 때문에

해설 김치의 연부현상

김치가 물러지는 현상으로, 무나 배추의 조직을 이루고 있는 팩틴질의 긴 사슬이 폴리갈락투로나아제에 의해 분해되기 때문에 일어난다. 이 효소는 호기성 산막을 형성하는 미생물에 의해 생성되므로 김치 내부에 공기가 들어가지 않도록 꼭꼭 눌러 담고, 배추나 무가 공기에 노출되지 않도록 국물을 충분히 붓는다.

33 **맛에 대한 설명으로 옳은 것은?**

① 소량의 소금은 설탕의 단맛을 감소시킨다.

② 신맛과 쓴맛은 식욕을 돋우어준다.

③ 설탕은 식염, 식초보다 식품에 빠르게 침투된다.

④ 단맛이 더해지면 신맛이 증가된다.

해설 설탕은 식염, 식초보다 분자량이 커서 식품에 느리게 침투된다. 소량의 소금은 단맛을 증가시키는데, 이 현상을 맛의 강화현상이라 한다. 단맛이 더해지면 신맛과 짠맛은 감소한다.

34 **유지의 발연점이 낮아지는 원인에 대한 설명으로 틀린 것은?**

① 유리지방산의 함량이 낮은 경우

② 튀김기의 표면적이 넓은 경우

③ 기름에 이물질이 많이 들어 있는 경우

④ 오래 사용하여 기름이 지나치게 산패된 경우

해설 유지의 발연점이 낮아지는 요인

- 유리지방산의 함량이 높을수록
- 그릇의 표면적이 넓을수록
- 기름 이외의 이물질이 많을수록
- 여러 번 반복하여 사용할수록

35 **다음 조리법 중 비타민 C 파괴율이 가장 적은 것은?**

① 시금치국

② 무생채

③ 고사리 무침

④ 오이지

해설 비타민 C는 열, 알칼리, 산화에 불안정하며, 물에 잘 녹는다. 조리법 중 생채류는 열을 가하지 않은 조리법으로 비타민 C의 파괴율이 가장 적은 조리법이라 할 수 있다.

36 **총원가는 제조원가에 무엇을 더한 것인가?**

① 제조간접비 ② 판매관리비

③ 이익 ④ 판매가격

해설 원가구성도

			이익
		판매비와 관리비	총원가 (판매원가)
	제조간접비	제조원가 (공장원가)	
직접재료비	직접원가 (기초원가)		
직접노무비			
직접경비			
직접원가	제조원가	총원가	판매가격

정답

31 ④ 32 ④ 33 ② 34 ① 35 ② 36 ②

37 마늘에 함유된 황화합물로 특유의 냄새를 가지는 성분은?

① 알리신(Allicin)

② 디메틸설파이드(Dimethyl Sulfide)

③ 머스타드 오일(Mustard Oil)

④ 캡사이신(Capsaicin)

해설 알리신은 마늘에 함유된 휘발성의 황화합물로 특유의 냄새를 가진다.

38 신선한 달걀의 감별법으로 설명이 잘못된 것은?

① 햇빛(전등)에 비출 때 공기집의 크기가 작다.

② 흔들 때 내용물이 잘 흔들린다.

③ 6% 소금물에 넣으면 가라앉는다.

④ 깨뜨려 접시에 놓으면 노른자가 볼록하고 흰자의 점도가 높다.

해설 달걀을 흔들어 보아 소리가 나면 기실이 커진 것으로 오래된 것이다.

39 조리 시 첨가하는 물질의 역할에 대한 설명으로 틀린 것은?

① 식염 – 면 반죽의 탄성 증가

② 식초 – 백색 채소의 색 고정

③ 중조 – 펙틴 물질의 불용성 강화

④ 구리 – 녹색채소의 색 고정

해설 중조(식소다)

밀가루 반죽 시 사용하면 강알칼리성의 탄산나트륨으로 인해서 밀가루의 플라본계 색소가 황색으로 변하여서 독특한 풍미를 낸다.

40 조리 시 일어나는 비타민, 무기질의 변화 중 맞는 것은?

① 비타민 A는 지방질 음식과 함께 섭취할 때 흡수율이 높아진다.

② 비타민 D는 자외선과 접하는 부분이 클수록, 오래 끓일수록 파괴율이 높아진다.

③ 색소의 고정효과로는 Ca++이 많이 사용되며, 식물색소를 고정시키는 역할을 한다.

④ 과일을 깎을 때 쇠칼을 사용하는 것이 맛, 영양가, 외관상 좋다.

해설 비타민 A는 지용성으로 지방질 음식과 함께 섭취하면 흡수율을 높이며, 비타민 D는 열이나 산소에 안정하고, 녹색채소의 색을 보전하고 조직이 물러지는 것을 방지하려면 탄산마그네슘과 초산칼슘의 혼합물을 소량 넣는 것이 좋다. 과일의 갈변은 구리나 철 이온에 의해 촉진되므로 금속용기는 피하는 것이 좋다.

41 소고기의 부위 중 탕, 스튜, 찜 조리에 가장 적합한 부위는?

① 목심 ② 설도

③ 양지 ④ 사태

해설 소고기의 부위별 사용용도

- 목심 – 전골, 편육, 조림
- 설도 – 산적, 구이, 탕
- 양지 – 편육, 장국, 찌개
- 사태 – 탕, 조림, 편, 찜

42 급식시설에서 주방면적을 산출할 때 고려해야 할 사항으로 가장 거리가 먼 것은?

① 피급식자의 기호

② 조리기기의 선택

③ 조리인원

④ 식단

해설 주방면적은 식단, 배식수, 조리기기의 종류, 조리인원 등을 고려하여 설정하여야 한다.

정답

37 ① 38 ② 39 ③ 40 ① 41 ④ 42 ①

43 다음 중 구매를 위한 시장조사에서 행해지는 내용이 아닌 것은?

① 제조회사와 대체가 가능한 품목은 고려할 필요가 없다.

② 어떠한 품질과 가격의 물품을 구매할 것인지 결정한다.

③ 어느 정도의 양을 구매할 것인지 결정한다.

④ 어느 정도의 가격에 구매할 것인지 결정한다.

해설 시장조사 시에는 제조회사와 대체가 가능한 품목도 고려해서 결정한다.

44 일반적인 식품의 구매방법으로 가장 옳은 것은?

① 고등어는 2주일분을 한꺼번에 구입한다.

② 느타리버섯을 3일에 한 번씩 구입한다.

③ 쌀은 1개월분을 한꺼번에 구입한다.

④ 소고기는 1개월분을 한꺼번에 구입한다.

해설 생선, 과채류는 필요에 따라 수시 구입하고, 소고기는 냉장시설이 갖추어져 있으면 1주일분을 한꺼번에 구입한다.

45 생선의 비린내를 억제하는 방법으로 부적합한 것은?

① 물로 깨끗이 씻어 수용성 냄새 성분을 제거한다.

② 처음부터 뚜껑을 닫고 끓여 생선을 완전히 응고시킨다.

③ 조리 전에 우유에 담가둔다.

④ 생선 단백질이 응고된 후 생강을 넣는다.

해설 생선 조리 시 처음 수분간은 뚜껑을 열어 비린내를 휘발시켜 주면 생선 비린내를 감소할 수 있다.

46 칼슘(Ca)과 인(P)이 소변 중으로 유출되는 골연화증 현상을 유발하는 유해 중금속은?

① 납　② 카드뮴

③ 수은　④ 주석

해설 카드뮴(Cd)은 독성이 강한 중금속으로, 근위 세뇨관에 병변이 생겨 그 기능의 장애로 칼슘과 인이 손실되게 하여 골연화증을 일으킨다.

47 자외선에 의한 인체의 건강장해가 아닌 것은?

① 설안염　② 피부암

③ 폐기종　④ 결막염

해설 자외선은 장시간 폭로 시 피부암, 결막염, 설안염, 백내장을 발생시킬 수 있다. 폐기종은 흡연이나 직업적으로 분진이나 화학물질, 대기오염 등에 지속적으로 노출되었을 때 올 수 있는 만성 폐쇄성 폐질환이다.

48 출생 후 기본 예방접종을 가장 먼저 실시하는 감염병은?

① 디프테리아　② 홍역

③ 파상풍　④ 결핵

해설 출생 후 4주 이내 결핵예방을 위해 BCG를 예방접종한다.

49 감염병 중에서 비말감염과 관계가 먼 것은?

① 백일해

② 디프테리아

③ 발진열

④ 결핵

해설 호흡기계 감염병은 환자 및 보균자의 객담, 재채기, 콧물 등으로 병원체가 감염되는 비말감염과 먼지 등에 의한 진애감염 등으로 이루어지는데, 그 종류로는 디프테리아, 백일해, 인플루엔자, 홍역, 천연두, 결핵 등이 있다. 발진열은 벼룩에 의하여 감염되는 절족동물 매개 감염병이다.

정답

43 ① **44** ③ **45** ② **46** ② **47** ③ **48** ④ **49** ③

50 환경위생의 개선으로 발생이 감소되는 감염병과 가장 거리가 먼 것은?

① 장티푸스 ② 콜레라
③ 이질 ④ 인플루엔자

해설 소화기계 감염병의 병원체는 환자, 보균자의 분변으로 배설되어 음식물이나 식수에 오염되어 경구 침입함으로써 감염되는데, 일반적인 예방대책으로는 환경위생의 개선, 음식물의 위생적 관리, 개인위생의 철저 등을 들 수 있다. 그 종류는 장티푸스, 콜레라, 이질, 폴리오, 유행성간염, 기생충 등이 있다. 인플루엔자는 호흡기계 감염병이다.

51 복어에 대한 설명으로 바르지 않은 것은?

① 중독 시 위세척을 하고 바로 병원으로 옮긴다.
② 복어는 여름철에 가장 맛이 좋다.
③ 복어독은 효소나 각종 염류, 일광에 분해되지 않는다.
④ 난소, 간장, 내장 순으로 독력이 강하다.

해설 복어는 산란기 직전인 5~7월 가장 독이 많고 겨울철에 맛이 좋다.

52 다음 중 식용이 불가능한 복어는?

① 밀복 ② 별복
③ 까치복 ④ 황복

해설 자주 사용되는 복어 종류

밀복, 까치복, 검복, 황복이며, 별복은 식용이 불가능하다.

53 복어의 특징 중 등 부위와 측면이 청흑색의 바탕색으로 배면에서 후방으로 흰줄무늬가 있거나 일부분은 끊어져서 흰점 모양으로 되어 있는 복어의 종류는?

① 까치복 ② 밀복
③ 검복 ④ 황복

해설 자주 사용되는 까치복에 대한 설명이다.

54 복어요리에 사용되는 부재료 보관법으로 바르지 않은 것은?

① 신문지나 종이박스에 담아 마르지 않도록 보관한다.
② 엽채류는 씻어서 물에 담가 싱싱하게 보관한다.
③ 구입 후 원래 포장지를 벗기고 새로 포장해서 입고된 날짜를 기록하여 보관한다.
④ 껍질을 벗기거나 씻은 채소는 되도록 빨리 사용하고, 밀폐용기에 담아서 보관한다.

해설 엽채류는 물러지므로 물기 없이 보관한다.

55 초간장을 만드는 재료로 적당하지 않은 것은?

① 식초, 레몬
② 다시마, 식초
③ 가다랑어포, 간장
④ 영귤(스다치), 소금

해설 초간장의 구성재료

가다랑어포, 다시마, 간장, 식초, 유자, 레몬, 영귤(스다치), 카보스(유자의 일종)

56 복어 초회 양념 중 다음의 설명에 해당하는 것은?

술, 국간장, 설탕으로 재료 전체를 잘 혼합하여 사용하고, 일반적으로 폭넓게 사용된다.

① 니바이스(이배초)
② 삼바이스(삼배초)
③ 아마스(단초)
④ 도사스

해설 삼바이스(삼배초)에 대한 설명으로 일반적으로 폭넓게 사용된다.

정답
50 ④ 51 ② 52 ② 53 ① 54 ② 55 ④ 56 ②

57 조리용 칼에 대한 설명으로 틀린 것은?

① 복어 껍질의 가시는 데바칼로 제거한다.

② 생선회 칼은 생선회를 썰거나 요리를 가르는데 사용한다.

③ 야채칼은 주로 채소를 취급하는 칼이다.

④ 데바칼은 뼈를 자르는데 사용한다.

해설 복어 껍질의 가시는 생선회 칼을 사용하여 제거한다.

58 복어 오카유(밥알의 형체가 없는 일반적인 죽)을 만들 때 사용하는 재료가 아닌 것은?

① 쑥갓

② 참나물

③ 쌀

④ 김

해설 오카유

밥알의 형체가 없는 일반 죽으로 복어 살, 맛국물, 밥으로 죽을 끓이고 기호에 따라 참나물, 참기름, 깨 등을 첨가하고 실파와 김을 올린다.

59 복어 튀김의 조리법에 대한 설명으로 바르지 않은 것은?

① 복어 살이 잘 익도록 칼집을 넣어 준다.

② 소스에 1분 정도 재웠다가 사용한다.

③ 박력분과 전분을 섞어 물을 넣고 가볍게 반죽한다.

④ 160℃의 온도에 타지 않도록 노릇하게 튀긴다.

해설 소스에 재웠다가 체에 밭쳐 둔 복어 살을 밀가루(박력분)와 전분가루를 묻혀 바로 튀긴다. 물은 사용하지 않는다.

60 복어 회 국화모양 담기에 대한 설명으로 바르지 않은 것은?

① 회를 얇고 길게 잘라 담는 기술을 기쿠모리라고 한다.

② 접시는 투명한 유리 접시가 깔끔하고 좋다.

③ 국화모양을 표현하기 위해 복어 살을 삼각모양으로 접는다.

④ 폰즈와 야쿠미를 곁들여낸다.

해설 투명 유리접시나 사각형 접시는 복어 회의 얇은 특징을 나타내기에 부적합하다.

정답

57 ① 58 ① 59 ③ 60 ②

참고자료

1. NCS 학습모듈, 한국직업능률개발원, 교육부
2. 안명수(2008), 한국음식의 조리과학성, 신광출판사
3. 정문숙, 신미혜(2000), 생활조리, 신광출판사
4. 황혜성, 한복려, 한복진(2003), 한국의 전통음식, 교문사
5. 이주희, 김미리, 민혜선, 이영은, 송은승, 권순자, 김지정, 송효남(2016), 식품과 조리원리, 교문사
6. 손경희 외(2001), 한국음식의 조리과학, 교문사
7. 이효지(2006), 한국의 음식문화, 신광출판사
8. 김나영, 윤덕인, 이준열(2015), 식품학, 지식인
9. 김이수(2014), 조리영양학, 대왕사
10. 조미자 외 14인(2015), 조리원리, 교문사
11. 김숙희(2013), 기초영양학, 대왕사
12. 신말식, 이경애, 김미정, 김재국, 황자영(2016), 조리과학, 파워북
13. 송태희, 우인애, 손저우, 오세인, 신승미(2016), 조리과학, 교문사
14. 황춘기 외 8인(2008), 주방관리론, 지구문화사
15. 한복진(2005), 우리가 정말 알아야 할 우리음식 백가지, 현암사
16. 이경애, 구난숙, 김미정, 윤혜현, 고은미(2018), 이해하기 쉬운 식품학, 파워북
17. 조신호, 조경련, 강명수, 송미란, 주난영(2015), 식품학, 교문사
18. 이수정 외 6인(2016), 식품학, 파워북
19. 김혜영(1998), 단체급식, 효일문화사
20. 양일선, 이보숙, 차진아, 한경수, 채인숙, 이진미(2004), 단체급식, 교문사

21. 하대중, 이종호, 정진우(2001), 조리원리, 대왕사

22. 조용범, 강병남, 김형준(2003), 메뉴관리론, 대왕사

23. 김태형, 김보성, 김희기, 안호기, 최용석(2010), 주방관리론

24. 안대희, 이원갑, 고종원, 김성훈(2018), 외식산업 창업 및 경영, 신화

25. 안대희, 박상민, 김상호, 임영수(2015), 외식사업론, 대왕사

26. 조미자 외 14인(2015), 조리원리, 교문사

27. 나상명, 김성옥, 김세경, 오명석, 윤인자, 조윤준(2019), 조리원리, 지식인

28. 최영진, 강윤구, 천성진(2008), 기초조리실무, 백산출판사

29. 안선정, 김은미, 이은정(2013), 조리원리, 백산출판사

30. 김숙희, 김이수(2010), 조리영양학, 대왕사

31. 조리용어 사전, 효일출판사

32. 구본호(2016), 기초일본요리, 백산출판사

33. 박병학, 이충신, 임홍식, 문승권(2013), 최신일본요리, 형설출판사

34. 오혁수(2007), 일본요리, 백산출판사

35. 유택용(2019), 최신일본요리, 대왕사

NCS 일식 복어 조리기능사 필기시험문제

발행일 2024년 4월 5일 개정3판 1쇄 인쇄
2024년 4월 10일 개정3판 1쇄 발행

저자 인지 도장 인쇄

저 자 조리기능장/조리학 박사 노수정

발행처 크라운출판사 http://www.crownbook.com

발행인 李尙原
신고번호 제 300-2007-143호
주 소 서울시 종로구 율곡로13길 21
공급처 (02) 765-4787, 1566-5937
전 화 (02) 745-0311~3
팩 스 (02) 743-2688, 02) 741-3231
홈페이지 www.crownbook.co.kr
ISBN 978-89-406-4815-5 / 13590

특별판매정가 26,000원

이 도서의 문의를 편집부(02-6430-7006)로 연락주시면
친절하게 응답해 드립니다.